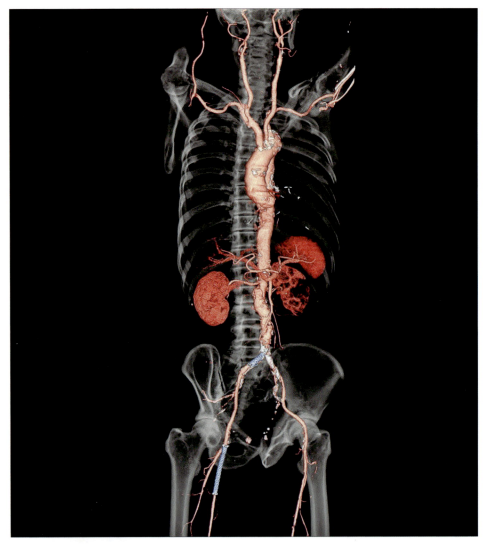

口絵 1（図 28.6 大動脈の X 線 CT 画像（(株)日立メディコ提供），p. 278）

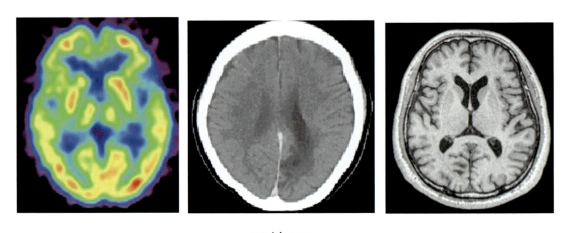

PET　　　　　　X 線 CT　　　　　　MRI

口絵 2（図 28.19 健常者脳の PET，X 線 CT，MRI 比較画像（秋田県立脳血管研究センター提供），p. 286）

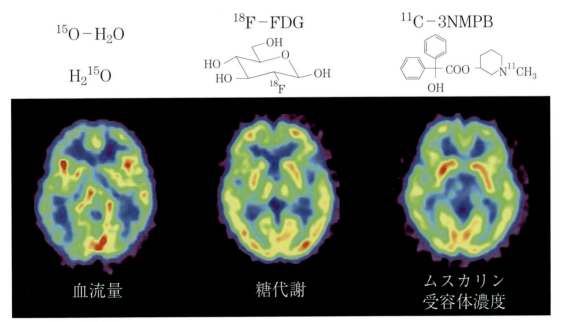

口絵3（図28.20　健常者における薬剤別PET画像（秋田県立脳血管研究センター提供），p. 286）

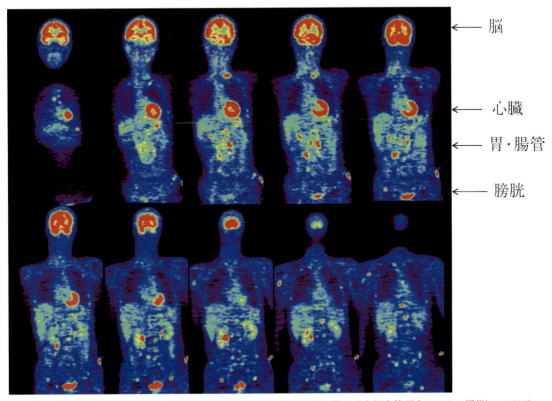

口絵4（図28.21　^{18}F-FDGによる胃癌患者における腫瘍の検出（秋田県立脳血管研究センター提供），p. 286）

生命科学における
分析化学

[編集]
中村　洋

[著]
久保　博昭
森　　久和
大和　　進
荒川　秀俊
吉村　吉博
黒澤　隆夫
本間　　浩
藤原祺多夫
戸井田敏彦
二村　典行
伊藤　克敏
古地　壮光

朝倉書店

編集者

中　村　　　洋　　東京理科大学薬学部 嘱託教授

執筆者——執筆順，[　]内は担当章

中　村　　　洋	東京理科大学薬学部 嘱託教授	[1, 2, 16, 28章]
久　保　博　昭	前いわき明星大学薬学部 教授	[3, 9, 22, 23章]
森　　　久　和	慶應大学名誉教授	[4, 8, 20章]
大　和　　　進	新潟薬科大学薬学部 教授	[5, 26章]
荒　川　秀　俊	昭和大学薬学部 教授	[6, 7, 17, 27章]
吉　村　吉　博	日本統合医療学園 学長	[10, 21, 32章]
黒　澤　隆　夫	北海道医療大学 副学長	[11章]
本　間　　　浩	北里大学薬学部 教授	[12, 29, 30章]
藤　原　祺多夫	東京薬科大学名誉教授	[13, 14, 18, 19章]
戸井田　敏　彦	千葉大学薬学部 教授	[15, 31章]
二　村　典　行	城西国際大学薬学部 教授	[24, 25章]
伊　藤　克　敏	前昭和大学薬学部 准教授	[27章]
古　地　壮　光	城西大学薬学部 教授	[30章]

はじめに

　分析化学は，計測や分子認識に関するさまざまな方法論の研究・開発を主眼目とする学問領域である．そのため，分析化学は化学の共通基盤としての特性に加え，先端計測としての局面を併せ持つ二面性があるユニークな学問と言える．分析化学が大学で理学・工学・農学・医学・薬学・歯学など，学部横断的な教科となっているのは前者の「化学の基盤」としての特性による．一方，分析化学は産業界の現場においても幅広くその知識と技術が活用されており，産業界の革新的進歩には後者の特性である「分析化学の先端計測能」が強く求められている．すなわち，分析化学あるいは分析科学は，コアとロンティアという機能が異なる二つの特性を持つ点で他の学問領域にはないユニークさがある．

　このような状況の中，分析化学あるいは分析科学の最新の知識を集積し，このたび『生命科学における分析化学』を発行する運びとなった．現在，分析化学の範疇はダイナミックに拡大しつつあり，その長年の呼称もしだいに分析科学という新しい呼称に移行しつつある．そのような変化は，computer-assisted という形容詞が 1980 年代から装置やシステムに冠されたことからもわかるように，コンピューターサイエンスの発展によるところが大きい．その結果，分析機器の性能は飛躍的に向上し，プロテオミクスをはじめとする各種オミクス，DNA 科学などの新領域の創成につながった．

　本書は高等専門学校生や大学学部学生を主な読者対象としているが，大学院学生にも十分通用する内容となっている．本書で使用した用語には学会で認知されているものを厳選してあるが，特に薬学部学生に配慮して最新の「薬学教育モデルコアカリキュラム」に対応した内容とした．本書は現在の生命科学に必要な分析化学の基礎から応用までを網羅するため，第一線の研究者を擁して 32 もの多数の章で構成した．また，章の冒頭にはその章の概要を記載して学習の目標を効率的に理解できるように配慮し，章末には演習問題を用意して理解が深められるように工夫した．読者におかれては，本書を存分に活用し，現代の分析科学のエッセンスを理解していただければ幸いである．

　さて，日本の産業界でも品質保証の観点から，ようやく資格認定を奨励する動きが顕著となっている．その意味で，学生諸君も在学時から何がしかの資格を取得しておくことが望ましい．たとえば，公益社団法人日本分析化学会が 2010 年度から開始した分析士認証制度に基づいて毎年実施されている分析士認証試験にチャレンジされるのも一考であろう．本制度は，専門分野の知識や技量を初段から五段までの 5 段階で客観的に評価する仕組みであり，現在「液体クロマトグラフィー（LC）分析士」，「LC/MS 分析士」，「イオンクロマトグラフィー（IC）分析士」の 3 ジャンルが設定されている．受験資格は特にはないので，初段試験に是非挑戦してほしい．

　最後に，本書の出版にご尽力戴いた朝倉書店編集部の方々に心より御礼申し上げる．
2015 年 2 月

編者　中村　洋

目　次

1. **分析化学概論** ··1
   1.1 分析化学と分析科学 ··1
   1.2 分　析　法 ··1
   1.3 化学分析の操作手順 ··3
   　1.3.1 サンプリング ··3
   　1.3.2 前処理 ··4
   　1.3.3 保　存 ··4
   1.4 分析法バリデーション ···5
   　1.4.1 分析能パラメーター ··5
   　1.4.2 分析法を適用する試験法の分類 ··6

2. **分析化学の基礎** ··8
   2.1 物理量と単位 ··8
   　2.1.1 SI 単位 ··8
   　2.1.2 濃度の表記法 ··9
   2.2 試薬と溶媒 ···10
   　2.2.1 標準物質とトレーサビリティー ··11
   2.3 測定値の取り扱い ···11
   　2.3.1 誤　差 ··11
   　2.3.2 不確かさ ··11
   　2.3.3 有効数字と数値の丸め方 ··12
   　2.3.4 標準偏差と相対標準偏差 ··12
   2.4 定　量　分　析 ···13

3. **物質にはたらく力** ···15
   3.1 原子の構造 ··15
   　3.1.1 水素原子の構造 ··16
   　3.1.2 原子軌道関数 ··16
   　3.1.3 多電子原子の構造 ··18
   　3.1.4 原子のイオン化エネルギーと電子親和力 ···19
   3.2 化　学　結　合 ···20
   　3.2.1 共有結合 ··21

3.2.2　分子軌道の分類 ……………………………………………………21
　　　3.2.3　イオン結合 ……………………………………………………………25
　　　3.2.4　イオン結晶 ……………………………………………………………25
　　　3.2.5　金属結合 ………………………………………………………………27
　　　3.2.6　配位結合 ………………………………………………………………27
　　　3.2.7　その他の結合 …………………………………………………………28

4. 溶液における化学平衡 ……………………………………………………30
　4.1　化学平衡と平衡定数 …………………………………………………………30
　4.2　酸塩基平衡 ……………………………………………………………………30
　　　4.2.1　酸塩基の定義 …………………………………………………………30
　　　4.2.2　水溶液中での酸塩基の解離 …………………………………………31
　　　4.2.3　水素イオン濃度の測定 ………………………………………………33
　　　4.2.4　水素イオン濃度の計算 ………………………………………………33
　　　4.2.5　非水溶媒における酸塩基平衡 ………………………………………37
　4.3　錯体・キレート生成平衡 ……………………………………………………38
　　　4.3.1　金属錯体 ………………………………………………………………38
　　　4.3.2　キレート生成平衡 ……………………………………………………38
　4.4　沈殿平衡 ………………………………………………………………………39
　　　4.4.1　溶解度と溶解度積 ……………………………………………………39
　　　4.4.2　溶解度に影響を与える因子 …………………………………………40
　4.5　酸化還元平衡 …………………………………………………………………41
　　　4.5.1　酸化還元電位 …………………………………………………………41
　　　4.5.2　酸化還元平衡 …………………………………………………………41
　4.6　分配平衡 ………………………………………………………………………43
　4.7　イオン交換平衡 ………………………………………………………………44

5. 試料分析の流れ …………………………………………………………………45
　5.1　試料調整 ………………………………………………………………………45
　　　5.1.1　サンプリング …………………………………………………………45
　　　5.1.2　保存 ……………………………………………………………………46
　　　5.1.3　前処理 …………………………………………………………………46
　5.2　分離分析 ………………………………………………………………………51
　5.3　分析対象物質の検出 …………………………………………………………53
　5.4　データの解析 …………………………………………………………………54
　5.5　分析法の選択基準 ……………………………………………………………55

6. 定性・同定法 ……………………………………………………………………57
　6.1　定性試験 ………………………………………………………………………57

6.1.1　無機イオンの定性反応 …………………………………………… 57
　6.2　確 認 試 験 ……………………………………………………………… 65
　　　6.2.1　官能基の特性に基づく確認試験 …………………………………… 65
　　　6.2.2　基本骨格の特性に基づく確認試験 ………………………………… 70
　6.3　純 度 試 験 ……………………………………………………………… 72

7. 定量・解析法 …………………………………………………………………… 75
　7.1　実験値を用いた計算と統計処理方法 ……………………………………… 75
　　　7.1.1　有効数字と有効桁数 ………………………………………………… 75
　　　7.1.2　分析誤差 ……………………………………………………………… 76
　　　7.1.3　精密さと正確さ ……………………………………………………… 76
　　　7.1.4　偶然誤差と正規分布 ………………………………………………… 77
　　　7.1.5　平均値 ………………………………………………………………… 77
　　　7.1.6　標準偏差（σ）………………………………………………… 77
　7.2　分析法のバリデーション …………………………………………………… 77
　　　7.2.1　分析法のパラメーター ……………………………………………… 78
　7.3　定 量 分 析 ……………………………………………………………… 79
　　　7.3.1　重量分析法 …………………………………………………………… 79
　　　7.3.2　容量分析法 …………………………………………………………… 80
　　　7.3.3　生物学的定量法 ……………………………………………………… 81

8. 容 量 分 析 法 ………………………………………………………………… 82
　8.1　標準液と標定 ………………………………………………………………… 82
　8.2　酸塩基滴定法 ………………………………………………………………… 83
　　　8.2.1　終点の検出 …………………………………………………………… 84
　　　8.2.2　滴定曲線 ……………………………………………………………… 84
　　　8.2.3　標準液 ………………………………………………………………… 86
　　　8.2.4　試料の定量 …………………………………………………………… 87
　8.3　沈殿滴定法 …………………………………………………………………… 89
　　　8.3.1　滴定曲線 ……………………………………………………………… 90
　　　8.3.2　終点の検出 …………………………………………………………… 90
　　　8.3.3　銀錯化合物生成によるシアン化物の定量（リービッヒ-デュニジェー法）… 91
　　　8.3.4　標準液 ………………………………………………………………… 91
　　　8.3.5　試料の定量 …………………………………………………………… 92
　8.4　キレート滴定法 ……………………………………………………………… 92
　　　8.4.1　金属指示薬による終点の検出 ……………………………………… 92
　　　8.4.2　標準液 ………………………………………………………………… 93
　　　8.4.3　試料の分析 …………………………………………………………… 93
　8.5　酸化還元滴定法 ……………………………………………………………… 93

　　　　8.5.1　滴定曲線 …………………………………………………………93
　　　　8.5.2　終点の検出 ………………………………………………………94
　　　　8.5.3　過マンガン酸塩滴定法 …………………………………………94
　　　　8.5.4　ヨウ素滴定法 ……………………………………………………95
　　　　8.5.5　ヨウ素酸塩滴定 …………………………………………………97
　　　　8.5.6　ジアゾ化滴定法 …………………………………………………98
　　　　8.5.7　チタン（III）滴定法 ……………………………………………98
　　8.6　非水滴定法 …………………………………………………………………98
　　　　8.6.1　終点の検出 ………………………………………………………99
　　　　8.6.2　標準液 ……………………………………………………………99
　　　　8.6.3　試料の定量 ………………………………………………………99

9. 重量分析法 ……………………………………………………………………101
　　9.1　沈殿重量法 …………………………………………………………………101
　　　　9.1.1　沈殿型と秤量型 …………………………………………………101
　　　　9.1.2　沈殿の生成 ………………………………………………………102
　　　　9.1.3　沈殿のろ過 ………………………………………………………103
　　　　9.1.4　沈殿の乾燥および強熱 …………………………………………103
　　9.2　揮発重量法 …………………………………………………………………104
　　　　9.2.1　水の測定 …………………………………………………………104
　　　　9.2.2　二酸化炭素の測定 ………………………………………………104
　　　　9.2.3　灰分または強熱残分の測定 ……………………………………105
　　9.3　抽出重量法 …………………………………………………………………105

10. 紫外可視吸光度分析法 ………………………………………………………106
　　10.1　原　　理 …………………………………………………………………106
　　　　10.1.1　光の性質および吸収 …………………………………………106
　　　　10.1.2　吸光スペクトルと化学構造 …………………………………107
　　　　10.1.3　ランベルト-ベールの法則 ……………………………………108
　　10.2　装　　置 …………………………………………………………………109
　　　　10.2.1　光源部 …………………………………………………………109
　　　　10.2.2　分光部 …………………………………………………………109
　　　　10.2.3　試料部 …………………………………………………………110
　　　　10.2.4　測光部 …………………………………………………………110
　　10.3　定量分析 …………………………………………………………………110
　　　　10.3.1　検量線を用いる方法 …………………………………………111
　　　　10.3.2　標準物質を用いる方法 ………………………………………111
　　　　10.3.3　絶対吸収法 ……………………………………………………112
　　10.4　生体成分の応用例 ………………………………………………………112

  10.4.1 酵素活性の測定（GOT 活性の場合） ……………………112
  10.4.2 タンパク質の測定 ……………………………………………112
  10.4.3 核酸の測定 ……………………………………………………114

11. 蛍光分析法・リン光分析法 …………………………………………116
 11.1 原　　理 ………………………………………………………………116
  11.1.1 基底状態と励起状態 …………………………………………116
  11.1.2 蛍光とリン光 …………………………………………………117
 11.2 蛍光分析法 ……………………………………………………………118
  11.2.1 蛍光の法則 ……………………………………………………118
  11.2.2 蛍光の測定装置 ………………………………………………119
  11.2.3 測定法 …………………………………………………………120
  11.2.4 蛍光性物質とその応用 ………………………………………120
 11.3 リン光分析法 …………………………………………………………122
  11.3.1 リン光分析の特徴 ……………………………………………122
  11.3.2 測　定 …………………………………………………………122

12. 化学発光分析法・生物発光分析法 …………………………………123
 12.1 発光反応の過程 ………………………………………………………123
 12.2 測定装置および測定法 ………………………………………………124
 12.3 発光分析法の特徴 ……………………………………………………125
 12.4 化学発光反応 …………………………………………………………125
  12.4.1 ルミノール誘導体 ……………………………………………125
  12.4.2 アクリジン誘導体 ……………………………………………127
  12.4.3 ジオキセタン誘導体 …………………………………………127
  12.4.4 シュウ酸誘導体 ………………………………………………127
 12.5 化学発光反応の代表的な応用例 ……………………………………127
  12.5.1 固定化酵素カラムを用いる生体物質の臨床化学分析法 …127
  12.5.2 化学発光イムノアッセイ法および化学発光酵素イムノアッセイ法 ……128
  12.5.3 高速液体クロマトグラフィーの検出系 ……………………129
 12.6 生物発光反応 …………………………………………………………129
 12.7 生物発光反応の代表的な応用例 ……………………………………129

13. 光熱変換分光法 …………………………………………………………132
 13.1 測定の原理 ……………………………………………………………132
 13.2 熱レンズ効果 …………………………………………………………132
 13.3 光 音 響 法 ……………………………………………………………133
 13.4 その他の光熱変換分光法 ……………………………………………134

14. 赤外分光分析法・ラマンスペクトル分析法 ……………………………… 136
14.1 赤外分光分析法の原理 …………………………………………… 137
14.2 赤外分光装置 …………………………………………………… 138
14.2.1 波長分散型赤外分光装置 …………………………………… 138
14.2.2 赤外スペクトル ……………………………………………… 139
14.2.3 フーリエ変換赤外分光装置 ………………………………… 140
14.2.4 全反射赤外分光法 …………………………………………… 140
14.2.5 非分散赤外分光法 …………………………………………… 141
14.3 ラマンスペクトル分光法 ………………………………………… 141
14.3.1 顕微ラマン分光法，表面増強ラマン分光法など ………… 142

15. 磁気共鳴分析法 ……………………………………………………… 143
15.1 核磁気共鳴分析法 ………………………………………………… 143
15.1.1 スピン角運動量と磁気モーメント ………………………… 143
15.1.2 ラーモア周波数 ……………………………………………… 144
15.1.3 緩和時間 ……………………………………………………… 144
15.1.4 核磁気共鳴スペクトルの測定 ……………………………… 145
15.1.5 核磁気共鳴スペクトルと化学構造 ………………………… 147
15.1.6 核磁気共鳴分析法の応用 …………………………………… 151
15.2 電子スピン共鳴法 ………………………………………………… 153
15.2.1 原　理 ………………………………………………………… 153
15.2.2 超微細構造と微細構造 ……………………………………… 154
15.2.3 装　置 ………………………………………………………… 155
15.2.4 測　定 ………………………………………………………… 156
15.2.5 応　用 ………………………………………………………… 156

16. 質量分析法 …………………………………………………………… 157
16.1 質量分析法の原理と基礎用語 …………………………………… 157
16.2 質量分離部による質量分析計の分類 …………………………… 159
16.3 分離手法と質量分析法とのドッキング ………………………… 159
16.3.1 イオン化法 …………………………………………………… 159
16.4 質量分析法による生体分子の解析 ……………………………… 161

17. 屈　折　率 …………………………………………………………… 162
17.1 屈折の原理 ………………………………………………………… 162
17.2 屈折率測定法 ……………………………………………………… 163
17.2.1 原　理 ………………………………………………………… 163
17.2.2 操作法と装置 ………………………………………………… 164
17.2.3 アッベ屈折計 ………………………………………………… 164

- 17.3 旋光度測定法 ……………………………………………………………… 165
  - 17.3.1 旋光の原理 …………………………………………………………… 165
  - 17.3.2 旋光度と比旋光度 …………………………………………………… 166
  - 17.3.3 旋光分散・円偏光二色性 …………………………………………… 167

18. X 線回折分析法 ……………………………………………………………… 169
- 18.1 X 線 光 源 ……………………………………………………………… 169
- 18.2 X線の回折 ……………………………………………………………… 171
- 18.3 X線の検出 ……………………………………………………………… 172
- 18.4 粉末 X 線回折 …………………………………………………………… 174
- 18.5 X 線 CT ………………………………………………………………… 175

19. 原 子 分 光 分 析 ……………………………………………………………… 176
- 19.1 原子吸光法 ……………………………………………………………… 176
  - 19.1.1 原子吸光法の原理 …………………………………………………… 176
  - 19.1.2 原子吸光法の装置 …………………………………………………… 177
- 19.2 ICP 原子発光分析 ……………………………………………………… 181
- 19.3 ICP-質量分析法（ICP-MS）…………………………………………… 183

20. 電 気 分 析 法 ………………………………………………………………… 185
- 20.1 電位差の測定 …………………………………………………………… 185
- 20.2 pH 測 定 ………………………………………………………………… 186
- 20.3 電位差滴定法 …………………………………………………………… 187
  - 20.3.1 指示電極 ……………………………………………………………… 187
  - 20.3.2 終点の決定 …………………………………………………………… 188
  - 20.3.3 電位差滴定の例 ……………………………………………………… 188
- 20.4 電流滴定法 ……………………………………………………………… 190
- 20.5 電量分析法 ……………………………………………………………… 191
- 20.6 電導度滴定 ……………………………………………………………… 191
  - 20.6.1 電導度 ………………………………………………………………… 191
  - 20.6.2 電導度の測定 ………………………………………………………… 192
  - 20.6.3 電導度滴定への応用 ………………………………………………… 193

21. 熱 分 析 法 …………………………………………………………………… 194
- 21.1 熱質量測定 ……………………………………………………………… 194
  - 21.1.1 原 理 ………………………………………………………………… 194
  - 21.1.2 装 置 ………………………………………………………………… 194
  - 21.1.3 測定法 ………………………………………………………………… 195
  - 21.1.4 応 用 ………………………………………………………………… 195

21.2 示差熱分析 …………………………………………………196
　21.2.1 原　理 …………………………………………………196
　21.2.2 装　置 …………………………………………………196
　21.2.3 操作法 …………………………………………………196
　21.2.4 応　用 …………………………………………………196
21.3 示差走査熱量測定 …………………………………………197
　21.3.1 原　理 …………………………………………………197
　21.3.2 装　置 …………………………………………………197
　21.3.3 操作法 …………………………………………………198
　21.3.4 応　用 …………………………………………………198

22. 蛍光 X 線分析法 …………………………………………201
22.1 X 線の基礎知識 ……………………………………………202
22.2 X 線，電子線または荷電粒子による原子の励起 …………203
22.3 X 線の吸収，スペクトルの分光 …………………………205
22.4 分析装置，試料調製 ………………………………………207
22.5 応　用 ………………………………………………………208

23. 放射能を用いる分析法 ……………………………………210
23.1 放射性壊変と放射線 ………………………………………210
　23.1.1 α 壊変（α-decay） ……………………………………210
　23.1.2 β 壊変（β-decay） ……………………………………211
　23.1.3 γ 壊変（γ-decay） ……………………………………211
23.2 半減期と原子核反応 ………………………………………211
23.3 放射線測定原理 ……………………………………………213
　23.3.1 電離作用による測定 …………………………………213
　23.3.2 蛍光による測定 ………………………………………215
　23.3.3 その他の検出 …………………………………………216

24. クロマトグラフィー ………………………………………217
24.1 クロマトグラフィーの基本原理 …………………………217
24.2 クロマトグラフィーの種類 ………………………………219
　24.2.1 ペーパークロマトグラフィー ………………………219
　24.2.2 薄層クロマトグラフィー ……………………………220
　24.2.3 ガスクロマトグラフィー ……………………………222
　24.2.4 液体クロマトグラフィー ……………………………224
　24.2.5 超臨界液体クロマトグラフィー ……………………227
24.3 クロマトグラフィーで用いられる代表的な検出法と装置 …228
　24.3.1 平板クロマトグラフィーにおける検出法 …………228

| 24.3.2　ガスクロマトグラフィーにおける検出法 …………………………………228
| 24.3.3　液体クロマトグラフィーにおける検出法 …………………………………229
| 24.3.4　誘導体化法 ………………………………………………………………………231
| 24.4　クロマトグラムの解釈と解析 …………………………………………………………232
| 24.4.1　定性的指標 ………………………………………………………………………233
| 24.4.2　定量的指標 ………………………………………………………………………234

25. 電気泳動法 …………………………………………………………………………………236
      25.1　平板電気泳動およびディスク電気泳動 ………………………………………………237
             25.1.1　概　要 ………………………………………………………………………………237
             25.1.2　核酸のアガロース（寒天）ゲル電気泳動 ……………………………………237
             25.1.3　タンパク質のゲル電気泳動 ………………………………………………………238
             25.1.4　タンパク質のポリアクリルアミドゲル電気泳動 ……………………………240
             25.1.5　タンパク質の SDS-PAGE ………………………………………………………241
             25.1.6　タンパク質の等電点電気泳動 ……………………………………………………241
             25.1.7　二次元電気泳動法 …………………………………………………………………242
      25.2　細管電気泳動法 …………………………………………………………………………243
             25.2.1　概　要 ………………………………………………………………………………243
             25.2.2　細管等速電気泳動法 ………………………………………………………………243
             25.2.3　キャピラリー電気泳動法 …………………………………………………………244
      25.3　マイクロチップ電気泳動 ………………………………………………………………249

26. 生物学的分析法 ……………………………………………………………………………252
      26.1　生物学的試験法（狭義のバイオアッセイ）…………………………………………253
             26.1.1　動物を用いる定量法 ………………………………………………………………253
             26.1.2　微生物を用いる定量法 ……………………………………………………………254
      26.2　生化学的分析法 …………………………………………………………………………255
             26.2.1　カブトガニ血球抽出液を用いる定量法（エンドトキシン試験法）………255
             26.2.2　血液凝固反応系を用いる定量法 …………………………………………………256
      26.3　酵素化学的分析法 ………………………………………………………………………257
             26.3.1　ポピドン中のアルデヒドの定量（基質を定量する例）……………………258
             26.3.2　ウリナスタチンの定量（阻害剤を定量する例）……………………………259
             26.3.3　カルジノゲナーゼの定量（酵素を定量する例）……………………………259

27. 臨床化学分析法 ……………………………………………………………………………261
      27.1　比濁法と比ろう法 ………………………………………………………………………261
      27.2　炎光分析法 ………………………………………………………………………………261
      27.3　原子吸光分析法 …………………………………………………………………………262
      27.4　イオンセンサー …………………………………………………………………………262

- 27.5 バイオセンサー ... 262
- 27.6 クロライドメーター ... 263
- 27.7 電気泳動 ... 263
- 27.8 酵素分析法 ... 263
  - 27.8.1 酵素反応の分類 ... 264
  - 27.8.2 酵素反応の基礎知識 ... 264
  - 27.8.3 ラインウィーバー–バークの式 ... 266
  - 27.8.4 ミカエリス定数 ... 266
  - 27.8.5 終点分析法と初速度分析法 ... 267
  - 27.8.6 酵素活性の単位 ... 267
  - 27.8.7 臨床検査における酵素測定法の例 ... 267
- 27.9 イムノアッセイ ... 270
  - 27.9.1 イムノアッセイのシステム ... 270
  - 27.9.2 均一性（ホモジニアス）イムノアッセイと不均一性（ヘテロジニアス）イムノアッセイ ... 271
  - 27.9.3 競合法イムノアッセイの測定例 ... 273
  - 27.9.4 サンドイッチ法イムノアッセイの測定例 ... 274

28. 物理的診断法 ... 276
- 28.1 X線診断法 ... 276
  - 28.1.1 X線単純撮影法（X線検査法） ... 277
  - 28.1.2 X線コンピューター断層撮影法（X線CT） ... 277
  - 28.1.3 X線造影剤 ... 279
- 28.2 磁気共鳴画像（MRI）診断法 ... 279
  - 28.2.1 MRI装置 ... 279
  - 28.2.2 MRI診断法の特徴 ... 280
  - 28.2.3 MRI造影剤 ... 281
- 28.3 超音波診断法 ... 282
  - 28.3.1 超音波診断法の特徴 ... 282
  - 28.3.2 超音波診断装置 ... 283
  - 28.3.3 超音波診断用造影剤 ... 284
- 28.4 核医学診断法 ... 284
  - 28.4.1 核医学（画像）診断法の特徴 ... 284
  - 28.4.2 核医学診断法で使用する装置 ... 284
  - 28.4.3 放射性医薬品 ... 287
- 28.5 その他の画像診断法 ... 288

29. 遺伝子解析法 ... 290
- 29.1 遺伝子の分離 ... 290

  29.2　ブロッティングとハイブリダイゼーション ……………………291
  29.3　ポリメラーゼ連鎖反応 …………………………………………293
  29.4　遺伝子の塩基配列決定法 ………………………………………296
  29.5　DNAマイクロアレイ ……………………………………………298

30. プロテオーム解析法 …………………………………………………300
  30.1　プロテオーム解析の方法 ………………………………………301
  30.2　タンパク質の分離精製 …………………………………………301
  30.3　タンパク質・ペプチドの質量分析 ……………………………301
    30.3.1　マトリックス支援レーザー脱離イオン化飛行時間型質量分析装置 ……302
    30.3.2　エレクトロスプレーイオン化質量分析装置（ESI-MS）………303
  30.4　タンパク質をコードする遺伝子の同定 ………………………307
    30.4.1　ペプチドマスフィンガープリント法（PMF法）………307
    30.4.2　アミノ酸配列分析 …………………………………………307
    30.4.3　アミノ酸組成分析 …………………………………………309
  30.5　タンパク質の機能解析 …………………………………………310
    30.5.1　タンパク質の動態 …………………………………………310
    30.5.2　翻訳後修飾 …………………………………………………310
    30.5.3　タンパク質間相互作用 ……………………………………311
    30.5.4　タンパク質の高次構造 ……………………………………312
  30.6　データベース化 …………………………………………………313

31. 糖鎖解析 ………………………………………………………………314
  31.1　糖鎖の検出・定量 ………………………………………………315
  31.2　複合糖質中糖鎖の切り出し ……………………………………316
  31.3　糖鎖の蛍光標識化とパターン分析 ……………………………317
  31.4　糖鎖の組成分析 …………………………………………………320
  31.5　NMRによる糖鎖分析 …………………………………………323
  31.6　糖鎖の質量分析 …………………………………………………324

32. 薬毒物分析法 …………………………………………………………326
  32.1　薬物中毒における生体試料の取扱い …………………………326
    32.1.1　血液 …………………………………………………………326
    32.1.2　尿 ……………………………………………………………326
    32.1.3　消化管内容物，吐瀉物 ……………………………………327
    32.1.4　臓器 …………………………………………………………327
    32.1.5　毛髪，爪，唾液 ……………………………………………327
  32.2　中毒原因物質のスクリーニング（予試験）……………………327
  32.3　薬毒物の前処理法 ………………………………………………328

  32.3.1 低沸点の揮発性薬毒物 …………………………………………………328
  32.3.2 高沸点の揮発性薬毒物 …………………………………………………328
  32.3.3 不揮発性薬毒物 …………………………………………………………329
 32.4 薬毒物の分析法 ……………………………………………………………329
  32.4.1 揮発性薬毒物 ……………………………………………………………329
  32.4.2 不揮発性薬毒物 …………………………………………………………331
  32.4.3 有毒性金属 ………………………………………………………………333

演習問題解答 …………………………………………………………………………335
索　引 …………………………………………………………………………………341

1 分析化学概論

はじめに

分析化学は長い間，定性分析と定量分析を二本柱として発展してきたが，機器分析の発展に伴い1970年代の半ばに状態分析が勃興し，分析種の存在状態を含めて定性・定量することが可能となった．また，コンピューターに支援された分析機器の発展により，分析化学は分析科学とも呼称される時代が1980年代に到来した．現代の分析科学は，分離科学，検出科学，前処理科学，情報科学の四本柱から構成される．分離科学は物質分離に関わる科学であり，クロマトグラフィーと電気泳動が研究領域の双璧であるが，古典的なろ過，沈殿，遠心分離などの方法も含まれる．検出科学は，電磁波を用いる電磁波分析法あるいは分光学的な方法が主体であるが，電気化学分析法，質量分析法，生物学的・生化学的分析法，センサーなど様々な検出法もその範疇である．実試料の分析には各種の前処理法を目的に応じて駆使することが求められ，古典的な溶媒抽出などに加え，近年では固相抽出，カラムスイッチングなどの前処理操作も開発されている．薬学領域の分析科学には，医薬品のバイブルとも言える日本薬局方に記載された分析法バリデーションと分析能パラメーターに対する理解が重要である．

1.1 分析化学と分析科学

分析化学（analytical chemistry）は物質の**定性**（qualitation）と**定量**（quantitation, determination）に関する学問といわれる．物質がどんなものであるかを探る化学的な操作は**定性分析**（qualitative analysis），物質の量を測定する操作は**定量分析**（quantitative analysis）と呼ばれる．また，別な表現では分離と検出が分析化学の二本柱ともいわれてきた．これは，定性と定量を行うためのおもな操作が，それぞれ分離と検出であるからである．しかし，日本では1970年代半ばに従来の分析化学を構成する定性分析，定量分析に加えて**状態分析**（state analysis）の重要性が認識され始めた．状態分析は，原子価を区別して定性・定量を行う**ケミカルスペシエーション**（chemical speciation）と**分析種**（analyte）の存在状態を特定する**キャラクタリゼーション**（characterization）が主な手法である．キャラクタリゼーションには，表面近傍の情報解析に加えて，深さ方向の情報に関するデプスプロファイル（depth profile）などの空間的な三次元情報も含まれる．

1.2 分 析 法

古くからの分析化学は滴定を用いる容量分析や，系統分析などの湿式分析（wet chemistry）が

主流であったが,しだいに**機器分析**(instrumental analysis)の比重が高まった.これに伴い,コンピューターの小型化と性能向上が分析装置にも徐々に取り入れられ,1980年代にはコンピューター支援(computer-assisted)型の装置が主流となった.そこで,情報科学的な要素が強まった分析化学を分析科学(analytical science)と呼称する動きが強まった.現在,分析科学は分離科学(separation science),検出科学(detection science),前処理科学(pretreatment science),情報科学(information science)を四本柱として構成されていると認識されている(図1.1)[1].

分離科学は物質分離に関する科学であり,クロマトグラフィーと電気泳動が双璧であるが,ほかにも多くの手法が含まれる(表1.1).検出科学は電磁波を用いる分光学的(spectroscopic)な手法が主流であるが,その他にも様々な方法がある(表1.2).検出科学は,分析種が原子であるか分子であるかにより,**原子分析法**と**分子分析法**に大別することができる.原子分析法は原子を対象とするものであり,原子吸光分析法,炎光分析法,誘導結合プラズマ発光分析法,蛍光X線分析法などがある(表1.3).分子分析法は分子を分析種とする分析法であり,有機化合物については状態分析法としても利用できる(表1.4).前処理科学は,最近になって学問領域として認識され始めたものであり,実試料を分析するには不可欠な領域である.

図1.1 分析科学の構成分野

表1.1 分離科学の範疇に含まれる主な方法

1)	クロマトグラフィー	7)	電気抽出
	ろ紙クロマトグラフィー	8)	イオン交換
	薄層クロマトグラフィー	9)	遠心分離
	ガスクロマトグラフィー		ショ糖密度遠心勾配
	高速液体クロマトグラフィー	10)	浮遊選鉱
	超臨界流体クロマトグラフィー	11)	膜分離
2)	フィールドフローフラクショネーション	12)	透析
3)	電気泳動	13)	ろ過
	ゾーン電気泳動		限外ろ過
	ゲル電気泳動	14)	蒸留
	等電点電気泳動		分留
	等速電気泳動		水蒸気蒸留
	キャピラリー電気泳動	15)	昇華
4)	溶媒抽出	16)	結晶化
5)	固相抽出	17)	沈殿
6)	超臨界流体抽出		共沈

表 1.2 検出科学の範疇に含まれる代表的な分析法

1) 電磁波分析法
    紫外可視吸光分析法
    蛍光分析法
    リン光分析法
    化学発光分析法
    原子吸光分析法
    赤外吸収スペクトル分析法
    ラマンスペクトル分析法
    旋光度測定法
    原子発光分析法
    誘導結合プラズマ発光分析法（ICP-AES）
    誘導結合プラズマ質量分析法（ICP-MS）
    X 線吸収分光法
    蛍光 X 線分析法
    核磁気共鳴スペクトル法
    電子スピン共鳴スペクトル法
2) 電気化学分析法
    ポテンショメトリー
    アンペロメトリー
    ポーラログラフィー
    ボルタンメトリー
    クーロメトリー
    コンダクトメトリー
3) 質量分析法
4) 生物学的・生化学的分析法
    バイオアッセイ
    酵素的分析法
    イムノアッセイ
    レセプターアッセイ
5) センサー

表 1.3 代表的な原子分析法

原子発光分析法
炎光分析法
誘導結合プラズマ発光分析法（ICP-AES）
誘導結合プラズマ質量分析法（ICP-MS）
蛍光 X 線分析法
元素分析法

表 1.4 有機化合物に対する代表的な状態分析法

紫外可視吸光分析法
蛍光分析法
赤外吸収スペクトル分析法
ラマンスペクトル分析法
円偏光二色性（CD）
旋光分散（ORD）
核磁気共鳴スペクトル法
光音響分析法
熱分析法

1.3 化学分析の操作手順

分析化学（分析科学）で定性・定量を行う操作は化学分析（chemical analysis）と呼ばれ，一般にサンプリング，前処理，（保存），測定，データ解析，レポート作成の順序で進められる（図1.2）．各ステップにおけるポイントを以下に記す．

1.3.1 サンプリング（sampling）

サンプリングは試料源からその一部を化学分析用に採取する操作である．サンプリングに当たっての注意点は，サンプリングしたもの（一次試料）が試料源を正しく反映しているようにすることである．このような考え方を**ランダムサンプリング**（random sampling）という．たとえば，1 匹のラットの肝臓中に含まれるある生体成分 A の平均濃度を知りたい場合には，摘出した肝臓を合わせて生理食塩水などを同量程度加えてホモジナイズし，その一定量を分析に供する．また，南極の表面がどの程度環境ホルモンで汚染されているかを知るには，南極大陸を緯度と経度で区切って数十の等面積の区画を設定し，各区画の中心点の表層部を一定量サンプリングして環境ホルモンを

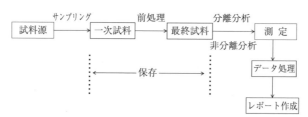

図1.2 一般的な化学分析の操作手順

表1.5 前処理の主な目的と使用前処理

目的	使用する主な前処理
分析種の濃縮	固相抽出，溶媒抽出，超臨界流体抽出，凍結乾燥，イオン交換，クロマトグラフィー，沈殿，蒸発
妨害物質の除去	ろ過，遠心分離，固相抽出，溶媒抽出，除タンパク，クロマトグラフィー
分析種の感度向上	誘導体化，加水分解
分析種の安定化	プレカラム誘導体化
分析種の非揮発化	プレカラム誘導体化
分析種の分離改善	プレカラム誘導体化

測定し，南極大陸全体での平均濃度を求める．

1.3.2 前処理（pretreatment）

試料源からサンプリングして得た一次試料は，通例そのまま測定することが困難な場合が多く，測定可能となる最終試料とするためには何らかの操作が必要である．一次試料に様々な処理を施して，測定にかけられる最終試料にまで仕上げる操作を前処理という．表1.5に示すように，前処理を行う目的には色々あるが，多くの場合に分析種の濃縮と妨害物質の除去が2大目的である．表1.6に代表的な前処理法を示す．前処理操作では，容器や前処理器具に分析種が非選択的に吸着して失われたり，容器や器具からの漏出成分，溶媒，試薬などに含まれる不純物，安定剤などにより試料が汚染されたりすることがあるので，十分に注意することが必要である．また，生体試料の場合には血球や細胞による分析種の消費，修飾などが起こり得る．特に，分析種の生合成も含め，**アーティファクト**（artifact）と呼ばれる，元々の試料にはなかった成分の生成には注意が必要である．

1.3.3 保存（preservation）

サンプリング後，試料の変質を避けるためには，測定までの操作を速やかに済ますことが肝要である．しかし，操作に時間を要する場合などには，一次試料または最終試料を保存しなければならない場合も稀ではない．やむを得ず試料を保存しなければならない場合は，試料が変質しないように最大限の努力が必要である．試料変質の三大要素は，反応を促進する温度，分析種を加水分解する水分，分析種を酸化する酸素であるので，乾燥状態にして窒素置換などで空気を断ち，低温（冷蔵，冷凍，液体窒素）で保存することが原則である．また，化学反応は時間に依存するので，保存も前処理もできるだけ短時間に済ませることが肝要である．

表1.6 代表的な試料前処理法

方法	内容・特徴
固相抽出法	カートリッジやミニカラムに充填された固相抽出剤に分析種を捕捉濃縮したり,妨害物質を吸着除去したりするなどの手法がある.
溶媒抽出法	試料水溶液に有機溶媒を加えて二層とし,有機溶媒層に分析種を移行させるなどの方法がある.抽出効率を上げる工夫としては,無機塩類を飽和濃度近辺まで加えて分析種を塩析させたり,分析種がイオン化する場合にはpHを調整して分子型として抽出したりする.
カラムスイッチング	主に高速液体クロマトグラフィー(HPLC)で使用される.分析カラムの上流に設置されたミニカラムで分析種の濃縮や妨害物質の除去を行ってから,分析カラムに接続する手法である.
除タンパク	生体液などから可溶性タンパク質を除去するため,有機溶媒や酸でタンパク質を変性して不溶化させる方法,サイズ排除クロマトグラフィーや限外濾過膜でタンパク質を除去する方法などがある.
遠心法	液体試料中のゴミや不要物を遠心分離して除去する方法.超遠心分離機を用いると,細胞顆粒やタンパク質も分画できる.
ろ過法	液体試料やHPLC用の溶離液に含まれているゴミや粒子などをろ紙,グラスフィルターなどに通して除去する操作.
クロマトグラフィー	ピークを分取することにより,分析種の精製度を上げる操作で,主にHPLCを使用して行われる.
加水分解	タンパク質,ペプチド,多糖,オリゴ糖などのバイオポリマーをアミノ酸や単糖などの構成成分に変換する操作.

1.4 分析法バリデーション

わが国における医薬品の製造は,医薬品の製造管理および品質管理に関する基準(Good Manufacturing Practice：GMP)に従って行われることが定められている.このGMPで定める製造設備基準が所期の目的通りに機能しているかどうかを検証・記録するプロセスは**バリデーション**(validation)と呼ばれ,「製造所の構造設備,並びに手順,工程,その他の製造管理及び品質管理の方法が期待される結果を与えることを検証し,これを文書とすることをいう」と定義されている.**分析法バリデーション**(analytical validation)は,医薬品の試験法に用いるバリデーションである.日局16には,「分析法バリデーションは,医薬品の試験法に用いる分析法が,分析法を使用する意図に合致していること,すなわち,分析法の誤差が原因で生じる試験の判定の誤りの確率が許容できる程度であることを科学的に立証することである」と定義されている[2].ここで,分析法の能力は次に示す分析能パラメーターにより表される.

1.4.1 分析能パラメーター (validation characteristics)

分析能パラメーターは,分析法の妥当性を評価するために必要であり,その用語と定義は分析法を適用する分野によって異なる.以下は,日本薬局方[2]の目的に沿って定められたものである.

a. 真度 (accuracy, trueness)

真度は,「分析法で得られる測定値の偏りの程度」と定義され,真の値と測定値の総平均との差で表される.真度は,分析法に対する系統誤差の影響を評価するパラメーターである.

b. 精度 (precision)

精度は,「均質な検体から採取した複数の試料を繰り返し分析して得られる一連の測定値が,互

いに一致する程度」と定義され，測定値の分散，標準偏差または相対標準偏差で表される．精度は，繰り返し条件が異なる3つのレベルで表され，それぞれ併行精度（repeatability/intra-assay precision），室内再現精度（intermediate precision），室間再現精度（reproducibility）という．

① **併行精度**：併行精度とは，試験室，試験者，装置，器具および試薬のロットなどの分析条件を変えずに，均質な検体から採取した複数の試料を短時間内に繰り返し分析するとき（併行条件）の精度である．

② **室内再現精度**：室内再現精度とは，同一試験室内で，試験者，試験日時，装置，器具および試薬のロットなどの一部またはすべての分析条件を変えて，均質な検体から採取した複数の試料を繰り返し分析するとき（室内再現条件）の精度である．

③ **室間再現精度**：室間再現精度とは，試験室を変えて，均質な検体から採取した複数の試料を繰り返し分析するとき（室間再現条件）の精度である．

c．特異性（specificity）

特異性は，「試料中に存在すると考えられる物質の存在下で，分析対象物を正確に測定する能力」と定義され，分析法の識別能力を表す．

d．検出限界（detection limit）

検出限界は，「試料に含まれる分析対象物の検出可能な最低の量または濃度」と定義されている．検出限界（DL）は，測定値が正規分布し連続な場合には，検出限界付近の検量線の傾き（$slope$）とブランク試料の測定値の標準偏差（σ）を用いて次式により求めることができる．

$$DL = \frac{3.3\,\sigma}{slope}$$

e．定量限界（quantitaion limit）

定量限界は，「試料に含まれる分析対象物の定量が可能な最低の量または濃度」と定義されている．通例，相対標準偏差10%程度の精度で定量できる最小量とする．

f．直線性（linearity）

直線性とは，「分析対象物の量または濃度に対して直線関係にある測定値を与える分析法の能力」と定義されている．

g．範囲（range）

範囲とは，「適切な精度および真度を与える，分析対象物の下限および上限の量または濃度に挟まれた領域」と定義されている．通例，分析法バリデーションにおける範囲は，試験の規格値±20%程度でよい．

1.4.2 分析法を適用する試験法の分類

試験法は，その目的より以下のタイプⅠ，タイプⅡ，タイプⅢに分類することができる．試験法のタイプと検討が必要な分析能パラメーターを表1.7に示す．

①タイプⅠ：確認試験法．医薬品の主成分などをその特性に基づいて確認するための試験法．
②タイプⅡ：純度試験法．医薬品中に存在する不純物の量を測定するための試験法．
③タイプⅢ：医薬品中の成分の量を測定するための試験法（成分には，安定剤および保存剤などの添加剤なども含まれる）．溶出試験法のように，有効成分を測定する試験法．

表 1.7 試験法のタイプと検討が必要な分析能パラメーター

分析能パラメーター＼タイプ	タイプ I	タイプ II 定量試験	タイプ II 限度試験	タイプ III
真度	−	＋	−	＋
精度				
併行精度	−	＋	−	＋
室内再現精度	−	−*	−	−*
室間再現精度	−	＋*	−	＋*
特異性	＋	＋	＋	＋
検出限界	−	−	＋	−
定量限界	−	＋	−	−
直線性	−	＋	−	＋
範囲	−	＋	−	＋

−：通例，評価する必要がない．
＋：通例，評価する必要がある．
＊：分析法および試験法が実施される状況において，室内再現精度または室間再現精度のうち一方の評価を行う．日本薬局方に採用される分析法のバリデーションでは，通例，後者を評価する．
注：特異性の低い分析法の場合には，関連する他の分析法により補うこともできる．

演習問題

1.1 溶媒抽出法と比較して，固相抽出法の長所を述べよ．
1.2 誘導体化法のうち，前処理にはプレカラム誘導体化しか使用できないと考えるのは正しいか．
1.3 SN 比とは何か，説明せよ．

参考図書

1) 中村　洋：分析によって知る世界，p.206，放送大学教育振興会，2007．
2) 第十六改正日本薬局方，厚生労働省，2011．

2 分析化学の基礎

はじめに

分析化学は学部横断的な学問領域であるため，その捉え方には学部の特色が色濃く反映されている．たとえば，工学部では分析化学の内容を計測科学，計測工学などと表現する場合が多く，薬学などバイオ系の学部では分子識別科学，分子認識科学と理解する研究者も少なくない．しかし，表現の違いこそあれ，どの領域においても最終的には何かを「測る」，「量る」，「計る」など，「ハカル」操作に関連した研究や技術開発が行われていることは間違いがない．このような操作の対象となるのは，長さ，質量，物質量などの物理量である．科学が，主観に基づく芸術と根本的に異なっているのは，客観に立脚しているからであり，物理量こそが議論の余地がない客観の裏付けとなる．このような意味で，分析化学あるいは分析科学は科学における「物差し」的な役割を担っている．そこで本章では，分析化学の基礎として物理量と単位，特にSI単位を学習し，実際に化学分析を行う際に不可欠な試薬，溶媒，標準物質に関する知識を理解し，分析データの取り扱い方と定量の基本について学ぶ．

2.1 物理量と単位

分析化学では，mL，gなど色々な単位が用いられている．単位は単独で使用されることはなく，必ず数値につけて用いられる．数値と単位が一緒になったものは物理量（数値×単位）と呼ばれ，物質の状態を表している．

2.1.1 SI単位

従来，国や地域の伝統に基づいて様々な単位が使用されていた．わが国でも1959年にメートル法が施行されるまでは，長さの単位を尺，質量の単位を貫，体積の単位を升などとする日本古来の尺貫法が使用されていた．国によって異なる単位系が使用されている混乱を解決するため，1960年に開催された国際度量衡会議総会で基本物理量に関する国際単位系（The International System of Units, SI単位系）が採用された．SI単位系では，物理量と単位が1対1の関係にあり，SI単位は**基本単位**（fundamental unit）と**組立単位**（derived unit，誘導単位ともいう）から構成される．SI基本単位には，表2.1に示す7つがあり，その定義は以下の通りである．

- メートル（m）：1 mは，光が真空中を299,792,458分の1秒間に進む距離．
- キログラム（kg）：1 kgは，国際キログラム原器の質量に等しい質量．
- 秒（s）：1秒は，^{133}Cs原子の基底状態の2つの超微細レベル間の遷移に伴い放出される光の9,192,631,770倍の時間．

2.1 物理量と単位

表 2.1 SI 基本単位

物理量	SI 単位の名称	SI 単位の記号
長さ	メートル meter	m
質量	キログラム kilogram	kg
時間	秒 second	s
電流	アンペア ampere	A
温度	ケルビン kelvin	K
物質の量	モル mole	mol
光度	カンデラ candera	cd

表 2.2 分析化学領域における代表的な SI 組立単位

物理量	SI 単位の名称	SI 単位の記号
面積	平方メートル	m^2
波数	毎メートル	m^{-1}
体積	立方メートル	m^3
速度	メートル毎秒	$m\ s^{-1}$
加速度	メートル毎二乗秒	$m\ s^{-2}$
密度	キログラム毎立方メートル	$kg\ m^{-3}$
電場強度	ボルト毎メートル	$V\ m^{-1}$
電気伝導率	ジーメンス毎メートル	$S\ m^{-1}$
双極子モーメント	クーロン・メートル	$C\ m$
濃度	モル毎立方メートル	$mol\ m^{-3}$
質量モル濃度	モル毎キログラム	$mol\ kg^{-1}$

- アンペア（A）：1 A は，無視できる程度に断面が小さく無限に長い 2 本の導体を真空中で 1 m 隔てて平行に張り，それに定電流を通じたとき，その導体間に働く長さ 1 m 当たり 2×10^{-7} ニュートンの力を生じさせる電流．
- ケルビン（K）：1 K は，水の三重点の熱力学的温度の 273.16 分の 1 の温度．
- カンデラ（cd）：1 cd は，周波数 540×10^{12} Hz の光（波長：約 555 nm）を放出し，1 ステンカラジアン当たり 683 分の 1 ワットのエネルギーを放出する光源の光度．
- モル（mol）：1 mol は，12 g の ^{12}C に含まれる炭素原子と同数の構成単位を含む系の物質の量．

SI 組立単位は，7 つの SI 基本単位を 2 つ以上，積または商の組み合せにしたものである．分析化学領域で使用されるおもな SI 組立単位を表 2.2 に示す．また，桁数が大きい数値を便利に表記する工夫として，10 の累乗倍および 10 の累乗分の 1 を表す SI 接頭語がある．たとえば，10,000 m を 10 km と表記する場合のように，SI 接頭語を SI 単位の前につけて使用する．現在，汎用されている SI 接頭語を表 2.3 に示す．なお，接頭語の記号は立体（ローマン体）文字とし，単位記号との間に間隙を入れずに表記する．

2.1.2 濃度の表記法

第十六改正日本薬局方（日局 16）[1]で使用されている濃度表示には，以下のものがある．

a．モル濃度，重量モル濃度

モル濃度は，溶液 1 L 中に含まれる溶質のモル数であり，mol/L と表記する．また，重量モル濃度は，溶媒 1 kg 中に含まれる溶質のモル数であり，mol/kg と表記する．

表 2.3 SI 接頭語

大きさ	接頭語	記号	大きさ	接頭語	記号
10^{-1}	デシ deci	d	10	デカ deca	da
10^{-2}	センチ centi	c	10^{2}	ヘクト hecto	h
10^{-3}	ミリ milli	m	10^{3}	キロ kilo	k
10^{-6}	マイクロ micro	μ	10^{6}	メガ mega	M
10^{-9}	ナノ nano	n	10^{9}	ギガ giga	G
10^{-12}	ピコ pico	p	10^{12}	テラ tera	T
10^{-15}	フェムト femto	f	10^{15}	ペタ peta	P
10^{-18}	アト atto	a	10^{18}	エクサ exa	E
10^{-21}	ゼプト zepto	z	10^{21}	ゼッタ zetta	Z
10^{-24}	ヨクト yocto	y	10^{24}	ヨッタ yotta	Y

b．質量百分率，体積百分率

質量百分率は，溶液 100 g 中に含まれる溶質の質量（g）であり，％で表記する．体積百分率は，溶液 100 mL 中に含まれる溶質の容量（mL）であり，vol％で表記する．また，質量対体積百分率は，溶液 100 mL 中に含まれる溶質の質量（g）であり，w/v％で表記する．

c．その他

薬学領域に独特な濃度表示法として，（1 → 10），（1 → 100），（1 → 1000）などと矢印を使ったものがある．この表記法の約束としては，固体の場合は 1 g，液体の場合は 1 mL を溶媒に溶かし，全量をそれぞれ 10 mL，100 mL，1000 mL にメスアップすることを示している．

ppm（parts per million）は百万分率であり，100 万分の 1（10^{-6}）を表す．また，**ppb**（parts per billion）は十億分率であり，10 億分の 1（10^{-9}）を表す．さらに，**ppt**（parts per trillion）は 1 兆分の 1（10^{-12}）を表し，未だ用語としては定着していないが，一兆分率ともいうべきものである．

2.2 試薬と溶媒

試薬（reagent）や溶媒（solvent）は，研究や実験には不可欠な必需品であるが，その機能は全く異なる．どちらも化学物質であることは同じであるが，試薬には目的物質と化学反応をすることが求められるのに対し，溶媒には物質を溶解する機能だけが期待され，原則として反応性があってはならない．化学分析に使用される試薬と溶媒には，純度が高いものが求められる．ちなみに，容量分析用標準物質（10 品目）には 99.90％以上の純度が保証されている．

試薬メーカーが供給する試薬には，特級，一級など企業独自の社内期格に従った製品に加えて，原子吸光用，高速液体クロマトグラフ用など用途別の試薬群もある．一方，JIS 試薬は，日本工業規格（Japanese Industrial Standards, JIS）に従って製造された試薬である．試薬や溶媒も含めて化学品を提供する場合には，化学物質排出把握管理促進法（化管法）における SDS（safety data sheet, SDS；安全データシート）制度により，化学品の特性および取り扱いに関する情報の事前公開と，ラベルなどによる表示が義務付けられている．

2.2.1 標準物質とトレーサビリティー

標準物質（reference material）は,「測定装置の校正,測定方法の評価または材料に値を付与することに用いるために,1つ以上の特性値（たとえば,ある成分についての濃度や純度）が適切に確定されている十分に均一な材料または物質」である.**認証標準物質**（certified reference material：CRM）は,標準物質のうち,「認証書（certificate）がついており,1つ以上の特性値について適切な基準に対するトレーサビリティーが確保されているものであり,認証値に不確かさがついているもの」である.ここで,トレーサビリティー（traceability）とは,「不確かさがすべて表記された,切れ目のない比較の連鎖（トレーサビリティー連鎖）を通じて,通常は国家標準または国際標準である決められた標準に関連づけられ得る測定結果または標準の値の性質」と定義されるものである.

2.3 測定値の取り扱い

試料を分析して得た測定値には,何らかの**誤差**が含まれているのが通例である.そのため,一連の分析を数回行って得た測定値を統計学的に処理して評価する必要がある.

2.3.1 誤　　差

誤差とは測定値と真の値との差であり,発生原因により系統誤差（systematic error）と偶然誤差（random error）に大別される.

a．系統誤差

系統誤差は,一連の測定を繰り返し行った際,一定の方向に生じる誤差（正の誤差または負の誤差）で,確定誤差ともいわれる.系統誤差には,方法誤差（methodical error；分析法に原因がある誤差）,器差（instrumental error；計量器の不正確さによる誤差）,操作誤差（operative error；測定操作の未熟さによる誤差）,個人誤差（personal error；測定者の癖に起因する誤差）などがあり,原因が特定できるのが特徴である.

b．偶然誤差

偶然誤差は,一連の測定を繰り返し行っても,誤差が一定の方向に生じず,ランダムに生じる誤差であり,不確定誤差ともいわれる.偶然誤差は,原因が分からないため,同じ試料を繰り返し測定し,測定値を平均することにより,その影響を少なくすることができる.

2.3.2 不確かさ

誤差は測定値と真の値との差として定義されるが,未知試料では真の値は誰にもわからないため,近年では誤差に代わって**不確かさ**（uncertainty）を使用する動きが強まっている.不確かさは,「測定の結果に付随した,合理的に測定量に結びつけられ得る値のばらつきを特徴づけるパラメーター」と定義されている.不確かさは,系統誤差の原因を可能な限り除去した後の測定値がどの程度真の値に近いのかを示すものであり,真の値とは関わりなしに,誤差の要因から真の値の存在範囲を推定したものである.

不確かさの要因を標準偏差で表したものは,**標準不確かさ**（standard uncertainty）u,標準不確かさを不確かさの伝搬の公式に従って合成したものは**合成標準不確かさ**（combined standard uncertainty) u_c と呼ばれる．これに包含係数（拡張係数，範囲係数，coverage factor）k を掛けた**拡張不確かさ**（expanded uncertainty）U が最終的な不確かさとなる（$U = k \cdot u_c$）．

2.3.3 有効数字と数値の丸め方
a．有効数字（significant figure）

　有効数字とは，ある数値を示す数字のうち，実際の目的に有効または有意義な桁数を採用した数字のことである．たとえば，10 mL のメスピペットの目量（めりょう，最小目盛）は 0.1 mL であり，その 10 分の 1 の桁まで目測して 9.78 mL の溶液を測りとったとする．この例では，9.7 mL までは確実であるが，最後の桁の数字である 8 は，7 または 9 である可能性もある．有効数字は，確実に保証されている数字に不確実な数字を 1 桁加えたものであり，上記の場合には有効数字は 3 桁である．

　次に，たとえば 0.009876 や 23400 のような場合には，有効数字が明瞭ではない．前者では 9.876×10^{-3} と表示すれば，有効数字は 4 桁であることが明瞭となる．また，後者では 2.34×10^4，2.340×10^4 あるいは 2.3400×10^4 と表示することにより，ゼロの有効性，すなわち有効数字の桁数がそれぞれ 3 桁，4 桁および 5 桁であることが明らかとなる．

b．数値の丸め方

　「数値を丸める」とは，有効数字を考慮して桁数が多い数値を整理することである．日局 16 の通則[1]には，「医薬品の試験において，n 桁の数値を得るには，通例，$(n+1)$ 桁まで数値を求めた後，$(n+1)$ 桁目の数値を四捨五入する」と定められている．また，数値を丸める操作は，丸め誤差を避けるため，一連の計算を終えた最後に 1 回だけ行うのが原則である．加減計算においては，有効数字は各数値のうちの小数点以下の桁数が最も少ない数値に合わせる．乗除計算では，各数値の中で有効数字が最も少ない数値の桁数に合わせる．

2.3.4 標準偏差と相対標準偏差

　ある測定を無限回繰り返したときに得られる，無限個の測定値の集まりを**母集団**（population）という．この母集団の測定値を横軸に，頻度を縦軸にプロットすると，測定値の分布は正規分布（normal distribution，ガウス分布）となる（図 2.1）．この正規分布曲線において，u は母集団の

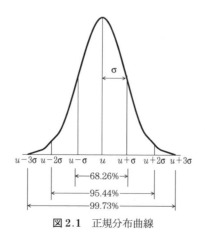

図 2.1　正規分布曲線

平均値である**母平均**，σ はこの母集団の分布の広がり（測定値のばらつき）を示す**標準偏差** (standard desviation) である．図2.1から分かるように，標準偏差 σ は母平均 u から左右の曲線上の変極点までの幅に一致する．$u \pm \sigma$ の範囲には母集団の測定値の 68.26％，$u \pm 2\sigma$ の範囲には 95.44％，$u \pm 3\sigma$ の範囲には 99.73％がそれぞれ存在する．

さて，標準偏差は式 (1) で表される．ここで，x_i は個々の測定値，N は無限の測定回数である．標準偏差の二乗を**分散** (variance) という（式 (2)）．

$$\sigma = \sqrt{\frac{\sum(x_i - u)^2}{N}} \tag{1}$$

$$\sigma^2 = \frac{\sum(x_i - u)^2}{N} \tag{2}$$

実際の測定においては，測定回数には限りがあるので，上記の統計学的な扱いを現実的なものにする必要がある．そこで，母集団から無作為に n 個の標本を取り出し，その平均値（標本平均）m を母平均の代わりに用いる（式 (3)）．また，式 (1) における測定回数 N の代わりに $n-1$ を用いて母集団の標準偏差の推定値（標本標準偏差）s を求め，この s を標準偏差として用いる（式 (4)）．

この標準偏差の平均値に対する百分率を**相対標準偏差** (relative standard deviation, RSD) または変動係数 (coefficent variation, CV) という．相対標準偏差は，測定結果の精度を評価する尺度として用いられる（式 (5)）．

$$m = \frac{\sum x_i}{n} \tag{3}$$

$$s = \sqrt{\frac{\sum(x_i - m)^2}{n - 1}} \tag{4}$$

$$相対標準偏差（％）= \frac{標準偏差}{平均値} \times 100 \tag{5}$$

2.4 定量分析

定量を行うには，一般に**検量線** (calibration curve) が使用される．検量線とは，分析種の標準物質（標品）の質量，濃度等に関する情報を横軸に目盛り，それらの応答量またはそれに関する情報量を縦軸に目盛った関係式のことである．一般には，**絶対検量線法** (external standard method)，**内標準法** (internal standard method)，**標準添加法** (standard addition method) の3種類の定量法がよく使用される．絶対検量線法は，クロマトグラフィーなどで使用され，横軸に分析種の質量または濃度，縦軸に応答量（ピーク面積，ピーク高さなど）をプロットして検量線を作成する．最小二乗法で求めた両者の関係式（$y = ax + b$）を利用して，試料の応答量から試料中の分析種の質量または濃度を算出する（図 2.2(a)）．絶対検量線法は最も単純な方法であるが，操作を厳密に行わないと正確な定量値が得られないため，前処理を必要としないか，ごく簡単な前処理しか行わないで済む試料にしか適用できない．

内標準法は，分析種と化学的性状が酷似した化合物を**内標準** (internal standarad：IS) に定め，試料に一定量の内標準を添加して定量操作を行う．すなわち，横軸に分析種の質量 Ma/IS の添加質量 Mi（または分析種の濃度 Ca/IS の濃度 Ci），縦軸に分析種の応答量 Ra/IS の応答量 Ri

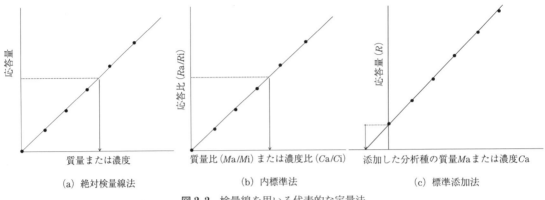

図 2.2 検量線を用いる代表的な定量法

をプロットして検量線を作成し，最小二乗法で求めた一次式（$y=ax+b$）を利用して，IS に対する試料の応答比から試料中の分析種の質量または濃度を算出する（図 2.2(b)）．内標準法は，IS との比率で定量を行うので，定量操作に必要な固相抽出，溶媒抽出などの操作を厳密に行わなくても正確に定量できる利点があるため，マトリックスが複雑な生体試料や環境試料などの定量法としてクロマトグラフィーなどで汎用されている．

　標準添加法は，試料を等分に小分けして，そのそれぞれに分析種の標準物質（標品）を一定量（質量，濃度）添加してよく混合し，横軸に添加した標準物質（標品）の質量 Ma または濃度 Ca，縦軸に応答量 R をプロットして検量線を作成する．添加しなかった小分け試料の応答量が試料中に元々含まれていた分析種の質量または濃度に比例するので，検量線が横軸と交わった物理量が定量値となる（図 2.2(c)）．標準添加法は，試料中の共存成分が定量値に影響を与える**マトリックス効果**（matrix effect）を相殺できる利点があるため，検量線の作成に必要な試料量が確保できれば，粘性が高い試料などにも適用できる．

演習問題

2.1 SI 単位系では，接頭語は 1 つだけを用い，2 つ以上を重ねて使用しない約束となっている．このルールに従い，次の表記を正しく修正せよ．
① 1 mmmol, ② 1 μμm, ③ 1 mkg, ④ 1 mmmm

2.2 有効数字を考慮して，次の計算結果を示せ．
34.26 + 2.3 =

2.3 有効数字を考慮して，次の計算結果を示せ．
35.6 × 2.345 =

参考図書

1) 第十六改正日本薬局方，厚生労働省，2011．

3

物質にはたらく力

はじめに

　地球上に存在する物質に普遍的にはたらく力は**重力**であり，それは**万有引力**と**遠心力**の合力である．重力と異なる力を物質に作用させると物質固有の動きをする．この力を測定することにより物質相互間の差異を認識することができる．物質にはたらく力を分析することは物質固有の性質を知ることにもなる．それには，物質の物理化学的性質を理解することが必要となる．その性質は物質を構成する分子が示すものである．分子は種々な元素の原子から，原子はさらに**原子核**とそれを取りまく**電子**（電子雲）からなり，原子核は**陽子**，**中性子**および**中間子**などの素粒子から成り立っている．これらがもっている性質のすべてが分析対象として利用される．

　また，原子と原子が**化学結合**した分子の性質は，化学結合の状態で異なるので結合の性質を調べることになる．化学結合は原子と原子が結びつけられ，その仲立ちをしているのが電子であり，結合の相違は電子状態の相違によって生じる．分析化学に用いられるさまざまな反応も電子が関与している．原子や分子に存在する電子は，外部からエネルギーを得ると安定な状態から不安定な状態に移るが，その移った状態は外部からのエネルギーによって定められており，その状態は量子理論で求められる．それは，電子が粒子と波動の性質をもっているため，原子や分子のような極微な世界では，電子の波動性が無視できず量子理論で説明づけられることになる．

　物質にはたらく力は，原子や分子に作用するエネルギーとなり，そのエネルギーは原子や分子の化学結合に関与した電子に作用し，その電子の状態は量子理論で体系づけられることになる．また，化学結合を理解するには，電子が関与しているので，原子と分子における電子のふるまいを理解することが必要となり，それらはすべて量子理論によって説明される．

3.1 原子の構造

　分子内の電子のふるまいを理解するためには，分子を構成する原子内の電子のふるまいを考慮すればよい．原子はプラスの荷電を帯びている陽子と電気的に中性である中性子からなる原子核と，原子核内の結合力の本質としての中間子，そして，原子核を取りまくマイナスの荷電を帯びている電子からなる．陽子と中性子は原子の質量の 99.95% 以上を占め，中性子は陽子よりわずかに重い．中間子は陽子の約 1/10 の質量をもち，電子は陽子の約 1/1840 の質量をもつ．陽子と中性子によって原子の質量が決まり，電子の数は陽子の数に等しく，質量に大きな違いがあるにもかかわらず電気量はまったく同じである．また，電子と陽子は固有の角運動量をもって**スピン**（自転）している．このスピン運動の結果，自転軸方向に磁場が生じ磁気双極子をもつ．陽子の数によって元素の種類が，電子の状態によって元素の化学的性質が決定される．化学的性質が同じであるが質量が

異なるものを同位体または同位元素という．中性子が陽子よりも過剰に原子核に存在していると不安定になり，原子核が自然に崩壊し，その際，α線，β線およびγ線とよばれる放射線を出す．それは放射性同位体または**放射性同位元素**とよばれる．原子の荷電，スピン，質量，同位体のおのおのの性質は分析対象となり，電気分析法，光分析法，放射能分析法で述べられる．

3.1.1 水素原子の構造

原子構造を理解するのに，簡単な水素原子の構造について述べる．水素原子はプラスの荷電をもつ陽子とマイナスの荷電をもつ電子からなり，電子は陽子の周囲を運動しており，外部からエネルギーを与えると電子は量子化された安定な状態（**基底状態**）から不安定な状態（**励起状態**）に移る．陽子からの束縛から逃れられない励起状態にある電子は基底状態に戻る．そのときエネルギーを放出する．このときの量子化された励起状態の**エネルギー準位**は量子理論によって求まる．

それは，水素原子の**発光スペクトル**からも考察することができる．水素放電管に電圧をかけると淡紫色の光が生じる．これは，放電管内の水素分子が分解して生じた水素原子から出た光である．この光をプリズムで分光し，乾板に感光させると発光スペクトルを得ることができる．水素原子に電気放電という高エネルギーを与えることにより，原子内の電子がエネルギーを得ていくつかの量子化された励起状態に移り，その電子が量子化された最下位の励起状態または基底状態に戻るときに発光スペクトルを放出する（図3.1）．この量子化された励起状態のエネルギー準位は，不連続な値で，原子内の電子のエネルギー値として示され，このエネルギー準位は陽子の周囲を運動している電子の軌道準位となる．一つの軌道から他の軌道に電子が移るときにエネルギーの放出または吸収が起こる．この軌道を**原子軌道**とよぶ．

3.1.2 原子軌道関数

量子化された原子軌道はシュレディンガーの波動方程式より求まり原子軌道関数として，ボーアモデルのK, L, M, N 殻に相当する軌道が得られる．このK, L, M, N 殻を**主殻**といい，原子軌道関数により求めた軌道のs, p, d, f 軌道を**副殻**という（図3.2）．同じ主殻に属する電子は，エネルギーも原子核からの平均距離もほぼ等しく，その軌道のエネルギー準位は縮重している．シュレディンガーの波動方程式は電子の軌道エネルギー（n：主量子数），角運動量（l：方位量子数），角運動量の方向性（m_l：磁気量子数）を求めることができ，得られた原子軌道関数は電子の広がりを表している．量子数 n, l, m_l で決まる状態を量子状態という．また，原子軌道関数から得た電子の広がりを電子の存在確率密度で示すと，濃淡のある**電子雲モデル**（図3.3）として表すことができる．

a． s軌道

s軌道の電子雲モデルは角運動量の方向性をもたないため球面となる（図3.3(a)）．

b． p軌道

p軌道の電子雲モデルは角運動量の方向性をもつため三つの軌道と角依存性を示す．方向性をもつのでx軸，y軸，z軸に沿って亜鈴型となり，それぞれをp_x軌道，p_y軌道，p_z軌道という（図3.3(b)）．これらp軌道の軌道エネルギーは縮重して等しい．

c． d軌道

d軌道の電子雲モデルは角運動量の方向性をもち，五つの軌道と角依存性を示す．d軌道はp軌

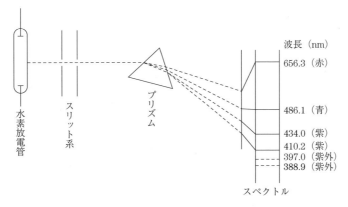

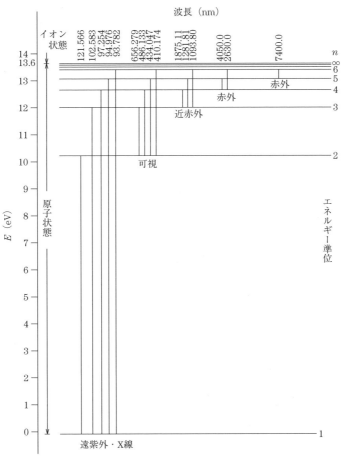

図 3.1 水素放電による発光スペクトルとエネルギー準位

道と異なり軌道の形はすべて同じではなく，d_{xy} 軌道，d_{yz} 軌道，d_{zx} 軌道そして $d_{x^2-y^2}$ 軌道は同じ形で，d_{z^2} 軌道は異なる（図 3.3(c)）．これら d 軌道の軌道エネルギーも縮重して等しい．

d．f 軌道

結合にさほど関与していないので省略する．

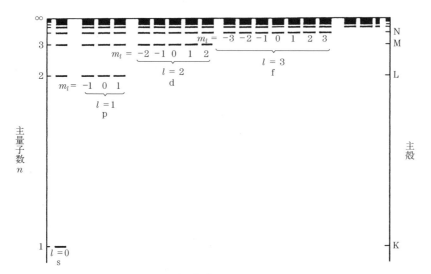

図 3.2 原子軌道のエネルギー準位

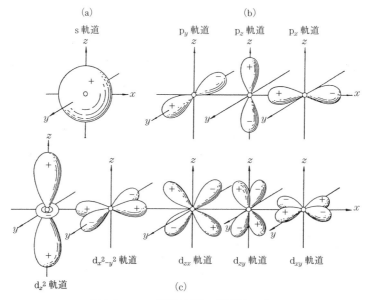

図 3.3 s, p, d 原子軌道の電子雲モデル

3.1.3 多電子原子の構造

　水素原子の原子軌道関数は得られるが，2個以上の電子をもつ原子は，電子に対する原子核の陽子の引力も強まり，電子間の反発力も考慮せざるをえない．しかし，多電子原子のエネルギー準位は，水素原子のエネルギー準位と関連づけることができるので，多電子原子に対しても，水素原子の量子理論を使用することができる．

　多電子原子の場合も放電により発光スペクトルを出すが，量子化された励起状態にある多くの電子が基底状態に戻るとき，精密な分光器によって初めて観察される多重線（二重線，三重線または四重線）とよばれる間隔の短い発光スペクトルを得る．この多重線から量子化された一つの軌道に

は電子は 2 個しか入れないことがわかり，その 2 個の電子は量子化された状態にある．その量子化はスピン（m_s：スピン量子数）である．そして一つの軌道あたり 2 個の電子を収容し，それらは逆向きのスピンをもつことになる（**パウリの原理**）．同一の軌道に入っている 2 個の電子は電子対をなしているという．

水素の原子軌道関数では K, L, M, N 殻の副殻の軌道は縮重して等しい軌道エネルギー準位であったが，多電子原子になると原子核の引力と内側の電子による遮蔽効果のために，縮重していた軌道エネルギー準位は分裂する．また，主量子数が 1 の場合の軌道は K 殻を構成し，副殻は 1s 軌道一つのみである．主量子数が 2 の場合は L 殻であり，副殻は 2s 軌道と 2p 軌道から構成されている．これらの軌道に電子は詰まっていくが主量子数の値が大きくなると，縮重していた軌道エネルギー準位の分裂はさらに大きくなり，副殻の軌道エネルギー準位は順番にならなくなる．多電子原子の原子軌道のエネルギー準位を図 3.4 に示す．エネルギーの低い軌道から矢印のようにほぼ順番に詰まっていくが，原子によっては 4s と 3d，5s と 4d そして 6s，4f と 5d および 7s，5f と 6d の軌道で入る電子の順番が異なることがある．副殻に入る最大電子数は，s 軌道は 2，p 軌道は 6，d 軌道は 10，f 軌道は 14 であり，主殻の K 殻には 2，L 殻には 8，M 殻には 18 そして N 殻には 32 個が入ることになる．また，複数の電子がエネルギーの等しい副殻の軌道に入るとき，電子は可能なかぎり異なる軌道に，スピンを平行にして入るという**フントの規則**に従う．このフントの規則により原子どうしが結合するときに新しい混成軌道を生成する．

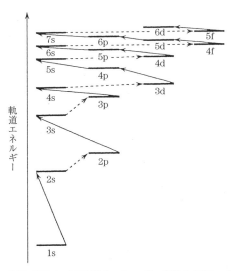

図 3.4 多電子原子の原子軌道エネルギー準位と電子の充填順序

3.1.4 原子のイオン化エネルギーと電子親和力

イオン化エネルギーは原子から電子を取り去り，原子を陽イオンにするのに必要なエネルギーである．多電子原子の場合，エネルギー準位の高い軌道にある電子（**最外殻電子**）1 個を取り去るのに要するエネルギーを第一イオン化エネルギーといい，2 個目の電子を取り去るエネルギーを第二イオン化エネルギーという．したがって，第一イオン化エネルギーがわかれば，**最外殻軌道エネルギー**が求まる．イオン化エネルギーの単位は普通，電子ボルト（eV）を用いる．そして，最も容易に取り去られる電子が，化学結合に最も関与する電子と考えられる．表 3.1 に最外殻軌道に配置

表 3.1 第一イオン化エネルギー，電子親和力およびポーリングの電気陰性度

原子	外殻電子配置	イオン化エネルギー (eV)	電子親和力 (eV)	ポーリングの電気陰性度
H	$1s^1$	13.60	0.754	2.1
He	$1s^2$	24.58	-0.5	
Li	$2s^1$	5.39	0.618	1.0
Be	$2s^2$	9.32	-0.5	1.5
B	$2s^22p^1$	8.30	0.277	2.0
C	$2s^22p^2$	11.26	1.263	2.5
N	$2s^22p^3$	14.53	-0.07	3.0
O	$2s^22p^4$	13.61	1.461	3.5
F	$2s^22p^5$	17.42	3.399	4.0
Ne	$2s^22p^6$	21.56	-1.2	
Na	$3s^1$	5.14	0.548	0.9
Mg	$3s^2$	7.64	-0.4	1.2
Al	$3s^23p^1$	5.98	0.441	1.5
Si	$3s^23p^2$	8.15	1.385	1.8
P	$3s^23p^3$	11.00	0.747	2.1
S	$3s^23p^4$	10.36	2.077	2.5
Cl	$3s^23p^5$	13.01	3.617	3.0
Ar	$3s^23p^6$	15.76	-1.0	
K	$4s^1$	4.34	0.502	0.8
Ca	$4s^2$	6.11	-0.3	1.0
Ga	$4s^24p^1$	6.00	0.3	1.6
Ge	$4s^24p^2$	7.88	1.2	1.8
As	$4s^24p^3$	9.81	0.81	2.0
Se	$4s^24p^4$	9.75	2.021	2.4
Br	$4s^24p^5$	11.84	3.365	2.8
Kr	$4s^24p^6$	13.996	-1.0	

する電子と第一イオン化エネルギーを示す．これは一定の周期性を示し，第一イオン化エネルギーの大きいものは不活性ガスで，イオン化することは困難である．比較的第一イオン化エネルギーの小さいアルカリ金属は陽イオンになりやすい．

　原子の電子親和力はイオン化エネルギーとちょうど反対の尺度といえる．中性原子の場合であれば，原子が電子を一つ捕獲するときに放出されるエネルギーであり，中性原子と生成する陰イオンのエネルギー差でもある．電子親和力を測定するのは非常にむずかしい．しかし，化学結合を理解するにはイオン化エネルギーと同様に重要なもので，原子と原子が結合するとき一方の原子が他方の原子の電子に対して及ぼす引力を予測する有力な手がかりを与えてくれる．表 3.1 に原子の電子親和力の値を示す．電子親和力の大きいハロゲン元素は陰イオンになりやすい．

　イオン化エネルギーと電子親和力に関与する最外殻軌道を**原子価軌道**といい，その軌道に存在する電子を**原子価電子**という．この原子価軌道と原子価電子はともに化学結合に関与する．

3.2 化 学 結 合

　化学結合には**共有結合**，**イオン結合**，金属結合，配位結合，水素結合，疎水結合などがあるが，

原子と原子が結合するとき，おのおのの原子価軌道と原子価電子が関与し，電子の共有化が必要となる．

3.2.1 共有結合

共有結合は量子理論を用いた**原子価結合法**と**分子軌道法**によって説明され，最終的には「共有結合は原子どうしの間に平等に共有された一対の電子が結合を形成する」ということになる．

原子価結合法は各原子の原子価軌道が互いに重なり，その軌道に原子価電子が逆平行スピンの対をつくって共有結合が形成されることである．原子価結合法では結合の数と強さを決めることができるが，結合の方向性を決めることはできない．

分子軌道法は原子が原子軌道をもっているように，分子もまたそれに付随した分子軌道をもっていると考え，原子どうしの原子軌道関数を組み合わせて**分子軌道関数**と**分子軌道エネルギー**を計算することであり，量子理論を用いて分子軌道法を近似法によって求めている．分子軌道法によって求めた分子軌道関数から**結合性分子軌道**と**反結合性分子軌道**が得られ，分子軌道エネルギーから分子軌道に入る電子配置が求まる．結合性分子軌道は原子核どうしの中間領域に電子が存在する確率が高い軌道で，この軌道に電子が入ると原子核間どうしに引力が生じ，系のエネルギーが低くなり分子が形成される．反結合性分子軌道は原子核どうしの間に電子の存在確率のくびれがあり，この軌道に電子が入っても原子核間どうしに引力は生じない．したがって，分子は形成されないことになる（図 3.5）．

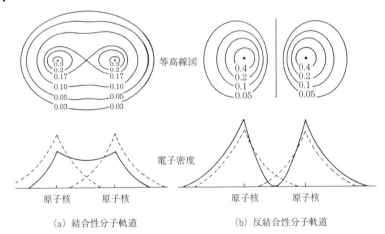

(a) 結合性分子軌道 　　　　(b) 反結合性分子軌道

図 3.5 結合性分子軌道(a)と反結合性分子軌道(b)における電子密度とその等高線図

3.2.2 分子軌道の分類

分子軌道関数から求めた分子軌道は，$\sigma, \pi, \delta, \phi$ などの記号で分類され，実際には σ および π の分子軌道が結合に用いられる．

原子軌道の s 軌道どうしの重なりからできる分子軌道を **σ 軌道**といい，結合性と反結合性分子軌道の2種類があり，結合性を σ 軌道，反結合性を **σ^* 軌道**という（図 3.6）．

原子軌道の p 軌道どうしの重なりからできる分子軌道は，分子の結合軸を x 軸にとる p_x 軌道どうしの重なりからできる分子軌道を σ 軌道とよび，p_y 軌道，p_z 軌道どうしの重なりからできる分子軌道をそれぞれ π_y, π_z 軌道とよぶ．p 軌道どうしの重なりからできた分子軌道にも結合性と反

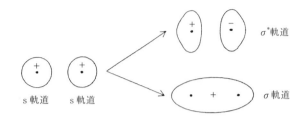

図 3.6 s 軌道による結合性分子軌道（σ 軌道）と反結合性分子軌道（σ* 軌道）

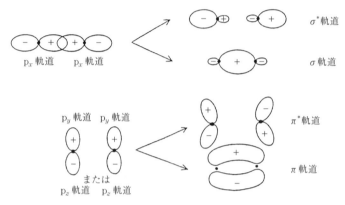

図 3.7 p 軌道による結合性分子軌道（σ および π 軌道）と反結合性分子軌道（σ* および π* 軌道）

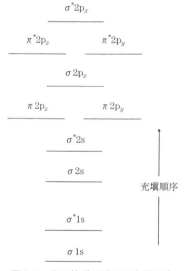

図 3.8 分子軌道の電子の充填順序

結合性分子軌道の 2 種類があり，結合性は σ 軌道と **π 軌道**で反結合性は σ* 軌道と **π* 軌道**である（図 3.7）．また，s 軌道と p 軌道も結合軸に沿って重なり結合した場合に σ 軌道が生じ，この場合にも σ* 軌道がある．σ 軌道にスピンを逆にして二つの電子（**σ 電子**）が入ると σ 結合が形成され，π 軌道にも二つの電子（**π 電子**）が入ると π 結合が形成されることになる．π 結合では電子は結合軸に垂直な方向に分布し，そのため π 結合は σ 結合より弱い．これらの軌道の分子軌道エネルギー準位が決まり，電子は分子軌道の低エネルギー準位から配置される（図 3.8）．これら共

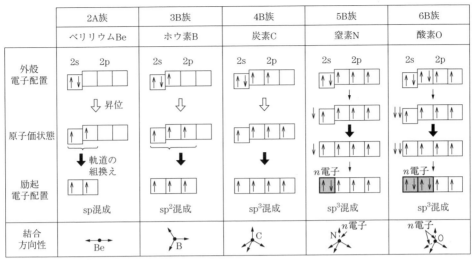

図 3.9 混成軌道の生成

有結合している分子軌道上の電子は，外からのエネルギーを吸収して反結合性分子軌道に励起されたり，励起された電子がもとの結合性分子軌道に戻ったりする．この過程が紫外部や可視部の光の吸収および蛍光やリン光の発光となり，光分析法で述べるおのおのの方法によって測定される．

a．混成軌道

3個以上の原子がσ結合で共有結合する場合，安定な結合方向性のある形を生ずる（図3.9）．この結合方向性は原子軌道の方向性から説明できる．原子軌道のs軌道は球対称であり，pとd軌道は方向性をもっている．分子軌道を形成するときに，L殻のsとp軌道のエネルギー準位がそれほど違わないので，s軌道の電子がp軌道に昇位し，sとp軌道が混じり合い新しい原子軌道をつくる．それが混成軌道である．M殻のs,pとd軌道もエネルギー準位もさほど違わないので，s軌道とp軌道の電子がd軌道に昇位して，s,pとd軌道の混ざり合った新しい混成軌道を生じる．それらの混成軌道は互いに同等であるとともに方向性をもち，強い共有結合をつくる．d軌道を含む混成軌道は数が多いので割愛する．

b．sp³混成軌道（四面体型）

炭素原子はL殻のsとp軌道で混成軌道を生じる．その電子配置は$1s^22s^22p^2$であるが，4個の水素原子が結合したメタンCH_4では，sp³混成軌道を考えなければならない．それは，外殻電子の2sと2pのエネルギー準位はあまり違わないので，2s軌道にある電子の一つは昇位してフントの規則に従って2p軌道に入り**励起電子配置**（$2s^12p_x^12p_y^12p_z^1$）を生じる．炭素原子の励起電子配置に水素原子の電子が配置し，σ結合すると4個の水素原子は結合する（原子価結合法）．しかし，s軌道は球対称であり，p軌道は三次元の直角座標にあるので，p軌道からできるσ結合は互いに90°の角度を示し，実際のメタンの構造とは一致しない．そこで，一つのs軌道と三つのp軌道がお互いに混ざり合った新しいsp³混成軌道を考える．まず，電子が球対称に分布するs軌道が混じっていることを考えると，sp³混成軌道は全体として何らかの対称性があると推察され，一方，明らかに方向性をもつp軌道も関与するので，結局，sp³混成軌道は三次元の空間における対称な四つの方向が含まれる正四面体の中心から各頂点へ向かう構造が唯一考えられる（図3.9）．そし

て，この構造は実際のメタンの HCH 結合角 109.5°と一致した．

　窒素原子や酸素原子が水素原子と結合するときも sp^3 混成軌道を考える．アンモニア NH_3 では窒素原子の外殻電子（$2s^2 2p_x^1 2p_y^1 2p_z^1$）が四つの sp^3 混成軌道を占めると考えればよい．三つの sp^3 混成軌道が水素原子と σ 結合をし，残り一つの sp^3 混成軌道に 2 個の電子が占めている状態である．この 2 個の電子（**n 電子**）を**非共有電子対**という．水 H_2O の酸素原子の外殻電子（$2s^2 2p_x^2 2p_y^1 2p_z^1$）も四つの sp^3 混成軌道に占めていると考えれば，二つの sp^3 混成軌道に水素原子が結合し，残り二つの sp^3 混成軌道に n 電子が存在することになる（図 3.9）．アンモニアの HNH 結合角 106.7°と水の HOH 結合角 104.5°がメタンの結合角と異なるのは，n 電子が結合電子対と反発してしまうためである．

c．sp^2 混成軌道（平面三角型）

　次にエチレン C_2H_4 を考えてみると，エチレンの炭素原子はそれぞれ三つの原子（2 個の水素原子と他の炭素原子）と結合している平面状の分子である．それぞれの結合が σ 結合をして平面であるとすると，メタンの場合と同様に炭素原子の電子配置および励起電子配置でも説明できない．そこで，二次元の平面であるから励起電子配置の $2p_x$ 軌道と $2p_y$ 軌道および 2s 軌道がお互いに混ざり合った新しい sp^2 混成軌道を考える．$2p_x$ 軌道と $2p_y$ 軌道の方向性は平面状で直交しており，s 軌道は球対称性をもっているので，生じる sp^2 混成軌道の対称軸はすべて xy 平面内にある．三つの sp^2 混成軌道はすべて等価で，xy 平面内で互いに 120°の方向に向いていて，二つの水素原子ともう一つの炭素原子と共有結合する．しかし，各炭素原子の励起電子配置には，生じた sp^2 混成軌道のほかに $2p_z$ 軌道に電子が一つずつ入った状態で残っている．この $2p_z$ 軌道は sp^2 混成軌道に垂直であり，炭素原子間の σ 結合の上下にまたがって重ね合わさり π 軌道が構成される．両方の $2p_z$ 軌道上の電子を $π_z$ 軌道に入れることによって π 結合が形成され，分子全体が安定化し同一平面上に固定される．よって，エチレン $H_2C=CH_2$ の炭素原子間は σ 結合と π 結合によって二重結合していることになる．また，エチレンの HCH 結合角は 120°ではなく，π 電子に影響され 116.2°となる．

　炭素原子のほかに sp^2 混成軌道で結合している元素としてホウ素 B がある．ホウ素の外殻電子は $2s^2 2p^1$ であり，励起電子配置は $2s^1 2p_x^1 2p_y^1$ となり sp^2 混成軌道を形成する．フッ素と結合して平面三角体の三フッ化ホウ素 BF_3 を生じ，FBF 結合角は 120°である（図 3.9）．

d．sp 混成軌道（直線型）

　次にアセチレン C_2H_2 について考えてみると，炭素原子はそれぞれ二つの原子（1 個の水素原子と他の炭素原子）と結合している直線状の分子である．それぞれの結合が σ 結合をして直線であるとすると，メタンやエチレンの場合と同様に炭素原子の電子配置および励起電子配置でも説明できない．これまで sp^3 と sp^2 混成軌道を考えてきたが，結合が直線状であるためには球対称性の s 軌道と方向性のある p 軌道一つとの混成によって生じる sp 混成軌道を考えなければならない．2s 軌道と $2p_x$ 軌道から生じる sp 混成軌道は一直線上に対称軸があり，水素原子と他の炭素原子と σ 結合をする．しかし，各炭素原子の励起電子配置は，生じた sp 混成軌道のほかに $2p_y$ と $2p_z$ 軌道に電子が一つずつ入った状態で残っている．この $2p_y$ と $2p_z$ 軌道は直交して sp 混成軌道にある．炭素原子間の σ 結合に直交しておのおの重ね合わさり $π_y$ 軌道と $π_z$ 軌道が構成される．両方の $2p_y$ と $2p_z$ 軌道上の電子を $π_y$ と $π_z$ 軌道に入れることによって π 結合が形成され，分子全体が安定化し直線上に固定される．よって，アセチレン HC≡CH の炭素原子間は σ 結合と二つの π 結合によっ

て三重結合していることになる．

炭素原子のほかに sp 混成軌道で結合している元素としてベリリウム Be がある．ベリリウムの外殻電子は $2s^2$ であり，励起電子配置は $2s^1 2p_x^1$ となり sp 混成軌道を形成する．塩素と結合して直線分子の塩化ベリリウム $BeCl_2$ を生じる（図3.9）．

3.2.3 イオン結合

プラスとマイナスの荷電を帯びた二つの物質の間には，それらの電気量の積に比例し，各荷電の中心を結ぶ距離に反比例した力がはたらく．これを**クーロン力**（**静電相互作用**）といい，元素から生じた陽イオンと陰イオンが引き合う結合をイオン結合という．

a．陽イオン

最外殻電子を一つもつアルカリ金属（Li, Na, K, Rb, Cs）の第一イオン化エネルギーは小さく，その電子を放出して安定な電子配置を生じ1価の陽イオンになりやすい．しかし，これらの金属を2価の陽イオンにするためには安定な電子配置にある電子の第二イオン化エネルギーは大きいので常温では生じない．

最外殻電子を二つもつアルカリ土類金属（Be, Mg, Ca, Sr, La）は，二つの電子を取り除く第一および第二イオン化エネルギーは大きくないので2価の陽イオンになりやすい．また，生じた陽イオンは安定な電子配置をとるので3価の陽イオンにはなりにくい．

b．陰イオン

電子親和力の大きいハロゲン元素（F, Cl, Br, I）は，一つの電子を捕獲して1価の陰イオンになる．この陰イオンは，電子一つが不足した最外殻軌道に電子が入るので最外殻軌道の電子配置は安定化される．これらの元素を2価の陰イオンにするには新たに最外殻軌道が生じなければならないのでむずかしい．酸素やイオウの最外殻軌道に電子が二つ入ると2価の陰イオンが生じるが，電子親和力は小さいので外からエネルギーを供給しなければならない．しかし，生じる陰イオンの最外殻軌道の電子配置は安定化するので，2価の陰イオンになることは可能である．

3.2.4 イオン結晶

陽イオンのナトリウムと陰イオンの塩素が，イオン結合した塩化ナトリウム NaCl 結晶について考える．結晶構造は X 線回折により電子密度分布や原子の配列を詳細に知ることができる．NaCl 結晶構造から Na 原子と Cl 原子の間には電子密度がほとんどない部分があり，電子雲は連続していないことがわかる．このことは，クーロン力だけで結合していることを示す．また，ナトリウムイオンと塩素イオンが規則正しく並んでいることがわかる．イオン結合は共有結合と異なり，方向性をもたないことを示し，規則正しい構造をとるには陽イオンと陰イオンの大きさによって制限を受ける．イオンの大きさは中性原子が陽イオンになれば，最外殻軌道の電子が除かれるので，その大きさは縮まり，逆に陰イオンでは最外殻軌道に電子が入り原子核の有効荷電を減少させるので，もとの中性原子よりも大きくなる．このイオンの大きさを測る都合のよい尺度は**イオン半径**である．このイオン半径は，一組（K^+ と Cl^-）のイオン半径をもとにして求められている（表3.2）．

イオン結晶の構造は，プラスとマイナスの荷電を帯びたイオンどうしは接触しあい，同符号の荷電を帯びたイオンどうしは互いに離れて構成するようになる．また，イオン半径の大きい陰イオンが最密になるように配置する．そのため，最も安定なイオン構造は，陰イオンに対する陽イオンの

表3.2 イオン半径とファン・デル・ワールス半径

(凡例)

- N 5+011 WP150 ——— 正イオンのイオン半径[1] いまの例では、N^{5+} のイオン半径が 11 pm (0.011 nm).
- ——— ファン・デル・ワールス半径 ただし、WP:ポーリング[1]の値、WB:ボンディ[2]の値. いまの例では、ポーリングの値が 150 pm (0.150 nm).
- N 3−171 ——— 負イオンのイオン半径[1] いまの例では、N^{3-} のイオン半径が 171 pm (0.171 nm).

H WP120 1−208																	He WP150
Li 1+060 WB182	Be 2+031											B 3+020	C 4+015 WP155 4−260	N 5+011 WP150 3−171	O 6+009 WP140 2−140	F 7+007 WP135 1−136	Ne WP159
Na 1+095 WB227	Mg 2+065 WB173											Al 3+050	Si 4+041 WB210 4−271	P 5+034 WP190 3−212	S 6+029 WP185 2−184	Cl 7+046 WP180 1−181	Ar WP191
K 1+133 WB275	Ca 2+099	Sc 3+081	Ti 4+068 3+076 2+090	V 5+059 4+060 3+074 2+088	Cr 6+052 4+056 3+069 2+084	Mn 7+026 4+054 3+066 2+080	Fe 3+064 2+076	Co 3+063 2+074	Ni 3+062 2+072 WB163	Cu 1+096 WB140	Zn 2+074 WB139	Ga 3+062 1+113 WB187	Ge 4+053 2+093 WB210 4−272	As 5+047 WP200 3−222	Se 6+042 WP200 2−198	Br 7+039 WP195 1−195	Kr WP201
Rb 1+148	Sr 2+113	Y 3+093	Zr 4+080 3+108	Nb 6+062	Mo				Pd 2+086 WB163	Ag 1+126 WB172	Cd 2+097 WB158	In 3+081 1+132 WB193	Sn 4+071 2+112 WB217 4−294	Sb 5+062 WP220 3−245	Te 5+056 WP220 2−221	I 7+050 WP215 1−216	Xe WP220
Cs 1+169	Ba 2+135	La 3+115							Pt 1+137 WB175	Au WB166	Hg 2+110 WB155	Tl 3+095 1+140 WB196	Pb 4+084 2+120 WB202	Bi 5+074			
Fr 1+176	Ra 2+140																

1) L. Pauling : The Nature of the Chemical Bond, 3 rd Ed., Cornell University Press, Ithaca, 1970.
2) A. Bondi : *J. Phys. Chem.*, **68**, 1964.

半径比によって決まる．その比によって安定な**正八面体型構造**（$r=0.48$，NaCl）や**体心立方構造**（$r=0.91$，CsCl）をとる．

3.2.5 金属結合

金属は単体の集合をつくり金属結晶として存在する元素であり，引張強度が大きく弾性と延展性を有し，電気や熱の良導体でもある．このような性質は金属結合のためであり，この結合はこれまでの共有結合やイオン結合とは異なる．

金属結合はすべての原子核のまわりを電子が自由に動き回っている状態で，この自由電子が金属原子を結びつけるはたらきをしている．自由電子の状態は金属結合の分子軌道によって説明される．金属結晶中では，無数の金属原子の原子軌道から分子軌道が生じるとき，非局在化した結合性と反結合性分子軌道が形成される．それは結晶全体に及び，それらが原子価電子によって占められる．無数の原子軌道から無数の分子軌道が生じ，その結合性分子軌道のエネルギー準位はもとの原子軌道のエネルギー準位よりも低い．また，無数の金属原子が結合した状態では，エネルギーの連続したバンド状の結合性分子軌道ができる．原子価電子は生じた結合性分子軌道のエネルギー準位に対になって入るので，連続したバンド状の結合性分子軌道のエネルギー準位に半分だけ満たされることになる．このときの金属の結合は，金属全体に広がる結合性分子軌道に原子価電子，すなわち自由電子が存在し，プラスに荷電した原子核を結びつけることになる．

以上のことから，金属は規則正しく並んだプラスに荷電した原子核の間に自由電子が自由に存在している状態にあるといえる．金属が電気や熱の良導体であるのは，自由電子が電気や熱を運ぶからであり，金属が延展性を有するのは，外力によって原子核が容易に位置を変えることができ，金属中でプラスに荷電した原子核間に反発力は生じることがないからである．それは，原子核間の相互作用が自由電子によって緩和されるからである．

3.2.6 配位結合

配位結合は結合に必要な n 電子を分子または原子から，もう一方の分子または原子に供与して共有結合する状態である．配位結合は**供与体-受容体結合**ともいわれる．生じた配位結合は共有結合とは区別できない．それは電子対を原子どうしで共有してしまい σ 結合になるからである．

配位結合は遷移金属でよくみられ，生じた化合物を**錯体**または**配位化合物**という．遷移金属の錯体においては，d 軌道を含んだ混成軌道が重要な役割を果たす．

n 電子をもつ窒素または酸素を含む分子は電子対を供与する．また，陰イオンになったハロゲン元素も電子対の供与体としてはたらく．電子対を供与する分子およびイオンを**配位子**とよび，これが配位結合して生じたイオンを**錯イオン**という．

a．アンモニウムイオン

アンモニア NH_3 が水素イオン H^+ と配位結合してアンモニウムイオン NH_4^+ になる場合を考えてみる．先に述べたように NH_3 において，窒素原子の sp³ 混成軌道の四つのうち，三つの軌道に水素原子が共有結合して残りの軌道には n 電子が存在する．この n 電子は水素原子とは結合できないが，1s 軌道に電子のない H^+ が近づくと，n 電子は H^+ に供与されて結合が生成する．生じた NH_4^+ には，もともと NH_3 にあった n 電子はなくなってしまい，NH_4^+ はメタンと同じ正四面体をとる．そして H^+ が担ってきたプラスの荷電は，イオン全体に分布する．

b．遷移金属錯体

遷移金属イオンは配位子と結合する場合，イオン化により遷移金属のd軌道がs軌道およびp軌道と混成軌道を生じる．この混成軌道には電子の入っていない軌道も生じるので，そこに配位子のn電子が入って配位結合ができ，錯体および錯イオンが形成される．

3.2.7 その他の結合

共有結合の分子軌道は，構成する異なる原子の原子軌道にエネルギー準位の差があるため，生じた分子軌道中の電子はもはや二つの原子核によって同等の割合で共有されず，片方の原子に引き寄せられる．共有結合をしている原子が共有電子対を自分のほうへ引き付けようとする能力を数字で表したものを**電気陰性度**といい，ポーリングによって求められている（表3.1）．電気陰性度の大きい原子は電子を強く引き寄せ，分子全体に電子の偏りができる．このように結合の中心にずれが生じた分子は非対称的な電荷分布をもっており，その電荷の配置を**双極子**といい，この分子は**極性分子**とよばれ，その大きさは**双極子モーメント**で表される．分子が対称的な電荷分布をもっていれば，その分子は**無極性分子**という．極性分子で電子陰性度の大きいほうの原子は，中性の状態よりも電子を多くもった状態になるのでマイナスに帯電（δ^-）する．また電気陰性度の小さいほうの原子はプラスに帯電（δ^+）することになる．そのため，極性分子どうしが近づくと分子内の反対の帯電どうしでお互いに作用（**配向力**）する．また，無極性分子も極性分子が近づくと，わずかであるが無極性分子に双極子が新たに誘起される．このため，両分子の間にもやはり弱い作用（**誘起力**）が生じる．これらを**双極子-双極子相互作用**という．

a．水素結合

水素結合は分子間に水素原子が介在することによってつくられ，分子内の水素原子が電気陰性度の大きい原子によってプラスに帯電するときに生じる．これはプラスに帯電した水素原子がマイナスに帯電した電気陰性度の大きい原子のn電子に引かれて結合することである．また，分子内にプラスに帯電されやすい水素原子とn電子をもっている電気陰性度の大きい原子が存在すると分子内でも生じる．

カルボン酸，アルコール類，フェノール類，アミド類および水はすべて水溶液中ではプラスに帯電されやすい水素原子をもち，これらはエーテル類，ケトン類，アンモニアやアミン類のようなn電子をもっている化合物と水素結合をつくる．

タンパク質，デオキシリボ核酸（DNA）やリボ核酸（RNA）は，分子内で水素結合を生じ立体構造を保っている．タンパク質ではアミド結合を利用して分子内でα-らせん構造を，DNAとRNAは核酸の塩基を利用して分子内でらせん構造を生じる．

b．ファン・デル・ワールス力（結合）

無極性分子も相互作用する．これは無極性分子内の電子雲の電子が長時間的にみれば均一化して分子全体を無極性化しているけれども，電子はいつも動いているので瞬間的にみれば電子雲の偏りが生じる．そのとき双極子が瞬間的に発生し，近くにある無極性分子に双極子を誘起させる．そこで生じた双極子間に相互作用がはたらく．これがファン・デル・ワールス力であり**分散力**ともよばれる．

c. π-π 電子相互作用（または分子間電荷移動力）

配位結合は σ 電子が結合に関与していたが，π 電子の多い多重結合をもつ分子が配位するときにも相互作用が生じる．これは分子内に多重結合があると π 電子は動きやすいので，分子内に電子密度が高くなった場所を含む分子と，逆に電子密度が低くなった場所の分子が生じる．それらがお互いに近づくと，前者から後者へ電子が部分的に移動する．また，π 電子をもつ分子が遷移金属の電子が満たされていない d 軌道に移動する．このように両者の間に一定の相互作用が生じる．これらを π-π 電子相互作用または分子間電荷移動力という．また，π 電子と遷移金属からできたものを **π 錯体** という．

d. 疎水結合

化合物が水に溶解するためには，化合物の原子団にイオン結合，配位結合または水素結合をする部分が存在しなければならない．それらがある化合物は水とよく混じりあう性質（**親水性**）をもち水によく溶解する．逆に水と混じりにくい性質（**疎水性**）の原子団をもつ化合物は，水の中に分散すると疎水性の原子団どうしが水との接触をなるべく小さくなるように互いに近づく．これは，疎水性の原子団の間に一定の緩やかな結びつきが生じていると考えられ，疎水結合とよばれている．

演習問題

3.1 化学結合に関する次の記述のうち，正しいものの組合せはどれか．
 a 塩化水素の結合は極性が高い共有結合である．
 b エチレンの二重結合の一つは共有結合であり，もう一つはイオン結合である．
 c フッ化リチウムの結合は共有結合である．
 d アンモニアの結合は共有結合である．
 ① (a, b) ② (a, c) ③ (a, d) ④ (b, c) ⑤ (b, d) ⑥ (c, d)

（第 84 回　薬剤師国家試験）

3.2 原子の構造に関する記述のうち，正しいものの組合せはどれか．
 a 殻において，主量子数が n の殻には電子が n^2 個まで入れる．
 b 原子核は 2 種類の粒子からなるが，そのうち正電荷をもつものを陽子，電気的に中性なものを中性子とよび，陽子と中性子の重さはほとんど同じである．
 c 方位量子数 $l=0$ の軌道は 1 個であるが，$l=1$ の軌道は 2 個の軌道からなる．
 d 0 族元素の最外殻電子は He を除き，化学的に安定な s^2p^6 の電子配置をもっている．
 ① (a, b) ② (a, c) ③ (a, d) ④ (b, c) ⑤ (b, d) ⑥ (c, d)

（第 87 回　薬剤師国家試験）

参考図書

1) 泉　邦彦：化学結合と物質のしくみ，大月書店，1985．
2) M.F. オドワイヤー，J.E. ケント，R.D. ブラウン著；鳥居康男，山本裕右訳：入門化学結合，培風館，1987．
3) 藤谷正一，木野邑恭三，石原武司：化学結合の見方・考え方，オーム社，1987．
4) 田中政志，佐野　充：原子・分子の現代化学，学術図書出版社，1992．
5) G.C. Pimentel, R.D. Spratley 著；千原秀昭，大西俊一訳：化学結合―その量子論的理解，東京化学同人，1993．
6) 小林常利：基礎化学結合論，培風館，1995．
7) 松林玄悦：化学結合の基礎，三共出版，1995．

4

溶液における化学平衡

はじめに

ある化学反応が，滴定や質量（重量）分析などの定量分析に利用されるためには，この反応の平衡が生成物側に大きく偏っていることが必要であるが，どのような実験条件下でこのようなことが実現できるかを考えるうえで，**化学平衡**の観点が重要である．また，ある化学反応における特定の化学種，たとえば水素イオンの濃度を知りたいというとき，この反応の**平衡定数**を知る必要がある．このように化学平衡は分析化学の基礎となっている重要な理論である．

4.1 化学平衡と平衡定数

ある可逆的な化学反応 A＋B ⇌ C＋D について考える．正反応 A＋B → C＋D の反応速度 v_f は $v_f = k_f[A][B]$ で表される．ここで k_f は正反応の速度定数である．一方，逆反応 C＋D → A＋B の反応速度 v_r は $v_r = k_r[C][D]$ で表される．ここで k_r は逆反応の速度定数である．正反応と逆反応の速度が等しいとき，反応は化学平衡に達したという．このとき，$v_f = v_r$ であるから，$k_f[A][B] = k_r[C][D]$ となる．この関係から，

$$\frac{[A][B]}{[C][D]} = \frac{k_r}{k_f}$$

の式が得られる．k_f，k_r は温度が一定ならば一定の値をとる．速度定数の比，k_r/k_f を平衡定数（K）とよび，この値は温度が一定なら一定の値をとる．すなわち，

$$\frac{[A][B]}{[C][D]} = K$$

となる．平衡にある一般的な化学反応 $aA + bB + \cdots \rightleftarrows pP + qQ + \cdots$ の平衡定数は

$$\frac{[A]^a[B]^b\cdots}{[P]^p[Q]^q\cdots} = K$$

で与えられる．この関係を**質量作用の法則**という．

以下に分析化学に関連した化学反応の化学平衡に注目してみていこう．なお，分析化学に関連した化学反応は多くの場合，溶液反応である．

4.2 酸塩基平衡

4.2.1 酸塩基の定義

BrønstedとLowryによると，**酸**とはプロトンを他の物質に与えることのできる物質（proton

donor）であり，**塩基**とはプロトンを受け取ることができる物質（proton acceptor）である．ブレンステッドとローリーの酸塩基に基づく酸塩基反応は AH+B ⇌ A+BH で表される．AH は B にプロトンを与えているので酸であり，B は塩基である．一方，逆反応については，BH は A にプロトンを与えているので酸であり，A は塩基である．AH と A は共役な酸と塩基であるという．BH と B も同様に共役な酸と塩基である．

$$\underset{\underset{共役}{\longleftrightarrow}}{\overset{\overset{共役}{\longleftrightarrow}}{\text{AH}+\text{B} \rightleftarrows \text{A}+\text{BH}}}$$

この関係を，酢酸の水溶液中での酸解離についてみてみると，次式のようになる．

$$\underset{\underset{共役}{\longleftrightarrow}}{\overset{\overset{共役}{\longleftrightarrow}}{\text{CH}_3\text{COOH}+\text{H}_2\text{O} \rightleftarrows \text{CH}_3\text{COO}^-+\text{H}_3\text{O}^+}}$$

4.2.2 水溶液中での酸塩基の解離

上記の酢酸の水溶液での解離の平衡定数を K とおくと，

$$\frac{[\text{CH}_3\text{COO}^-][\text{H}_3\text{O}^+]}{[\text{CH}_3\text{COOH}][\text{H}_2\text{O}]} = K$$

水の濃度は約 55.5 mol/L と大きく，酸の解離によってほとんど変化しないとみなせるので，$K[\text{H}_2\text{O}]$ は一定であり，これを酸解離定数（K_a）という．

$$K[\text{H}_2\text{O}] = \frac{[\text{CH}_3\text{COO}^-][\text{H}_3\text{O}^+]}{[\text{CH}_3\text{COOH}]} = K_a \tag{1}$$

K_a の大きい酸ほど強い酸である．表 4.1 にいくつかの酸の酸解離定数をあげた．一方，pK_a も酸の強さを表す指標として用いられる．これは，$pK_a = \log(1/K_a) = -\log K_a$ で定義され，pK_a の小さい酸ほど強い酸である．

同様に，アンモニアのような塩基の強さも塩基解離定数によって表される．

$$\text{NH}_3 + \text{H}_2\text{O} \rightleftarrows \text{NH}_4^+ + \text{OH}^-$$

塩基解離定数 K_b は，$K_b = [\text{NH}_4^+][\text{OH}^-]/[\text{NH}_3]$ で与えられる．pK_b も，$pK_b = \log(1/K_b) = -\log K_b$ で定義される．K_b が大きいほど，pK_b が小さいほど強い塩基である．表 4.2 にいくつかの塩基の塩基解離定数をあげた．

また，分析化学に関連した多くの反応で用いられる水も部分的に解離している．

$$\text{H}_2\text{O} + \text{H}_2\text{O} \rightleftarrows \text{H}_3\text{O}^+ + \text{OH}^-$$

この反応を水の自己解離といい，この反応の平衡定数を K とすると，$K[\text{H}_2\text{O}]^2$ は一定であり，これを水の自己解離定数（K_w）あるいはイオン積といい，25°C で 10^{-14} の大きさである．

$$K[\text{H}_2\text{O}]^2 = [\text{H}_3\text{O}^+][\text{OH}^-] = K_w$$

したがって，$pK_w = \log(1/K_w) = -\log K_w = 14$ である．

酢酸の共役塩基である酢酸イオンの塩基としての解離は次式で与えられる．

$$\text{CH}_3\text{COO}^- + \text{H}_2\text{O} \rightleftarrows \text{CH}_3\text{COOH} + \text{OH}^-$$

この塩基の解離定数は

$$K_b = \frac{[\text{CH}_3\text{COOH}][\text{OH}^-]}{[\text{CH}_3\text{COO}^-]} \tag{2}$$

となる．共役な酸と塩基の解離定数の積をとると，式(1)×式(2)より，

表 4.1 酸解離定数（25°C）[5]

酸	化学式		酸解離定数 K_a	pK_a
亜硝酸	HNO_2		7.1×10^{-4}	3.15
亜硫酸	H_2SO_3	K_1	1.4×10^{-2}	1.86
	HSO_3^-	K_2	6.5×10^{-8}	7.19
安息香酸	C_6H_5COOH		1.0×10^{-4}	4.00
ギ酸	$HCOOH$		2.8×10^{-4}	3.55
酢酸	CH_3COOH		1.75×10^{-5}	4.76
サリチル酸	$C_6H_4(OH)COOH$	K_1	1.5×10^{-3}	2.81
	$C_6H_4(OH)COO^-$	K_2	4.0×10^{-14}	13.4
次亜塩素酸	$HClO$		3.0×10^{-8}	7.53
シアン化水素酸	HCN		6.2×10^{-10}	9.21
シュウ酸	$(COOH)_2$	K_1	9.1×10^{-2}	1.04
	$HOCOCOO^-$	K_2	1.5×10^{-5}	3.82
スルファミン酸	H_2NSO_3H		1.0×10^{-1}	1.00
炭酸	H_2CO_3	K_1	4.47×10^{-7}	6.35
	HCO_3^-	K_2	4.68×10^{-11}	10.33
トリクロロ酢酸	CCl_3COOH		2.2×10^{-1}	0.66
フェノール	C_6H_5OH		1.5×10^{-10}	9.82
フタル酸	$C_6H_4(COOH)_2$	K_1	1.3×10^{-3}	2.89
	$C_6H_4(COOH)COO^-$	K_2	3.1×10^{-6}	5.51
プロピオン酸	C_2H_5COOH		2.1×10^{-5}	4.67
ホウ酸	H_3BO_3	K_1	5.8×10^{-10}	9.24
マロン酸	$CH_2(COOH)_2$	K_1	4.5×10^{-3}	2.65
	$CH_2(COOH)COO^-$	K_2	5.2×10^{-6}	5.28
モノクロロ酢酸	$CH_2ClCOOH$		2.1×10^{-3}	2.68
硫化水素酸	H_2S	K_1	9.6×10^{-8}	7.02
	HS^-	K_2	1.3×10^{-14}	13.9
リン酸	H_3PO_4	K_1	7.1×10^{-3}	2.15
	$H_2PO_4^-$	K_2	6.3×10^{-8}	7.20
	HPO_3^{2-}	K_3	4.5×10^{-13}	12.35

表 4.2 塩基解離定数（25°C）[5]

塩基	化学式	塩基解離定数 K_b	pK_b
アニリン	$C_6H_5NH_2$	4.3×10^{-10}	9.35
アンモニア	NH_3	1.78×10^{-5}	4.76
エチルアミン	$C_2H_5NH_2$	4.3×10^{-4}	3.37
ジエチルアミン	$(C_2H_5)_2NH$	8.5×10^{-4}	3.07
ジメチルアミン	$(CH_3)_2NH$	5.9×10^{-4}	3.23
トリエチルアミン	$(C_2H_5)_3N$	5.2×10^{-4}	3.28
トリメチルアミン	$(CH_3)_3N$	6.3×10^{-5}	4.20
ピリジン	C_5H_5N	1.8×10^{-9}	8.58
ベンジルアミン	$C_6H_5CH_2NH_2$	2.2×10^{-5}	4.65
メチルアミン	CH_3NH_2	4.4×10^{-4}	3.36

$$K_aK_b=\frac{[CH_3COO^-][H_3O^+][CH_3COOH][OH^-]}{[CH_3COOH][CH_3COO^-]}=[H_3O^+][OH^-]=K_w$$

となる．すなわち，共役な酸と塩基の解離定数の積は一定であり，自己解離定数となる．これは，強い酸の共役塩基は弱い塩基であり，弱い酸の共役塩基は強い塩基であることを意味している．この関係を指数を用いて表すと，pK_a＋pK_b＝pK_w＝14 となる．

4.2.3 水素イオン濃度の測定

実験的に水素イオン濃度を測定する方法については20章「電気分析法」を参照されたい.

4.2.4 水素イオン濃度の計算

a. 一塩基性酸溶液の水素イオン濃度

一塩基性の弱酸 AH の $c\,\mathrm{mol/L}$ 水溶液中の水素イオン濃度を求める. AH は水液中で次式のように解離する.

$$\mathrm{AH + H_2O \rightleftharpoons H_3O^+ + A^-}$$

酸解離定数を K_a とすると,

$$K_a = \frac{[\mathrm{H_3O^+}][\mathrm{A^-}]}{[\mathrm{AH}]} \tag{3}$$

となる. この溶液において AH の一部が解離して $\mathrm{A^-}$ になるが,それらの平衡状態での濃度(平衡濃度)の和は最初の濃度(分析濃度)$c\,\mathrm{mol/L}$ に等しい.

$$[\mathrm{AH}] + [\mathrm{A^-}] = c \tag{4}$$

このような関係を**質量均衡則**(mass balance, m. b.)という. また,溶液中には陽イオン,陰イオンが存在するが,溶液全体は電気的に中性であり,陽イオンの総濃度と陰イオンの総濃度は等しい. このような関係を**電荷均衡則**(charge balance, c. b.)という. したがって,この溶液については次式のような関係が成り立つ.

$$[\mathrm{H_3O^+}] = [\mathrm{A^-}] + [\mathrm{OH^-}] \tag{5}$$

式 (5) より,

$$[\mathrm{A^-}] = [\mathrm{H_3O^+}] - [\mathrm{OH^-}] \tag{6}$$

式 (4) より

$$[\mathrm{AH}] = c - [\mathrm{A^-}] = c - [\mathrm{H_3O^+}] + [\mathrm{OH^-}] \tag{7}$$

が得られ,これらを式 (1) に代入すると,

$$K_a = \frac{[\mathrm{H_3O^+}]([\mathrm{H_3O^+}] - [\mathrm{OH^-}])}{c - [\mathrm{H_3O^+}] + [\mathrm{OH^-}]} \tag{8}$$

となる. 溶液の液性は酸性であるので,$[\mathrm{H_3O^+}] \gg [\mathrm{OH^-}]$ とみなされ,$[\mathrm{OH^-}]$ は無視できる. 式 (8) は,次のように簡単な式になる.

$$K_a = \frac{[\mathrm{H_3O^+}]^2}{c - [\mathrm{H_3O^+}]} \tag{9}$$

この式において,$c \gg [\mathrm{H_3O^+}]$ のとき,$K_a = [\mathrm{H_3O^+}]^2/c$ となり,$[\mathrm{H_3O^+}] = \sqrt{cK_a}$ が得られる. また,$\mathrm{pH} = -\log[\mathrm{H_3O^+}] = -\log\sqrt{cK_a} = (1/2)\mathrm{p}K_a - (1/2)\log c$ となる. $c \gg [\mathrm{H_3O^+}]$ が成立しないときは,$[\mathrm{H_3O^+}]$ についての二次方程式である式 (9) を解いて $[\mathrm{H_3O^+}]$ を求める.

二塩基性酸 $\mathrm{A_2H}$ は次式のように 2 段に解離するが,多くの酸で $K_{a1} \gg K_{a2}$ であるので,第一段階のみを考慮すればよい. したがって,$[\mathrm{H_3O^+}] = \sqrt{cK_{a1}}$ の式から水素イオン濃度を求めることができる.

$$\mathrm{A_2H + H_2O \rightleftharpoons H_3O^+ + AH^-} \qquad K_{a1}$$
$$\mathrm{AH^- + H_2O \rightleftharpoons H_3O^+ + A^{2-}} \qquad K_{a2}$$

b. 一酸性塩基溶液の水素イオン濃度

一酸性の弱塩基の c mol/L 溶液の水素イオン濃度を求める．この塩基は水溶液中で次式のように解離する．

$$B + H_2O \rightleftarrows BH^+ + OH^-, \qquad K_b = \frac{[BH^+][OH^-]}{[B]} \tag{10}$$

この溶液において，m.b., c.b. より

$$[B] + [BH^+] = c \quad (11), \qquad [H_3O^+] + [BH^+] = [OH^-] \tag{12}$$

が得られる．式 (11), (12) より $[BH^+] = [OH^-] - [H_3O^+]$, $[B] = c - [BH^+] = c - ([OH^-] - [H_3O^+])$ となるが，これらを式 (10) に代入すると，

$$K_b = \frac{([OH^-] - [H_3O^+])[OH^-]}{c - ([OH^-] - [H_3O^+])} \tag{13}$$

が得られる．溶液の液性は塩基であるので，$[OH^-] \gg [H_3O^+]$ と見なすことができ，式 (13) は

$$K_b = \frac{[OH^-]^2}{c - [OH^-]} \tag{14}$$

となる．$c \gg [OH^-]$ のとき，$[OH^-] = \sqrt{cK_b}$ となる．よって，

$$[H_3O^+] = \frac{K_w}{[OH^-]} = \frac{K_w}{\sqrt{cK_b}}$$

となり，

$$pH = pK_w - (1/2)pK_b + (1/2)\log c = 14 - (1/2)pK_b + (1/2)\log c$$

となる．

c. 弱酸の塩の溶液の水素イオン濃度

酢酸ナトリウムは酢酸を水酸化ナトリウムで滴定したとき，終点で生成する塩であり，その溶液の pH を知ることは指示薬を選ぶためにも重要である．いま，一塩基性の弱酸のナトリウム塩を ANa とすると，これは $ANa \rightarrow A^- + Na^+$ のように解離するが，A^- は次式のように水と反応して塩基性を示す．

$$A^- + H_2O \rightleftarrows AH + OH^-, \qquad K_b = \frac{[AH][OH^-]}{[A^-]} \tag{15}$$

この溶液において，塩の分析濃度を c とすると m.b., c.b. より，

$$[A^-] + [AH] = c \quad (16), \qquad [A^-] + [OH^-] = [H_3O^+] + [Na^+] = [H_3O^+] + c \tag{17}$$

が得られる．式 (16), (17) より [AH], [A⁻] を求めて式 (15) に代入すると，

$$K_b = \frac{([OH^-] - [H_3O^+])[OH^-]}{c - ([OH^-] - [H_3O^+])}$$

となる．これは 4.2.4 項 b で得られた式とまったく同一である．

$c \gg [OH^-]$ のとき，$[OH^-] = \sqrt{cK_b}$ であり，

$$[H_3O^+] = \frac{K_w}{[OH^-]} = \frac{K_w}{\sqrt{cK_b}}$$

となるが，K_b を共役酸 AH の解離定数 K_a を用いて表すと，$K_b = K_w/K_a$ となるので，

$$[H_3O^+] = K_w \sqrt{\frac{K_a}{cK_w}} = \sqrt{\frac{K_a K_w}{c}}$$

となる．

$$\mathrm{pH} = (1/2)\mathrm{p}K_\mathrm{a} + (1/2)\mathrm{p}K_\mathrm{w} + (1/2)\log c = 7 + (1/2)\mathrm{p}K_\mathrm{a} + (1/2)\log c$$

となる.

次に二塩基酸の正塩の場合を Na_2CO_3 についてみてみる. Na_2CO_3 は

$$Na_2CO_3 \longrightarrow 2Na^+ + CO_3^{2-}$$

のように解離し, CO_3^{2-} が塩基性を示す.

$$CO_3^{2-} + H_2O \rightleftarrows HCO_3^- + OH^- \qquad K_{b1}$$

$$HCO_3^- + H_2O \rightleftarrows H_2CO_3 + OH^- \qquad K_{b2}$$

CO_3^{2-} と HCO_3^-, HCO_3^- と H_2CO_3 はそれぞれ共役な塩基と酸の関係にあることから, K_{a1}, K_{a2} を H_2CO_3 の第一, 第二解離定数とすると,

$$K_{b1} = \frac{K_\mathrm{w}}{K_{a2}}, \qquad K_{b2} = \frac{K_\mathrm{w}}{K_{a1}}$$

となる. これらの式において, $K_{a1} \gg K_{a2}$ であるので, $K_{b1} \gg K_{b2}$ となる. すなわち, 塩基の第一解離だけを考えればよいことになる. よって,

$$[H_3O^+] = \frac{K_\mathrm{w}}{[OH^-]} = \frac{K_\mathrm{w}}{\sqrt{cK_{b1}}} = K_\mathrm{w}\sqrt{\frac{K_{a2}}{cK_\mathrm{w}}} = \sqrt{\frac{K_{a2}K_\mathrm{w}}{c}}$$

となる.

二塩基性酸の半分だけ中和された塩, たとえば $NaHCO_3$ のような場合はどうであろうか. 二塩基性酸 H_2A の半分だけ中和された塩 $NaHA$ について考えてみる. これは $NaHA \rightarrow Na^+ + HA^-$ のように解離する. HA^- は次式のように酸および塩基としてはたらく.

酸として $\quad HA^- + H_2O \rightleftarrows A^{2-} + H_3O^+ \qquad K_{a2}$ \qquad (18)

塩基として $\quad HA^- + H_2O \rightleftarrows H_2A + OH^- \qquad K_b = \dfrac{K_\mathrm{w}}{K_{a1}}$ \qquad (19)

m. b., c. b. より

$$c = [H_2A] + [HA^-] + [A^{2-}] \qquad (20)$$

$$[Na^+] + [H_3O^+] = c + [H_3O^+] = [OH^-] + [HA^-] + 2[A^{2-}] \qquad (21)$$

式 (21) − 式 (20) より得られる式を整理すると,

$$[H_3O^+] + [H_2A] = [OH^-] + [A^{2-}] \qquad (22)$$

となる. 式 (18), (19) より,

$$[A^{2-}] = \frac{K_{a2}[HA^-]}{[H_3O^+]}, \qquad [H_2A] = \frac{K_\mathrm{w}[HA^-]}{K_{a1}[OH^-]}$$

が得られ, これらを式 (22) に代入し, $[OH^-] = K_\mathrm{w}/[H_3O^+]$ を用いて整理すると,

$$[H_3O^+]^2 = \frac{K_\mathrm{w}K_{a1} + K_{a1}K_{a2}[HA^-]}{K_{a1} + [HA^-]} = \frac{K_{a1}K_{a2}\{(K_\mathrm{w}/K_{a2}) + [HA^-]\}}{K_{a1} + [HA^-]}$$

となる. 式 (18), (19) において右に進む反応の程度は非常に小さく, $[HA^-] \fallingdotseq c$ であり, 通常の反応条件においては, $[HA^-] \gg K_{a1}$, $[HA^-] \gg K_\mathrm{w}/K_{a2}$ が成り立つので,

$$[H_3O^+]^2 = \frac{K_{a1}K_{a2}c}{c} = K_{a1}K_{a2}$$

となる. よって,

$$[H_3O^+] = \sqrt{K_{a1}K_{a2}} \quad \text{すなわち} \quad \mathrm{pH} = \frac{\mathrm{p}K_{a1} + \mathrm{p}K_{a2}}{2}$$

となり, この塩の溶液の pH は塩の濃度によらないことがわかる.

d. 弱塩基と強酸からできる塩の溶液の水素イオン濃度

アンモニアと塩酸から生成する塩化アンモニウム，$NH_4^+Cl^-$ について考える．これは，$NH_4^+Cl^- \rightarrow NH_4^+ + Cl^-$ のように解離し，NH_4^+ が以下のように酸性を示す．

$$NH_4^+ + H_2O \rightleftharpoons NH_3 + H_3O^+$$

これは，一塩基性の弱酸であるので，c mol/L 溶液の水素イオン濃度は

$$[H_3O^+] = \sqrt{cK_a} = \sqrt{\frac{cK_w}{K_b}}$$

となる．ここで，K_a，K_b はそれぞれ，NH_4^+ の酸解離定数，NH_3 の塩基解離定数である．

$$pH = 7 - (1/2)pK_b - (1/2)\log c$$

となる．

e. 緩衝液

酢酸と酢酸ナトリウムからなる溶液がある．この液に塩酸のような強酸を加えたとしても，次式のような反応で塩酸は酢酸となり，液の pH はほとんど変わらない．

$$CH_3COO^- + HCl \longrightarrow CH_3COOH + Cl^-$$

このように，外部から強酸や強塩基が加えられたとしても pH がほとんど変化しないはたらきを**緩衝作用**といい，そのような作用をもつ溶液を**緩衝液**という．

酢酸（C_a）と酢酸ナトリウム（C_b）からなる緩衝液の水素イオン濃度を考える．

m. b.，c. b. より

$$[CH_3COOH] + [CH_3COO^-] = C_a + C_b, \quad [Na^+] = C_b,$$
$$[Na^+] + [H_3O^+] = [OH^-] + [CH_3COO^-]$$

となり，これらの式から得られる

$$[CH_3COOH] = C_a - [H_3O^+] + [OH^-]$$
$$[CH_3COO^-] = C_b + [H_3O^+] - [OH^-]$$

を酢酸の酸解離定数の式に代入すると，

$$K_a = \frac{[CH_3COO^-][H_3O^+]}{[CH_3COOH]} = \frac{(C_b + [H_3O^+] - [OH^-])[H_3O^+]}{C_a - [H_3O^+] + [OH^-]}$$

となるが，通常の条件では，C_a，$C_b \gg [H_3O^+]$，$[OH^-]$ であるので，

$$K_a = \frac{C_b[H_3O^+]}{C_a}$$

となり，これから，

$$[H_3O^+] = \frac{K_a C_a}{C_b}$$

が得られ，

$$pH = pK_a + \log \frac{C_b}{C_a}$$

となる．この式はヘンダーソン-ハッセルバルヒの式とよばれる．

ある程度の緩衝作用をもちうるのは $C_a/C_b = 10 \sim 1/10$ の範囲であり，酢酸の場合は

$$pH = pK_a \pm 1 = 4.76 \pm 1 = 3.76 \sim 5.76$$

である．

一方，塩基性の緩衝液を調製したいときは，アンモニアと塩化アンモニウムからなる緩衝液がよ

い．この緩衝液のpHは酢酸緩衝液と同様に，K_aをアンモニウムイオンの酸解離定数とすると，pH＝pK_a＋log(C_b/C_a)となる．

よって，緩衝作用が及ぶ範囲はpH＝pK_a±1＝9.25±1＝8.25〜10.25 である．

f．分子形とイオン形

酢酸に水酸化ナトリウムを加えると，次式に示すように酢酸ナトリウムが生成する．

$$CH_3COOH + NaOH \longrightarrow CH_3COONa + H_2O$$

この液において，CH_3COOHを分子形，CH_3COO^-を**イオン形**という．この溶液のpHは上記のように，

$$pH = pK_a + \log\frac{C_b}{C_a} = pK_a + \log\frac{[CH_3COO^-]}{[CH_3COOH]}$$

で与えられる．

図4.1には溶液のpHが変化したときのCH_3COOHおよびCH_3COO^-のモル分率の変化を示した．液のpHがアルカリ性になるほどCH_3COOHのモル分率が減少し，CH_3COO^-のモル分率が増加する．pH＝pK_aのとき，$[CH_3COOH]=[CH_3COO^-]$であり，分子形とイオン形の濃度が等しい．また，$[CH_3COOH]=[CH_3COO^-]$であるような溶液のpHはpK_aに等しいことがわかる．

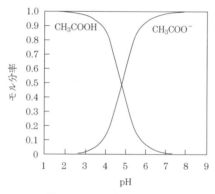

図4.1　分子形とイオン形

4.2.5 非水溶媒における酸塩基平衡

ある溶媒SH中で，ある酸AHは次式のように解離する．

$$AH + SH \rightleftharpoons SH_2^+ + A^- \tag{23}$$

溶媒SHが水である場合，酸が塩酸や硝酸，硫酸，過塩素酸であるなら，この平衡は右に大きく偏っており，溶液中には溶媒和プロトンH_3O^+が生じる．どのように強い酸でも，この溶媒中では最も強い酸であるH_3O^+のレベルに引き下げられてしまう．このような現象を溶媒の**水平化効果**という．このような現象が起こるのは，溶媒である水がある程度の強さの塩基性をもっているからである．溶媒SHが酸性溶媒である酢酸の場合，水溶液でいずれも強酸である酸について，式(23)の反応で右への偏り方に差が生じ，酸の強さが$HClO_4 > H_2SO_4 > HCl > HNO_3$と区別される．

このように，酸塩基の強さは，用いる溶媒に依存し，水以外の溶媒（**非水溶媒**）中では水の中とは異なった酸，塩基の強さを示す．このような現象は，非水溶媒を用いる滴定に応用されている．水を溶媒として用いた場合，滴定できる最も弱い酸は酸解離定数が10^{-7}の酸であるが，溶媒としてアミンのような塩基を用いると，酸解離定数が10^{-10}であるフェノールも酸性度が強められ，滴

定される．酢酸を溶媒とすると弱塩基も滴定される．詳細は8章「非水滴定」を参照されたい．

4.3 錯体・キレート生成平衡

4.3.1 金属錯体

金属錯体は金属イオンに電子対供与体が結合して生成する．錯体中の金属イオンを中心原子，中心原子に結合している分子やイオンを**配位子**という．中心原子と配位子の結合は**配位結合**とよばれる．金属イオンが受容できる配位子の数は配位数とよばれる．金属イオンはそれぞれ特有の配位数と幾何学的配置をもっている．

アンモニア（NH_3）など一つの配位結合を形成する配位子を単座配位子という．2，3，4個の結合をつくる配位子をそれぞれ二座，三座，四座配位子という．2個以上の配位結合を形成する配位子は**多座配位子**と総称される．金属イオンと多座配位子が反応してできる金属錯体を**キレート**，またはキレート化合物という．多座配位子の一つにエチレンジアミン四酢酸（**EDTA**）がある．これは，下記のような構造をしており，配位結合可能な2個の窒素と4個のカルボキシル基を含んでおり，金属イオンに対して6個の結合が可能である．EDTAは2価以上の金属イオンとモル比1：1の安定なキレート化合物を生成することから，金属イオンの滴定に使用される．

$$\begin{array}{c} HO_2CH_2C \\ HO_2CH_2C \end{array} \!\!\!\! > \!\! NCH_2CH_2N \!\! < \!\!\!\! \begin{array}{c} CH_2CO_2H \\ CH_2CO_2H \end{array}$$

4.3.2 キレート生成平衡

EDTAは四塩基性酸であるので，4段階に解離する．EDTAをH_4Yで表すと，

$$H_4Y \rightleftharpoons H^+ + H_3Y^-, \quad K_{a1} = \frac{[H^+][H_3Y^-]}{[H_4Y]} = 1.0 \times 10^{-2} \tag{24}$$

$$H_3Y^- \rightleftharpoons H^+ + H_2Y^{2-}, \quad K_{a2} = \frac{[H^+][H_2Y^{2-}]}{[H_3Y^-]} = 2.2 \times 10^{-3} \tag{25}$$

$$H_2Y^{2-} \rightleftharpoons H^+ + HY^{3-}, \quad K_{a3} = \frac{[H^+][HY^{3-}]}{[H_2Y^{2-}]} = 6.9 \times 10^{-7} \tag{26}$$

$$HY^{3-} \rightleftharpoons H^+ + Y^{4-}, \quad K_{a4} = \frac{[H^+][Y^{4-}]}{[HY^{3-}]} = 5.5 \times 10^{-11} \tag{27}$$

となる．いま，金属イオンM^{n+}とEDTA（Y^{4-}）との反応を式で表すと，

$$M^{n+} + Y^{4-} \rightleftharpoons MY^{(4-n)-}$$

となり，キレート生成定数は

$$K = \frac{[MY^{(4-n)-}]}{[M^{n+}][Y^{4-}]}$$

となる．表4.3に種々の金属イオンとEDTAとのキレート生成定数（K）を$\log K$で示した．$\log K$が大きいものほど，安定なキレート化合物である．

いま，あるpHでのキレート生成について考える．キレート生成に関与しないEDTAの化学種の和をcとすると，$c = [H_4Y] + [H_3Y^-] + [H_2Y^{2-}] + [HY^{3-}] + [Y^{4-}]$であるが，式(24)～(27)の式を使って，それぞれの項を$[Y^{4-}]$で表して整理すると，

表4.3 EDTAの金属イオンとのキレート生成定数[4]

金属イオン	log$K$	金属イオン	log$K$
Mg^{2+}	8.7	Cu^{2+}	18.8
Ca^{2+}	10.7	Zn^{2+}	16.5
Sr^{2+}	8.6	Cd^{2+}	16.6
Ba^{2+}	7.8	Pb^{2+}	18.0
Mn^{2+}	14.0	Hg^{2+}	21.8
Fe^{2+}	14.3	Al^{3+}	16.1
Co^{2+}	16.3	Fe^{3+}	25.1
Ni^{2+}	18.6	Ag^{+}	7.3

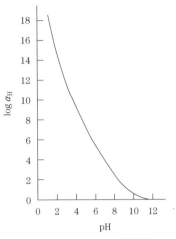

図4.2 logα_HとpHの関係[4]

$$c=[Y^{4-}]\left\{1+\frac{[H^+]}{K_{a4}}+\frac{[H^+]^2}{K_{a4}K_{a3}}+\frac{[H^+]^3}{K_{a4}K_{a3}K_{a2}}+\frac{[H^+]^4}{K_{a4}K_{a3}K_{a2}K_{a1}}\right\}$$

となる．いま，{ }の中の式をα_Hとおくと，あるpHでのキレート生成定数（K'）は，

$$K'=\frac{[MY^{(4-n)-}]}{[M^{n+}]c}=\frac{[MY^{(4-n)-}]}{[M^{n+}]\alpha_H[Y^{4-}]}=\frac{K}{\alpha_H}$$

となる．図4.2には，pHに対するlogα_Hの変化を示した．pHが小さくなるにつれてlogα_Hが急激に大きくなっている．ところで，キレート生成反応を金属イオンの滴定反応に利用するとき（たとえば，0.01 mol/L EDTAを用いて金属イオンを滴定する），0.1%以下の滴定誤差で滴定しようとすると，生成定数は10^8以上でなければならない．

すなわち，あるpHで精度よく滴定するためには，logK'=log$K$-logα_H>8であることが必要である．log$K$が大きければ，大きいlogα_Hで，すなわち小さいpHの条件でも滴定できる．たとえば，log$K$=18のPb^{2+}イオンの場合，logα_Hが10以下なら上の条件を満たす．図4.2より，pHが3.4以上なら精度よく滴定できることになる．このように，ある金属イオンについて滴定可能なpHの下限があることがわかる．

4.4 沈殿平衡

4.4.1 溶解度と溶解度積

難溶性の塩MXの固体の一部がイオンとなって溶けているとき，次式で表される平衡状態にある．

$$(MX)_{固体} \rightleftharpoons M^+ + X^-$$

このとき，濃度の積，$[M^+][X^-]$を**溶解度積**（K_{sp}）といい，温度一定のとき，一定の値となる．また，MXの**溶解度**sは$s=[M^+]=[X^-]$であるので，$K_{sp}=[M^+][X^-]=[M^+]^2=[X^-]^2$から，$s=\sqrt{K_{sp}}$となる．

一般的な塩M_mX_nが次式のような沈殿平衡にあるとする．

$$M_mX_n \rightleftharpoons mM^{n+} + nX^{m-}$$

表 4.4 難溶性塩の溶解度積（25℃）[8]

塩	K_{sp}	塩	K_{sp}
AgBr	4.0×10^{-13}	$CaSO_4$	1.9×10^{-4}
AgCl	1.0×10^{-10}	Hg_2Cl_2	1.3×10^{-18}
Ag_2CrO_4	1.1×10^{-12}	Hg_2I_2	4.5×10^{-29}
AgI	1.0×10^{-16}	$MgNH_4PO_4$	2.5×10^{-13}
$BaCO_3$	8.1×10^{-9}	$PbSO_4$	1.6×10^{-8}
$BaSO_4$	1.0×10^{-10}	$PbCrO_4$	1.8×10^{-14}
$CaCO_3$	8.7×10^{-9}	$SrSO_4$	3.8×10^{-7}
CaC_2O_4	2.6×10^{-9}	ZnS	1.0×10^{-21}

このとき，溶解度積は $K_{sp}=[M^{n+}]^m[X^{m-}]^n$ である．また，溶解度を s とすると，$[M^{n+}]=ms$，$[X^{m-}]=ns$ であるから，$K_{sp}=[M^{n+}]^m[X^{m-}]^n=(ms)^m(ns)^n=m^m n^n s^{m+n}$ となる．したがって，$s=\sqrt[m+n]{(K_{sp}/m^m n^n)}$ となる．表 4.4 にいくつかの塩の溶解度積を示した．

4.4.2 溶解度に影響を与える因子

a．温度の影響

電解質の水への溶解は一般に吸熱反応であるので，温度の上昇とともに溶解度は大きくなる．$CaSO_4$ のように負の溶解熱（発熱反応）をもつものは，温度の上昇とともに溶解度は減少する．

b．同種のイオンおよび異種のイオンの影響

硫酸バリウム $BaSO_4$ の溶解度積が 1.0×10^{-10} であり，純水への溶解度は $[Ba^{2+}][SO_4^{2-}]=1.0 \times 10^{-10}$ から 1.0×10^{-5} である．一方，0.01 mol/L 塩化バリウム中では，溶解度を s とすると，$[Ba^{2+}][SO_4^{2-}]=(0.01+s)s=1.0 \times 10^{-10}$ となり，$s \ll 0.01$ を仮定すると，$s=1.0 \times 10^{-8}$ となり，溶解度は純水の 1/1000 と著しく減少する．このような効果を**共通イオン効果**という．一方，異種イオンの共存は，一般にイオンの活量を減少させ，沈殿の溶解度を増加させる．

c．塩の溶解度に対する pH の影響

いま，MX を弱酸 HX の塩とする．

$$(MX)_{固体} \rightleftarrows M^+ + X^- \quad (28) \qquad K_{sp}=[M^+][X^-]$$

一方，X^- は酸解離の化学種である．

$$HX \rightleftarrows H^+ + X^- \quad (29) \qquad K_a=\frac{[H^+][X^-]}{[HX]}$$

この溶液に H^+ を加えると，式 (29) の平衡は左へ移動して $[X^-]$ が減少するので，式 (28) の平衡は右に移動し MX が溶解する．$[X']=[X^-]+[HX]$ とすると，

$$[X']=[X^-]+\frac{[H^+][X^-]}{K_a}=\left(1+\frac{[H^+]}{K_a}\right)[X^-]$$

となる．$[X']$ を用いた溶解度積を K_{sp}' とすると，

$$K_{sp}'=[M^+][X']=[M^+]\left(1+\frac{[H^+]}{K_a}\right)[X^-]=K_{sp}\left(1+\frac{[H^+]}{K_a}\right)$$

となる．

したがって溶解度は，

$$S=\sqrt{K_{sp}'}=\sqrt{K_{sp}}\sqrt{1+\frac{[H^+]}{K_a}}$$

となり，$[H^+]$の増加に伴って溶解度が大きくなることがわかる．

4.5 酸化還元平衡

4.5.1 酸化還元電位

Ce^{4+} によって Fe^{2+} を滴定する反応は**酸化還元反応**である．

$$Ce^{4+}+Fe^{2+} \rightleftharpoons Ce^{3+}+Fe^{3+}$$

この反応において，Ce^{4+} は**酸化剤**，すなわち Fe^{2+} から電子を奪うはたらきをしており，Fe^{2+} は**還元剤**，すなわち Ce^{4+} に電子を与えるはたらきをしている．このように酸化還元反応においては，酸化反応と還元反応が同時に起こっており，二つの**半反応**（半電池反応，電極反応ともいう）の組合せと考えることができる．半反応は一般的に次式のように表される．

$$aA_{ox}+ne \rightleftharpoons bA_{red} \quad (A_{ox}：酸化型，A_{red}：還元型)$$

Ce^{4+} と Fe^{2+} の反応は下記の二つの半反応からなる．

$$Fe^{3+}+e \rightleftharpoons Fe^{2+} \quad および \quad Ce^{4+}+e \rightleftharpoons Ce^{3+}$$

ネルンスト（H.W. Nernst）によると，半反応の**電位**の大きさは次式で表される．これをネルンストの式という．

$$E=E°+\frac{0.059}{n}\log\frac{[A_{ox}]^a}{[A_{red}]^b} \quad (V)$$

$E°$ は**標準酸化還元電位**であり，$[A_{ox}]^a=[A_{red}]^b$ のとき $E=E°$ となる．

なお，電位の大きさは標準水素電極（20章参照）と組み合わせて電池を形成したときに測定される電位で表される．また，H^+ が関与する半反応

$$aA_{ox}+m[H^+]+ne \rightleftharpoons bA_{red}+(m/2)H_2O$$

の酸化還元電位は

$$E=E°+\frac{0.059}{n}\log\frac{[H^+]^m[A_{ox}]^a}{[A_{red}]^b}=E°-0.059\frac{m}{n}pH+\frac{0.059}{n}\log\frac{[A_{ox}]^a}{[A_{red}]^b} \quad (V)$$

で与えられる．$[H^+]=1$，$[A_{ox}]^a=[A_{red}]^b$ のとき $E=E°$ となる．

表 4.5 にはいくつかの半反応の標準酸化還元電位を示した．一般に酸化剤の半反応の標準酸化還元電位は大きく，還元剤の場合のそれは小さい．

4.5.2 酸化還元平衡

二つの半反応の酸化還元電位がわかれば，二つの半反応による酸化還元反応の平衡定数がわかる．以下にその求め方を示す．

酸化剤 A_{ox} で還元剤 B_{red} を滴定し，酸化剤は A_{red} に還元され，還元剤は B_{ox} に酸化されるとする．a，b mol ずつ反応し，生成物も a，b mol ずつできるとする．

$$aA_{ox}+bB_{red} \rightleftharpoons aA_{red}+bB_{ox} \tag{30}$$

平衡定数は

$$K=\frac{[A_{red}]^a[B_{ox}]^b}{[A_{ox}]^a[B_{red}]^b}$$

表 4.5 半反応とその酸化還元電位[3,4]

半反応	電位 (V)
$H_2O_2 + 2H^+ + 2e \rightleftharpoons 2H_2O$	1.77
$Ce^{4+} + e \rightleftharpoons Ce^{3+}$	1.61
$BrO_3^- + 6H^+ + 5e \rightleftharpoons (1/2)Br_2 + 3H_2O$	1.52
$MnO_4^- + 8H^+ + 5e \rightleftharpoons Mn^{2+} + 4H_2O$	1.51
$BrO_3^- + 6H^+ + 6e \rightleftharpoons Br^- + 3H_2O$	1.42
$Cl_2 + 2e \rightleftharpoons 2Cl^-$	1.36
$Cr_2O_7^{2-} + 14H^+ + 6e \rightleftharpoons 2Cr^{3+} + 7H_2O$	1.33
$IO_3^- + 6H^+ + 5e \rightleftharpoons (1/2)I_2 + 3H_2O$	1.20
$IO_3^- + 6H^+ + 4e \rightleftharpoons I^+ + 3H_2O$	1.23
$Br_2 + 2e \rightleftharpoons 2Br^-$	1.07
$Fe^{3+} + e \rightleftharpoons Fe^{2+}$	0.77
$O_2 + 2H^+ + 2e \rightleftharpoons H_2O_2$	0.68
$H_3AsO_4 + 2H^+ + 2e \rightleftharpoons H_3AsO_3 + H_2O$	0.58
$I_2 + 2e \rightleftharpoons 2I^-$	0.54
$S_4O_6^{2-} + 2e \rightleftharpoons 2S_2O_3^{2-}$	0.08
$TiO^{2+} + 2H^+ + e \rightleftharpoons Ti^{3+} + H_2O$	0.1
$2H^+ + 2e \rightleftharpoons H_2$	0.00
$2CO_2 + 2H^+ + 2e \rightleftharpoons H_2C_2O_4$	-0.49

である．
　反応を二つの半反応に分けて考える．

$$a A_{ox} + ne \rightleftharpoons a A_{red}, \quad E_A = E_A^\circ + \frac{0.059}{n} \log \frac{[A_{ox}]^a}{[A_{red}]^a} \tag{31}$$

$$b B_{red} \rightleftharpoons b B_{ox} + ne, \quad E_B = E_B^\circ - \frac{0.059}{n} \log \frac{[B_{red}]^b}{[B_{ox}]^b} \tag{32}$$

平衡になった任意の点で $E_A = E_B$ であるから

$$E_A^\circ + \frac{0.059}{n} \log \frac{[A_{ox}]^a}{[A_{red}]^a} = E_B^\circ - \frac{0.059}{n} \log \frac{[B_{red}]^b}{[B_{ox}]^b}$$

$$E_A^\circ - E_B^\circ = -\frac{0.059}{n} \log \frac{[A_{ox}]^a [B_{red}]^b}{[A_{red}]^a [B_{ox}]^b} = \frac{0.059}{n} \log \frac{[A_{red}]^a [B_{ox}]^b}{[A_{ox}]^a [B_{red}]^b} = \frac{0.059}{n} \log K$$

よって，

$$\log K = \frac{n(E_A^\circ - E_B^\circ)}{0.059}$$

となる．すなわち，酸化還元反応の平衡定数は二つの半反応の酸化還元電位の差によって決まる．

$$Ce^{4+} + Fe^{2+} \rightleftharpoons Ce^{3+} + Fe^{3+}$$

について，$a = b = 1$, $n = 1$, $E_{Ce}^\circ = +1.61$, $E_{Fe}^\circ = +0.77$ を代入すると，

$$\log K = (1/0.059)(1.61 - 0.77) = 14.2, \quad K = 1.6 \times 10^{14}$$

となる．すなわち，反応の平衡は，圧倒的に右に偏っており，Ce^{4+} が酸化剤，Fe^{2+} が還元剤としてはたらく方向に反応が進むことがわかる．
　次に当量点における電位を求めてみよう．反応式 (30) の当量点における電位を $E_{A,B}$ とすると，二つの半反応式 (31)，(32) の当量点における電位は等しいので，

$$E_{A,B} = E_A^\circ + 0.059 \frac{a}{n} \log \frac{[A_{ox}]}{[A_{red}]} \tag{33}$$

$$E_{A,B} = E_B^\circ - 0.059 \frac{b}{n} \log \frac{[B_{red}]}{[B_{ox}]} \tag{34}$$

となる．式 (33)×b+式 (34)×a をとると，対数の中は等しいので，$aE_{A,B} + bE_{A,B} = bE_A^\circ + aE_B^\circ$ となる．これより，

$$E_{A,B} = \frac{bE_A^\circ + aE_B^\circ}{a+b}$$

が求まる．

$Ce^{4+} + Fe^{2+} \rightleftarrows Ce^{3+} + Fe^{3+}$ については，$E_{Ce,Fe} = (0.77 + 1.61)/2 = 1.19$ (V) となる．

4.6 分配平衡

ある溶質(A)を，水および水と混じらない溶媒（有機溶媒のような）からなる二つの相に加えて振とうさせると分配平衡に達し，各相中の溶質の濃度の比は一定となる．ここで，K_D は分配係数，$[A]_w$，$[A]_o$ はそれぞれ水，および水と混じらない溶媒中の溶質(A)の濃度である．ある物質が溶液中に単独に存在するのでなく，解離や会合して，いくつかの化学種が存在している場合は，全濃度の比（分配比 D）を用いる．ここで，c_w，c_o は水および水に溶けない溶媒中の化学種の全濃度である．

$$K_D = \frac{[A]_o}{[A]_w}, \qquad D = \frac{c_o}{c_w}$$

いま，安息香酸のような弱酸 (HA) の分配平衡を考える．水相で HA の一部は酸解離し，平衡状態にある．

$$HA + H_2O \rightleftarrows H_3O^+ + A^-, \qquad K_a = \frac{[A^-]_w[H_3O^+]}{[HA]_w}$$

イオン形 (HA$^-$) は水のみに溶けるとすると，水相中の全濃度は

$$c_w = [HA]_w + [A^-]_w = [HA]_w + [HA]_w \frac{K_a}{[H_3O^+]} = [HA]_w \left(1 + \frac{K_a}{[H_3O^+]}\right)$$

である．よって，

$$\text{分配比 } D = \frac{c_o}{c_w} = \frac{[HA]_o}{[HA]_w \left(1 + \frac{K_a}{[H_3O^+]}\right)} = K_D \times \frac{1}{1 + \frac{K_a}{[H_3O^+]}}$$

となる．水相が十分酸性のとき，$[H_3O^+] > K_a$ であるので D は K_D に近づく．$[H_3O^+] = K_a$ のとき，$D = K_D/2$ となる．

水相が塩基性のとき，$[H_3O^+] < K_a$ であり，強い塩基性の場合は，$1 + K_a/[H_3O^+]$ が非常に大きくなる．その結果，分配比 D は非常に小さくなり，水と混じらない溶媒（有機溶媒）には分子形がほとんど存在しない．これは，存在する化学種が塩基性ではほとんどイオン形（A$^-$）であるためである．

溶質がアニリンのような塩基では，水相が酸性のとき，存在するほとんどの化学種が水にのみ溶けるイオン形 $C_6H_5NH_3^+$ であるため，分配比 D は非常に小さくなる．

4.7 イオン交換平衡

陽イオン交換樹脂とよばれるスルホン酸基をもつイオン交換樹脂（RSO$_3$H）は，ナトリウムイオンのような陽イオンと次式のように交換反応を行う．

$$\mathrm{RSO_3H + Na^+ \rightleftharpoons RSO_3Na + H^+}$$

$$K = [\mathrm{Na^+}]_\mathrm{R}[\mathrm{H^+}]_\mathrm{S}/[\mathrm{H^+}]_\mathrm{R}[\mathrm{Na^+}]_\mathrm{S}$$

をイオン交換平衡定数という．ここで，$[\mathrm{Na^+}]_\mathrm{R}$，$[\mathrm{H^+}]_\mathrm{R}$ はイオン交換樹脂における濃度，$[\mathrm{Na^+}]_\mathrm{S}$，$[\mathrm{H^+}]_\mathrm{S}$ は溶液中における濃度を表している．$K>1$ なら，$\mathrm{Na^+}$ が $\mathrm{H^+}$ よりも樹脂に多く存在しやすいことを示している．このように，K は2種のイオンの樹脂に対する親和力の比を表す数値と見なしうることから，イオン選択係数ともよばれ，この場合，K_H^Na で表される．

下記のような二つの金属イオンの交換反応について，

$$b\mathrm{A_R}^{a+} + a\mathrm{B_S}^{b+} \rightleftharpoons a\mathrm{B_R}^{b+} + b\mathrm{A_S}^{a+}$$

選択係数は

$$K_\mathrm{A}^\mathrm{B} = \frac{[\mathrm{B}^{b+}]_\mathrm{R}^a [\mathrm{A}^{a+}]_\mathrm{S}^b}{[\mathrm{A}^{a+}]_\mathrm{R}^b [\mathrm{B}^{b+}]_\mathrm{S}^a}$$

となる．強酸性陽イオン交換樹脂に対する吸着性は，$\mathrm{Na^+ < Ca^{2+} < Al^{3+}}$ のようにイオン価数が大きくなるにつれて大きくなる．また，イオン価数が同じなら，$\mathrm{Li^+ < H^+ < Na^+ < K^+ < Rb^+ < Cs^+}$，$\mathrm{Mg^{2+} < Ca^{2+} < Sr^{2+} < Ba^{2+}}$ のように原子番号の大きいものほど大きい．強塩基性陰イオン交換樹脂に対する吸着性についても，$\mathrm{Cl^- < SO_4^{2-} < PO_4^{3-}}$ のような序列がみられる．

演習問題

4.1 0.1 mol/L 酢酸水溶液の pH を求めよ．酸解離定数（K_a）＝1.75×10^{-5}，あるいは pK_a＝4.76 とする．

4.2 0.1 mol/L 酢酸水溶液 50 mL に 0.2 mol/L 水酸化ナトリウム水溶液 10 mL を加えた液の pH を求めよ．

4.3 0.1 mol/L 炭酸水素ナトリウム水溶液の pH を求めよ．K_1＝4.47×10^{-7}，K_2＝4.68×10^{-11} あるいは pK_1＝6.35，pK_2＝10.33 とする．

4.4 0.02 mol/L クロム酸カリウム水溶液 1 L にクロム酸銀は何 mol 溶けるか．クロム酸銀の溶解度積を 1.1×10^{-12} とする．

引用文献・参考図書

1) 藤原鎮男監訳：コルトフ分析化学 1，廣川書店，1975．
2) 黒田六郎ほか：分析化学，裳華房，1988．
3) 百瀬　勉：定量薬品分析（第 7 改稿版），廣川書店，1996．
4) 中村　洋編：基礎薬学 分析化学 I（第 4 版），廣川書店，2011．
5) 日本化学会編：化学便覧 基礎編 II（改訂 4 版），丸善，1993．
6) 萩中　淳，山口政俊，千熊正彦編：パートナー分析化学 I（改訂第 2 版），南江堂，2012．
7) 髙木誠司：定量分析の実験と計算 1，共立出版，1969．
8) 土屋正彦ほか監訳：クリスチャン分析化学 I 基礎，丸善，1989．
9) 宇野文二ほか：定量分析化学（第 5 版），丸善，2001．

5

試料分析の流れ

はじめに

　分析化学では，それぞれの試料から「どのような物質が（定性）」，「どのような所に（局在）」，「どのような形で（状態）」，「どのくらいの量で存在するか（定量）」が明らかにされる．それぞれの専門領域によって取り扱われる物質は異なるが，薬学領域での分析対象は，医薬品，医薬部外品，化粧品，食品，環境試料あるいは生体試料中に存在している化合物である．一般に，その分析対象物質は微量であり，しかも分析を妨害する複雑なマトリックス中に存在するのもまれではない．たとえば，各種製剤中の有効医薬品，化粧品中の紫外線吸収剤，農産物中の残留農薬，大気中の環境汚染物質，血液中のホルモンや薬物などがある．これらの物質はいずれも，その試料を構成する複雑な主成分のマトリックス中に微量に存在している．したがって，試料分析においては，分析対象物質がどのようなマトリックス中に，どの程度の量で存在しているのかを考えて行う必要がある．分析操作には，①分析目的を明確にするステップ，②分析目的に適する試料調製を行うステップ，③分析対象化合物を検出（計測）するステップ，④分析データを解析し，評価するステップがある．試料を正しく採取して，適切な分析方法を用いて分析対象物質の試料中濃度を計測して，正しく解析を行う．この一連の正しく適切な分析操作で得られた分析結果によってはじめて，医薬品などの品質管理，食品の安全性，環境の評価，病気の診断あるいは医薬品の適性使用などを的確に判断することができる．本章では，客観的で正確な化学的情報源を得るうえで必要な試料分析の流れについて詳しく述べる．

5.1　試　料　調　製

　広義の試料調製とは，試料採取から始まり，マトリックス中の分析対象物質を適切な溶媒に溶解するなどの処理をして，検出可能な状態にするまで，すなわち検出器にかけるまでのステップをいい，次からの各項で述べるサンプリング，保存，前処理が含まれる．試料を採取して分析を始める前に，どのような化学的情報を得るために分析を行うのか，分析目的を明確にする必要がある．どのような分析法を用いて計測すればよいのか，要求される分析の正確さと精度はどうであるのか，測定を妨害する物質の質と量はどうであるのか，どのように試料を採取して，どのくらいの試料量が必要か，など分析を始める前に，全体を見渡した実験計画・分析戦略を立てる必要がある．

5.1.1　サンプリング

　分析対象化合物を含む試料集団の全体を母集団という．分析のために母集団の一部を抜き取ったものが**試料**（sample）であり，母集団から試料を抜き取ることを**サンプリング**（sampling）とい

う．試料は固体，液体，気体のいずれであるのか．試料形態は医薬品製剤，大気，河川水，植物組織，動物組織，血液・尿などのいずれであるのか．サンプリングにおいては，時間・場所・状態の違いも分析結果に影響を与える．これらを考慮して適切な方法でサンプリングを行う必要がある．いずれにしても，サンプリングした試料が，分析目的に照らして母集団を代表するものでなければならない．

5.1.2 保　存

サンプリング直後に試料調製を行って分析するのが理想であるが，通常は採取した試料を一定期間保存した後に分析することが多い．保存法が適当でないと，試料は保存中に化学的，物理的あるいは生物学的な変化を受け，変質，損失あるいは汚染されて，信頼できる分析結果を得ることはできない．具体的には，雰囲気因子（光，温度，湿気，酸素，大気中のガス類など）による試料の化学的変質（酸化，還元，分解，化学反応など），試料中のあるいは外部から試料に混入した酵素や微生物による生物学的変質，水分または揮発性物質の蒸発などによる試料の損失，実験環境に存在する各種の元素（Na, K, Ca, Mg, Al, Fe など），揮発性物質，塵埃などの混入による試料の汚染などがある．これらの影響は，遮光容器・気密容器の使用，低温保存，抗酸化剤・乾燥剤・防腐剤の添加処理などによって防止することができる．一方，使用容器からの成分溶出や容器への試料の付着も考慮する必要がある．

5.1.3 前 処 理

狭義の試料調製は，サンプリングした試料を秤量，分解，溶解，抽出，希釈，濃縮，脱塩，除タンパク，誘導体化などの処理を行って，分析対象物質を検出および定量可能な濃度および状態に，溶液などを調製することを意味する．これらの処理操作の大部分は，共存するマトリックス成分から分析対象物質を分離あるいは溶出する操作で，**前処理**（pretreatment）あるいは，夾雑妨害物質を取り除くという意味で，**クリーンアップ**（clean-up）とよばれる．前処理は，サンプリングとともに非常に重要なプロセスである．また，この前処理には，分析対象化合物を使用機器での計測に適した化学形へ変換する操作，すなわち誘導体化が含まれる．この誘導体化は，分析対象化合物の妨害する成分からの分離のみならず分析対象物質の選択的検出や検出感度の向上にも寄与する．したがって，誘導体化は 5.3「分析対象物質の検出」で詳しく述べる．

a． 固液抽出（溶解）

固体試料では，まず化学用精密はかりを用いて試料の質量を求める．水分を含む場合は，通例，あらかじめ試料を適当な方法で乾燥してから秤量される．成分濃度を求めるうえで正しく試料量を求めておくことは重要である．無機成分の分析では，熱分解・酸分解などの前処理が加えられる．多くの固体試料では，微細化した試料に溶媒を直接加えて，試料中に含まれる分析対象物質を溶液として抽出する．これを**固液抽出**（solid-liquid extraction）という．これは，固体試料を溶媒（水，緩衝液あるいは有機溶媒）に溶かして溶液とする操作で，通例，**溶解**（dissolution）とよばれる．溶解は最も基本的な分離操作で，溶媒に溶ける成分と溶けない成分に分離できる．

b． 液液抽出（溶媒抽出）

液体試料は一般に均一であることが多いが，不均一な場合はよく振って均一な混合液とする．この液の一定体積を正確に量りとり，試料液として用いる．従来の最も一般的な液体試料の前処理法

は，試料液に対して，試料液溶媒と不混和となる別の溶媒を加えて，分析対象物質と夾雑妨害物質のそれぞれを分離する方法である．通常は，試料水溶液に水と混じり合わない有機溶媒（クロロホルム，ベンゼン，酢酸エチルなど）を加えて，親水性化合物を水相に，疎水性化合物を有機相にそれぞれ溶解させるものである．この分離法は，二つの混じり合わない二液相間で溶質を分配させるもので，**液液抽出**（liquid-liquid extraction）といい，通例，**溶媒抽出**（solvent extraction）とよばれる．溶媒抽出で用いられる種々の形の分液漏斗およびソックスレーの抽出器を図5.1に示す．分液漏斗には，丸形，スキューブ形，円筒形などがある．一定容量の試料水溶液に一定容量の有機溶媒を分液漏斗に入れ，平衡になるまでよく振り混ぜた後静置して，水相と有機溶媒相に分離する．操作が簡単で，抽出分配比の高い物質に対して用いられる．抽出分配比が低い物質あるいは分析対象物質の試料マトリックスからの抽出効率が低い場合などは，抽出を繰り返す必要がある．ソックスレー抽出器は，連続して固液抽出を繰り返すことのできる代表的な装置である．この装置では，フラスコ内の溶媒を蒸留し，冷却によって凝縮された抽出溶媒を固形試料の詰まった試料抽出管中を通過させる．抽出溶媒は蒸留・凝縮・抽出を繰り返して，底部のフラスコ内に抽出物が蓄積される．この装置は，豆類，種実類などからの脂質の抽出，土壌からのダイオキシン類の抽出などに用いられている．

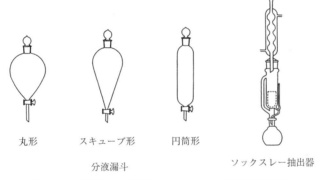

図5.1　分液漏斗の種類とソックスレーの連続抽出装置

c．固相抽出

固相抽出法（solid-phase extraction, SPE）は，気体中あるいは液体中の化学成分を固体の抽出剤（捕集剤，吸着剤ともいう）に保持させる分離法で，試料液中の夾雑妨害物質の除去あるいは分析対象物質の濃縮などの目的で使われる．この分離において，化学成分は気相から固相に，あるいは液相から固相に，いずれも固相抽出される．固相抽出された化学成分は，固液抽出によって再び液相に移される．固相抽出剤の種類には，活性炭，グラファイトカーボン，フロリジル，アルミナ，シリカゲル，シアノプロピル・ジオール・C18・C8などの化学結合型シリカゲル，スチレン-ジビニルベンゼン共重合体，ベンゼンスルホン酸基やアミノプロピル基などを化学結合したシリカゲル（あるいはポリマーゲル）などが用いられる．基本的にはガスクロマトグラフィーや液体クロマトグラフィーで用いられる充填剤と同じもので，吸着，分配，イオン交換などの保持機構を異にする各種の固相抽出剤がある．試料化合物の物性から抽出相を選択する目安と溶離溶媒の例を表5.1に示す．これらの固相抽出剤の使用形態としてバッチ法，カラム法などがある．バッチ法は，試料溶液の入った容器内に微粉末の固相抽出剤を分散させ，攪拌して目的成分を選択的に捕集濃縮したのち，ろ過や遠心分離によって固相抽出剤を回収する．その後，固相抽出剤に捕集された目的

表 5.1 固相抽出における抽出相と溶離溶媒選択の目安（日本化学会編：実験化学講座 15 分析 第 4 版, p. 349, 丸善, 1991 より）

有機化合物（分子量 2000 以下）

溶解性	極性/イオン性	分離様式	抽出相	溶離溶媒
有機溶媒可溶	高極性（メタノール、アセトニトリル、酢酸エチル可溶）	順相	シアノ (CN)、ジオール (COHCOH)、アミノ (NH$_2$)、第一、二級アミノ (NH$_2$/NH)	ヘキサン、クロロホルム、ジクロロメタン、アセトン、メタノール
	中極性	吸着	シリカゲル (SiOH)、フロリジル (SiO$_n$)、アルミナ (Al$_2$O$_3$)	ヘキサン、クロロホルム、ジクロロメタン、酢酸エチル
	非極性（ヘキサン、ヘプタン、クロロホルム可溶）	逆相	オクタデシル (C18)、オクチル (C8)、シクロヘキシル (C$_6$H$_{11}$)、フェニル (C$_6$H$_5$)、シアノ (CN)	ヘキサン、ジクロロメタン、アセトニトリル、アセトン、メタノール、水
水可溶	イオン性（陽イオン／陰イオン）	イオン交換	カルボン酸 (COOH)、スルホン酸 (C$_6$H$_{11}$SO$_3$H)、アミノ (NH$_2$)、第一、二級アミノ (NH$_2$/NH)、第四級アミノ (N$^+$)	酸、塩基、緩衝液
	非イオン性またはイオン対 — 高極性	順相	シアノ (CN)、ジオール (COHCOH)、アミノ (NH$_2$)、第一、二級アミノ (NH$_2$/NH)	ヘキサン、クロロホルム、ジクロロメタン、アセトン
	中極性	吸着	けいそう土 (SiOH)、シリカゲル (SiOH)、フロリジル (SiO$_n$)、アルミナ (Al$_2$O$_3$)	ヘキサン、クロロホルム、ジクロロメタン、酢酸メチル、メタノール
	非極性	逆相	オクタデシル (C18)、オクチル (C8)、シクロヘキシル (C$_6$H$_{11}$)、フェニル (C$_6$H$_5$)、シアノ (CN)	ヘキサン、ジクロロメタン、アセトニトリル、アセトン、メタノール、水

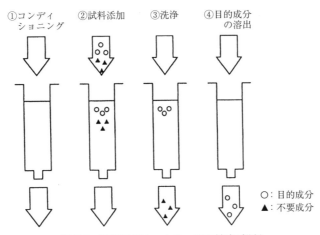

図5.2 固相抽出カートリッジの抽出手順[4]

成分を溶離液で溶出するものである．カラム法は，固相抽出剤を充塡した円筒状の管（カラム）に試料溶液を流し，目的成分を捕集濃縮したのち，カラム内の固相抽出剤に捕集された目的成分を溶離液で溶出するものである．ポリエチレンやポリプロピレンなどのプラスチック製のミニカラムに，各種の固相抽出剤を充塡した「使い捨て」型の固相抽出カートリッジが市販され，現在最も汎用されている．操作性，回収率，再現性にすぐれており，また，多量の試料（液体または気体）から微量の分析対象物質を固相に保持させ，少量の溶離液を用いて溶出すれば濃縮が可能となる．固相抽出カートリッジを用いた試料前処理の基本操作の手順を図5.2に示す．

気体試料中には，浮遊粒子状物質（煤塵など），エーロゾル（硫酸ミストなど）あるいはガス状物質（揮発性有機化合物など）がある．これらの捕集には，ろ紙，吸収液を入れた吸収瓶あるいは固相抽出剤（活性炭，アルミナ，合成樹脂，反応試薬を含浸したシリカゲルなど）を充塡した捕集管が主に用いられている．吸引ポンプを用いて，一定時間（一定容量）の大気を吸引して，大気中に分散する固体，液体あるいは気体状態の化合物が集められる．捕集された目的成分は，固液抽出，溶媒抽出あるいは固相抽出によって，分離・濃縮される．排ガスから排出されるダイオキシン類の標準的な試料分析の流れを図5.3に示す．この図から，前処理の重要性が理解できる．

d．希釈・濃縮・脱塩

用いる測定法の検出感度に比べて試料中の分析対象物の溶液濃度が濃い場合は，溶媒を加えて，希釈する．逆に，試料中の溶液濃度が低い場合は濃縮する．濃縮方法には，前出の溶媒抽出や固相抽出のほか，溶液に窒素を吹きつけて溶媒を蒸発させる気流濃縮，減圧濃縮，凍結乾燥などがある．試料中の塩類が，用いる測定法において妨害となる場合は，イオン交換樹脂法，透析法，限外ろ過法などで塩類を除去する．

e．除タンパク

生体試料中の低分子化合物を分析する場合，共存するタンパク質が測定を妨害することが多い．この妨害を排除する方法の一つが**除タンパク**（deproteinization）であり，沈殿法と限外ろ過法が汎用されている．沈殿法は，タンパク質を変性・沈殿させ，変性タンパク質を遠心分離あるいはろ過で取り除く方法で，これには酸変性法と有機溶媒変性法がある．トリクロロ酢酸，過塩素酸，タングステン酸，メタリン酸などの強い酸を試料溶液中に添加すると，タンパク質の陽電荷に，かさ

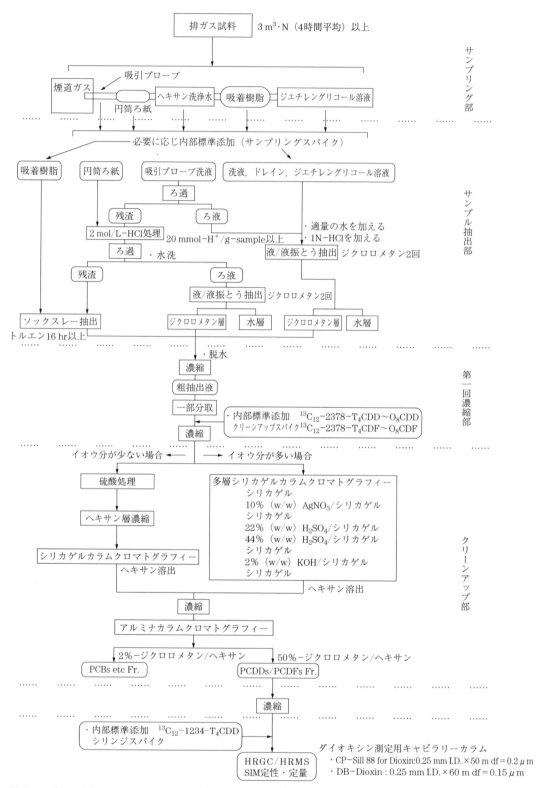

図 5.3 ダイオキシン類（排ガス中）の測定を例とする試料分析の流れ（廃棄物処理におけるダイオキシン類標準測定分析マニュアルより）

（嵩）の大きい陰イオン（Cl_3CCOO^-，ClO_4^-，WO_4^{2-}，PO_3^- など）が結合することで，タンパク質が変性して沈殿する．一方，アセトニトリル，アセトン，エタノール，メタノールなどの有機溶媒は，タンパク質内部の疎水結合を破壊して，内部の疎水領域を溶液中に露出させることで変性沈殿する．限外ろ過法は，限外ろ過膜の膜細孔径より大きな分子は通過できないという「分子ふるい効果」によって，タンパク質と低分子物質を分離するものである．加圧，減圧または遠心重力によって低分子物質を膜通過させる．

f．カラムスイッチング

カラムスイッチング（column switching）は，高速液体クロマトグラフィー（HPLC）におけるオンライン固相抽出，オンライン除タンパクを可能とする自動前処理法である．典型的なカラムスイッチングの流路図を図5.4に示す．試料前処理用のカラム（プレカラム）と分析カラムを六方バルブの前後に配置して，分析システムを構成する．プレカラム用溶離液の送液によって試料を注入して，試料中の夾雑妨害物質を廃棄するとともに，分析対象物質をプレカラムの先端に濃縮・保持させる．次に，六方バルブの流路を切り換えて，分析カラム用溶離液を送液して，プレカラム先端に保持された分析対象物質をプレカラムから溶出するとともに，分析カラムで分析対象物質を含む化学成分の分離を行う．プレカラムに内面逆相充填剤（内表面に疎水性基，外表面に親水性基を導入した充填剤）などの特殊なカラムを用いると，除タンパク操作を自動化して，血漿中微量薬物の直接分析が可能となる．

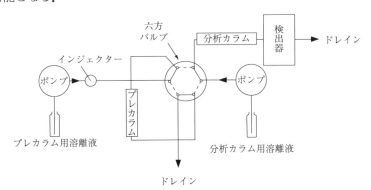

図5.4　オンラインカラムスイッチングによる試料の前処理

5.2　分　離　分　析

分析目的に沿って調製された試料は，試料中の分析対象化合物を検出（計測）するステップに導かれる．容量分析法あるいはある種の機器分析法では，前処理のすんだ試料を用いて，ただちに分析対象物質の検出操作（5.3節）へと移る．しかしながら多くの場合は，溶媒抽出，クロマトグラフィーあるいは電気泳動法などの分離分析法を用いて，分析対象化合物の選択的な分離が行われる．前述の前処理も，夾雑妨害物質の排除を目的とした分離分析であり，表5.2に示すような分離法がある．

溶媒抽出は，二つの互いに混じり合わない液相間で溶質の分配を行う方法で，有機・無機化合物を問わず広く適用できる．通例は，水溶液（水相）中の溶質を有機溶媒（有機相）に転溶して，化合物の分離に利用する．水溶液中で強く水和している金属イオン，非金属イオン，有機化合物イオ

表 5.2 分離機構の違いに基づく分離法の分類

分離機構	原 理	分離法の名称
相変化	固相⇔液相，液相⇔気相，気相⇔固相（分離されるべき物質の相を変化させる）	沈殿，塩析，蒸留，濃縮，昇華
二相配分	固相⇔液相，液相⇔気相，気相⇔固相，液相⇔液相の二相間における物質の相平衡	吸着，分配，イオン交換 固液抽出，溶媒抽出，固相抽出 水性二相分配 クロマトグラフィー（液体，気体，超臨界）
電気泳動	電場における物質の荷電差を利用	電気泳動，キャピラリー電気泳動
分子ふるい効果	粒子サイズや分子サイズの差を利用	分離膜（拡散，透過） サイズ排除（ゲル浸透，ゲルろ過）
重力・遠心力	比重（密度）の差を利用	重力沈降分離，遠心分離
生物学的親和力	酵素と基質，抗原と抗体のような特異的選択的な分子間相互作用を利用	アフィニティークロマトグラフィー
磁力	磁性の差を利用	磁気分離

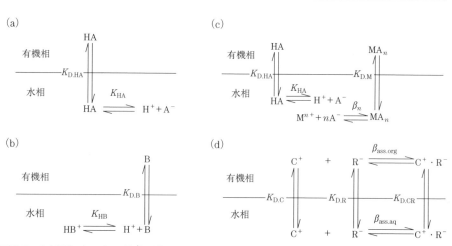

図 5.5 (a)弱酸（HA）の抽出平衡，(b)弱塩基（B）の抽出平衡，(c)酸性キレート試薬（HA）による金属イオン（M^{n+}）の抽出平衡，および(d)イオン会合錯体 $C^+ \cdot R^-$ の抽出平衡

ンあるいはイオン性物質に変換可能な無機・有機化合物を有機溶媒相に転溶する場合，キレート有機試薬あるいはイオン会合試薬の抽出試薬を用いる．これらの抽出用の試薬はいずれも疎水的な構造を有し，金属錯体あるいはイオン会合体を形成して，有機溶媒相に溶ける．有機溶媒相に転溶されたイオン性化合物は，吸光光度法，蛍光光度法あるいは原子吸光光度法などで，選択的に定量される．図5.5には，(a)弱酸の抽出平衡，(b)弱塩基の抽出平衡，(c)酸性キレート試薬を用いた金属イオンの抽出平衡，および(d)イオン会合試薬を用いた陽イオンまたは陰イオンの抽出における抽出平衡（化学平衡）を模式的に表した．この二液相間における化学平衡の考え方は，クロマトグラフィーにおける物質分離を理解するうえで重要である．表5.3には，代表的な抽出試薬を示す．

クロマトグラフィーおよび電気泳動法は，互いに類似した化合物を高性能に分離分析できる方法

表5.3 溶媒抽出に用いられる代表的な抽出試薬

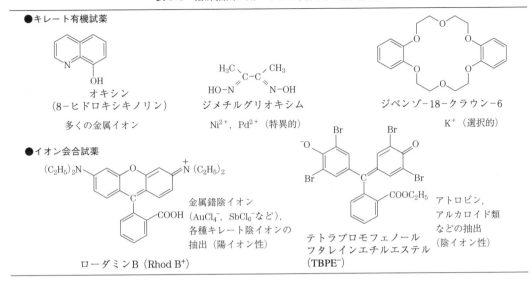

である．分離機構の異なる種々の方法があり，また，各種の検出器と接続して装置化されているので，薬学領域で扱われる多くの化合物の分離・検出手段として汎用されている．それぞれの詳細については，24章および25章を参照されたい．

5.3 分析対象物質の検出

　検出と定量のステップは，分析対象化合物を測定に適する形に変換するプロセスである．検出は分析対象化合物の特定の性質を利用して行われる．その方法には，化学的手段による化学的分析法，物理化学的手段による機器分析法および生物化学的手段による生物学的分析法があり，いずれも多様な技術が用いられている．

　溶液内の化学反応に基づく測定法を，化学的分析法あるいは湿式化学分析法といい，重量分析，容量分析，湿式定性分析などがある．これらの詳細は6章〜9章を参照されたい．湿式定性分析から派生する有機微量定性反応は，分析対象化合物の官能基あるいは分子骨格と特異的に反応する試薬を用いる検出法で，呈色反応（発色反応），蛍光反応，誘導体化などがある．

　誘導体化（derivatization）は，不揮発性化合物を揮発性誘導体に化学変換するガスクロマトグラフィーの技術として始まり，現在は，各種クロマトグラフィー，キャピラリー電気泳動法などにおける分析対象化合物の分離特性の改善，選択的検出あるいは検出感度の向上などを目的として広く利用されている．この目的に用いる試薬を誘導体化試薬とよび，生成する誘導体の成り立ちから二つに大別できる．一つは，試薬それ自身が紫外部または可視部の吸収あるいは蛍光などを有する化合物であって，この試薬を分析対象化合物に共有結合して使用するタイプである．これは，「標識をつける」あるいは「下げ札をつける」を意味する**ラベル化**（labelling，tagging）ともよばれる．もう一つは，試薬と分析対象化合物が化学反応して得られた生成物が，紫外部または可視部の吸収あるいは蛍光などを獲得するタイプである．

　呈色反応，発蛍光反応あるいは誘導体化を行うことで，吸光光度法，蛍光光度法あるいは各種の

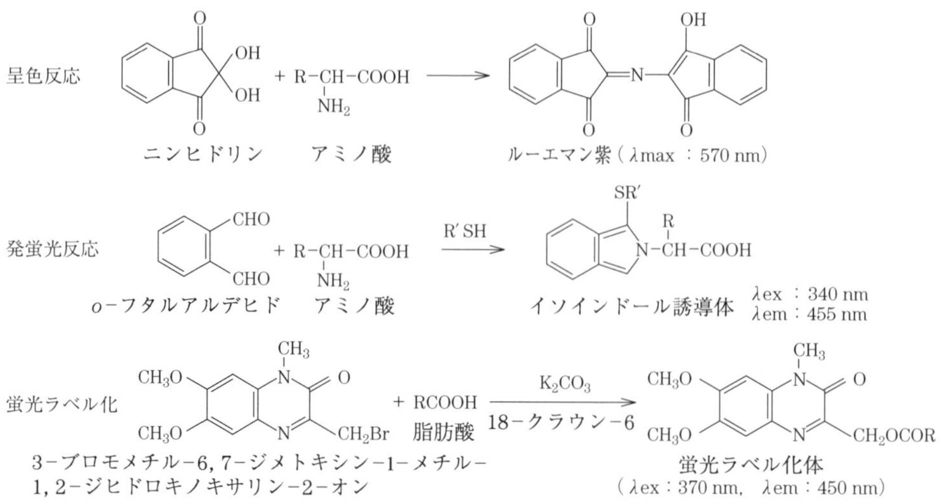

図 5.6 呈色反応，発蛍光反応および誘導体化の典型的な例（反応式）

検出器を装備したクロマトグラフィーなどの機器分析法を用いて，分析対象化合物の選択的定量が可能となる．それぞれの例を図 5.6 に示す．

5.4 データの解析

　試料分析の最終ステップは，分析データの解析と評価である．サンプリングに始まり，前処理，検出と定量までの各ステップには，定量値を不正確にする多くの要因がある．特に，前処理操作で用いる希釈水，使用溶媒，検出に使用する試薬類による**コンタミネーション**（汚染）には注意が必要である．通例，分析対象物質をまったく含まない対象を用いて，同一の器具，溶媒，試薬，条件で操作を実施する．この操作を**空試験**（blank test）といい，空試験の値を実測値より差し引いて測定値としている．測定値は真の値ではない．真の値は，測定を繰り返すことによって近づくことはできても，分析者にとっては知ることのできない値，抽象的な概念といえる．したがって，得られた結果から信頼できる情報を提供するためには，測定データの統計的な解析が必要とされる．測定値と真の値の差を**絶対誤差**といい，真の値に対する絶対誤差の比（％）を**相対誤差**という．多くの場合，計算で求められる理論値あるいは標準物質の保証値を真の値と見なしている．誤差は，系統誤差と偶然誤差に分けられる．**系統誤差**は，測定装置の不正確さ（機器誤差），操作上の誤り（操作誤差），個人の読み取り癖（個人誤差）などの原因によって生じるもので，原理的には除去または補正可能な誤差である．**偶然誤差**は，分析者が制御することのできない不規則誤差で，測定値にばらつきをもたらす．同一の試料を繰り返し測定して，測定値を横軸に，各測定値が現れる度数（測定度数）を縦軸にとると，ガウス型の正規分布曲線を描く．**真度**（**正確さ**）（accuracy）は，測定値の偏りの程度，すなわち測定値の平均値と真の値の差に相当し，系統誤差の大小を示す．**精度**（precision）は，測定値のばらつきの程度，すなわち各測定値と測定値の平均値の差（偏差）に相当し，偶然誤差の大小と関係する．真度と精度を異にする典型的な分布例を図 5.7 に示す．平均値，標準偏差，相対標準偏差（変動係数）は，分析データを評価するための最も基礎的な統計量である．

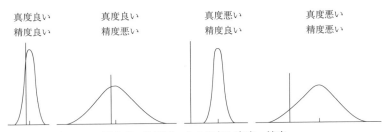

図 5.7 分析データの分布と真度，精度
長い垂線：真の値，短い垂線：測定値の平均値．

5.5 分析法の選択基準

試料分析に当たっては，分析目的を明確にする必要がある．国内外の公的機関が制定した規格試験法である公定分析法，たとえば日本工業規格（JIS），日本薬局方（JP），衛生試験法，食品衛生法，AOAC（Association of Official Analytical Chemists）などがある．これらの公定分析法はいずれも，分析目的に沿って規格化された分析法といえる．適当な分析法がない場合などは，目的に適した分析法を選択しなければならない．分析法を選択するうえでは，次のような点を考慮する．

(1) どのような試料からどのような情報を得たいのか．
　　製品（医薬品，化粧品，食品など）　→　品質の評価
　　環境（大気，河川水，土壌など）　→　環境の評価
　　生体（血液，尿など）　→　病気の診断，医薬品の適性使用
(2) どのような化学情報（定性，定量，組成，構造，状態など）を得たいのか．
　　表面状態：蛍光X線分析法，X線光電子分光法，走査電子顕微鏡など
　　結晶構造：X線回折法，ラマン分光法など
　　分子構造：紫外可視吸光分析法，赤外・ラマン分光分析法，蛍光・リン光分析法，核磁気
　　　　　　　共鳴分析法，質量分析法など
　　構成元素：電解・電量分析法，原子吸光分析法，原子発光分析法など
　　化学特性：電位差分析法，熱分析法など
　　構成成分：液体クロマトグラフィー，ガスクロマトグラフィー，キャピラリー電気泳動法
　　　　　　　など
(3) 分析対象物質の試料中での存在量はどの程度あるのか．
　　主成分：100〜10％
　　副成分：10〜0.1％
　　微量成分：0.1％未満（マイクロ，ナノ，ピコ微量成分）
(4) 分析法としての性能はどうか．
　　真度（正確さ），精度，定量感度，定量範囲，選択性，多成分同時定量性など
(5) 分析における経済性，迅速性，頑健性，安全性はどうか．
　　機器・使用試薬の価格，分析に要する時間，分析条件の変動に対して分析値が影響される
　　程度，分析をする者・環境に対する安全性など

演習問題

5.1 ベンゼンに溶解しているトルエンと安息香酸から安息香酸を回収する方法を示せ.

5.2 試料前処理法に関する記述のうち,正しいものはどれか.
    a 試料溶液中のカルボン酸を有機溶媒層に抽出するには,カルボン酸がイオン型となるようにpHを調整するのがよい.
    b 水・有機溶媒からなる溶媒抽出法において,アセトンはすぐれた有機溶媒である.
    c 逆相系固相抽出法の利点の一つは,溶媒抽出法と比べて有機溶媒の使用量を減らせる点である.
    d 酸を用いる除タンパク法において,塩酸はすぐれた除タンパク効果を示す.
    e 有機溶媒が示す除タンパク効果は,イオン結合の切断に基づく.
(第90回 薬剤師国家試験)

5.3 標準物質の保証値250.0 mgに対して,測定値($n=10$)は,246.3 mg, 258.4 mg, 259.7 mg, 255.8 mg, 261.2 mg, 241.6 mg, 272.6 mg, 264.0 mg, 273.2 mg, 254.8 mgを示した.①平均値,②偏差,③標準偏差,④相対標準偏差(変動係数),⑤絶対誤差,⑥平均誤差,⑦相対誤差,相対平均誤差を求めよ.

引用文献・参考図書

1) 梅澤喜夫,澤田嗣郎,中村 洋監修:最新の分離・精製・検出法—原理から応用まで—,エヌ・ティー・エス,1997.
2) 中村 洋監修:分析試料前処理ハンドブック,丸善,2003.
3) 日本分析化学会編:分析化学実験ハンドブック,丸善,1987.
4) 日本分析化学会関東支部編:高速液体クロマトグラフィーハンドブック(改訂2版),丸善,2000.
5) 日本分析化学会編:分離分析化学事典,朝倉書店,2001.
6) 日本分析化学会編:基本分析化学,朝倉書店,2004.

6 定性・同定法

はじめに

医薬品の同定または医薬品中の不純物を試験する方法は，日本薬局方に収載されている医薬品の「確認試験」または「純度試験」の方法として利用されている．その方法として，呈色反応や沈殿反応が主に用いられている．ここでは，第 16 改正日本薬局方に掲載されている無機イオンの定性反応，代表的な医薬品の確認試験と純度試験について解説する．

6.1 定性試験

6.1.1 無機イオンの定性反応

a. 無機陽イオンに基づく反応（表 6.1）

表 6.1

イオン	定性反応	化学反応式
銀塩 (Ag^+)	(1)Ag^+＋希 HCl ⟶ 白色沈殿（AgCl），沈殿は希 HCl に不溶，過量の NH_3 試液に可溶． (2)Ag^+＋K_2CrO_4 試液 ⟶ 赤色沈殿（Ag_2CrO_4），沈殿は希 HNO_3 に可溶． (3)Ag^+＋NH_3 試液 ⟶ 灰褐色沈殿（Ag_2O），＋NH_3 試液 ⟶（沈殿を溶かす）＋ホルムアルデヒド 1〜2 滴 ⟶ 加温 ⟶ 器壁に銀鏡（Ag）を生成．	(1)Ag^+＋HCl ⟶ AgCl↓＋H^+ $AgCl+2NH_3 \rightleftarrows [Ag(NH_3)_2]^+ + Cl^-$ (2)$Ag_2CrO_4 + 2H^+ \rightleftarrows H_2CrO_4 + 2Ag^+$（酢酸酸性では溶けない） (3)$2Ag^+ + 2NH_3 + H_2O \rightleftarrows 2NH_4^+ + Ag_2O$ $Ag_2O + 4NH_3 + H_2O \rightleftarrows 2OH^- + 2[Ag(NH_3)_2]^+$ $2[Ag(NH_3)_2]^+ + HCHO + H_2O = HCOO^- + NH_4^+ + 3NH_3 + 2Ag↓$
水銀塩 第一 (Hg_2^{2+})	(1)Hg_2^{2+}＋Cu 板 ⟶ 放置 ⟶ Cu 板を水洗，紙または布でこするとき Cu 板は銀白色（Hg）（第二水銀塩と共通）． (2)Hg_2^{2+}＋NaOH 試液 ⟶ 黒色沈殿（HgO, Hg）． (3)Hg_2^{2+}＋希 HCl ⟶ 白色沈殿（Hg_2Cl_2），＋NH_3 試液 ⟶ 黒変（Hg）． (4)Hg_2^{2+}＋KI 試薬 ⟶ 黄色沈殿（Hg_2I_2）⟶ 放置 ⟶ 緑変，＋過量の KI 試薬 ⟶ 黒変．	(1)Hg_2^{2+}＋Cu ⟶ Cu^{2+}＋2Hg↓ (2)$Hg_2^{2+} + 2OH^- \rightleftarrows H_2O + HgO$（黄）＋Hg↓（黒） (3)$Hg_2^{2+} + 2Cl^- \rightleftarrows Hg_2Cl_2↓$（白） $Hg_2Cl_2 + 2NH_3 \rightleftarrows NH_4Cl + Hg(NH_2)Cl↓ + Hg↓$ (4)$Hg_2^{2+} + 2I^- \rightleftarrows Hg_2I_2↓$ $Hg_2I_2 + 2I^- \rightleftarrows [HgI_4]^{2-} + Hg↓$
水銀塩 第二 (Hg^{2+})	(1)Hg^{2+}＋Cu 板 ⟶ 放置 ⟶ Cu 板を水洗，紙または布でこするとき Cu 板は銀白色（Hg）（第一水銀塩と共通）． (2)Hg^{2+}＋Na_2S 試液 ⟶ 黒色沈殿 HgS，過量の Na_2S 試液追加 ⟶ 溶解，＋NH_4Cl 試液 ⟶ 黒色沈殿（HgS）． (3)Hg^{2+}（中性溶液）＋KI 試液 ⟶ 赤色沈殿（HgI_2），過量の KI 試液 ⟶ 溶解（HgI_4^{2-}）． (4)Hg^{2+}＋塩化スズ（II）試液 ⟶ 白色沈殿（Hg_2Cl_2）⟶ 過量の塩化スズ（II）試液 ⟶ 沈殿は灰黒色（Hg）．	(1)Hg^{2+}＋Cu ⟶ Cu^{2+}＋Hg↓ (2)$Hg^{2+} + S^{2-} \rightleftarrows HgS↓$ $HgS + S^{2-} \rightleftarrows [HgS_2]^{2-}$ $[HgS_2]^{2-} + 2NH_4^+ \rightleftarrows HgS↓ + H_2S + 2NH_3$ (3)$Hg^{2+} + 2I^- \rightleftarrows HgI_2↓$ $HgI_2 + 2I^- \rightleftarrows [HgI_4]^{2-}$ (4)$2HgCl_2 + SnCl_2 ⟶ SnCl_4 + Hg_2Cl_2↓$（白） $Hg_2Cl_2 + SnCl_2 ⟶ SnCl_4 + 2Hg↓$（灰黒）

イオン	定性反応	化学反応式
鉛塩 (Pb^{2+})	(1)Pb^{2+}+希 H_2SO_4 ⟶ 白色沈殿（$PbSO_4$）．沈殿は希 HNO_3 に不溶，NaOH 試液（加温）または CH_3COONH_4 試液に可溶． (2)Pb^{2+}+NaOH 試液 ⟶ 白色沈殿（$Pb(OH)_2$），+過量の NaOH 試液 ⟶ 溶解（PbO_2^{2-}），+Na_2S 試液 ⟶ 黒色沈殿（PbS）． (3)Pb^{2+}（希 CH_3COOH 酸性）+K_2CrO_4 試液 ⟶ 黄色沈殿（$PbCrO_4$），+NH_3 試液 ⟶ 不溶，NaOH 試液に可溶．	(1)$Pb^{2+}+H_2SO_4 \longrightarrow 2H^++PbSO_4\downarrow$ $PbSO_4+4OH^- \rightleftarrows SO_4^{2-}+[PbO_2]^{2-}+2H_2O$ $PbSO_4+2CH_3COO^- \rightleftarrows SO_4^{2-}+Pb(CH_3COO)_2$ (2)$Pb(OH)_2+OH^- \rightleftarrows H[PbO_2]^-+H_2O$ $PbO_2^{2-}+S^{2-}+2H_2O \rightleftarrows PbS\downarrow+4OH^-$ (3)$PbCrO_4+4OH^- \rightleftarrows CrO_4^{2-}+PbO_2^{2-}+2H_2O$
ビスマス塩 (Bi^{3+})	(1)Bi^{3+}（少量の HCl に溶解）+H_2O ⟶ 白濁（BiOCl），+Na_2S 試薬 1～2 滴 ⟶ 暗褐色沈殿（Bi_2S_3）． (2)Bi^{3+}（HCl 酸性溶液）+チオ尿素試液 ⟶ 黄色． (3)Bi^{3+}（希 HNO_3 または希 H_2SO_4 酸性）+KI 試液 ⟶ 黒色沈殿（BiI_3），+KI 試液 ⟶ 溶解（橙色）．	(1)$BiCl_3+2H_2O \longrightarrow 2HCl+Bi(OH)_2Cl\downarrow$ $Bi(OH)_2Cl \longrightarrow BiOCl\downarrow+H_2O$ $2BiOCl+3S^{2-}+2H_2O \rightleftarrows 2Cl^-+4OH^-+Bi_2S_3\downarrow$ (2)Bi と $CS(NH_2)_2$ の比が 1:1（黄褐色），1:2（黄色），1:3（黄褐色）などが知られている． (3)$BiI_3+I^- \rightleftarrows [BiI_4]^-$
銅塩 第二 (Cu^{2+})	(1)Cu^{2+}（HCl 酸性溶液+Fe 板（よくみがいた）⟶ Fe 板表面赤色． (2)Cu^{2+}+NH_3 試液 ⟶ 淡青色沈殿 $[Cu(OH)_2]$，+過量の NH_3 試液 ⟶ 溶解（濃青色）（$[Cu(NH_3)_4]^{2+}$）． (3)Cu^{2+}+$K_4[Fe(CN)_6]$ 試液 ⟶ 赤褐色沈殿（$Cu_2[Fe(CN)_6]$），沈殿は希 HNO_3 に不溶，NH_3 試液に可溶（濃青色）． (4)Cu^{2+}+Na_2S 試液 ⟶ 黒色沈殿（CuS）．沈殿は希 HCl，希 H_2SO_4，NaOH 試液に不溶，熱希 HNO_3 に可溶．	(1)$Cu^{2+}+Fe \longrightarrow Fe^{2+}+Cu\downarrow$（赤） (2)$Cu(OH)_2+4NH_3 \rightleftarrows 2OH^-+[Cu(NH_3)_4]^{2+}$ (3)$2Cu^{2+}+K_4[Fe(CN)_6] \rightleftarrows 4K^++Cu_2[Fe(CN)_6]\downarrow$ $Cu_2[Fe(CN)_6]+8NH_3 \rightleftarrows 2[Cu(NH_3)_4]^{2+}+[Fe(CN)_6]^{4-}$ (4)$3CuS+8HNO_3=2NO+3S+3Cu(NO_3)_2$（青）$+4H_2O$
アンチモン塩 第一 (Sb^{3+})	(1)Sb^{3+}（少量の HCl に溶解）+H_2O ⟶ 白濁（SbOCl），+Na_2S 試液 1～2 滴 ⟶ 橙色沈殿（Sb_2S_3），沈殿は Na_2S 試液，NaOH 試液に可溶． (2)Sb^{3+}（HCl 酸性溶液）+H_2O（わずかに沈殿を生じるまで加える）+チオ硫酸ナトリウム試液 ⟶ 沈殿溶解，加熱 ⟶ 赤色沈殿（Sb_2S_3）．	(1)$SbCl_3+2HCl \rightleftarrows H_2[SbCl_5]$ pH 3 以上になると加水分解して SbOCl を沈殿する． $H_2[SbCl_5]+H_2O \rightleftarrows SbOCl\downarrow+4Cl^-+4H^+$ $2SbOCl+3S^{2-}+2H_2O \rightleftarrows Sb_2S_3\downarrow+2Cl^-+4OH^-$ $Sb_2S_3+2OH^- \rightleftarrows [SbOS]^-+[SbS_2]^-+H_2O$ $Sb_2S_3+3S^{2-} \rightleftarrows 2[SbS_3]^{3-}$ (2)$2Sb^{3+}+3S_2O_3^{2-}+3H_2O \rightleftarrows Sb_2S_3\downarrow+3SO_4^{2-}+6H^+$ この反応は弱酸性溶液から熱時赤色のアンモン朱（Sb_2S_3 に Sb_2O_3 と S が若干混ざる）を沈殿し，この反応は $Sn^{2+,4+}$ および As^{3+} と区別するのに利用できる．
スズ塩 第一 (Sn^{2+})	(1)Sn^{2+}（HCl 酸性溶液）を，水を入れた試験管の外側底部につけ，ブンゼンバーナーの無色炎中に入れる ⟶ 管底が青色炎に包まれる（第二スズ塩と共通の反応）． (2)Sn^{2+}（HCl 酸性溶液）+粒状 Zn ⟶ Zn の表面に灰色海綿状物質を析出する（第二スズ塩と共通の反応）． (3)Sn^{2+}+I_2 デンプン試液 ⟶ 試液の色は消える． (4)Sn^{2+}（HCl 酸性溶液）+NH_3 試液（わずかに沈殿を生じるまで）+Na_2S 試液 2～3 滴 ⟶ 暗褐色沈殿（SnS）．沈殿は Na_2S 試液に溶けない，多硫化アンモニウム $(NH_4)_2S_x$ 試液に溶ける．	(1)ヒ素化合物は妨害する． (2)$Sn^{2+}+Zn \rightleftarrows Zn^{2+}+Sn\downarrow$ 溶液の酸性が強すぎるときは H_2 のみを発生して Sn を析出しない． (3)Sn^{2+} が I_2 を還元するため I_2 デンプン試液の色が消える． (4)$Sn^{2+}+Na_2S \rightleftarrows 2Na^++SnS\downarrow$ SnS は 0.3 mol/L HCl より強い酸性では沈殿しない．SnS は多硫化アンモニウム，多硫化ナトリウムにより酸化されて，チオスズ酸錯イオン（$[SnS_3]^{2-}$）を生じ溶ける．これを酸性にすると，SnS_2 の淡黄色沈殿となる． $[SnS_3]^{2-}+2H^+ \rightleftarrows H_2S+SnS_2\downarrow$
スズ塩 第二 (Sn^{4+})	(1)Sn^{4+}（HCl 酸性溶液）を，水を入れた試験管の外側底部につけ，ブンゼンバーナーの無色炎中に入れる ⟶ 管底が青色に包まれる（第一スズ塩と共通の反応）．	(1)⟶ スズ塩，第一．

6.1 定性試験

イオン	定性反応	化学反応式
スズ塩第二 (Sn^{4+})	(2)Sn^{4+}(HCl 酸性溶液)+粒状 Zn ⟶ Zn の表面に灰色海綿状物質を析出する（第一スズ塩と共通の反応）. (3)Sn^{4+}(HCl 酸性溶液)+Fe 粉 ⟶ 放置，ろ過，ろ液+I_2 デンプン試液 ⟶ 試液の色消える. (4)Sn^{4+}(HCl 酸性溶液)+NH_3 試液（わずかに沈殿を生じるまで）+Na_2S 試液 2〜3 滴 ⟶ 淡黄色沈殿 (SnS_2)，Na_2S 試液に溶解 ⟶ +HCl ⟶ 淡黄色沈殿を再び生成.	(3)Sn^{4+} を Fe で還元して Sn^{2+} として検出する. $Sn^{4+}+Fe \rightleftharpoons Fe^{2+}+Sn^{2+}$ I_2-デンプンの青色は Sn^{2+} の還元により消える. (4)SnS_2 は 2.5 mol/L HCl より強い酸性では沈殿しない. SnS_2 は S^{2-} によりチオスズ酸錯イオンとして溶ける. この錯イオンは酸にすると SnS_2 を生ず. $SnS_2+S^{2-} \rightleftharpoons [SnS_3]^{2-}$ $[SnS_4]^{4-}+4H^+ \rightleftharpoons 2H_2S+SnS_2\downarrow$
鉄塩第一 (Fe^{2+})	(1)Fe^{2+}（弱酸性溶液）+$K_3[Fe(CN)_6]$試液 ⟶ 青色沈殿（タンブル青），沈殿は希 HCl に溶けない. (2)Fe^{2+}+NaOH 試液 ⟶ 灰緑色ゲル状沈殿. (Fe(OH)$_3$)+Na_2S 試液 ⟶ 沈殿が黒変（FeS），沈殿は希 HCl に溶ける. (3)Fe^{2+}（中性または弱酸性溶液）+1,10-フェナントロリン・エタノール溶液（1→50）滴加 ⟶ 濃赤色.	(1)$Fe^{2+}+K_4[Fe(CN)_6] \rightleftharpoons 2K^++KFe^{II}[Fe^{III}(CN)_6]\downarrow$ (2)$Fe^{2+}+2NaOH \rightleftharpoons 2Na^++Fe(OH)_2\downarrow$ $4Fe(OH)_2+O_2+2H_2O \rightarrow 4Fe(OH)_3$ (3) $Fe^{2+}+3$ 1,10-フェナントロリン ⇌ [錯体]$^{2+}$ 濃赤色
鉄塩第二 (Fe^{3+})	(1)Fe^{3+}（弱酸性溶液）+$K_4[Fe(CN)_6]$試液 ⟶ 青色沈殿（ベルリン青），沈殿は希 HCl に溶けない. (2)Fe^{3+}+NaOH 試液 ⟶ 赤褐色ゲル状沈殿，Na_2S 試液 ⟶ 沈殿が黒変（Fe_2S_3），黒色沈殿は希 HCl に溶け，液は白濁する（S）. (3)Fe^{3+}（弱酸性溶液）+スルホサリチル酸試液 ⟶ 紫色.	(1)$Fe^{3+}+K_4[Fe(CN)_6] \rightleftharpoons 3K^++KFe^{III}[Fe^{II}(CN)_6]$ ヘキサシアノ鉄 (II) 酸カリウムが過量であれば，可溶性ベルリン青を生じる. (2)$2Fe(OH)_3+3S^{2-} \rightleftharpoons 6OH^-+Fe_2S_3\downarrow$ $Fe_2S_3+6HCl = 2FeCl_3+3H_2S$ $2FeCl_3+H_2S = 2FeCl_2+2HCl+S\downarrow$ (3)Fe^{3+} 弱酸性で 5-スルホサリチル酸と反応して紫色の錯塩をつくる. Fe^{2+} は呈色しない. F^-, PO_4^{3-}, 有機オキシ酸は呈色を妨害し, Ti^{4+} は黄色を呈する. 5-スルホサリチル酸
アルミニウム塩 (Al^{3+})	(1)Al^{3+}+NH_4Cl 試液および NH_3 試液 ⟶ 白色ゲル状沈殿（$Al(OH)_3$），沈殿は過量の NH_3 試液に溶けない. (2)Al^{3+}+NaOH 試液 ⟶ 白色ゲル状沈殿($Al(OH)_3$)，過量の NaOH 試液追加，沈殿は溶ける. (3)Al^{3+}+Na_2S ⟶ 白色ゲル状沈殿（$Al(OH)_3$）過量の Na_2S 試液追加，沈殿は溶ける. (4)Al^{3+}+NH_3 試液（白色ゲル状沈殿が生じるまで）+アリザリンレッド S ⟶ 赤色沈殿.	(1)$Al^{3+}+3OH^- \rightleftharpoons Al(OH)_3\downarrow$ $Al(OH)_3$ は pH 約 3.9 から沈殿，pH 10〜12.6 で溶ける. NH_4OH-NH_4Cl 溶液は pH 約 9 となるので $Al(OH)_3$ が沈殿する. (2)$Al(OH)_3+OH^- \rightleftharpoons Al(OH)_4^-$ (3)$Na_2S \rightarrow 2Na^++S^{2-}$ $S^{2-}+H_2O \rightarrow HS^-+OH^-$ $HS^-+H_2O \rightarrow H_2S+OH^-$ $Al(OH)_3+OH^- \rightarrow Al(OH)_4^-$ (4)$Al(OH)_3$ によるアリザリン S の赤色レーキを生じる.
マンガン塩 (Mn^{2+})	(1)Mn^{2+}+NH_3 試液 ⟶ 白色沈殿（$Mn(OH)_2$）沈殿+$AgNO_3$ 試液 ⟶ 沈殿黒変（MnO_2, Ag）沈殿を放置するとき ⟶ 沈殿上部褐変（MnO_2）. (2)Mn^{2+}（希 HNO_3 酸性溶液）+三酸化ナトリウムビスマス $NaBiO_3$ 粉末少量 ⟶ 赤紫色（MnO_4^-）.	(1)$Mn^{2+}+2AgNO_3+4OH^-$ ⟶ $2NO_3^-+2H_2O+MnO_2\downarrow+2Ag\downarrow$ $Mn(OH)_2$ は空気酸化により，$Mn(OH)_2 \rightarrow MnO$ ⟶ $Mn_3O_4 \rightarrow Mn_2O_3 \rightarrow MnO_2$ と変化し，褐色になる. (2)$2Mn^{2+}+5BiO_3^-+14H^+ \rightleftharpoons 5Bi^{3+}+7H_2O+2MnO_4^-$

イオン	定性反応	化学反応式
亜鉛塩 (Zn^{2+})	(1)Zn^{2+}（中性～アルカリ性溶液）+$(NH_4)_2S$ 試液または Na_2S 試液 ⟶ 帯白色沈殿（ZnS），沈殿は希 CH_3COOH に不溶，希 HCl に溶ける． (2)Zn^{2+}+$K_4[Fe(CN)_6]$ 試液 ⟶ 白色沈殿（$K_2Zn_3[Fe(CN)_6]_2$），沈殿は希 HCl に不溶，NaOH 試液に可溶． (3)Zn^{2+}（中～弱酸性溶液）+ピリジン（Py）1～2滴+KSCN 試液 1 mL ⟶ 白色沈殿．	(1)$Zn^{2+}+S^{2-} \longrightarrow ZnS\downarrow$ (2)$2Zn^{2+}+K_4[Fe(CN)_6] \rightleftarrows 4K^+ + Zn_2[Fe(CN)_6]\downarrow$ $3Zn_2[Fe(CN)_6]+K_4[Fe(CN)_6]$ $\rightleftarrows 2Zn_3K_2[Fe(CN)_6]_2\downarrow$ $Zn_3K_2[Fe(CN)_6]_2 + 12OH^-$ $\rightleftarrows 2[Fe(CN)_6]^{4-}+6H_2O+3[ZnO_2]^{2-}+2K^+$ (3)$Zn^{2+}+2SCN^-+2C_5H_5N \longrightarrow Zn(SCN)_2(Py)_2$
バリウム塩 (Ba^{2+})	(1)炎色反応 ⟶ 持続する黄緑色． (2)Ba^{2+}+希 H_2SO_4 ⟶ 白色沈殿（$BaSO_4$），沈殿は希 HNO_3 に不溶． (3)Ba^{2+}（酢酸酸性溶液）+K_2CrO_4 試液 ⟶ 黄色沈殿（$BaCrO_4$），沈殿は希 HNO_3 に可溶．	(1)スペクトル線は 493 nm（青緑色），455 nm（青），553 nm（緑）． (2)$Ba^{2+}+H_2SO_4 \rightleftarrows 2H^+ + BaSO_4\downarrow$ (3)$Ba^{2+}+K_2CrO_4 \rightleftarrows 2K^+ + BaCrO_4\downarrow$
カルシウム塩 (Ca^{2+})	(1)炎色反応 ⟶ 黄赤色． (2)Ca^{2+}+$(NH_4)_2CO_3$ 試液 ⟶ 白色沈殿（$CaCO_3$）． (3)Ca^{2+}+$(NH_4)_2C_2O_4$ 試液 ⟶ 白色沈殿（CaC_2O_4），沈殿は希 CH_3COOH に不溶，希 HCl に可溶． (4)Ca^{2+}（中性溶液）+K_2CrO_4 試液 ⟶ 加熱 ⟶ 沈殿せず（ストロンチウム塩との区別）．	(1)スペクトル線は 422.7 nm に原子線，554 nm と 622 nm に分子線がある． (2)$Ca^{2+}+(NH_4)_2CO_3 \rightleftarrows 2NH_4^+ + CaCO_3\downarrow$ (3)$Ca^{2+}+(NH_4)_2C_2O_4 \rightleftarrows 2NH_4^+ + CaC_2O_4\downarrow$ (4)$BaCrO_4$ は酢酸酸性で沈殿する．$SrCrO_4$ は沈殿しない．
マグネシウム塩 (Mg^{2+})	(1)Mg^{2+}+$(NH_4)_2CO_3$ 試液 ⟶ 白色沈殿（$Mg(OH)_2\cdot3MgCO_3$），+NH_4Cl 試液 ⟶ 溶解，+Na_2HPO_4 試液 ⟶ 白色結晶性沈殿（$MgNH_4PO_4\cdot6H_2O$）． (2)Mg^{2+}+NaOH 試液 ⟶ 白色ゲル状沈殿（$Mg(OH)_2$），沈殿は NaOH 試液の過量に不溶，I_2 試液により暗褐色に染色．	(1)マグネシウムは塩基性炭酸塩を沈殿するが，その組成は反応液の濃度や温度によって変わる． NH_4^+ の共存で $CO_3^{2-} \to HCO_3^-$ の変化で塩基性炭酸塩の沈殿が溶ける． $CO_3^{2-}+NH_4^+ \rightleftarrows NH_3+HCO_3^-$ この液に Na_2HPO_4 を加えると，結晶性沈殿を生成 $Mg^{2+}+NH_3+HPO_4^{2-}+6H_2O$ $\rightleftarrows MgNH_4PO_4\cdot6H_2O\downarrow$ (2)$Mg(OH)_2$ は I_2 を吸着して暗褐色に染色する．
ナトリウム塩 (Na^+)	(1)炎色反応 ⟶ 黄色． (2)Na^+（中～アルカリ性濃溶液）+ヘキサヒドロキソアンチモン(V)試液 ⟶ 白色結晶性沈殿（$Na_2H_2Sb_2O_7$），試験管の内壁をこすり沈殿の生成を促進する．	(1)スペクトル線は 589，589.6 nm（黄色）の二重線． (2)$2Na^++K_2H_2Sb_2O_7 \rightleftarrows 2K^+ + Na_2H_2Sb_2O_7\downarrow$
カリウム塩 (K^+)	(1)炎色反応 ⟶ 淡紫色（炎が黄色のとき，コバルトガラス使用 ⟶ 赤紫色）． (2)K^+（中性溶液）+酒石酸水素ナトリウム試液 ⟶ 白色結晶性沈殿（$KHC_4H_4O_6$）（沈殿促進のため試験管の内壁をこする）─沈殿は NH_3 試液，NaOH 試液，Na_2CO_3 試液に可溶． (3)K^+（酢酸酸性溶液）+ヘキサニトロコバルト(III)酸ナトリウム試液 ⟶ 黄色沈殿（$K_2Na[Co(NO_2)_6]$）． (4)K^++NaOH 試液の過量を加えて加温 ⟶ NH_3 臭なし（NH_4 塩との区別）．	(1)スペクトル線は 769 nm（赤色）と 404 nm（紫色），これらの炎色は Na により妨げられる．コバルトガラスを使用する． (2)$K^++HC_4H_4O_6^- \rightleftarrows KHC_4H_4O_6\downarrow$ (3)$2K^++Na_3[Co(NO_2)_6]$ $\rightleftarrows 2Na^++K_2Na[Co(NO_2)_6]\downarrow$
アンモニウム塩 (NH_4^+)	(1)NH_4^++過量の NaOH ⟶ 加温 ⟶ NH_3 臭，リトマス紙青変．	(1)$NH_4^++OH^- \rightleftarrows H_2O+NH_3\uparrow$
リチウム塩 (Li^+)	(1)炎色反応 ⟶ 持続する赤． (2)Li^++Na_2HPO_4 試液 ⟶ 白色沈殿（Li_3PO_4），+希 HCl ⟶ 溶解． (3)Li^++希 H_2SO_4 ⟶ 沈殿せず（ストロンチウム塩との区別）．	(1)スペクトル線は 671 nm（赤色）． (2)$3Li^++Na_2HPO_4 \rightleftarrows 2Na^++H^++Li_3PO_4\downarrow$

6.1 定性試験

イオン	定性反応	化学反応式
セリウム塩 (Ce^{3+})	(1) Ce^{3+}(無色)$+2.5$倍量 $PbO_2+HNO_3 \longrightarrow$ 煮沸 $\longrightarrow$ 黄色 (Ce^{4+}). (2) $Ce^{3+}+H_2O_2$ 試液$+NH_3$ 試液 $\longrightarrow$ 黄色〜赤褐色沈殿 ($Ce(OH)_3OOH$).	(1) Ce^{3+}を PbO_2と HNO_3で酸化し Ce^{4+}(黄色)とする。 (2) $2Ce^{3+}+H_2O_2+6OH^- \rightleftarrows 2Ce(OH)_4$ $Ce(OH)_4+H_2O_2 \rightleftarrows Ce(OH)_3OOH\downarrow+H_2O$

b. 無機陰イオンに基づく反応（表 6.2）

表 6.2

イオン		定性反応	化学反応式
炭酸塩（正塩・酸性塩）	炭酸塩 (CO_3^{2-})	(1) $CO_3^{2-}+$希 $HCl \longrightarrow$ 泡立って CO_2 ガスを発生する。このガスを $Ca(OH)_2$ 試液に通じる $\longrightarrow$ 白色沈殿 ($CaCO_3$)（炭酸水素塩と共通）。 (2) $CO_3^{2-}+MgSO_4$ 試液 $\longrightarrow$ 白色沈殿（塩基性炭酸マグネシウム），$+$希 $CH_3COOH \longrightarrow$ 溶解． (3) CO_3^{2-}（冷溶液）$+$フェノールフタレイン試液1滴 $\longrightarrow$ 赤色（HCO_3^- との区別）。	(1) $CO_3^{2-}+2H^+ \rightleftarrows H_2CO_3 \rightleftarrows H_2O+CO_2\uparrow$ $CO_2+Ca(OH)_2 \rightleftarrows H_2O+CaCO_3\downarrow$ (2) $MgSO_4$ によって CO_3^{2-} は塩基性炭酸マグネシウムを沈殿するが，NH_4^+ はその沈殿生成を妨害する。 (3) H_2CO_3 ($K_1=4.57\times10^{-7}$, $K_2=5.6\times10^{-11}$) は弱酸で，アルカリ塩は加水分解して，アルカリ性を呈する。 $Na_2CO_3 \longrightarrow 2Na^++CO_3^{2-}$ $CO_3^{2-}+2H_2O \rightleftarrows H_2CO_3+2OH^-$
	炭酸水素塩 (HCO_3^-)	(1) HCO_3^-+希 $HCl \longrightarrow$ 泡立って CO_2 ガスを発生．$Ca(OH)_2$ 試液に通じる $\longrightarrow$ 白色沈殿 ($CaCO_3$)（炭酸塩と共通）。 (2) $HCO_3^-+MgSO_4$ 試液 $\longrightarrow$ 沈殿せず $\longrightarrow$ 煮沸 $\longrightarrow$ 白色沈殿（塩基性炭酸マグネシウム）。 (3) HCO_3^-（冷溶液）$+$フェノールフタレイン試液1滴 $\longrightarrow$ 赤色を呈しないか，その呈色がきわめてうすい（炭酸塩との区別）。	(1) 省略 (2) 煮沸すると炭酸塩に変化する。 (3) HCO_3^- は，$[H^+]=\sqrt{K_1\cdot K_2}=5.06\times10^{-9}$ となり，pH 8.3 を示す。よってフェノールフタレインは赤色とならない。
ハロゲン化合物	フッ化物 (F^-)	(1) F^-+クロム酸・硫酸試液 $\longrightarrow$ 加熱 $\longrightarrow$ 試験管内壁を一様にぬらさない。 (2) F^-（中〜弱酸性溶液）$+$アリザリンコンプレキソン試液・pH 4.3 の酢酸・酢酸カリウム緩衝液・硝酸セリウム（III）試液の混液 (1:1:1) $\longrightarrow$ 青紫色．	(1) $F^-+H_2SO_4 \rightleftarrows HSO_4^-+HF\uparrow$ (2) $F^-+Ce^{3+}+$ アリザリンコンプレキソン（構造式）$\rightleftarrows$ Ce錯体（青紫）
	塩化物 (Cl^-)	(1) $Cl^-+H_2SO_4+KMnO_4 \longrightarrow$ 加熱 $\longrightarrow Cl_2$ 臭，KI デンプン紙 $\longrightarrow$ 青変． (2) Cl^-+AgNO_3 試液 $\longrightarrow$ 白色沈殿 ($AgCl$)，沈殿は希 HNO_3 に不溶，過量の NH_3 試液に可溶．	(1) $10Cl^-+2MnO_4^-+8SO_4^{2-}+16H^+=2MnSO_4+6SO_4^{2-}+8H_2O+5Cl_2$ $Cl_2+2KI \rightleftarrows 2KCl+I_2$（デンプン青変） (2) $AgCl+2NH_3 \rightleftarrows [Ag(NH_3)_2]^++Cl^-$
	臭化物 (Br^-)	(1) Br^-+AgNO_3 試液 $\longrightarrow$ 淡黄色沈殿 ($AgBr$)，沈殿は希 HNO_3 に不溶，沈殿$+$強 NH_3 水 $\longrightarrow$ 振り混ぜた後，分離した液$+$希 $HNO_3 \longrightarrow$ 白濁 ($AgBr$)．	(1) $Br^-+Ag^+ \rightleftarrows AgBr\downarrow$ $AgBr+2NH_3 \rightleftarrows [Ag(NH_3)_2]^++Br^-$ <u>HNO_3</u> $2NH_3+AgBr\downarrow$

イオン		定性反応	化学反応式
ハロゲン化合物	臭化物 (Br^-)	(2)Br^-+Cl_2試液 ─→ 黄褐色に呈色，その一部に+$CHCl_3$ ─→ 振り混ぜ ─→ $CHCl_3$層，黄褐色～赤褐色，他の一部+フェノール ─→ 白色沈殿 (2,4,6-トリブロモフェノール).	(2)$2Br^- + Cl_2 \rightleftharpoons 2Cl^- + Br_2$ $3Br_2$ + フェノール ─→ 2,4,6-トリブロモフェノール + $3HBr$
	ヨウ化物 (I^-)	(1)I^-+$AgNO_3$試液 ─→ 黄色沈殿 (AgI)，沈殿は希HNO_3, NH_3水に不溶. (2)I^-(酸性溶液)+$NaNO_2$試液1～2滴 ─→ 黄褐色 ─→ 黒紫色沈殿，+デンプン試液 ─→ 濃青色.	(1)$I^- + Ag^+ \longrightarrow AgI\downarrow$ (2)$2I^- + 2NO_2^- + 4H^+ \rightleftharpoons 2NO\uparrow + 2H_2O + I_2\downarrow$
ハロゲン酸塩	塩素酸塩 (ClO_3^-)	(1)ClO_3^-+$AgNO_3$試液 ─→ 沈殿せず，+$NaNO_2$試液2～3滴+希HNO_3 ─→ 徐々に白色沈殿 (AgCl)，+NH_3試液 ─→ 溶解 ($[Ag(NH_3)_2]^+$). (2)ClO_3^-(中性溶液)+インジゴカルミン試液 (液が淡青色になるまで滴加)+希H_2SO_4+$NaHSO_3$試液滴加 ─→ すみやかに青色は消える.	(1)$ClO_3^- + 3NO_2^- \rightleftharpoons Cl^- + 3NO_3^-$ $Cl^- + Ag^+ \rightleftharpoons AgCl\downarrow$ $AgCl + 2NH_3 \rightleftharpoons [Ag(NH_3)_2]^+ + Cl^-$ (2)ClO_3^- が酸性で HSO_3^- により還元され ClO^- を生じる過程において，ClO^- によりインジゴカルミンが脱色される.
	臭素酸塩 (BrO_3^-)	(1)BrO_3^-(HNO_3酸性溶液)+$AgNO_3$試液2～3滴 ─→ 白色結晶性沈殿 ($AgBrO_3$)，加熱 ─→ 溶解，+$NaNO_2$試液1滴 ─→ 淡黄色沈殿 (AgBr). (2)BrO_3^-(HNO_3酸性溶液)+$NaNO_2$試液5～6滴 ─→ 黄色～赤褐色，+$CHCl_3$ ─→ 振り混ぜ ─→ $CHCl_3$層黄色～赤褐色 (Br_2).	(1)$BrO_3^- + Ag^+ \rightleftharpoons AgBrO_3\downarrow$ $AgBrO_3 + 3NO_2^- \rightleftharpoons AgBr\downarrow + 3NO_3^-$ (2)pH 3 以下で Br_2 を生成. $2BrO_3^- + 6NO_2^- \rightleftharpoons 6NO_3^- + Br_2$
シアン化物・チオシアン酸塩	シアン化物 (CN^-)	(1)CN^-+過量の$AgNO_3$試液 ─→ 白色沈殿 (AgCN)，沈殿は希HNO_3に不溶，NH_3試液に溶解. (2)CN^-+$FeSO_4$試液2～3滴+希$FeCl_3$試液2～3滴+NaOH試液1 mL (混和)+希H_2SO_4(酸性に) ─→ 青色沈殿 (ベルリン青).	(1)$AgNO_3$ が少量のとき $2CN^- + AgNO_3 \rightleftharpoons NO_3^- + [Ag(CN)_2]^-$ $AgNO_3$ が過量のとき $[Ag(CN)_2]^- + Ag^+ \rightleftharpoons 2AgCN\downarrow$ $AgCN + 2NH_3 \rightleftharpoons [Ag(NH_3)_2]^+ + CN^-$ (2)$6CN^- + Fe^{2+} \rightleftharpoons [Fe(CN)_6]^{4-}$ $Fe^{3+} + [Fe(CN)_6]^{4-} \rightleftharpoons Fe^{III}[Fe^{II}(CN)_6]^-$ (青)
	チオシアン酸塩 (SCN^-)	(1)SCN^-+過量の$AgNO_3$試液 ─→ 白色沈殿 (AgSCN)，沈殿は希HNO_3に不溶，強NH_3に溶解 ($[Ag(NH_3)_2]^+$). (2)SCN^-+$FeCl_3$試液 ─→ 赤色 ($Fe(SCN)_3$).	(1)$SCN^- + AgNO_3 \rightleftharpoons NO_3^- + AgSCN\downarrow$ $AgSCN + 2NH_3 \rightleftharpoons SCN^- + [Ag(NH_3)_2]^+$ (2)$3SCN^- + Fe^{3+} \rightleftharpoons Fe(SCN)_3$
窒素の酸素酸塩	亜硝酸塩 (NO_2^-)	(1)NO_2^-+希H_2SO_4(酸性に) ─→ 特異臭，黄褐色ガス (NO_2)，+$FeSO_4$結晶 ─→ 暗褐色 ($xFeSO_4\cdot yNO$). (2)NO_2^-+KI試液2～3滴+希H_2SO_4 ─→ 黄褐色 ─→ 黒紫色の沈殿，+$CHCl_3$ ─→ 振り混ぜ，$CHCl_3$層紫色 (I_2). (3)NO_2^-+$CS(NH_2)_2$試液+希H_2SO_4(酸性に)+$FeCl_3$試液 ─→ 暗赤色，+エーテル ─→ 振り混ぜ ─→ エーテル層赤色 ($Fe(SCN)_3$).	(1)$NO_2^- + H^+ \rightleftharpoons HNO_2$, $3HNO_2 = HNO_3 + 2NO + H_2O$ $2NO + O_2 = 2NO_2\uparrow$ $xFeSO_4 + yNO \rightarrow xFeSO_4\cdot yNO$ (2)$2NO_2^- + 2I^- + 4H^+ \rightleftharpoons I_2 + 2NO + 2H_2O$ (3)$HNO_2 + CS(NH_2)_2 = N_2\uparrow + HSCN + 2H_2O$ $3SCN^- + Fe^{3+} \rightleftharpoons Fe(SCN)_3$ (一部エーテルに転溶)
	硝酸塩 (NO_3^-)	(1)NO_3^-+H_2SO_4(等容量) ─→ 冷却，$FeSO_4$試液層積 ─→ 接界面暗褐色の輪帯. (2)NO_3^-+ジフェニルアミン試液 ─→ 青色.	(1)$FeSO_4$ により $NO_3^- \rightarrow NO$ $xFeSO_4 + yNO \rightarrow xFeSO_4\cdot yNO$ (2) C₆H₅-NH-C₆H₅ $\xrightarrow{NO_3^-}$ C₆H₅-NH-C₆H₄-C₆H₄-NH-C₆H₅ $\xrightarrow{NO_3^-}$ ジフェニルベンジジン

6.1 定性試験

イオン		定性反応	化学反応式
窒素の酸素酸塩	硝酸塩 (NO_3^-)	(3)NO_3^-(H_2SO_4酸性)+$KMnO_4$試液 ⟶ 赤紫色は退色せず(亜硝酸塩との区別).	$\displaystyle\bigcirc$-NH=$\bigcirc$=$\bigcirc$=NH-$\bigcirc$ (青) キノイドインモニウム (3)(1),(2)の反応は亜硝酸塩も呈するので,(3)の反応で区別する.
硫化物およびイオウの酸素酸塩	硫化物 (S^{2-})	(1)S^{2-}+希HCl ⟶ H_2S臭ガス ⟶ 潤したPb(CH_3COO)$_2$紙黒変.	(1)$H_2S+Pb(CH_3COO)_2 \rightleftarrows PbS+2CH_3COOH$
	亜硫酸塩および亜硫酸水素塩 (SO_3^{2-}, HSO_3^-)	(1)SO_3^{2-} または HSO_3^-(酢酸酸性)+I_2試液 ⟶ 試液の色消える ($I_2 \to I^-$). (2)SO_3^{2-} または HSO_3^-+希HCl(等容量) ⟶ SO_2臭,液は混濁せず($S_2O_3^{2-}$との区別),+Na_2S試液 ⟶ 白濁 ⟶ 淡黄色沈殿(S).	(1)$SO_2+I_2+2H_2O=H_2SO_4+2HI$ (2)$SO_3^{2-}+2H^+ \rightleftarrows HSO_3^-+H^+ \rightleftarrows H_2SO_3 \rightleftarrows H_2O+SO_2\uparrow$ $SO_2+2H_2S=2H_2O+3S\downarrow$
	チオ硫酸塩 ($S_2O_3^{2-}$)	(1)$S_2O_3^{2-}$(酢酸酸性)+I_2試液 ⟶ 試液の色消える. (2)$S_2O_3^{2-}$+希HCl(等容量) ⟶ SO_2臭+白濁(S) ⟶ 放置 ⟶ 黄変(S). (3)$S_2O_3^{2-}$+$AgNO_3$試液(過量) ⟶ 白色沈殿($Ag_2S_2O_3$) ⟶ 放置 ⟶ 黒色沈殿(Ag_2S).	(1)$2S_2O_3^{2-}+I_2 \rightleftarrows S_4O_6^{2-}+2I^-$ (2)$S_2O_3^{2-}+2H^+ \rightleftarrows SO_2\uparrow+S\downarrow+H_2O$ (3)$AgNO_3$が少ないとき $3S_2O_3^{2-}+2AgNO_3 \rightleftarrows 2NO_3^-+[Ag_2(S_2O_3)_3]^{4-}$ $AgNO_3$が過量のとき $[Ag_2(S_2O_3)_3]^{4-}+4AgNO_3 \rightleftarrows 4NO_3^-+3Ag_2S_2O_3\downarrow$ $Ag_2S_2O_3$の放置 $Ag_2S_2O_3+H_2O=H_2SO_4+Ag_2S\downarrow$
	硫酸塩 (SO_4^{2-})	(1)SO_4^{2-}+$BaCl_2$試液 ⟶ 白色沈殿($BaSO_4$),希HNO_3追加しても不溶. (2)SO_4^{2-}(中性溶液)+Pb(CH_3COO)$_2$試液 ⟶ 白色沈殿($PbSO_4$),+CH_3COONH_4試液 ⟶ 溶解. (3)SO_4^{2-}+希HCl(等容量) ⟶ 白濁せず(チオ硫酸塩との区別),またSO_2のにおいなし(亜硫酸塩との区別).	(1)$SO_4^{2-}+BaCl_2 \rightleftarrows 2Cl^-+BaSO_4\downarrow$ (2)$PbSO_4+2CH_3COO^- \rightleftarrows SO_4^{2-}+Pb(CH_3COO)_2$ (CH_3COO)$_2$Pbは低電離度の塩で,水溶性である.
ヒ素の酸素酸塩	亜ヒ酸塩 (AsO_3^{3-})	(1)AsO_3^{3-}(HCl酸性溶液)+Na_2S試液1～2滴 ⟶ 黄色沈殿(As_2S_3),+HCl ⟶ 不溶,+(NH_4)$_2$CO$_3$試液 ⟶ 溶解. (2)AsO_3^{3-}(微アルカリ性溶液)+$AgNO_3$試液 ⟶ 黄白色沈殿(Ag_3AsO_3),沈殿はNH_3試液,希HNO_3に溶解. (3)AsO_3^{3-}(微アルカリ性溶液)+$CuSO_4$試液 ⟶ 緑色沈殿($CuHAsO_3$),+NaOH試液 ⟶ 煮沸 ⟶ 赤褐色沈殿(Cu_2O).	(1)$AsO_3^{3-}+6H^+ \rightleftarrows As^{3+}+3H_2O$ $2As^{3+}+3S^{2-} \rightleftarrows As_2S_3\downarrow$ As_2S_3は熱6N HCl,冷12N HClには溶けにくい.アルカリ性で溶ける. $As_2S_3+3(NH_4)_2CO_3 \rightleftarrows 6NH_4^++3CO_2+[AsS_3]^{3-}+[AsO_3]^{3-}$ $[AsS_3]^{3-}+[AsO_3]^{3-}+6H^+ \rightleftarrows As_2S_3\downarrow+3H_2O$ (2)$[AsO_3]^{3-}+3AgNO_3 \rightleftarrows 3NO_3^-+Ag_3AsO_3\downarrow$ $Ag_3AsO_3+6NH_3 \rightleftarrows [AsO_3]^{3-}+3[Ag(NH_3)_2]^+$ $Ag_3AsO_3+3H^+ \rightleftarrows H_3AsO_3+3Ag^+$ (3)$[AsO_3]^{3-}+Cu^{2+}+H^+ \rightleftarrows CuHAsO_3\downarrow$ $2CuHAsO_3+6NaOH=Na_3AsO_3+Na_3AsO_4+4H_2O+Cu_2O\downarrow$
	ヒ酸塩 (AsO_4^{3-})	(1)AsO_4^{3-}(中性溶液)+Na_2S試液1～2滴 ⟶ 沈殿せず,+HCl ⟶ 黄色沈殿(As_2S_5またはAs_2S_3),沈殿は(NH_4)$_2$CO$_3$試液に溶解. (2)AsO_4^{3-}(中性溶液)+$AgNO_3$試液 ⟶ 暗赤褐色沈殿(Ag_3AsO_4),沈殿は希HNO_3,NH_3試液に溶解. (3)AsO_4^{3-}(中性またはNH_3アルカリ性溶液)+マグネシア試液 ⟶ 白色結晶性沈殿($MgNH_4AsO_4\cdot$	(1)$AsO_4^{3-}+4S^{2-}+4H_2O \rightleftarrows [AsS_4]^{3-}+8OH^-$ $2[AsS_4]^{3-}+6H^+ \rightleftarrows 3H_2S+As_2S_5\downarrow$ $As_2S_5+3(NH_4)_2CO_3 \rightleftarrows 6NH_4^++3CO_2+[AsS_4]^{3-}+[AsO_3S]^{3-}$ As_2S_5は(NH_4)$_2$CO$_3$以外にNaOH,NH_3,Na_2Sなどによっても錯イオンをつくって溶ける. (2)$AsO_4^{3-}+3AgNO_3 \rightleftarrows 3NO_3^-+Ag_3AsO_4\downarrow$ $Ag_3AsO_4+3H^+ \rightleftarrows H_3AsO_4+3Ag^+$ $Ag_3AsO_4+6NH_3 \rightleftarrows AsO_4^{3-}+3[Ag(NH_3)_2]^+$ (3)$AsO_4^{3-}+NH_4^++Mg^{2+}+6H_2O \rightleftarrows MgNH_4AsO_4\cdot 6H_2O\downarrow$

	イオン	定性反応	化学反応式
	ヒ酸塩 (AsO_4^{3-})	$6H_2O$), +希 HCl ⟶ 溶解.	マグネシア試液：$MgCl_2$, NH_4Cl, NH_3 の混合溶液.
クロムの酸素酸塩	クロム酸塩 (CrO_4^{2-})	(1)CrO_4^{2-}：黄色溶液. (2)CrO_4^{2-}+$Pb(CH_3COO)_2$試液 ⟶ 黄色沈殿 ($PbCrO_4$), 沈殿は CH_3COOH に不溶, 希 HNO_3 に溶解. (3)CrO_4^{2-}(H_2SO_4 酸性溶液)+酢酸エチル（等容量）+H_2O_2 試液 1〜2滴 ⟶ 振り混ぜ ⟶ 酢酸エチル層青色（CrO_5）.	(2)CrO_4^{2-}+$Pb(CH_3COO)_2$ ⇌ $2CH_3COO^-$+$PbCrO_4$↓ $PbCrO_4$+$2HNO_3$ ⟶ $Pb(NO_3)_2$+H_2CrO_4 (3)$HCrO_4^-$+$2H_2O_2$+H^+ ⇌ $3H_2O$+CrO_5 青色（CrO_5）は不安定で水溶液中では消えやすい.
	重クロム酸塩 ($Cr_2O_7^{2-}$)	(1)$Cr_2O_7^{2-}$：黄赤色溶液. (2)$Cr_2O_7^{2-}$+$Pb(CH_3COO)_2$試液 ⟶ 黄色沈殿 ($PbCrO_4$), 沈殿は CH_3COOH に不溶, 希 HNO_3 に溶解. (3)$Cr_2O_7^{2-}$(H_2SO_4 酸性溶液)+酢酸エチル（等容量）+H_2O_2 試液 1〜2滴 ⟶ 振り混ぜ ⟶ 酢酸エチル層青色（CrO_5）.	(1)$Cr_2O_7^{2-}$+$2OH^-$ ⇌ $2CrO_4^{2-}$+H_2O (2)$Cr_2O_7^{2-}$+$2Pb(CH_3COO)_2$+H_2O ⇌ $2CH_3COOH$+$2CH_3COO^-$+$2PbCrO_4$↓ (3)⟶ クロム酸塩(3).
シアン錯塩	フェロシアン化物 ($[Fe(CN)_6]^{4-}$)	(1)$[Fe(CN)_6]^{4-}$+$FeCl_3$ 試液 ⟶ 青色沈殿（ベルリン青）, 沈殿は希 HCl に不溶. (2)$[Fe(CN)_6]^{4-}$+$CuSO_4$ 試液 ⟶ 赤褐色沈殿（$Cu_2[Fe(CN)_6]$）, +希 HCl ⟶ 不溶.	(1)Fe^{3+} が過量のときは不溶性ベルリン青, $[Fe(CN)_6]^{4-}$ が過量のときは可溶性ベルリン青を生じる. (2)$[Fe(CN)_6]^{4-}$+$2Cu^{2+}$ ⇌ $Cu_2[Fe(CN)_6]$↓
	フェリシアン化物 ($[Fe(CN)_6]^{3-}$)	(1)$[Fe(CN)_6]^{3-}$：黄色. (2)$[Fe(CN)_6]^{3-}$+$FeSO_4$ 試液 ⟶ 青色沈殿（タンブル青（$Cu_2[Fe(CN)_6]$）), +希 HCl ⟶ 不溶.	(1)$K_3[Fe(CN)_6]$ の結晶は橙色. (2)Fe^{2+} が過量のときは不溶性タンブル青, $[Fe(CN)_6]^{3-}$ が過量のときは可溶性タンブル青を生じる.
リンの酸素酸塩	リン酸塩（正リン酸塩）(PO_4^{3-})	(1)HPO_4^{2-}（中性溶液）+$AgNO_3$ 試液 ⟶ 黄色沈殿（Ag_3PO_4）+希 HNO_3 または NH_3 試液 ⟶ 溶解. (2)HPO_4^{2-}（中性または希 HNO_3 酸性溶液）+$(NH_4)_2MoO_4$ 試液 ⟶ 加温 ⟶ 黄色沈殿（$(NH_4)_3PO_4 \cdot 12MoO_3 \cdot 6H_2O$）, +NaOH 試液または NH_3 試液 ⟶ 溶解. (3)PO_4^{3-}（中性または NH_3 アルカリ性溶液）+マグネシア試液 ⟶ 白色結晶性沈殿（$MgNH_4PO_4 \cdot 6H_2O$）, +希 HCl ⟶ 溶解.	(1)PO_4^{3-}+$3Ag^+$ ⇌ Ag_3PO_4↓ Ag_3PO_4 は酸または NH_3 水に溶ける. (2)PO_4^{3-}+$12MoO_4^{2-}$+$3NH_4^+$+$24H^+$ ⟶ $(NH_4)_3PO_4 \cdot 12MoO_3 \cdot 6H_2O$↓+$6H_2O$ (3)PO_4^{3-}+NH_4^++Mg^{2+}+$6H_2O$ ⇌ $MgNH_4PO_4 \cdot 6H_2O$↓
	グリセロリン酸塩 ($C_3H_5(OH)_2PO_4H_2$)	(1)$C_3H_5(OH)_2PO_4^{2-}$+$CaCl_2$ 試液 ⟶ 変化せず ⟶ 煮沸 ⟶ 沈殿（$Ca_3(PO_4)_2$）. (2)$C_3H_5(OH)_2PO_4^{2-}$+$(NH_4)_2MoO_4$ 試液 ⟶ 冷時沈殿せず, 長く煮沸 ⟶ 黄色沈殿（$(NH_4)_3PO_4 \cdot 12MoO_3$）. (3)$C_3H_5(OH)_2PO_4^{2-}$+$KHSO_4$ 粉末（等量）⟶ 直火でおだやかに加熱 ⟶ アクロレイン刺激臭.	(1)熱時加水分解し, H_3PO_4 が生成する. $C_3H_5(OH)_2PO_4H_2$+H_2O ⟶ $C_3H_5(OH)_3$+H_3PO_4 $2H_3PO_4$+$3Ca^{2+}$ ⇌ $Ca_3(PO_4)_2$↓ (2)加水分解により H_3PO_4 を生じ, $(NH_4)_2MoO_4$ と反応し, リンモリブデン酸アンモニウムの黄色沈殿を生ずる. (3)$C_3H_5(OH)_3$ ⟶ $2H_2O$+CH_2CHCHO↑（アクロレイン）
その他	過マンガン酸塩 (MnO_4^-)	(1)MnO_4^-：赤紫色. (2)MnO_4^-（H_2SO_4 酸性溶液）+H_2O_2 試液 ⟶ 泡立って脱色. (3)MnO_4^-（H_2SO_4 酸性溶液）+シュウ酸試液（過量）⟶ 加熱 ⟶ 脱色.	(2)$2MnO_4^-$+$5H_2O_2$+$6H^+$ ⇌ $2Mn^{2+}$+$8H_2O$+$5O_2$↑ (3)$2MnO_4^-$+$5H_2C_2O_4$+$6H^+$ = $2Mn^{2+}$+$8H_2O$+$10CO_2$↑
	過酸化物	(1)過酸化物の溶液+酢酸エチル（等容量）+$K_2Cr_2O_7$ 試液 1〜2滴+希 H_2SO_4（酸性に）⟶ 振り混ぜ ⟶ 酢酸エチル層青色（CrO_5）. (2)過酸化物（H_2SO_4 酸性溶液）+過マンガン酸カリウム試液 ⟶ 試液は脱色, 泡立ってガス発生（O_2）.	(1)過酸化物は酸性で H_2O_2 を生じ, これが $Cr_2O_7^{2-}$ を酸化して過クロム酸を生じ酢酸エチルに溶け青色となる. (2)$5H_2O_2$+$2MnO_4^-$+$6H^+$ ⟶ $2Mn^{2+}$+$8H_2O$+$5O_2$↑

	イオン	定性反応	化学反応式
その他	ホウ酸塩 (BO_2^-)	(1)ホウ酸塩＋H_2SO_4＋CH_3OH ―→ 点火 ―→ 緑色炎（$B(OCH_3)_3$）． (2)ホウ酸塩（HCl酸性溶液）＋クルクマ紙 ―→ 加温乾燥 ―→ 赤色，＋NH_3試液 ―→ 青変．	(1)$HBO_2 + 3CH_3OH = 2H_2O + B(OCH_3)_3 \uparrow$ (2)クルクマ紙の色素クルクミンがホウ素キレート（ロゾシアニン，赤褐色）となり，アルカリによって青〜暗緑色に変わる． 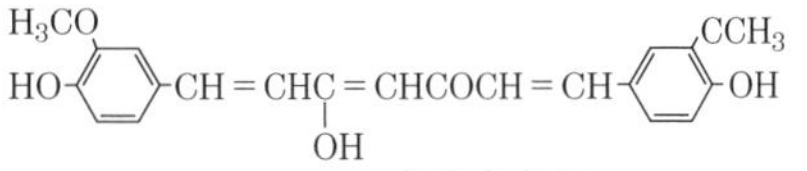 クルクミン

6.2 確 認 試 験

確認試験とは，医薬品を構成する物質または医薬品中に含まれる主成分などを，その特性に基づいて試験し，その医薬品を同定する試験法である．方法としては，スペクトル分析に基づく方法および化学反応による方法がある．化学反応では医薬品中の化学構造中に含まれる官能基や原子団の特性を利用した有機反応が利用されている．ここでは確認試験を官能基別，基本骨格別に分類し，それらが適用される代表的医薬品を示す．なおスペクトル分析については他項を参照されたい．

6.2.1 官能基の特性に基づく確認試験

a. アルコール性水酸基

1) 酸化

$$\text{イソプロパノール} \xrightarrow[\triangle]{K_2Cr_2O_7} \text{アセトン臭}$$

↓サリチルアルデヒド

赤色〜赤褐色

2) アセチル化

$$\text{D-ソルビトール} \xrightarrow[\text{ピリジン}]{(CH_3CO)_2O} \text{ヘキサアセテート} \longrightarrow \text{融点測定}$$

97〜101℃

3) ベンゾイル化

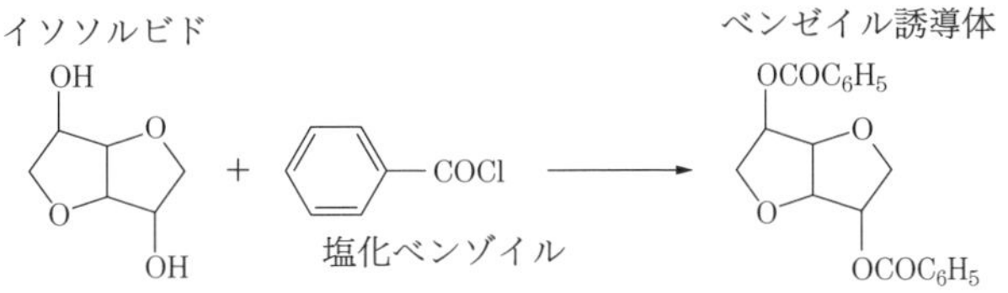

イソソルビド ＋ 塩化ベンゾイル（$COCl$）―→ ベンゼイル誘導体（$OCOC_6H_5$）

102〜103℃

医薬品：「エチニルエストラジオール」

b. フェノール性水酸基

1) 塩化鉄(III)反応　　フェノール化合物は，塩化鉄(III)と反応すると赤，紫，濃紫に呈色する．

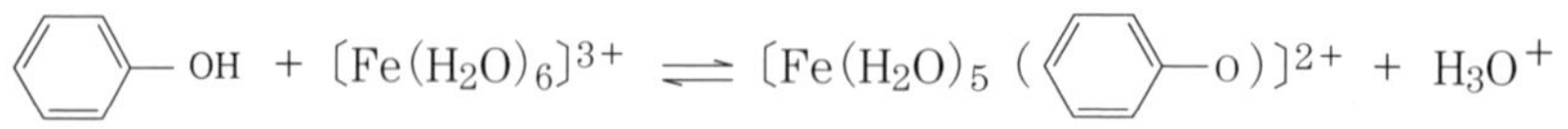

$$\text{C}_6\text{H}_5\text{-OH} + [\text{Fe}(\text{H}_2\text{O})_6]^{3+} \rightleftharpoons [\text{Fe}(\text{H}_2\text{O})_5(\text{C}_6\text{H}_5\text{-O})]^{2+} + \text{H}_3\text{O}^+$$

医薬品:「サリチル酸」「アスピリン」「サラゾスルファピリジン」

アスピリン →(Δ) サリチル酸 →(FeCl₃) 鉄キレート（赤紫）

サラゾスルファピリジン →(ハイドロサルファイトナトリウム) 2-ピリジル-スルファニルアミド + 5-アミノサリチル酸 →(FeCl₃) 鉄キレート（赤紫）

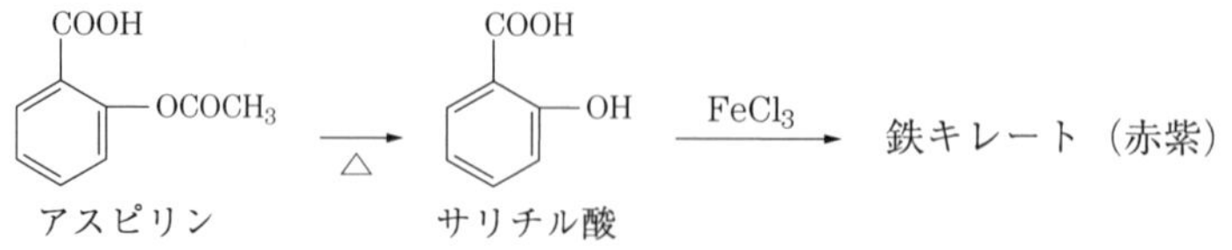

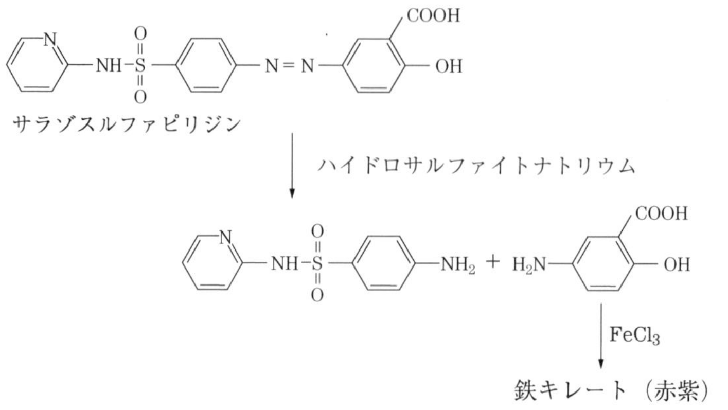

2) 4-アミノアンチピリンによる反応

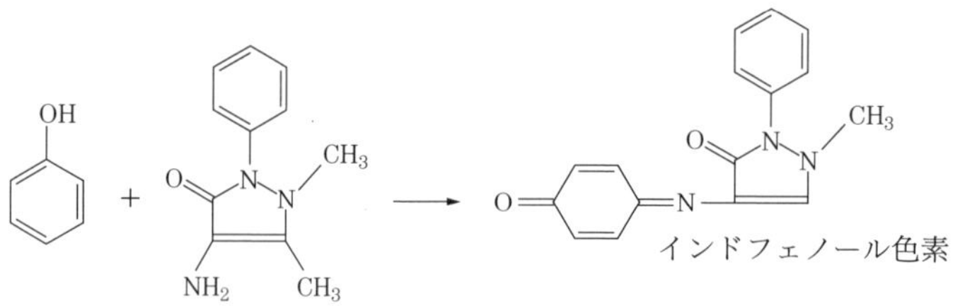

フェノール + 4-アミノアンチピリン → インドフェノール色素

医薬品:「テルブタリン硫酸塩」「レボドパ」

3) ギブズ反応

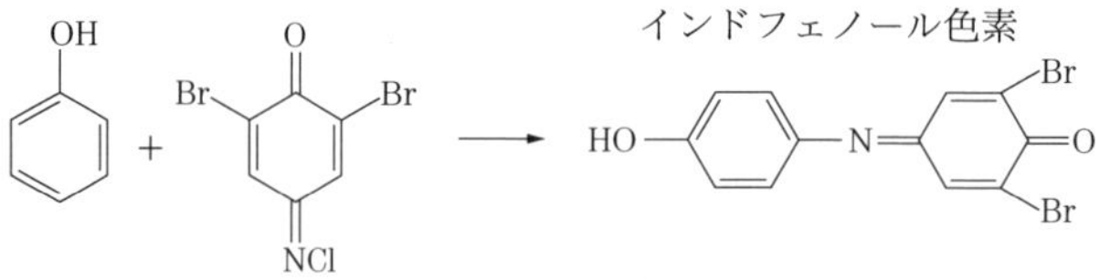

フェノール + 2,6-ジブロモ-N-クロロ-1,4-ベンゾキノンモノイミン → インドフェノール色素

医薬品:「ピリドキシン塩酸塩」

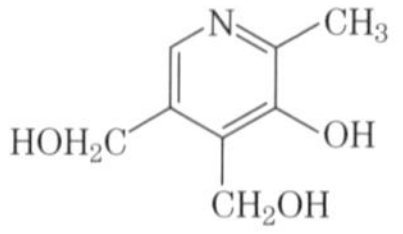

ピリドキシン構造式

c. チオール,スルホン酸などイオウを含む原子団

1) 酢酸鉛

$$S\text{を含む医薬品} \xrightarrow{\text{分解}} H_2S\text{ または硫化物} \xrightarrow{\text{酢酸鉛(II)}} PbS\text{（黒色）}$$

医薬品：「アセタゾラミド」「チオペンタールナトリウム」

2) ペンタシアノニトロシル鉄(III)酸ナトリウム〔$Na_2[Fe^{III}(CN)_5(NO)]\cdot 2H_2O$〕
アルカリ性条件で呈色反応を示す.

医薬品：「スクラルファート」「チアマゾール」

d. アルデヒドおよびケトン類

1) オキシム生成

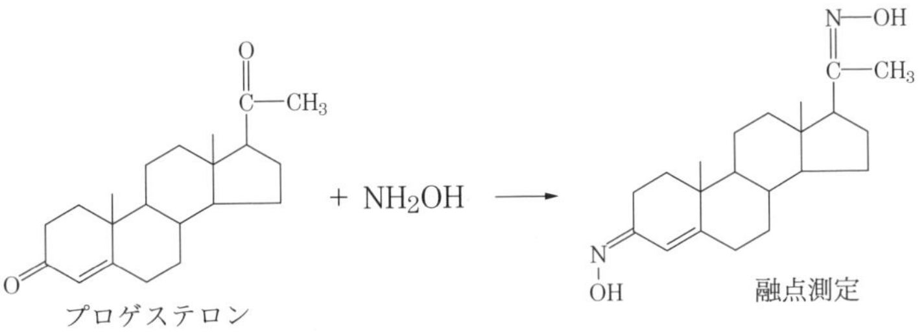

プロゲステロン + NH_2OH → 融点測定

2) ヒドラゾンの生成

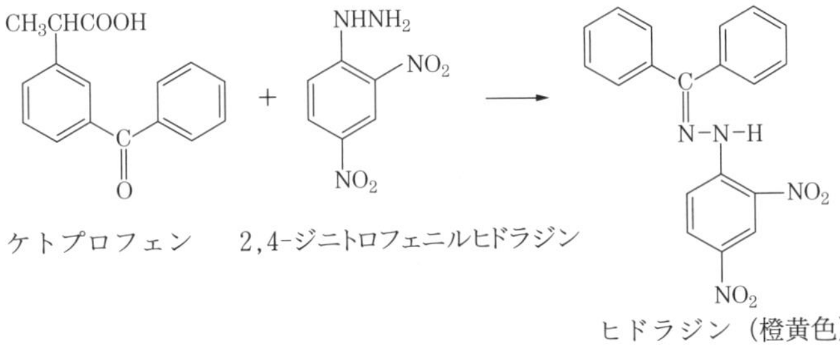

ケトプロフェン + 2,4-ジニトロフェニルヒドラジン → ヒドラジン（橙黄色）

医薬品：「イソソルビット」

3) ヨードホルム反応　カルボニル化合物はアルカリ条件下α位の炭素がハロゲン化される.ハロゲンとしてI_2を用いると黄色のヨードホルムCHI_3の沈殿を生じる.

$$CH_3-\overset{O}{\underset{\|}{C}}-R \xrightarrow[NaOH]{I_2} CH_3-\overset{O}{\underset{\|}{C}}-R \xrightarrow{NaOH} CHI_3\downarrow + R\text{-}COONa$$

医薬品：「イソプロパノール」「クロロブタノール」

4) フェーリング反応　アルデヒド,還元糖はフェーリング試薬を還元し,赤色の酸化第一銅(Cu_2O)の沈殿を生じる.

$$R\text{-}CHO + 2Cu(OH)_2 + NaOH \longrightarrow RCOONa + Cu_2O\downarrow + H_2O$$

医薬品：「ブドウ糖」「果糖」「注射用プレドニゾロンコハク酸エステルナトリウム」

5) 銀鏡反応（トレンス反応）　アルデヒドにアンモニア性硝酸銀を接触させると銀を析出する.

$$RCHO + 2Ag(NH_3)_2OH \longrightarrow 2Ag\downarrow + RCOONH_4 + H_2O + 3NH_3$$

医薬品：「パラホルムアルデヒド」「ホルムアルデヒド」

e. カルボン酸

1) カルボン酸はN,N'-ジシクロヘキシルカルボジイミドの存在下，ヒドロキシルアミンと縮合し，ヒドロキサム酸を生成する．ヒドロキサム酸はFe^{3+}とキレートを形成し，ブドウ酒赤色を呈する．

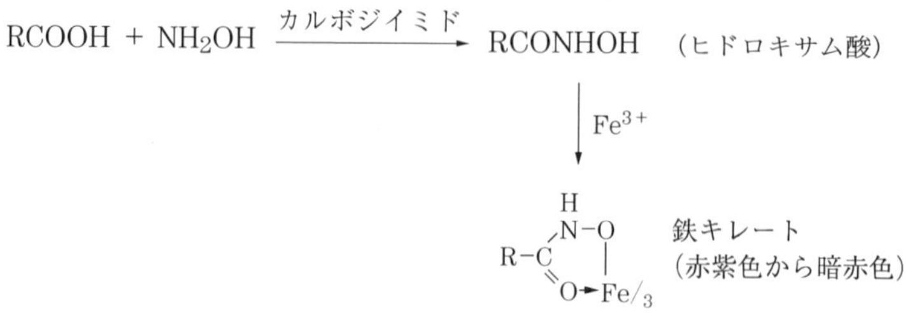
RCOOH + NH2OH
カルボジイミド
RCONHOH (ヒドロキサム酸)
Fe3+
鉄キレート
(赤紫色から暗赤色)

医薬品：「ナプロキセン」「バルプロ酸ナトリウム」「ブフェキサマク」

2) グリース反応　　カルボン酸はスルファニル酸，1-ナフチルアミンおよび亜硝酸ナトリウムと反応し，アゾ色素を生成する．

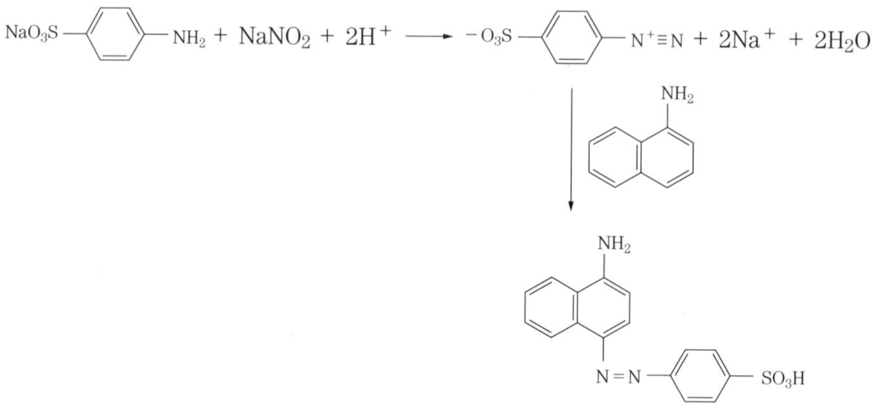
NaO3S
NH2 + NaNO2 + 2H+
−O3S
N+≡N + 2Na+ + 2H2O
NH2
NH2
N=N
SO3H

3) レソルシノール試薬

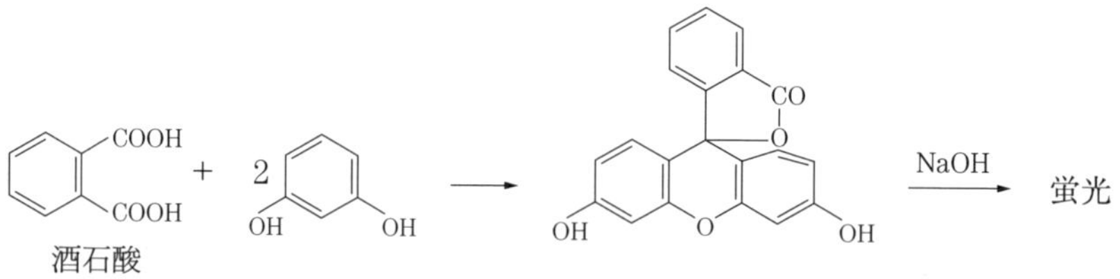
COOH
COOH
+ 2
OH
OH
CO
O
OH
O
OH
NaOH
蛍光

酒石酸

f. エステル類

1) エステル交換　　エステルにアルコールまたはカルボン酸を反応させると，異なるエステルが生成する．

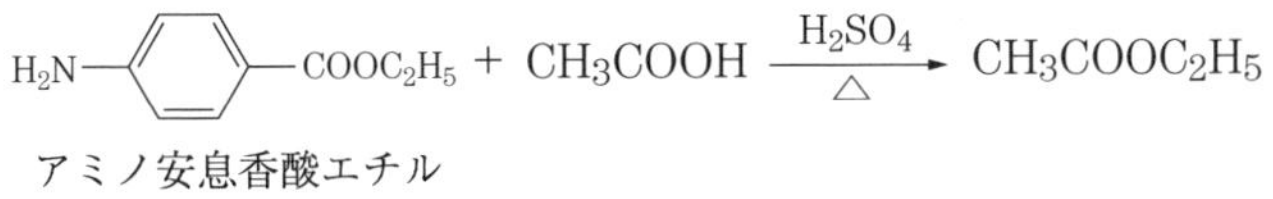
H2N
COOC2H5 + CH3COOH
H2SO4
△
CH3COOC2H5
アミノ安息香酸エチル

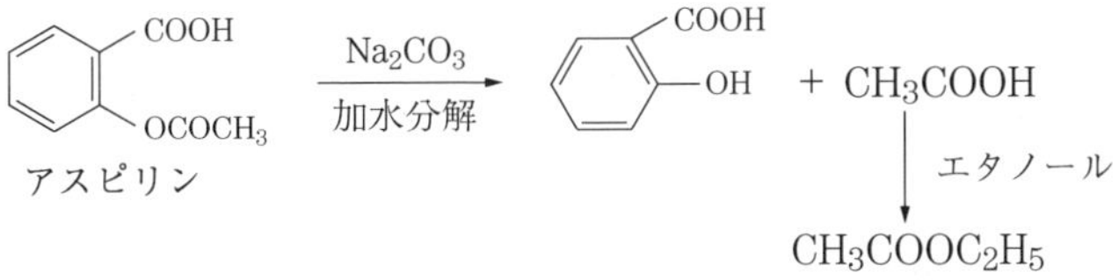
COOH
OCOCH3
アスピリン
Na2CO3
加水分解
COOH
OH
+ CH3COOH
エタノール
CH3COOC2H5

g. アミド

アミドは酸性またはアルカリ性条件下，加水分解によりカルボン酸とアミンを生成する．

1)

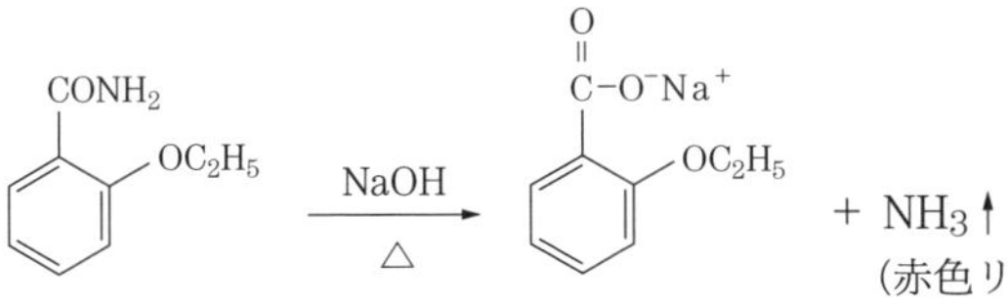
CONH2
OC2H5
NaOH
△
O
C-O⁻Na⁺
OC2H5
+ NH3↑
(赤色リトマス青変)

医薬品：「エテンザミド」「ニコチン酸アミド」「エトスクシミド」「バルビタール」

2)

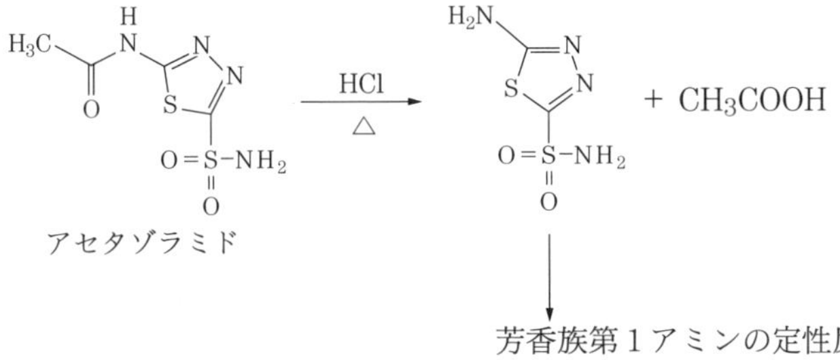
H3C
H
N
N
N
S
O
O=S-NH2
O
アセタゾラミド
HCl
△
H2N
N
N
S
O=S-NH2
O
+ CH3COOH
芳香族第1アミンの定性反応（赤色）

h. アミン類

1)　ジアゾカップリング反応　　芳香族第1アミンは，酸性下亜硝酸でジアゾ化後，2-ナフトールまたは津田試薬 N-(1-ナフチル)-N-ジエチルエチレンジアミンと反応し，アゾ色素を生成する．

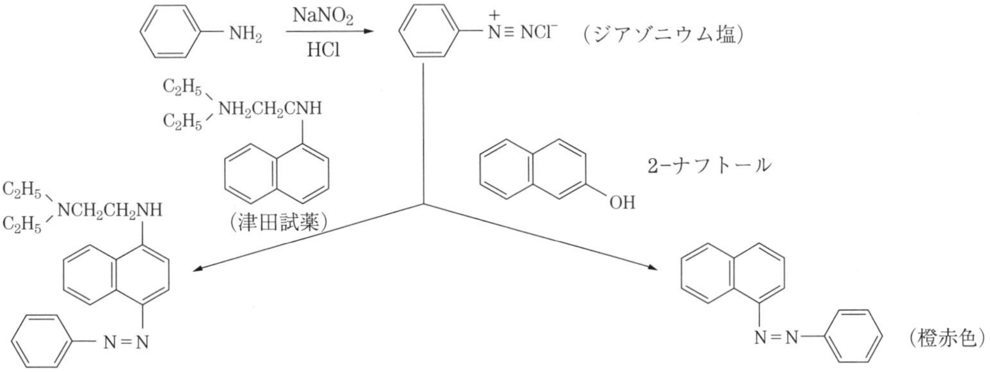
NH2
NaNO2
HCl
N≡NCl⁻
（ジアゾニウム塩）
C2H5
C2H5
NH2CH2CNH
（津田試薬）
2-ナフトール
OH
C2H5
C2H5
NCH2CH2NH
N=N
N=N
（橙赤色）

医薬品：「アミノ安息香酸エチル」「プロカイン塩酸塩（USP 29 で適用）」「スルフィソキサゾール」「トリアムテレン」「セフジトレンピボキシル」

2)　ニンヒドリンによる反応　　α-アミノ酸はニンヒドリンと反応し，青色から紫色を呈する．プロリンなどの α-イミノ酸はニンヒドリンと反応し黄色を呈する．

医薬品：各種アミノ酸「ドパミン塩酸塩」「トラネキサム酸注射液」「ニトラゼパム」

3) ドラーゲンドルフ試薬（次硝酸ビスマス酢酸試液＋KI 溶液）　第3級アミンを含む医薬品と反応し，橙色から赤橙色を呈する．

医薬品：「アジマリン」「クロニジン塩酸塩」「チアラミド塩酸塩」「クロルフェニラミン・カルシウム散」など

4) ライネッケ塩試薬（$NH_4[Cr(NH_3)_2(SCN)_4]H_2O$）　第2級アミン，第3級アミン類と反応し，淡赤色〜赤紫色の沈殿を生じる．

医薬品：「インデノロール塩酸塩」

6.2.2　基本骨格の特性に基づく確認試験

a．アルカロイド反応

アルカロイドと有機塩基はドラーゲンドルフ試薬，マルキス試薬などにより特有の呈色を示す．
アヘンアルカロイド＋マルキス試薬（ホルムアルデヒド試液・硫酸試液）── 赤色〜紫色 ── 黄褐色〜褐色

医薬品：「ノスカピン塩酸塩水和物」「パパベリン塩酸塩」「ペンタゾシン」

b．ペプチドとタンパク質の反応

1) ビュレット反応　ペプチドまたはタンパク質にアルカリ性で $CuSO_4$ を反応させると青紫〜赤紫色を呈する．この反応は，ペプチド結合が銅イオンと錯体を生成するためと考えられている．

2) 坂口反応　アルギン酸のような N-モノ置換グアニジン基 $-NH-C(=NH)NH_2$ は，次亜塩素酸ナトリウム存在下，α-ナフトールと反応し赤色を呈する．この呈色反応は，塩素酸化によるグアニジン基の脱窒素反応と同時に起こる α-ナフトールとの結合により生じる．

c．ステロイド

ステロイド類は，硫酸により呈色し，蛍光を発する（コーベル反応）．

不飽和ステロールは，一般に硫酸によって蛍光を伴った種々の呈色を示す．硫酸により脱水が起こり，次にカルボニウムイオンによる塩生成によるものと考えられる．

蛍光を発する医薬品：「コルチゾン酢酸エステル」「ヒドロコルチゾン酢酸エステル」
蛍光を発しない医薬品：「プレドニゾロン」「プレドニゾロン酢酸エステル」

d．インドールの呈色反応

インドール誘導体は 4-ジメチルアミノベンズアルデヒドと縮合し，青〜赤紫色のキノイド色素を生成する（エールリッヒ反応）．

医薬品:「クレマスチンフマル酸塩」「L-トリプトファン」「エルゴタミン酒石酸塩」

e. ジギタリス配糖体

ジギタリス配糖体中のジギトキソースに基づく呈色反応．配糖体を $FeCl_3$ の酢酸溶液に溶かし，これに硫酸を加え二層とするとき，褐色の輪帯を生じる（ケラー-キリアニ反応）．

医薬品:「ジギトキシン」「ジゴキシン」「デスラノシド」「ラナトシド C」「メチルジゴキシン」

f. キノリン誘導体

6-メトキシキノリン核をもつキナアルカロイドは，NH_3 アルカリ性で Br_2 と作用させると緑色を呈する（タレイオキン反応）．

医薬品:「キニーネ塩酸塩水和物」「キニジン硫酸塩水和物」

g. トロパンアルカロイド

ナス科のトロパンアルカロイドに発煙硝酸を加え蒸発乾固後，テトラエチルアンモニウムヒドロキシドを作用させると赤紫色を呈する（ビタリー反応）．

医薬品:「アトロピン硫酸塩水和物」「スコポラミン臭化水素酸塩水和物」「ロートコン」

h. ピリジン環

1-クロロ-2,4-ジニトロベンゼンと溶融すると，ピリジニウム塩を形成し，さらにアルカリにより開環してグルタコン酸誘導体を与え呈色する（橙〜赤〜暗赤色）（フォンゲリヒテン反応）．

医薬品:「ニコチン酸」「エチオナミド」「トロピカミド」「プロテオナミド」「ピコスルファートナトリウム」「メチラポン」

i. キサンチン骨格

キサンチン骨格を有する化合物は，H_2O_2-HCl（酸化剤），NH_4OH 試液により呈色する（ムレキシド反応）．

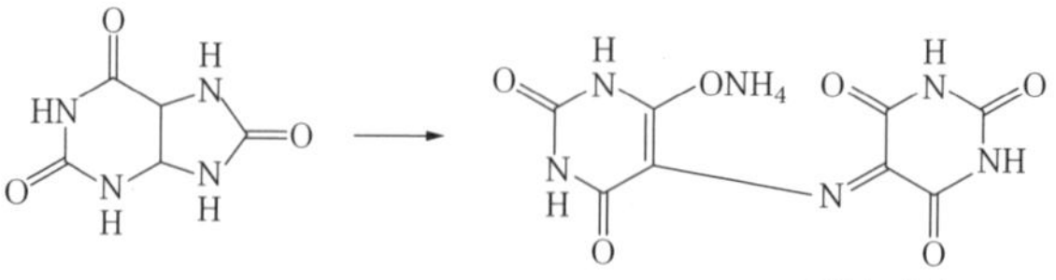

医薬品：「アミノフィリン水和物」「テオフィリン」「ジメンヒドリナート」

j． ウラシル核

ウラシルに臭素を作用するとき，液の色は消え，次に水酸化バリウムを加えると，紫色の沈殿を生じる（ウィーラー–ジョンソン反応）．

k． 糖　類

糖類にアントロンの硫酸溶液を加えると，緑〜青色を呈する．この反応は糖から生じるフルフラールがアントロンと縮合することによる．アミノ糖以外は反応する．

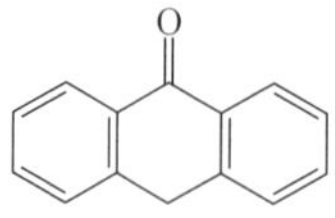

医薬品：「スクラルファート水和物」

6.3　純　度　試　験

　純度試験とは，医薬品中に含まれる不純物の試験であり，定量法などとともに医薬品の純度を規定する試験でもあり，通常，その混在物の種類およびその量を規定する．

　この試験の対象となる混在物は，その医薬品を製造する過程または保存の間に混在が予想されるもの，または有害な混在物，たとえば重金属やヒ素などである．主な項目は溶状，液性，塩化物，硫酸塩，ヒ素，重金属などであるが，原料，製造中間体，または分解物などについても限度が設けられている．

a． 溶　状

医薬品を溶媒に溶かしたときの色調，澄明性などをみる試験．

b． 液　性

医薬品の水溶液が定められたpHの範囲となることを規定する試験．

c． 塩化物試験法

医薬品中に混在する塩化物の限度試験で，塩化物（Clとして）の限度を％で表す．

〔方法〕　試料に希硝酸を加え酸性とし（塩化物のコロイド沈殿を少なくする），ついで$AgNO_3$を加え，黒色の背景を用いて標準液の混濁と比較する．

$$Cl^- + AgNO_3 \longrightarrow AgCl \downarrow + NO_3^-$$

d． アンモニウム試験法

医薬品中に混在するアンモニウム塩の限度試験で，アンモニウム（NH_4^+として）の限度を％で示す．

〔方法〕　試料にアルカリ剤として酸化マグネシウムを加えて蒸留し，留出するアンモニアをホウ酸で吸収し，ホウ酸アンモニウムとし，その一定量をとり，呈色反応を行う．

検出試薬：フェノール・ペンタシアノニトロシル鉄(III)酸ナトリウム試液
反応式
〔蒸留〕 $NH_4^+ + OH^- \longrightarrow NH_3 + H_2O$
〔呈色反応〕 $Na_2[Fe(CN)_5NO] + 2NaOH \longrightarrow Na_4[Fe(CN)_5ONO] + H_2O$
とし次の発色反応を行う．

$$NH_3 + OCl^- \xrightarrow{Na_4[Fe(CN)_5ONO]} NH_2Cl + OH^-$$

$$2NH_2Cl + \underset{OH}{\bigcirc} \longrightarrow O=\underset{}{\bigcirc}=N\text{-}Cl + NH_4Cl$$

$$O=\underset{}{\bigcirc}=N\text{-}Cl + \underset{OH}{\bigcirc} \longrightarrow O=\underset{}{\bigcirc}=N\text{-}\underset{}{\bigcirc}\text{-}OH + HCl$$

青色のインドフェノール（640 nm）

〔判定〕 呈色反応 60 分後，白色の背景を用いて標準液の色と比較する．

e. 硫酸塩試験法

医薬品中に混在する硫酸塩の限度試験で，硫酸塩（SO_4 として）の限度を％で表す．

〔方法〕 試料に希塩酸を加え，ついで塩化バリウム試液を加え，黒色の背景を用い，混濁を比較する．

$$SO_4^{2-} + BaCl_2 \longrightarrow BaSO_4\downarrow + 2Cl^-$$

f. 硫酸呈色物試験法

硫酸呈色物試験法は，医薬品中に含まれる微量の不純物で硫酸によって容易に着色する物質を試験する方法である．

〔方法〕 試料に硫酸を加え，15 分放置後，白色の背景を用いて医薬品各条に規定する色の比較液と比色する．

g. ヒ素試験法

医薬品中に混在するヒ素の限度試験で，その限度は三酸化二ヒ素（As_2O_3）の量として ppm で表す．

〔方法〕 検液中のヒ素の検出は，ヒ化水素 AsH_3（Arsine）への還元反応と AsH_3 の呈色反応により行われる．

〔還元反応〕 As^V は As^{III} に比べて還元されにくいので，はじめに亜硫酸（第 2 法），ヨウ化カリウムおよび酸性塩化第一スズによりできるだけ AsO_3^{3-} に還元した後，発生機の水素により AsH_3 にする．

H_2SO_3 による還元　　$AsO_4^{3-} + SO_3^{2-} \longrightarrow AsO_3^{3-} + SO_4^{2-}$

KI による還元　　　　$AsO_4^{3-} + 2I^- + 2H^+ \longrightarrow AsO_3^{3-} + I_2 + H_2O$

$SnCl_2$ による還元　　$AsO_4^{3-} + Sn^{2+} + 2H^+ \longrightarrow AsO_3^{3-} + Sn^{4+} + H_2O$

生じた As^{III} は亜鉛によりヒ化水素に還元する．

$$AsO_4^{3-} + 3Zn + 9H^+ \longrightarrow AsH_3\uparrow + 3Zn^{2+} + 3H_2O$$

〔呈色反応〕

$$AsH_3 + \begin{array}{c}C_2H_5\\C_2H_5\end{array}\!\!>\!\!N-C\!\!<\!\!\begin{array}{c}S\\S\end{array}\!\!>\!\!Ag \longrightarrow \text{遊離コロイド状態（赤紫色）}$$

N,N-ジエチルジチオカルバミド銀

h. 重金属試験法

医薬品中に混在する重金属の限度試験で，その量は鉛（Pb）の量として表す．

この試験では，pH 3.0～3.5で硫化ナトリウム試液により黄色～褐黒色の不溶性硫化物を生成する Pb，Bi，Cd，Sb，Hg などの有害重金属を対象とする．

$$Pb^{2+} + Na_2S \longrightarrow PbS\downarrow + Na^{2+}$$

〔方法〕 検液の調製法（第1法から第4法の方法がある）

第1法 単に試料を水に溶かす．

第2法 炭化後，HNO_3 と H_2SO_4 を加え，加熱，灰化する．

第3法 灰化後，王水を加え蒸発乾固する．

第4法 硝酸マグネシウムを加え燃焼後，灰化する．冷後，硫酸を加え強熱灰化する．

〔判定〕 検液に硫化ナトリウム試液1滴を加え，混和し，5分間放置後，白色の背景を用いて比較液と比色する．

i. 鉄試験法

医薬品中に混在する鉄の限度試験で，その限度は鉄（Fe）として ppm で表す．

〔方法〕 検液の調製法（第1法から第3法の方法がある）

第1法 試料を pH 4.5 酢酸・酢酸ナトリウム緩衝液に溶かす．水溶性の物質に適用．

第2法 試料を希塩酸に溶かす．これに酒石酸を加え，さらに pH 4.5 の同上の緩衝液に加え，検液とする．無機物質に適用．

第3法 試料に硫酸を加え強熱して灰化後，同上の緩衝液に溶かし検液とする．有機性物質で水または酸に溶けない物質に適用．

〔呈色反応〕

A法 アスコルビン酸で鉄を Fe（II）イオンに還元し，α,α'-ジピリジルと反応させ，生成する Fe(II)α,α'-ジピリジルキレート陽イオンの呈色を同様に処理した比較液と比色する．

B法 A法で生じたキレート陽イオンにピクリン酸を加え，α,α'-ジピリジル-Fe(II)-ピクリン酸の三元錯体とし，有機溶媒で抽出後，比較液と比色する．この方法は着色物質などに適用される．

j. メタノール試験法

エタノール中に混在するメタノールを試験する方法である．

〔方法〕 試料にリン酸酸性で過マンガン酸カリウムを加え，ホルムアルデヒドに酸化し，フクシン亜硫酸で呈色させる．なお，過量の $KMnO_4$ は，発色前にシュウ酸で分解，脱色する．

$$CH_3OH \xrightarrow{KMnO_4} HCHO \xrightarrow{\text{フクシン亜硫酸}} \text{紫紅色}$$

エタノールは，$KMnO_4$ によりアセトアルデヒドになるが，このものは強酸性下，シッフの試薬との反応がきわめて遅いため，メタノール検出に影響しない．本法はブドウ酒中のメタノールに関し適用されている．他の医薬品は次のエタノール中の揮発性混在物試験法（ガスクロマトグラフ法）で行われる．

7

定量・解析法

はじめに

分析化学の目的は物質の化学組成を明らかにすることである．そのためには，まず物質を構成する成分の種類を識別し，ついでその量的割合を定めなければならない．成分を識別する方法を**定性分析**（qualitative analysis）といい，量的割合を定めるための分析法を**定量分析**（quantitative analysis）という．このうち定性分析は，医薬品の確認試験などに用いられる．一方，定量分析は，医薬品の有効成分の含量測定の方法として用いられているが，服用した医薬品の血中濃度測定（TDM）による薬物動態の解明や個人個人にあった薬の処方（テーラーメード医療）設計のための解析方法としても利用されている．定量分析法としては，化学反応を利用した滴定法のほかに，吸光度分析，蛍光分析，原子吸光分析，液体クロマトグラフ，ガスクロマトグラフ，質量分析などの機器（物理）分析やイムノアッセイ，酵素分析などといった生物学的（バイオを利用した）方法もある．

7.1 実験値を用いた計算と統計処理方法

ここでは，実験で得られた測定値を整理し，必要な計算や処理を行って最終的な分析結果を得るにはどのようにしたらよいかという基本的項目について学ぶ．

7.1.1 有効数字と有効桁数

測定値に含まれる数字には，有効なものと有効でないものがある．有効な数字のことを有効数字といい，その桁数を有効桁数という．

定量分析で得た値の信頼性は，その有効数字の桁数によっても表される．たとえば，ある分析法で測定した医薬品の質量を 10.5 mg と表した場合，有効数字の桁数は 3 桁であるといい，真の質量は 10.45 mg から 10.54 mg の間にあることを示している．一般に有効数字の最後の桁の数はやや疑わしく，そのほかは正しい数字となる．ただし，ゼロ（0）は例外で，有効な場合と有効でない場合がある．

(1) 有効数字の間のゼロは有効　例　12304 → 5 桁
(2) 小数点以下のゼロは有効　例　123.0 → 4 桁
(3) 有効数字の前のゼロは有効ではない　例　0.123 → 3 桁
(4) 小数点を含まない解のゼロは有効な場合と有効でない場合がある　例　12500 → 3 桁または 5 桁となる．通常，このような場合は，有効数字を示すためにべき指数で表される 1.25×10^4（3 桁），1.250×10^4（4 桁）のように表す．

a. 数値の丸め方

日本薬局方の通則では，n 桁の数値を求めるには，通例 $(n+1)$ 桁まで数値を求めた後，$(n+1)$ 桁目を四捨五入する方法が用いられている．

b. 四則演算での有効桁数

1) 加減算　最後の数字の位が異なる数値の加減算では，その位が最も上にある数値の桁数にあわせる．

$$12.5+1.325-2.3252=11.5$$

となる（この場合，12.5 にあわせる）．

2) 乗除算　計算される数の有効桁数の最小値に結果の桁数をあわせる．

$$322\times2.1=676.2 \quad \rightarrow \quad 68$$

322 は 3 桁であるが，2.1 は 2 桁なので，両者の積の有効桁数は小さいほうにあわせ 2 桁となる．

7.1.2　分析誤差

分析にはいろいろな操作を伴うため，得られた測定値は真の値からずれが生じる．これを誤差という．実測値を x，真の値を X とするとき絶対誤差 ε は $\varepsilon=x-X$ で表される．また，ε/x あるいは ε/X を相対誤差という．

誤差はいろいろな原因から生じるが，次の二つの誤差に分類される．

a. 系統誤差（systematic error）

測定に用いる機器や器具，測定者の個人差などに起因し，基本的には，取り除くことが可能な誤差．主に偏りの誤差を生じる．

b. 偶然誤差（random error）

人が制御することができない自然界のさまざまな要因により生じ，取り除くことができない誤差．主にばらつきの誤差を生じる．

7.1.3　精密さと正確さ

精密さとは，測定結果のばらつきの少なさを表す言葉で，精密さが高いとはばらつきが少ないことを意味し，偶然誤差が小さいことに対応する．これに対して正確さとは，絶対誤差 ε の程度を表す言葉で，正確さが高いとは，測定値の偏りの少ないことを意味し，これは系統誤差が小さいことに対応する．図 7.1 は横軸に測定値 x，縦軸に各測定値が現れる頻度 N をプロットしたもので，(a)は測定値が真の値 X に近く，精密さも正確さも高い結果を示す．(b)は正確さは高いが，精密さが低い．(c)は精密さは高いが，正確さは低い．(d)は精密さと正確さがともに低いことを示す．

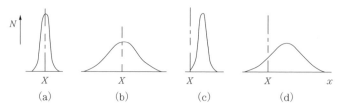

図 7.1　測定データの分布に関する精度と正確さ

7.1.4 偶然誤差と正規分布

いま，同一試料において測定を N 回繰り返し，x_1 から x_n まで測定値を得たとする．測定値を横軸にとり，大きさの順に現れる回数（頻度）を縦軸にプロットすると図7.2に示すような正規分布曲線が得られる．この分布曲線は二つのパラメーター σ と X で表すことができる．σ は標準偏差で，X は母集団の平均（母平均）である．標準偏差は平均値から曲線の両側の変曲点までの距離を表し，$X\pm\sigma$ の範囲の面積は，全体の68.3%を占め，$X\pm 2\sigma$ では約95.4%，そして $X\pm 3\sigma$ では全測定値のほとんどすべて（99.7%）を占める．

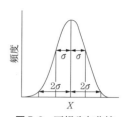

図7.2 正規分布曲線

7.1.5 平均値

通常の測定では，測定結果として平均値（$\overline{x}$）が用いられる．$\overline{x}$ は n 個のデータ（$x_1 \sim x_n$）があるとき，$\overline{x}=(x_1+x_2+x_3+x_4\cdots x_n)/n$ で表される．$\overline{x}=X$（母平均，真の値）ではないが，測定回数を多くすることにより $\overline{x}$ は X により近づくことになる．

7.1.6 標準偏差（σ）

σ は測定回数（n）を十分大きくとれば，

$$\sigma = \sqrt{\frac{\sum(x_i-X)^2}{n}}$$

で与えられる．これを母集団標準偏差という．実際には真の値 X はわからず，n の数も有限である．よって，σ の代わりに標本標準偏差 s（standard deviation, SD．$X\to\overline{x}$ と $n\to n-1$ を用いる）が用いられる．

$$s = \sqrt{\frac{\sum(x_i-\overline{x})^2}{(n-1)}}$$

また，標準偏差 s の平均値に対する百分率を**相対標準偏差**（relative standard deviation, RSD）あるいは**変動係数**（coefficient of variation, CV）といい，一般に精度を表す指標として用いられている．

$$\mathrm{RSD} = \frac{s}{\overline{x}}\times 100$$

7.2 分析法のバリデーション

分析法バリデーションとは，医薬品の試験法として用いられる分析法が，分析法として適当なものであるかどうか，すなわち，分析法の誤差が原因で生じる試験の判定の誤りの確率が許容できる程度のものであることを科学的に立証することである．試験法の規格値などをもとにして設定する基準を満たしていることを実証することにより，分析法の妥当性を示すことができる．使用される分析法の能力は，次に示す分析能パラメーターにより表される．

7.2.1 分析法のパラメーター

a．真　度

真度とは，分析法に対する系統誤差の影響を評価するパラメーターで，得られる測定値の偏りの程度を示し，真の値と測定値の総平均との差で表される．

b．精　度

精度とは，均一な検体から採取した複数の試料を繰り返し分析して得られる一連の測定値が，互いに一致する程度のことであり，測定値の分散，標準偏差または相対標準偏差で表される．精度には繰り返し条件が異なる次の三つのレベルがある．

1) 併行精度（repeatability/intra-assay precision）　試験室，試験者，装置，器具および試薬のロットなどの分析条件を変えずに，均一な検体から採取した複数の試料を短時間内に繰り返し分析するときの精度である．

2) 室内再現精度（intermediate precision）　同一試験室内で，試験者，試験日時，装置，器具および試薬のロットなどの分析条件を変えて，均一な検体から採取した複数の試料を繰り返し分析するときの精度である．

3) 室間再現精度（reproducibility）　試験室を変えて，均一な検体から採取した複数の試料を繰り返し分析するときの精度である．

c．特異性（specificity）

特異性とは，試料中に共存すると考えられる物質の存在下で，分析対象物を正確に測定する能力のことで，分析法の識別能力を表す．方法としては，分析対象物のみを含む試料と，共存物質（製剤の配合成分，分解物，不純物）を含む検体に分析対象物質を添加した試料，および分析対象物質を含まない共存物質の検体についてそれぞれ測定し，その分析結果を比較することで評価する．

d．検出限界（detection limit, DL）

検出限界とは，試料に含まれる分析対象物の検出可能な最低の量または濃度のことで，次式により求められる．

$$DL = 3.3\sigma/\text{slope}$$

ここで，slope：検出限界付近の検量線の傾き，σ：ブランク試料の測定値の標準偏差．ただしクロマトグラフ法の場合には，σ の代わりにシグナル/ノイズ比（S/N）を用いることができる．シグナルは試料の測定値，ノイズをブランクの測定値としたとき S/N＝2〜3 を検出限界としている．検出限界は，その分析法の検出感度といわれるが，求められる値は検出であり，定量できる値とは限らない．

e．定量限界（quantitation limit, QL）

これに対して，定量限界とは，試料に含まれる分析対象物の定量が可能な最低の量または濃度を表す．次式により求められる．

$$QL = 10\sigma/\text{slope}$$

ここで，slope：定量限界付近の検量線の傾き，σ：ブランク試料の測定値の標準偏差．同様にクロマトグラフ法では，シグナル/ノイズ比を用いることができる．

f．直線性（linearity）

直線性とは，分析対象物の量または濃度に対して直線関係にある測定値を与える分析法の能力のことである．方法としては，5種類の濃度が異なる試料を用いて測定値を求め，回帰式および相関

係数から評価する．

　g． 範囲（range）

　分析法バリデーションにおける範囲とは，適切な精度および真度を与える，分析対象物の下限および上限の量または濃度に挟まれた領域のことである．

　h． 頑健性（robustness）

　頑健性とは，分析条件（pH，温度，反応時間，試薬の量など）を小さい範囲で故意に変化させるときに，測定値が影響されにくい能力のことである．頑健性は分析法バリデーションのパラメーターには含まれていないが，頑健性を検討することにより，分析法の改善や分析条件の設定に反映させることができる．

7.3　定　量　分　析

　分析化学は「どこに」「何が」「どれだけ」あるかという科学的方法論の学問であり，物理，化学，生物学を問わず，自然界の科学的変化を明らかにするには最も基本的な学問である．すなわち，「どこに」と「何が」は分析化学の定性分析に相当し，前章の定性試験などの化学分析や後に述べる機器分析による構造解析などがこれに当たる．物質が「どれだけ」存在するかは，定量分析を意味し，この分析には，重量分析，容量分析，機器分析，生物学的分析法が用いられている．それぞれの分析は，後の章で詳しく述べられるが，ここでは，それぞれの分析法の原理と日本薬局方（日局という）収載の医薬品の分析にどのように用いられているかについてその概略を述べる．

7.3.1　重量分析法

　物質の重さを量ることを秤量という．秤量は，科学実験をおいて最も基本的な操作であり，どのような化学分析においても用いられる技法ではあるが，主にこの秤量という操作が測定そのものとして用いられるのが重量分析である．

　重量分析は，一般に試料中の目的成分を何らかの方法により分離し，ついでその質量を秤量により測定することで目的成分の量を測定する方法である．目的成分の分離法には，「沈殿法」，「揮発法」，「電気分解法」，「抽出およびクロマトグラフ法」などがある．このうち，日局では，沈殿法，揮発法，抽出法が採用されている．

　沈殿法を採用した重量分析は，次の操作手順で行われる．①分析試料の秤量，②試料を溶解させ，適当な沈殿剤と反応させる，③沈殿物をろ過などで採取し，洗浄，乾燥する，④安定な秤量形として天秤を用いて秤量する，⑤化学量論に基づく計算により目的成分の含量を求める．日局では，沈殿剤として塩化バリウムを用い，硫酸カリウムの定量に利用されている．

　揮発法を利用した重量分析は，固体試料を乾燥または加熱し，揮発した成分を吸収剤に吸収させる吸収法，あるいは揮発した後の残分量を秤量し，加熱または乾燥前の秤量値との秤量差から求める減量法がある．日局では，減量法による揮発重量法を用いて，乾燥減量試験法，強熱減量試験法，強熱残分試験法などに利用されている．

　抽出法を利用した重量分析は，溶解した試料から目的成分を有機溶媒を用いて抽出し，溶媒を留去後，秤量して目的成分を測定する方法である．日局では，注射用フェニトインナトリウムなどの定量に利用されている．

7.3.2 容量分析法

容量分析法は，目的物質を化学量論的に反応する標準液で滴定し，指示薬などの方法により当量点を求め，消費した標準液の体積から目的物質の量を測定する方法である．

その方法は，次に示すような手順で行われる．

1) **標準液の調製と標定**　ここでは，調製した標準液の真の濃度を標準物質を用いて求める．この操作を標定という．実際には，規定された表示濃度からのずれの度合いを示すファクター f を求める．したがって，標準液の真の濃度は，表示濃度に得られたファクターを乗じることで求められる．

2) **滴定**　試料である医薬品をコニカルビーカーに入れ，水などの溶媒で溶解し，ついでビュレットに入れた標準液で当量点になるまで滴定する．当量点の検出は，指示薬または電気化学的検出が用いられる．

3) **含量の算出**　計算に先立って，標準液 1 mL に対応する物質量（mg）（対応量）を求め，これに標準液の消費量（mL），ファクターを乗じることで含量を求める．

日局では，中和滴定，キレート滴定，酸化還元滴定，沈殿滴定，非水滴定で利用されている．ここでは，これら滴定法の原理の概略について述べる．

a. 中和滴定

中和滴定は，酸塩基反応を利用した滴定法である．酸塩基滴定ともいう．酸と塩基が反応するとき，酸が解離して生じる H^+ と塩基が生じる OH^- とが当量反応し，H_2O を生じる．これを中和とよぶ．中和反応では，H_2O と同時に塩ができるが，この塩が加水分解しない場合は，中和点は中性を示す．一方，弱酸と強塩基，強酸と弱塩基，弱酸と弱塩基の反応の場合は，塩は加水分解し，液性は弱塩基性や弱酸性となる．よって，その液性，すなわち pH を指示薬あるいは電極により見いだすことで，当量点を求めることができる．日局では，酸標準液として硫酸や塩酸が用いられ，炭酸ナトリウムと水酸化ナトリウム混液，アスピリンなどの医薬品が，また塩基の標準液として水酸化ナトリウムを用いると，ホウ酸，エチニルエストラジオール，インドメタシンなどの定量が行われている．

b. キレート滴定

キレート滴定は，錯体生成反応を利用した滴定法である．窒素，酸素，イオウ，ハロゲンなどの陰性原子を含む分子またはイオンは，これらの原子の非共有電子対により金属イオン（アルカリ金属は除く）に配位し，錯体をつくる．このような陰性原子をもつ物質を配位子という．そこで，配位子 1 分子に含まれる配位結合性原子の数が 2 個以上のとき，これを多座配位子というが，これが金属イオン 1 分子と錯体を形成すると，その結合は環状になりキレートを形成する．この反応を利用した滴定がキレート滴定である．キレート剤としては，エチレンジアミン四酢酸が主に用いられ，また，指示薬には同じキレート性でキレートの有無により色調が変化する金属指示薬が用いられている．代表的なものとしてエリオクロムブラック T などがある．日局では，アスピリンアルミニウム中のアルミニウムや塩酸エタンブトールなどの定量に利用されている．

c. 酸化還元滴定

酸化還元滴定は，酸化還元反応を利用した滴定で，酸化剤や還元剤が測定の対象になる．方法にはいくつかの種類があり，用いた標準液，または反応に関与した反応種により，ヨウ素滴定法，ヨウ素酸滴定法，過マンガン酸塩滴定法，ジアゾ滴定法，第一チタン滴定法に分類されている．当量

点の検出は，デンプンなどの指示薬法や電極を用いた電気化学的方法がある．ただし，過マンガン酸塩滴定法の場合は，それ自身がもっている紫紅色の変化で判定するため，指示薬は用いずに滴定が行われる．日局では，アスコルビン酸，オキシドールなど数多くの医薬品の定量に利用されている．

d. 沈殿滴定

沈殿滴定とは，沈殿反応を利用した滴定法で，銀イオンと反応し，難溶性の塩を生じるハロゲンイオンなどの定量に用いられる．標準液としては，硝酸銀が用いられるため，銀滴定ともよばれている．ほかに間接滴定に用いられるチオシアン酸アンモニウムがある．指示薬には，フルオレセインナトリウム，クロム酸カリウム，間接滴定に用いる硫酸アンモニウム鉄(III)があり，これらを利用した滴定法をそれぞれファヤンス（Fajans）法，モール（Mohr）法，フォルハルト（Volhard）法という．日局では，このうち，環境汚染などの問題があるため，クロム酸カリウムのモール法は採用していない．医薬品では生理食塩液，ブロムワレリル尿素，アミノフィリンやキョウニン水などの定量に利用されている．

e. 非水滴定

水以外の溶媒を用いて行う滴定を非水滴定という．反応としては，水の分析に用いるカールフィッシャー法以外は，酸塩基滴定である．定量において水以外の溶媒，たとえば酢酸やブチルアミンのようなものを用いることで，ヒドロニウムイオン（H_3O^+）以上の強い酸（過塩素酸と酢酸により生じるアセトニウムイオン）や水酸化物イオン（OH^-）より強いアルカリ（ナトリウムメトキシドとブチルアミンによるブチルアミンイオン）を形成させ，さらに弱酸や弱塩基の解離を高めることで，水中では滴定できないきわめて弱い酸（pK_a 7〜8）や塩基性物質（pK_b 7〜8）を定量することができる．用いる溶媒には，プロトン溶媒，非プロトン溶媒，半プロトン溶媒がある．酢酸やブチルアミンはプロトン溶媒に相当する．当量点の検出は，指示薬法と電気化学的方法がある．指示薬では，クリスタルバイオレットやp-ナフトールベンゼインなどが，また電気化学検出では，指示電極としてガラス電極が主に用いられている．

7.3.3 生物学的定量法

臓器や天然物を原料とする医薬品（ホルモン，ジギタリス，ビタミンなど）は，適切な定量法を欠くか，あるいは分析結果が生理活性と対応しないことがあるため，その分析には生物反応により判定する生物学的定量法（バイオアッセイともいう）が用いられている．操作では，すべて標準品を用い，これを基準として試料の生物活性を比較測定することで行われる．定量には，ウサギ，ニワトリ，ネズミなどの生物個体，あるいは細胞，組織，器官が用いられている．日局では，バソプレシン，性腺刺激ホルモン，プロタミン硫酸塩，ヘパリン，トロンビンなどの定量に採用されている．

8 容量分析法

はじめに

容量分析法とは，フラスコ中の試料液の成分とビューレットに入れた濃度既知の**標準液**を反応させ，適当な方法によって**終点**を知り，消費した標準液の量から試料中の成分の量を知る方法である．このような操作が**滴定**とよばれることから容量分析法を**滴定分析法**ともいう．この方法は重量（質量）分析法とともに古くから行われている方法であるが，機器分析法と比べて，手間がかかる，感度が低い，比較的大量の試料を必要とするなどの短所をもつ．そのため，従来，容量分析法で定量されていた局方医薬品が一部，HPLC（高速液体クロマトグラフィー）法などにとって代わられている．しかし，容量分析法は，簡単な器具で行える，標準試料を要しないなどの利点をもつため，日本薬局方16局でも600以上の医薬品がこの方法で定量される．

容量分析法は利用されている反応の種類，溶媒の種類によって，**酸塩基滴定法，沈殿滴定法，キレート滴定法，酸化還元滴定法，非水滴定法**などに分けられる．本章の記述はこの順になされている．

8.1 標準液と標定

標準液の濃度を表す単位としての**モル濃度**が使用される．これは溶液1L中に含まれる溶質の物質量 (mol) であり，濃度単位は mol/L である．たとえば，1L中に酢酸1molを含む溶液の濃度は1mol/Lである．なお，Lは体積の単位で1L＝1dm^{3}である．

容量分析法で正確に定量するためには標準液の濃度を正確に測定する必要がある．このような操作は**標定**とよばれるが，この際，標準液の成分と反応させて標準液の濃度を求めるために用いられる試薬を**標準試薬**という．通常，純物質か，純度が正確にわかっている純度の高い物質が標準試薬として用いられる．たとえば0.25 mol/L硫酸の標定には炭酸ナトリウムが標準試薬（一次標準試薬）として用いられる．0.5 mol/L水酸化カリウム・エタノール液の標定の場合は，標準試薬として濃度既知の0.25 mol/L硫酸が用いられるが，このような標準試薬を二次標準試薬という．標準液の濃度は，通常，**モル濃度係数**（通常，**ファクター**あるいはfを使用する）によって表す．0.25 mol/L硫酸の濃度が正確には0.2550 mol/Lだとすると，ファクターは1.020であるという．すなわち$0.25 \times f$が実際の濃度を表すのである．

日本薬局方による定量では，標準液のファクターが0.970〜1.030の範囲にあるものを用いる．ファクターは以下のように求められる．

① 一次標準試薬によって標準液を標定する場合： 標準液のファクターfは次式によって与えられる．

$$f = \frac{1000\,m}{VMn} \tag{1}$$

ここで，M：標準液の調製に用いた物質（たとえば 0.25 mol/L 塩酸であれば塩酸）1 mol に対応する標準試薬などの質量 (g)，m：標準試薬などの採取量 (g)，V：調製した標準液の消費量 (mL)，n：調製した標準液の規定されたモル濃度を表す数値（たとえば，0.02 mol/L 硫酸であれば，$n=0.02$）．

この式がどのように導き出されるか考えてみよう．標準試薬 A（分子量あるいは式量 W）と標準液の成分 B の反応が

$$a\mathrm{A} + b\mathrm{B} + \cdots \longrightarrow p\mathrm{P} + q\mathrm{Q} + \cdots \tag{2}$$

であるとする．いま標準試薬を m [g] とって，ファクター未知の n [mol/L] の標準液で**当量点**まで滴定したところ V [mL] 要したとする．A と B はモル比 $a:b$ で反応する．すなわち，A と B の物質量の比が $a:b$ であるので，

$$\frac{m}{W} : \frac{n \times f \times V}{1000} = a : b$$

となる．よって

$$f = \frac{1000\,m}{V(aW/b)n}$$

となり $aW/b = M$ とおくと

$$f = \frac{1000\,m}{VMn}$$

が得られる．このように M は必ずしも分子量あるいは式量と等しくなく，反応の係数によって決まるものである．以下に具体的例をみてみよう．

炭酸ナトリウムを用いて酸の標準液を標定するとき，酸が硫酸なら反応式は次のようで，

$$\mathrm{Na_2CO_3} + \mathrm{H_2SO_4} \longrightarrow \mathrm{Na_2SO_4} + \mathrm{H_2CO_3}$$

$a/b=1$ なので $M = aW/b = W = 105.99$ g

酸が塩酸なら反応式は次のようで，

$$\mathrm{Na_2CO_3} + 2\mathrm{HCl} \longrightarrow 2\mathrm{NaCl} + \mathrm{H_2CO_3}$$

$a/b=1/2$ なので $M = aW/b = W/2 = 105.99/2 = 52.99$ g

となる．

8.2 酸塩基滴定法

酸塩基反応を利用した滴定法を**酸塩基滴定法**という．この滴定法は**中和滴定法**ともよばれる．ここでは水溶液での酸塩基反応のみを取り上げ，水以外の溶媒を用いる酸塩基反応などについては別に**非水滴定**として取り上げる．

標準液は強酸，強塩基の標準液が用いられ，これらと中和反応する酸や塩基，あるいは塩が定量される．被滴定物質と当量的に等しい標準液を加えた点を当量点という．すなわち理論的な終点である．指示薬の変色などによって見いだされる実験上の終点は必ずしも当量点と一致しない．この不一致による誤差が**滴定誤差**である．

8.2.1 終点の検出

■ **指示薬法**: 酸塩基滴定に使われる指示薬は**酸塩基指示薬**とよばれ、これらは弱酸あるいは弱塩基であり、H^+ の解離した型（アルカリ型）と、してない型（酸型）では異なった色を呈する。代表的な指示薬である**フェノールフタレイン**と**メチルオレンジ**を図8.1に示す。

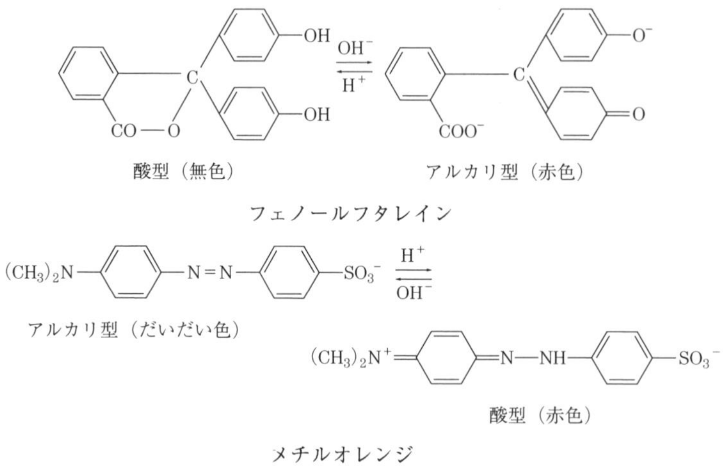

酸型（無色）　　　　アルカリ型（赤色）

フェノールフタレイン

アルカリ型（だいだい色）

酸型（赤色）

メチルオレンジ

図8.1 フェノールフタレインおよびメチルオレンジの解離

弱酸である指示薬 InH は InH（酸型）⇌ In^-（アルカリ型）+ H^+ のように解離する。この解離定数を K_I とすると

$$\frac{[In^-]}{[InH]} = \frac{K_I}{[H^+]}$$

であるから $pH = pK_I$ のとき、酸型とアルカリ型が等量存在する。また、

$$\frac{[In^-]}{[InH]} = \frac{1}{10} \sim 10$$

の範囲では酸型色とアルカリ型色の中間色となる。これは pH が $(pK_I - 1)$ から $(pK_I + 1)$ の範囲に相当し、この pH の範囲を**変色域**といい、その pH の幅は 2 である。図8.2 にはいくつかの指示薬の変色域を示した。酸型色とアルカリ型色では指示薬の色が異なり、変色域の幅（pH）はおよそ 2 であることがわかる。

■ **電位差滴定法**: 参照電極として銀-塩化銀電極、指示電極としてガラス電極を用いて溶液の電位差を測定すれば滴定曲線が得られる。作図によって終点を求めることができる。詳細については 20 章を参考にされたい。

8.2.2 滴定曲線

酸あるいは塩基の溶液に塩基あるいは酸の標準液を加えたときの反応液の pH の変化をプロットしたものが**滴定曲線**である。これにより、滴定誤差の小さい滴定を行うにはどのような指示薬を使えばよいかがわかる。酸や塩基あるいは塩の溶液の水素イオン濃度あるいは pH の求め方については 4 章も参照されたい。

■ **強酸の強塩基による滴定**: 表8.1に 0.1 mol/L HCl を 0.1 mol/L NaOH で、0.01 mol/L HCl を 0.01 mol/L NaOH で滴定したときの pH 変化を示した。また、これをグラフにしたも

8.2 酸塩基滴定法

指示薬	略標	変色域とpH
チモールフタレイン	TP	無色 9.3 — 青 10.5
フェノールフタレイン	PP	無色 8.3 — 赤 10.0
チモールブルー	TB	黄 8.0 — 青 9.6
フェノールレッド	PR	黄 6.8 — 赤 8.4
ブロムチモールブルー	BTB	黄 6.0 — 青 7.6
メチルレッド	MR	赤 4.2 — 黄 6.3
ブロムクレゾールグリン	BCG	黄 3.8 — 青 5.4
メチルオレンジ	MO	赤 3.1 — だいだい 4.4
ブロムフェノールブルー	BPB	黄 3.0 — 青紫 4.6

図 8.2 酸塩基指示薬の変色域[5]

のが図 8.3 である．これらの結果からわかるように，当量点付近での pH 飛躍（ΔpH/Δa）は，濃度の大きい標準液を使う滴定のほうが大きい．0.1％以内の滴定誤差で滴定を行おうとする（99.9〜100.1 mL の範囲で終点になるようにする）とき，0.1 mol/L の場合は pH 4.3〜9.7 で変色する指示薬を選べばよいのに対し，0.01 mol/L の場合は pH 5.3〜8.7 と選択の幅が狭くなる．適する指示薬のうちフェノールレッド，ブロムチモールブルー，フェノールフタレインは滴定の進行に伴って，黄→赤，黄→青，無→赤紫と色が濃くなるので変色が見やすい．

■ **弱酸の強塩基による滴定**： 表 8.2 に 0.1 mol/L CH_3COOH 100 mL を 0.1 mol/L NaOH で滴定したときの pH の変化を，$K_a = 10^{-7}$ の仮想酸の場合の結果とあわせて示した．それらの滴定曲線を 0.1 mol/L HCl の場合も含めて図 8.4 に示した．酢酸の場合の当量点の pH は 8.73 である．酢酸を 0.1％以下の滴定誤差で滴定しようとするとき，指示薬の変色が pH 7.76〜9.7 の間で

表 8.1 0.1 mol/L，0.01 mol/L HCl 100 mL を 0.1 mol/L，0.01 mol/L NaOH で滴定したときの pH 変化

加えられた NaOH液 (mL)	0.1 mol/L HCl		0.01 mol/L HCl	
	pH	ΔpH/Δa	pH	ΔpH/Δa
0	1.0		2.0	
90.0	2.3		3.3	
		0.1		0.1
99.0	3.3		4.3	
		1.1		1.1
99.9	4.3		5.3	
		27		17
100.0	7.0		7.0	
		27		17
100.1	9.7		8.7	
		1.1		1.1
101.0	10.7		9.7	
		0.1		0.1
110.0	11.7		10.7	

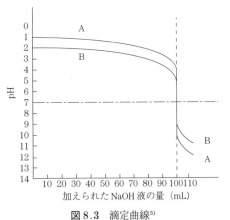

図 8.3 滴定曲線[5]
A：0.1 mol/L HCl を 0.1 mol/L NaOH で滴定
B：0.01 mol/L HCl を 0.01 mol/L NaOH で滴定

表 8.2　0.1 mol/L CH₃COOH，0.1 mol/L 仮想酸（$K_a = 10^{-7}$）100 mL を 0.1 mol/L NaOH で滴定したときの pH 変化

加えられた NaOH 液(mL)	0.1 mol/L CH₃COOH		0.1 mol/L 仮想酸（$K_a = 10^{-7}$）
	pH	ΔpH/Δa	pH
0	2.88		4.0
10.0	3.81		6.0
50.0	4.76		7.0
90.0	5.71		8.0
		0.1	
99.0	6.76		9.0
		0.9	
99.8	7.46		
		3	
99.9	7.76		
		9.7	
100.0	8.73		9.85
		9.7	
100.1	9.7		
		3	
100.2	10.0		
		0.9	
101.0	10.7		10.7
		0.1	
110.0	11.7		11.7

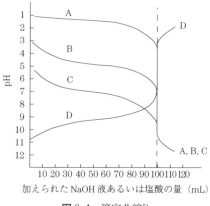

図 8.4　滴定曲線[5]

A：0.1 mol/L HCl を 0.1 mol/L NaOH で滴定
B：0.1 mol/L CH₃COOH を 0.1 mol/L NaOH で滴定
C：0.1 mol/L 仮想酸（$K_a = 1 \times 10^{-7}$）を 0.1 mol/L NaOH で滴定
D：0.1 mol/L NH₃ を 0.1 mol/L HCl で滴定

起こるように指示薬を選ぶ必要がある．フェノールレッド，チモールブルー，フェノールフタレインがよい．$K_a = 10^{-7}$ の仮想酸の場合は当量点が 9.85 とかなりアルカリ性側にあり，チモールフタレインだけが使用できる．

■　弱塩基の強酸による滴定：　0.1 mol/L NH₃ 100 mL を 0.1 mol/L HCl で滴定したときの pH の変化を表 8.3 に示した．滴定曲線は図 8.4 の D のようである．当量点の pH は 5.27 である．0.1% 以下の滴定誤差で滴定しようとするときは，pH 4.3〜6.25 で変色する指示薬を選ぶ必要がある．メチルレッドが最もよい指示薬である．

8.2.3　標　準　液

局方で使われている酸塩基滴定のための標準液は，塩酸，硫酸，水酸化ナトリウム液，水酸化カリウム液である．通常，水溶液として使われているが，水酸化カリウムはエタノールを含む溶液として使われることもある．

■　1 mol/L 塩酸：　1000 mL 中塩酸（HCl：36.46）36.461 g を含む．

「調製：塩酸 90 mL に水を加えて 1000 mL とし，次の標定を行う．

標定：炭酸ナトリウム（標準試薬）を 500〜650°C で 40〜50 分間加熱した後，デシケーター（シリカゲル）中で放冷し，その約 0.8 g を精密に量り，水 50 mL に溶かし，調製した塩酸で滴定し，ファクターを計算する（指示薬法：メチルレッド試液 3 滴，又は電位差滴定法）．ただし，指示薬法の滴定の終点は，液を注意して煮沸しゆるく栓をして冷却するとき，持続するだいだい色〜だいだい赤色を呈するときとする．電位差滴定は，被滴定液を激しくかき混ぜながら行い，煮沸しない．

表 8.3 0.1 mol/L NH₃ 100 mL を 0.1 mol/L HCl で滴定したときの pH 変化

加えられた HCl 液(mL)	pH	$\varDelta$pH/$\varDelta$a
0	11.12	
10.0	10.20	
50.0	9.25	
90.0	8.30	
		0.1
99.0	7.25	
		0.9
99.8	6.55	
		3
99.9	6.25	
		10
100.0	5.27	
		10
100.1	4.3	
		3
100.2	4.0	
		0.9
101.0	3.3	
		0.1
110.0	2.3	

1 mol/L 塩酸 1 mL＝53.00 mg Na₂CO₃ 」

滴定反応は，$Na_2CO_3 + 2HCl \rightarrow 2NaCl + H_2CO_3$ である．指示薬による終点は，炭酸除去時に指示薬が変色したときである．

炭酸ナトリウム（Na_2CO_3：105.99）を m [g] とって標定したとき，1 mol/L 塩酸の消費量が V [mL] であるとする．

Na_2CO_3 と HCl がモル比 1：2 で反応することからファクターを f とすると

$$\frac{m}{105.99} : \frac{1 \times f \times V}{1000} = 1 : 2$$

これより，

$$f = \frac{1000\,m}{V \times (105.99/2) \times 1} = 18.87 \times \frac{m}{V}$$

となる．

■ 1 mol/L 水酸化ナトリウム： 水酸化ナトリウムの表面には Na_2CO_3 が生じているので Ba(OH)₂ を加えて $BaCO_3$ とし，この沈殿を除く．アミド硫酸（$HOSO_2NH_2$）を標準試薬として標定する．

8.2.4 試料の定量

以下に日本薬局方第 16 局に収載の医薬品の定量法について述べる．

a. 標準液による直接滴定

■ 水酸化ナトリウムの定量：「本品約 1.5 g を精密に量り，新たに煮沸して冷却した水 40 mL を加えて溶かし，15℃に冷却した後，フェノールフタレイン試液 2 滴を加え，0.5 mol/L 硫酸

で滴定し，液の赤色が消えたときの0.5 mol/L 硫酸の量を A [mL] とする．更にこの液にメチルオレンジ試液2滴を加え，再び0.5 mol/L 硫酸で滴定し，液が持続する淡赤色を呈したときの0.5 mol/L 硫酸の量を B [mL] とする．$(A-B)$ [mL] から水酸化ナトリウム（NaOH）の量を計算する．

$$0.5 \text{ mol/L 硫酸 } 1 \text{ mL} = 40.00 \text{ mg NaOH}\quad \rfloor$$

水酸化ナトリウムには炭酸ナトリウムが含まれているのでこの分を差し引いて水酸化ナトリウムの含量を求める．フェノールフタレインを指示薬として滴定すると，NaOH は完全に中和され，Na_2CO_3 は $NaHCO_3$ まで中和される．

$$2NaOH + H_2SO_4 \longrightarrow Na_2SO_4 + 2H_2O$$
$$2Na_2CO_3 + H_2SO_4 \longrightarrow 2NaHCO_3 + Na_2SO_4$$

このときの0.5 mol/L 硫酸の量を A [mL] とする．反応生成物が $NaHCO_3$ であり，その溶液のpHは，$(1/2) \times (pK_{a1} + pK_{a2}) = 8.3$（$K_{a1}$，$K_{a2}$ は炭酸の解離定数）となる．フェノールフタレインの色が消える点と一致する．次に，この反応液にメチルオレンジを指示薬として加えて滴定すると，$NaHCO_3$ が中和される．

$$2NaHCO_3 + H_2SO_4 \longrightarrow Na_2SO_4 + H_2CO_3$$

このときの0.5 mol/L 硫酸の量を B [mL] とする．いま，NaOH と反応する0.5 mol/L 硫酸の量を x [mL]，Na_2CO_3 と反応するそれを y [mL] とすると $x = A - B$，$y = 2B$ となる．

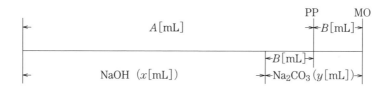

水酸化ナトリウムと硫酸はモル比2：1で反応することから，水酸化ナトリウム 2×40.00 g（2 mol）と0.5 mol/L 硫酸 2000 mL（1 mol）が対応する．したがって，0.5 mol/L 硫酸 1 mL に対応する水酸化ナトリウムの質量（mg）は

$$\frac{2 \times 40.00 \times 1000}{2000} = 40.00 \text{ mg}$$

である．同様に，0.5 mol/L 硫酸 1 mL に対応する Na_2CO_3 の質量（mg）は 53.00 mg である．したがって，含まれていた NaOH，Na_2CO_3 の量はそれぞれ，

$$40.00 \times (A - B) \text{ [mg]}, \quad 53.00 \times 2B \text{ [mg]}$$

となる．

■ **容量分析における計算**： 局方の定量法においては標準液1 mL に対する被滴定物質の質量（mg）が記載されている（これを対応量という．上記の定量においては0.5 mol/L 硫酸 1 mL = 40.00 mg NaOH）．これを利用すると含量計算は簡単に行える．モル濃度係数（ファクター）が f の0.5 mol/L 硫酸を用いて水酸化ナトリウムを滴定したところ，A [mL] 要したとすれば，

$$\text{水酸化ナトリウムの含量（mg）} = f \times A \times 40.00 \text{ mg}$$

である．

b. 過量の標準液を反応させ逆滴定

表記の**逆滴定法**は，試料が水などには溶けないが標準液と反応して溶けるようになる場合，直接

滴定では反応が遅い場合，あるいは指示薬の変色が鋭敏でない場合などに用いられる方法で，一定過量の標準液を加えて反応させた後，過量の標準液を別の標準液で逆滴定し，試料と反応した標準液の量を求めて含量を計算するものである．

■　アスピリンの定量：「本品を乾燥し，その約 1.5 g を精密に量り，0.5 mol/L 水酸化ナトリウム液 50 mL を正確に加え，二酸化炭素吸収管（ソーダ石灰）を付けた還流冷却器を用いて 10 分間穏やかに煮沸する．冷後，直ちに過量の水酸化ナトリウムを 0.25 mol/L 硫酸で滴定する（指示薬：フェノールフタレイン試液 3 滴）．同様の方法で空試験を行う．

0.5 mol/L 水酸化ナトリウム液 1 mL＝45.04 mg $C_9H_8O_4$　」

アスピリン（アセチルサリチル酸）に NaOH を加えるとカルボキシル基が中和される．ついで加熱還流するとアセチル基が加水分解される．滴定反応は以下の通りである（図 8.5）．

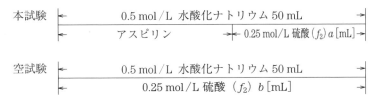

図 8.5　アスピリンと水酸化ナトリウムの反応

0.25 mol/L 硫酸のファクターを f_2，本試験で消費した 0.25 mol/L 硫酸の量を a [mL]，**空試験**（blank test）のそれを b [mL] とすると，アスピリンに相当する 0.5 mol/L 水酸化ナトリウム（$f_0=1.000$）の容量は $(b-a)\times f_2$ [mL] である．すなわち，含量計算には使用した 0.5 mol/L 水酸化ナトリウムのファクター f_1 は無関係である．なお，NaOH，H_2SO_4 は 1 mol が，それぞれ，1 当量と 2 当量なので，モル比 2：1 で反応することから，0.25 mol/L 硫酸 1 mL は 0.5 mol/L 水酸化ナトリウム 1 mL に対応する．

```
本試験 ├──── 0.5 mol/L 水酸化ナトリウム 50 mL ────┤
       ├── アスピリン ──┤← 0.25 mol/L 硫酸 ($f_2$) $a$ [mL] →┤

空試験 ├──── 0.5 mol/L 水酸化ナトリウム 50 mL ────┤
       ├── 0.25 mol/L 硫酸 ($f_2$) $b$ [mL] ──┤
```

また，アスピリン（$C_9H_8O_4$：180.16）と水酸化ナトリウムがモル比 1：2 で反応する．アスピリン 180.16 g（1 mol）に対応する 0.5 mol/L 水酸化ナトリウムの液量は 4000 mL（2 mol）なので，0.5 mol/L 水酸化ナトリウム 1 mL に対応するアスピリンの質量（mg）は

$$\frac{180.16\times 1000}{4000}=\frac{180.16}{4}=45.04 \text{ mg}$$

である．以上のことから，アスピリン含量（mg）は $(b-a)\times f_2 \times 45.04$ mg の式で計算される．

8.3　沈殿滴定法

試料の成分と標準液から難溶性の沈殿が生成する反応を利用する滴定法を沈殿滴定法という．標準液として硝酸銀液が使用されることから，この方法は**銀滴定法**ともよばれる．この方法により，ハロゲン化物イオンなどが定量される．標準液としてはほかにチオシアン酸アンモニウム液が使用される．終点を見いだすのにいくつかの指示薬が使用されるが，酸塩基指示薬と違ってそれらの呈色のメカニズムは異なっている．また，ここでは硝酸銀液によるシアン化物イオンの定量法も述べ

表 8.4　0.1 mol/L NaCl 100 mL を 0.1 mol/L AgNO₃ で滴定したときの pCl⁻, pAg⁺ の変化

加えられた AgNO₃ 液(mL)	pCl⁻	pAg⁺	ΔpCl⁻/Δa
0	1.0		
90.0	2.3	7.7	
			0.11
99.0	3.3	6.7	
			1.1
99.9	4.3	5.7	
			7
100.0	5.0	5.0	
			7
100.1	5.7	4.3	
			1.1
101.0	6.7	3.3	
			0.11
110.0	7.7	2.3	

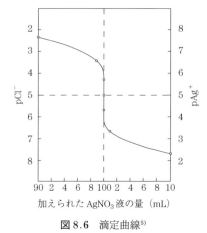

図 8.6　滴定曲線[5]
0.1 mol/L NaCl を 0.1 mol/L AgNO₃ で滴定.

る．この方法は沈殿生成反応ではなく錯化合物生成反応を利用する方法である．

8.3.1　滴定曲線

沈殿滴定においては，沈殿生成物の**溶解度積**がわかれば，滴定曲線を理論的に作成することができる．実験的には，電位差滴定によって作成することができる．

いま，0.1 mol/L NaCl 液 100 mL に 0.1 mol/L AgNO₃ 液を加えたときのイオン濃度を求め滴定曲線を作成する．イオン指数 $-\log[\mathrm{Ag}^+]=\mathrm{pAg}^+$，$-\log[\mathrm{Cl}^-]=\mathrm{pCl}^-$ を使って溶解度積を表すと，$[\mathrm{Ag}^+][\mathrm{Cl}^-]=10^{-10}$ なので，$\mathrm{pAg}^++\mathrm{pCl}^-=10$ となる．表 8.4，図 8.6 に結果を示した．当量点付近に pCl⁻ の飛躍がみられる．

8.3.2　終点の検出

■　**吸着指示薬を用いる方法（ファヤンス法）**：　フルオレセインのような色素は難溶性銀塩の表面に吸着されて変色する．この呈色を利用して滴定の終点を見いだす方法である．

フルオレセインを加えた NaCl 溶液に AgNO₃ 液を加えて滴定するとき，当量点前では Cl⁻ が過剰であるが，生成した AgCl の沈殿が，それを構成するイオン（Ag⁺ あるいは Cl⁻）を吸着しやすいことから Cl⁻ を吸着し，その外側に Na⁺ がゆるく結合している．

当量点を過ぎると Ag⁺ が過剰になるので AgCl の表面に Ag⁺ が吸着する．これにフルオレセインから一部解離してできるフルオレセインイオン（Flu⁻）が銀塩として吸着して，液が黄色からピンク色に変色するのである．この滴定では，弱酸であるフルオレセインが解離して Flu⁻ が生じる必要があり，中性あるいはアルカリ性の条件で行われる．この方法によって Cl⁻，Br⁻，I⁻，SCN⁻ などのイオンが定量される．フルオレセインのほかに局方で使用されている類似の指示薬としてテトラブロムフェノールフタレインエチルエステルがあり，これは酢酸酸性の条件下で使用される．

当量点前　　　　　　　　　　　　　当量点後

■ 過量の硝酸銀を加え，チオシアン酸アンモニウムで逆滴定する方法（フォルハルト法）：臭化物の硝酸酸性溶液に過量の硝酸銀標準液を加えると臭化銀の沈殿が生成する．過剰の硝酸銀は，鉄(III)イオンを指示薬としてチオシアン酸アンモニウム標準液で滴定して臭化物イオンを定量する．

$$[Ag^+][Br^-] = K_{AgBr} = 2 \times 10^{-13}, \quad [Ag^+][SCN^-] = K_{AgSCN} = 1 \times 10^{-12}$$

であり，K_{AgBr} のほうが K_{AgSCN} より小さいので，SCN^- で逆滴定しても，すでに沈殿している AgBr から Br^- が遊離することはない．終点は過剰の SCN^- が鉄(III)イオンと反応して液が血赤色を呈するところである．

$$Fe^{3+} + 3SCN^- \longrightarrow Fe(SCN)_3$$

塩化物の定量のときは，$K_{AgCl} = 1 \times 10^{-10}$ で K_{AgCl} が K_{AgSCN} より大きいため，すでに沈殿している AgCl と SCN^- の間で

$$AgCl + SCN^- \longrightarrow AgSCN + Cl^-$$

の反応が起こり，終点が不鮮明となる．SCN^- で逆滴定する前に AgCl の沈殿を除くか，あるいはニトロベンゼンなどを加えて AgCl の沈殿を包み込み，SCN^- との接触を断つ必要がある．

■ 電位差滴定法による終点の検出：沈殿滴定の終点を電位差法で検出する場合，指示電極として銀電極，参照電極として銀-塩化銀電極を使用する．ただし，塩化銀から Cl^- が試料液に流出するのを避けるため，銀-塩化銀電極と試料液の間に飽和硝酸カリウムの塩橋を挿入する．

8.3.3 銀錯化合物生成によるシアン化物の定量（リービッヒ-ドゥニジェー法）

沈殿滴定ではないが，硝酸銀標準液を用いる滴定法に銀イオンとシアンイオンとの錯化合物生成反応を利用するシアンイオンの定量法がある．

$$Ag^+ + 2CN^- \longrightarrow Ag(CN)_2^-$$

この反応の**安定度定数**は 10^{21} ほどで非常に大きい．過剰の Ag^+ によってシアン化銀 $Ag[Ag(CN)_2^-]$ の白色沈殿が生成する点を終点とする．この方法をリービッヒの方法という．ドゥニジェーはこの方法を改良し，アンモニアと少量の KI を加えるようにした．この方法ではヨウ化銀の黄色の沈殿の生成する点が終点である．この方法をリービッヒ-ドゥニジェー法という．

$$Ag^+ + I^- \longrightarrow AgI$$

8.3.4 標準液

沈殿滴定のための標準液は硝酸銀液とチオシアン酸アンモニウム液である．

■ 0.1 mol/L 硝酸銀液：塩化ナトリウムを標準試薬として標定する．終点の検出はフルオレセインナトリウム試液3滴による指示薬法か銀電極を用いる電位差滴定法による．標準液は遮光し

て保存する．

8.3.5 試料の定量
■ 生理食塩液の定量： 「本品 20 mL を正確に量り，水 30 mL を加え，強く振り混ぜながら 0.1 mol/L 硝酸銀液で滴定する（指示薬：フルオレセインナトリウム試液 3 滴）．

$$0.1\,\mathrm{mol/L}\text{ 硝酸銀液 } 1\,\mathrm{mL} = 5.844\,\mathrm{mg}\,\mathrm{NaCl}\text{ 」}$$

ファヤンス法による塩化ナトリウムの定量法である．

8.4 キレート滴定法

金属イオンと多座配位子によって形成される錯体を**キレート**あるいはキレート化合物といい，これをつくる配位子をキレート試薬という．このようなキレート生成反応を利用した滴定法をキレート滴定法といい，金属イオンの定量に適用される．そのために使用されるキレート試薬はエチレンジアミン四酢酸（**EDTA**）である．金属イオンと EDTA は 1 : 1 のキレートを生成するが，反応の詳細については，4 章を参照されたい．

8.4.1 金属指示薬による終点の検出

滴定の終点を検出するのに**金属指示薬**が使用されるが，これは一種のキレート試薬である．金属指示薬は，指示薬そのものの色と金属キレートの色が異なっていること，また，そのキレートの安定性は金属-EDTA の安定性よりも小さいことが必要である．

エリオクロムブラック T（EBT）は図 8.7 に示すように，pH 7～11 でスルホン酸基と，2 個の

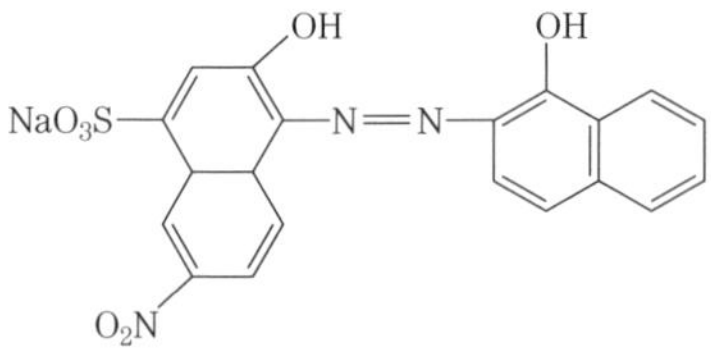

図 8.7 エリオクロムブラック T

フェノール基のうちの 1 個が解離して青色を呈している．緩衝液で pH を調整したマグネシウムイオン溶液に EBT を加えると，Mg-EBT が生成し赤紫色を呈する．これに EDTA を加えていくと，遊離のマグネシウムイオンが存在するうちは Mg-EDTA が生成する．さらに EDTA を加えて遊離のマグネシウムイオンがなくなると，Mg-EBT は EDTA によりマグネウムイオンを奪われる．その結果，EBT が遊離し，溶液は EBT 自身の色を帯びるようになる．これは Mg-EDTA の生成定数が Mg-EBT の生成定数より大きいことによる．このようにして，滴定の終点がわかる．

$$\mathrm{Mg\text{-}EBT} + \mathrm{EDTA} \longrightarrow \mathrm{Mg\text{-}EDTA} + \mathrm{EBT}$$

EBT 以外では，NN 指示薬（1-(2-ヒドロキシ-4-スルホ-1-ナフチルアゾ)-2-ヒドロキシ-3-ナフトエ酸），キシレノールオレンジ，ジチゾン，PAN（ピリジルアゾナフトール）などが指示薬として使用される．

8.4.2 標準液

金属イオンの直接滴定は EDTA 標準液で行うが，逆滴定においては過剰の EDTA 標準液を滴定するのに，金属イオンの標準液も使用される．

■ 0.05 mol/L エチレンジアミン四酢酸二水素二ナトリウム液： 亜鉛を標準試薬として標定を行う．標準液はポリエチレン瓶に保存する．

8.4.3 試料の分析

■ 塩化カルシウム水和物の定量： 「本品約 0.4 g を精密に量り，水に溶かし，正確に 200 mL とする．この液 20 mL を正確に量り，水 40 mL 及び 8 mol/L 水酸化カリウム試液 2 mL を加え，更に NN 指示薬 0.1 g を加えた後，直ちに 0.02 mol/L エチレンジアミン四酢酸二水素二ナトリウム液で滴定する．ただし，滴定の終点は液の赤紫色が青色に変わるときとする．

0.02 mol/L エチレンジアミン四酢酸二水素二ナトリウム液 1 mL = 2.940 mg $CaCl_2\cdot 2H_2O$ 」

水酸化カリウム試液を加えると pH 12〜13 になり，NN 指示薬を用いるのに適した pH となる．また Mg^{2+} が存在していても，この pH では $Mg(OH)_2$ となり，滴定されない．

8.5 酸化還元滴定法

酸化還元滴定法とは酸化還元反応を利用した滴定法であり，標準液には各種酸化剤あるいは還元剤が用いられる．酸化還元滴定法には，用いられる標準液により，**過マンガン酸塩滴定，ヨウ素滴定，ヨウ素酸塩滴定，ジアゾ化滴定，チタン(III)滴定**などが含まれる．酸化剤，還元剤の酸化還元電位については，4 章を参照されたい．

8.5.1 滴定曲線

還元剤（あるいは酸化剤）を酸化剤（あるいは還元剤）で滴定するとき，加えた酸化剤の量に対して反応液の電位（V）をプロットすると滴定曲線が得られる．

0.1 mol/L Fe^{2+} 溶液 100 mL に 0.1 mol/L Ce^{4+} 溶液を加えたときの溶液の電位（V）を求め，滴定曲線を作成する．この滴定反応においては Ce^{4+} が酸化剤，Fe^{2+} が還元剤であり，$Ce^{4+}+Fe^{2+} \rightleftarrows Ce^{3+}+Fe^{3+}$ のように反応が進行する．反応の詳細については 4 章を参照されたい．表 8.5，図 8.8 は，加えられた 0.1 mol/L Ce^{4+} の量に対して溶液の電位の変化を示したものである．当量点付近で電位の飛躍がみられる．

表8.5 0.1 mol/L Fe^{2+} 液 100 mL を 0.1 mol/L Ce^{4+} 液で滴定したときの電位の変化

加えられた Ce^{4+} 液(mL)	$\dfrac{[Fe^{3+}]}{[Fe^{2+}]}$	E (V)
9	0.1	0.71
50	1.0	0.77
91	10	0.83
99	100	0.89
99.9	1000	0.95
100	1.3×10^7	1.19

加えられた Ce^{4+} 液 (mL)	$\dfrac{[Ce^{4+}]}{[Ce^{3+}]}$	E (V)
100.1	0.001	1.43
101.0	0.01	1.49
110.0	0.1	1.56

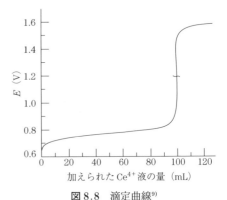

図 8.8　滴定曲線[9]
0.1 mol/L Fe^{2+} を 0.1 mol/L Ce^{4+} で滴定.

8.5.2　終点の検出

■ 電位差法：　白金電極を指示電極，銀-塩化銀電極を参照電極として溶液の電位差を測定すれば滴定曲線が得られる．作図によって終点を求めることができる．

■ 指示薬法：　酸化還元指示薬の酸化型（I_{ox}）と還元型（I_{red}）では色が異なることが必要である．滴定の当量点の酸化還元電位とほぼ等しい標準酸化還元電位をもつ指示薬を選ぶ必要がある．ジフェニルベンチジン，トリス(1,10-フェナントロリン)鉄(II)硫酸塩が用いられることがある．しかし，酸化還元指示薬が滴定に用いられることは少ない．過マンガン酸カリウム法のように標準液の色を利用したり，ヨウ素法のようにヨウ素-デンプン反応を利用して終点を見いだしていることが多い．

8.5.3　過マンガン酸塩滴定法

過マンガン酸塩の標準液による滴定を過マンガン酸塩滴定という．過マンガン酸塩として，通常，過マンガン酸カリウムが用いられる．過マンガン酸カリウムは強い酸化剤である．強酸性の条件下での半反応は以下のようであり，1分子当たり5個の電子を受け取ることができる（5当量）．

$$MnO_4^- + 8H^+ + 5e \rightleftharpoons Mn^{2+} + 4H_2O, \qquad E^\circ = +1.51 \text{ (V)}$$

この溶液は赤紫色を呈しているために，これを標準液とする滴定では，過剰の標準液による反応液の呈色を終点とする．

a.　標準液

■ 0.02 mol/L 過マンガン酸カリウム液：　シュウ酸ナトリウムを標準試薬として標定する．標準液は遮光して保存する．長く保存したものは標定し直して用いる．

b.　試料の定量

■ オキシドールの定量：　「本品 1.0 mL を正確に量り，水 10 mL 及び希硫酸 10 mL を入れたフラスコに加え，0.02 mol/L 過マンガン酸カリウム液で滴定する．

0.02 mol/L 過マンガン酸カリウム液 1 mL＝1.701 mg H$_2$O$_2$　」

オキシドールは過酸化水素（H$_2$O$_2$：34.01）を 2.5～3.5 w/v% 含む．H$_2$O$_2$ は酸化剤としても還元

剤としてもはたらくが，ここでは還元剤としてはたらく．この半反応は
$$O_2 + 2H^+ + 2e \rightleftharpoons H_2O_2, \qquad E° = +0.68 \text{ (V)}$$
である．過マンガン酸カリウムとは硫酸酸性で次のように反応する．
$$5H_2O_2 + 2KMnO_4 + 3H_2SO_4 \longrightarrow 5O_2 + 2MnSO_4 + K_2SO_4 + 8H_2O$$

8.5.4 ヨウ素滴定法

ヨウ素を利用した滴定を**ヨウ素滴定法**という．ヨウ素の半反応は
$$I_2 + 2e \rightleftharpoons 2I^-, \qquad E° = +0.54 \text{ (V)}$$
であり，酸化剤としての酸化還元電位は高くない．したがって，I_2 は酸化剤としてばかりでなく，I^- は還元剤としても利用される．酸化剤として，還元剤の定量に用いられる滴定を**ヨウ素酸化滴定**（iodimetric titration）という．一方，ヨウ化物イオンは酸化剤によってヨウ素になるが，このヨウ素をチオ硫酸ナトリウムで滴定すれば，酸化剤が定量される．このような方法を**ヨウ素還元滴定**（iodometric titration）という．

ヨウ素は水に溶けにくいが，ヨウ化物イオンと共存させると，三ヨウ素イオンになり，溶けるようになる．
$$I_2 + I^- \rightleftharpoons I_3^-$$
I_2 が消費されると，I_3^- から I_2 が補われる．終点において，ヨウ素-デンプン反応が I_2 の検出に利用されるが，これによって，1×10^{-5} mol/L のヨウ素が検出される．クロロホルムなどの水に溶けない有機溶媒を加えておくと，これに溶けるヨウ素の色によっても検出される．

a. 標準液

■ 0.05 mol/L ヨウ素液： ヨウ素 13 g をヨウ化カリウム溶液（2→5）100 mL に溶かし，希塩酸 1 mL および水を加えて 1000 mL として標準液を調製する．0.1 mol/L チオ硫酸ナトリウム液を標準試薬として標定する．標準液は遮光して保存する．長く保存したものは標定し直して用いる．

■ 0.1 mol/L チオ硫酸ナトリウム液：「1000 mL 中チオ硫酸ナトリウム五水和物（$Na_2S_2O_3 \cdot 5H_2O$：248.18）24.818 g を含む．

調製：チオ硫酸ナトリウム五水和物 25 g 及び無水炭酸ナトリウム 0.2 g に新たに煮沸して冷却した水を加えて溶かし，1000 mL とし，24 時間放置した後，次の標定を行う．

標定：ヨウ素酸カリウム（標準試薬）を 120～140℃で 1.5～2 時間乾燥した後，デシケーター（シリカゲル）中で放冷し，その約 50 mg をヨウ素瓶に精密に量り，水 25 mL に溶かし，ヨウ化カリウム 2 g 及び希硫酸 10 mL を加え，密栓し，10 分間放置した後，水 100 mL を加え，遊離したヨウ素を調製したチオ硫酸ナトリウム液で滴定する（指示薬法，又は電位差滴定法：白金電極）．ただし，指示薬法の滴定の終点は液が終点近くで淡黄色になったとき，デンプン試液 3 mL を加え，生じた青色が脱色するときとする．同様の方法で空試験を行い，補正し，ファクターを計算する．

$$0.1 \text{ mol/L チオ硫酸ナトリウム液 } 1 \text{ mL} = 3.567 \text{ mg } KIO_3$$

注意：長く保存したものは標定し直して用いる．」

ヨウ素酸カリウムとヨウ化カリウムは希硫酸酸性の条件下，次のように反応し 1 mol の KIO_3 から 3 mol のヨウ素を生成する．生成したヨウ素をチオ硫酸ナトリウムで滴定する．

$$KIO_3+5KI+3H_2SO_4 \longrightarrow 3I_2+3K_2SO_4+3H_2O \qquad (1)$$
$$I_2+2Na_2S_2O_3 \longrightarrow 2NaI+Na_2S_4O_6 \qquad (2)$$

なお(1)の反応は次の二つの半反応の組合せであり，KIO_3 1分子当たり5個の電子が授受に関与する半反応による．

$$IO_3^-+6H^++5e \rightleftharpoons (1/2)I_2+3H_2O, \qquad (1/2)I_2+e \rightleftharpoons I^-$$

反応式(1)，(2)よりヨウ素酸カリウム（KIO_3：214.00）1 mol とチオ硫酸ナトリウム 6 mol が対応することがわかる．したがって，ヨウ素酸カリウム 214.00 g（1 mol）と 0.1 mol/L チオ硫酸ナトリウム 60000 mL（6 mol）が対応することから，

$$\frac{0.1 \text{ mol}}{\text{L チオ硫酸ナトリウム 1 mL}} = \frac{214.00}{6000} \text{ (g)} = \frac{214.00}{60} \text{ (mg)}$$
$$= 3.567 \text{ (mg) } KIO_3$$

となる．

b. ヨウ素標準液による直接滴定

ヨウ素標準液は還元性有機物の定量に用いられる．この場合，ヨウ素標準液は酸化剤としてはたらく．

■ **アスコルビン酸の定量**： 本品を乾燥し，その約 0.2 g を精密に量り，メタリン酸溶液（1→50）50 mL に溶かし，0.05 mol/L ヨウ素液で滴定する（指示薬：デンプン試液 1 mL）．

$$0.05 \text{ mol/L ヨウ素液 1 mL} = 8.806 \text{ mg } C_6H_8O_6 \quad 」$$

アスコルビン酸の半反応の標準酸化還元電位（$E°$）は 0.080 V であり，ヨウ素によって容易に酸化されて，デヒドロアスコルビン酸になる．メタリン酸溶液中でアスコルビン酸は安定である．アスコルビン酸 1 分子当たり 2 個の電子が授受に関与する（1 mol は 2 当量）ことから，アスコルビン酸とヨウ素はモル比 1：1 で反応する．

c. 過ヨウ素酸塩を用いる滴定

多価アルコールの定量では，これを過ヨウ素酸（HIO_4）で酸化して，ホルムアルデヒドとギ酸を生成させる．このとき生じるヨウ素酸および過量の過ヨウ素酸にヨウ化カリウムを反応させ，生成するヨウ素をチオ硫酸ナトリウムで滴定する．この方法によって定量される医薬品は，D-ソルビトール，キシリトール，D-マンニトールである．

■ **D-ソルビトールの定量**： 「本品を乾燥し，その約 0.2 g を精密に量り，水に溶かし，正確に 100 mL とする．この液 10 mL を正確に量り，ヨウ素瓶に入れ，過ヨウ素酸カリウム試液 50 mL を正確に加え，水浴中で 15 分間加熱する．冷後，ヨウ化カリウム 2.5 g を加え，直ちに密栓してよく振り混ぜ，暗所に 5 分間放置した後，遊離したヨウ素を 0.1 mol/L チオ硫酸ナトリウム液で滴定する（指示薬：デンプン試液 3 mL）．同様の方法で空試験を行う．

$$0.1 \text{ mol/L チオ硫酸ナトリウム液 1 mL} = 1.822 \text{ mg } C_6H_{14}O_6 \quad 」$$

d. 臭素標準液を用いる滴定

臭素は酸化剤の一種であるが，フェノールやヒドラジン誘導体と反応することを利用して

$$Br_2+2e \rightleftharpoons 2Br^-, \qquad E°=+1.07 \text{ (V)}$$

これらの定量に利用されている．一定過量の臭素標準液を加えて反応させた後，過剰の臭素にヨウ化カリウムを加えてヨウ素とし，これをチオ硫酸ナトリウム標準液で滴定する．

1) 標準液

■ 0.05 mol/L 臭素液： 臭素酸カリウム 2.8 g および臭化カリウム 15 g を水に溶かし，1000 mL として調製する．0.1 mol/L チオ硫酸ナトリウム液を第二次標準試薬として標定する．臭素は揮発性で，その溶液が標準液として用いられることはない．臭素酸カリウム（$KBrO_3$：167.00）とやや過量の臭化カリウム（KBr：119.00）から調製し，用時，酸性にして臭素を生成させる．

$$KBrO_3 + 5KBr + 6HCl \longrightarrow 3Br_2 + 6KCl + 3H_2O$$

2） 試料の定量

■ フェノールの定量：「本品約 1.5 g を精密に量り，水に溶かし正確に 1000 mL とし，この液 25 mL を正確に量り，ヨウ素瓶に入れ，正確に 0.05 mol/L 臭素液 30 mL を加え，更に塩酸 5 mL を加え，直ちに密栓して 30 分間しばしば振り混ぜ，15 分間放置する．次にヨウ化カリウム試液 7 mL を加え，直ちに密栓してよく振り混ぜ，クロロホルム 1 mL を加え，密栓して激しく振り混ぜ，遊離したヨウ素を 0.1 mol/L チオ硫酸ナトリウム液で滴定する（指示薬：デンプン試液 1 mL）．同様の方法で空試験を行う．

0.05 mol/L 臭素液 1 mL＝1.569 mg C_6H_6O　」

臭素液に塩酸を加えると臭素が発生し，フェノール（C_6H_6O：94.11）の o, p-位が臭素化され，2,4,6-トリブロモフェノールが生成する（図 8.9）．過剰の臭素をヨウ化カリウムと反応させてヨ

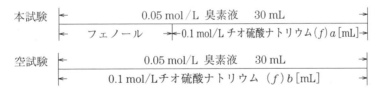

図 8.9 臭素とフェノールの反応

ウ素とし，これをチオ硫酸ナトリウムで滴定する．

$$Br_2 + 2KI \longrightarrow I_2 + 2KBr, \quad I_2 + 2Na_2S_2O_3 \longrightarrow 2NaI + Na_2S_4O_6$$

フェノールと臭素がモル比 1：3 で反応することから，フェノール 94.11 g（1 mol）と 0.05 mol/L 臭素液 20000×3 mL（3 mol）が対応する．0.05 mol/L 臭素液 1 mL に対応するフェノールの質量は 94.11×1000/60000＝1.569 mg となる．

	0.05 mol/L 臭素液　30 mL
本試験	フェノール ← 0.1 mol/L チオ硫酸ナトリウム(f) a [mL] →
空試験	0.05 mol/L 臭素液　30 mL
	0.1 mol/L チオ硫酸ナトリウム（f）b [mL]

Br_2 および $Na_2S_2O_3$ は 1 mol がそれぞれ 2 当量，1 当量であるので，I_2 を介して，モル比 1：2 で対応している．したがって，0.05 mol/L 臭素液 1 mL は 0.1 mol/L チオ硫酸ナトリウム 1 mL に対応している．フェノールと反応した 0.05 mol/L 臭素液（f_0＝1.000）の液量（mL）は，空試験での 0.1 mol/L チオ硫酸ナトリウム液（ファクター，f）の滴定量（b mL）から本試験でのそれ（a mL）を引いたものから求める．よって，フェノールの含量（mg）は（$b-a$）×f×1.569 mg となる．

8.5.5　ヨウ素酸塩滴定

ヨウ素酸カリウムの標準液を用いる滴定をヨウ素酸塩滴定という．ヨウ素酸カリウムについて，

酸性条件下 1 分子当たり 5 個の電子が授受に関与する半反応がチオ硫酸ナトリウムの標定などに利用されることをみてきた．3 mol/L 以上の強塩酸酸性の条件では，1 分子当たり 4 個の電子が授受に関与する半反応が利用される．

$$IO_3^- + 6H^+ + 4e \rightleftharpoons I^+ + 3H_2O, \qquad E° = +1.23 \text{ (V)}$$

a. 標準液

■ 0.05 mol/L ヨウ素酸カリウム液：　ヨウ素酸カリウム（標準試薬）は純度が高いので標定を行う必要はなく，量りとった質量（mg）からファクターを計算する．

b. 試料の定量

■ ヨウ化カリウムの定量：「本品を乾燥し，その約 0.5 g を精密に量り，ヨウ素瓶に入れ，水 10 mL に溶かし，塩酸 35 mL 及びクロロホルム 5 mL を加え，激しく振り混ぜながら 0.05 mol/L ヨウ素酸カリウム液でクロロホルム層の赤紫色が消えるまで滴定する．ただし，滴定の終点はクロロホルム層が脱色した後，5 分以内に再び赤紫色が現れないときとする．

0.05 mol/L ヨウ素酸カリウム液 1 mL＝16.60 mg KI 」

ヨウ素酸カリウムとヨウ化カリウムの反応は下式の通りである．

$$KIO_3 + 2KI + 6HCl \longrightarrow 3ICl + 3H_2O + 3KCl$$

8.5.6　ジアゾ化滴定法

芳香族第一アミンは亜硝酸と反応してジアゾニウム化合物を生成する．この反応において亜硝酸は酸化剤としてはたらき，窒素の原子価は＋3→0 と変化する．亜硝酸およびジアゾニウム化合物が分解しやすいことから，亜硝酸ナトリウムを標準液とする滴定は 15℃以下で行われる．終点の検出は電位差または電流滴定による．

a. 標準液

■ 0.1 mol/L 亜硝酸ナトリウム液：　ジアゾ化滴定用スルファニルアミドを標準試薬として標定する．滴定終点検出法の電位差滴定法または電流滴定法により滴定し，ファクターを計算する．電位差滴定法で終点を検出するときは，白金電極を指示電極，銀-塩化銀電極を参照電極として溶液の電位差を測定する．標準液は遮光して保存する．長く保存したものは標定し直して用いる．

この標準液を用いてスルファモノメトキシンなどの芳香族第一アミンの構造を有する医薬品が定量される．

8.5.7　チタン(III)滴定法

強い還元剤である Ti^{3+} 溶液を標準液とする滴定法である．

a. 標準液

■ 0.1 mol/L 塩化チタン(III)液：　0.02 mol/L 過マンガン酸カリウム液を標準試薬（二次標準試薬）として標定する．空気を水素で置換して保存する．

この標準液によりインジゴカルミン，塩化メチルロザニリンなどの色素が定量される．

8.6　非水滴定法

非水滴定法は水以外の溶媒中で行う滴定である．水溶液中で滴定しうる最も弱い酸は $K_a =$

10^{-7} 程度の酸であるが,非水溶媒中ではより弱い酸でも滴定しうる.また,弱塩基や弱塩基の塩などの定量などにも広く利用されており,日本薬局方16局収載の300品目以上の医薬品について非水滴定法が適用されている.滴定反応の種類は,水分測定法(**カールフィッシャー法**)を除いて,酸塩基反応である.水分測定法については,20章を参照されたい.

8.6.1 終点の検出

■ 指示薬法: クリスタルバイオレット,p-ナフトールベンゼイン,ニュートラルレッド,メタニルイエロー,チモールブルーなどが指示薬として用いられる.その選択は経験的である.

■ 電位差滴定法: 参照電極として銀-塩化銀電極,指示電極としてガラス電極を用いて溶液の電位差を測定すれば滴定曲線が得られる.作図によって終点を求めることができる.

8.6.2 標準液

■ 0.1 mol/L 過塩素酸: 酢酸を溶媒とする標準液である.過塩素酸中に水が含まれているので,これを無水酢酸と反応させて酢酸とする.フタル酸水素カリウムを標準試薬として標定する.標準液は湿気を避けて保存する.

■ 0.2 mol/L テトラメチルアンモニウムヒドロキシド液: 安息香酸を標準試薬として標定する.密栓して保存する.長く保存したものは標定し直して用いる.

8.6.3 試料の定量

a. 弱塩基の定量

■ グリシンの定量: 「本品を乾燥し,その約80 mgを精密に量り,ギ酸3 mLに溶かし,酢酸(100)50 mLを加え,0.1 mol/L 過塩素酸で滴定する(電位差滴定法).同様の方法で空試験を行い,補正する.

$$0.1 \text{ mol/L 過塩素酸 } 1 \text{ mL} = 7.507 \text{ mg } C_2H_5NO_2 \quad 」$$

アミノ基が酢酸中では塩基性が強められ $HClO_4$ で滴定される.

$$NH_2CH_2CO_2H + HClO_4 \longrightarrow HO_2CCH_2NH_3^+ClO_4^-$$

b. 塩の定量

■ 診断用クエン酸ナトリウム液の定量: 「本品5 mLを正確に量り,水浴上で蒸発乾固する.残留物を180℃で2時間乾燥した後,これに酢酸(100)30 mLを加え,加温して溶かす.冷後,0.1 mol/L 過塩素酸で滴定する(指示薬:クリスタルバイオレット試液3滴).同様の方法で空試験を行い,補正する.

$$0.1 \text{ mol/L 過塩素酸 } 1 \text{ mL} = 9.803 \text{ mg } C_6H_5Na_3O_7 \cdot 2H_2O \quad 」$$

クエン酸ナトリウムは三塩基性の弱酸の塩であるので,酢酸中で1 molは3 molの $HClO_4$ と反応する.

$$\begin{array}{c} CH_2COONa \\ | \\ HOCCOONa \\ | \\ CH_2COONa \end{array} + 3HClO_4 \longrightarrow \begin{array}{c} CH_2COOH \\ | \\ HOCCOOH \\ | \\ CH_2COOH \end{array} + 3NaClO_4$$

■ エフェドリン塩酸塩の定量: 「本品を乾燥し,その約0.4 gを精密に量り,無水酢酸/酢酸

(100) 混液 (7:3) 50 mL を加え，加温して溶かす．冷後，0.1 mol/L 過塩素酸で滴定する（電位差滴定法）．同様の方法で空試験を行い，補正する．

$$0.1 \text{ mol/L 過塩素酸 } 1 \text{ mL} = 20.17 \text{ mg } C_{10}H_{15}NO \cdot HCl 」$$

エフェドリン塩酸塩（$C_{10}H_{15}NO \cdot HCl$：201.69）は弱塩基の強酸塩であるので，酢酸中での滴定は困難であるが，非プロトン溶媒である無水酢酸を含む溶媒中では滴定される．

演習問題

8.1 炭酸ナトリウム 0.8000 g をとり，メチルレッドを指示薬として，ファクター未知の 1 mol/L 塩酸で滴定したところ，15.00 mL 要した．1 mol/L 塩酸のファクターを求めよ．$Na_2CO_3 = 105.99$ とする．

8.2 生理食塩液 20 mL を正確にとり，0.1 mol/L 硝酸銀液（$f = 0.980$）で滴定したところ 31.00 mL 要した．塩化ナトリウムの含量（w/v%）はいくらか．$NaCl = 58.44$ とする．

8.3 塩化カルシウム（$CaCl_2$：111.0）と塩化マグネシウム（$MgCl_2$：95.21）を含む水溶液に水酸化カリウムを加えて pH を 12～13 にした後，NN 指示薬を加えて，0.02 mol/L EDTA（$f = 1.020$）で滴定したところ，20.0 mL 要した．
 1) この滴定で定量されるものは何か．
 2) それはどれほど含まれていたか．

8.4 フェノール 1.5000 g をとり，本文に記載されているような方法でフェノールを滴定したところ，本試験，空試験で 0.1 mol/L チオ硫酸ナトリウム（$f = 1.010$）をそれぞれ 6.00 mL，29.40 mL 消費した．
 1) フェノール 1 mol は臭素何 mol と反応するか．
 2) フェノールの含量（純度）は何%か．

引用文献・参考図書

1) 藤原鎮男監訳：コルトフ分析化学 4，廣川書店，1975．
2) 厚生労働省：第十六改正日本薬局方，2011．
3) 黒田六郎ほか：分析化学，裳華房，1988．
4) 百瀬 勉：定量薬品分析（第 7 改稿版），廣川書店，1996．
5) 中村 洋編：基礎薬学 分析化学 I（第 4 版），廣川書店，2011．
6) 日本薬局方解説書編集委員会編：第十六改正 日本薬局方解説書，廣川書店，2011．
7) 萩中 淳，山口政俊，千熊正彦編：パートナー分析化学 I（改訂第 2 版），南江堂，2012．
8) 高木誠司：定量分析の実験と計算 2，共立出版，1969．
9) 土屋正彦ほか監訳：クリスチャン分析化学 I 基礎，丸善，1989．
10) 宇野文二ほか：定量分析化学（第 5 版），丸善，2001．

9 質量分析法

はじめに

質量分析法（mass spectrometry）は定量する成分を試料から純粋な単体として分離するか，あるいはその成分と一定の量的関係にある適当な組成をもつ他の安定な物質に変化させてから，その質量を測定して，目的成分の量を知る方法である．

質量分析法は目的成分の質量を直接測定する方法であるので，その中に不純物が少しでも含まれてはならない．定量分析や機器分析における質量測定の役割は，その基礎的な面においてきわめて重要であり，定量法の規準となる標準品および試料の採取や標準溶液の調製に当たっては，**直接法**である質量測定が必ず用いられる．また，質量分析法は試料の粉砕，溶解，沈殿作成，ろ過，洗浄，沈殿の乾燥，強熱，灰化など，すべての化学分析操作を含んでいる．

質量分析法の手法としては，試料中の求める成分を適当な方法で分離し，その質量を測定する**直接法**が一般的であるが，場合によってはその成分を揮発させて，その際の減量を測定する**間接法**も使用されている．いずれの方法も，最終的な測定の前に定量する成分を他の共存物質から分離することは必要である．

日本薬局方の一般試験法に収載されている**乾燥減量試験法**，**強熱減量試験法**および**強熱残分試験法**は質量分析法を応用している．また，試料の質量を測定する一般試験法として，**製剤均一性試験法**，**比重及び密度測定法**そして**熱分析法**がある．

質量分析法は求める成分を測定する前の分離法によって分類され，**沈殿重量法**，**揮発重量法**，**抽出重量法**，電解重量分析法（20章参照）そして熱質量測定法（21章参照）などがある．

9.1 沈殿重量法

目的成分を適当な沈殿剤により定量的に沈殿分離し，これを乾燥した後，質量を測定して定量する方法を**沈殿重量法**（precipitation gravimetry）といい，目的成分は難溶性の単一の化合物にして測定する．また沈殿剤を選べば目的成分のみを選択的に沈殿させることができ，混合物の試料にも適用できる特色ある方法である．目的成分としては無機イオンが多いが，有機化合物でも難溶性の付加化合物や反応誘導体を生成する化合物に適用される．

日本薬局方に収載されているイオウ，イクタモール，酸化チタンおよび硫酸カリウムの医薬品の定量に沈殿重量法が用いられている．

9.1.1 沈殿形と秤量形

沈殿生成を利用する沈殿重量法では，目的成分を難溶性の化合物として沈殿させるが，そのとき

に生じる沈殿を**沈殿形**（precipitation form）とよぶ．沈殿形は溶解度積が小さくできるだけ定量的に生じ，純粋で簡単にろ過，洗浄されなければならない．しかし，沈殿形の組成が不定であって乾燥により組成が変化する場合には，沈殿形を一定組成の**秤量形**（weighting form）にしなければならない．秤量形にするには多くの場合，沈殿形を強熱することによって達成できる．

秤量形は次のような性質をもたなければならない．
 (1) 一定の化学量論的組成を有すること．
 (2) 安定で操作中に分解，変質，揮散，吸湿，風解などがないこと．
 (3) 化学式量（または分子量）が大きく秤量形中に占める目的成分の質量の割合が小さいこと．

(1)と(2)についてカルシウム(Ca)の定量でみてみると，最初に Ca はシュウ酸カルシウム一水和物 ($CaC_2O_4 \cdot H_2O$) として沈殿し，加熱していくと脱水しシュウ酸カルシウム (CaC_2O_4) に，次に分解して炭酸カルシウム ($CaCO_3$) になり，強熱によりさらに分解して酸化カルシウム (CaO) になる．秤量形として CaC_2O_4，$CaCO_3$ そして CaO が考えられる．約250℃で CaC_2O_4，そして約500℃で $CaCO_3$ の秤量形になるが，ともに加熱温度が制限されるので，一定組成にするのはむずかしい．850℃以上で一定組成の CaO になるが，吸湿性が高いので取扱いには十分注意する．

沈殿形から秤量形にする場合，ろ紙とともに強熱灰化するとき炭素のために一部還元されてしまうことが多い．たとえば硫酸バリウムの沈殿をろ紙とともに灰化，強熱して秤量形にするとき，硫化バリウムと酸化バリウムが生じるので，強熱する前に硫酸を加えておくと硫化バリウムと酸化バリウムはすべて，硫酸バリウムになりよい結果を得ることができる．

(3)についてニッケル(Ni)の定量について考えてみると，電解重量分析法で Ni を単離し質量を測定する場合，Ni 500 mg を測定するとき，もしその測定に 0.5 mg の誤差があるとすれば，これは Ni の全量の 0.1% に相当する．一方，Ni を沈殿重量法で行うと Ni をジメチルグリオキシム錯体 $Ni(C_4H_7O_2N_2)_2$ として沈殿分離し，これを秤量形にして質量を測定する．錯体中の Ni の占める割合は $\{Ni/Ni(C_4H_7O_2N_2)_2\}=0.2032$ である．したがって，測定に 0.5 mg の誤差があっても，$0.5 \times 0.2032 \fallingdotseq 0.1$ mg となって，Ni 含有量に対する誤差はほとんど問題にならない．秤量形中の目的成分の割合を重量分析係数といい，秤量形の質量からもとの目的成分の量を計算するための係数である．

9.1.2 沈殿の生成

沈殿重量法における沈殿の生成は溶液中の沈殿剤と目的成分との溶解度積（4章参照）に基づき，過飽和すなわち溶解度積以上になると沈殿が生成し，過飽和状態がなくなるまで沈殿が生じる．この平衡状態は，その沈殿の溶解度によって決まる．

沈殿の生成は試料溶液をよく攪拌しながら沈殿剤を少しずつ加える．沈殿剤の量は目的成分に対して少過剰を加える．沈殿剤の大過剰量は，沈殿剤の沈殿への吸着または錯イオンの形成により生じた沈殿の溶解度が増加する場合もあるので，沈殿剤の大過剰量はできるだけ避けなければならない．目的成分の量はわからないので，沈殿が沈降した後，静かに上澄みに沈殿剤の溶液を1滴容器壁に沿って加え，新たに沈殿が生成しなければほぼ適量が加えられている．沈殿の溶解度は温度が高いほど大きくなり沈殿生成の速度も遅くなる．しかし，沈殿が生じてからしばらく母液とともに加温（温浸），または室温で放置すると結晶が大きくなる（熟成）．1回の沈殿で共沈，後沈，吸着などで純粋な沈殿が得られないときは，沈殿を溶解させて再沈殿する．コロイド状の沈殿が生じた

場合，塩やエタノールを使用してコロイドを防ぐ．

沈殿剤溶液の調製は，調製後一夜放置し，沈殿剤の粒子をろ過で除いてから使用する．沈殿生成の核となる不純な微粒子を除くためである．

9.1.3 沈殿のろ過

沈殿のろ過には，ガラスフィルターを用いて吸引ろ過する方法とろ紙を用いる方法がある．ガラスフィルターは沈殿形と秤量形が同じ場合に，ろ紙は両形が異なる場合に用いられる．ガラスフィルターは多孔性のガラスをろ過板に使用しているガラス製のろ過器で，多孔性のガラスの細孔の大きさによりG1からG4まであり，普通G3が用いられている．ろ紙は化学分析用ろ紙としてJIS P 3801に規格が定められている．沈殿重量法には，定量分析用のろ紙を使用する．ろ紙を使用する場合，沈殿形を秤量形にするため，ろ紙とともに強熱灰化するので，生じたろ紙の灰分が無視できるほどのものを使用しなければならない．

9.1.4 沈殿の乾燥および強熱

沈殿は恒量になるまで乾燥または強熱し，秤量形にしてから質量を測定する．恒量とは，日本薬局方の通則33に，「乾燥又は強熱するとき，恒量とは，別に規定するもののほか，引き続き更に1時間乾燥又は強熱するとき，前後の秤量差が前回に量った乾燥物又は強熱した残留物の質量の0.10％以下である」と規定している．沈殿形と秤量形が同じで熱に安定な場合には，電気乾燥器を用い通常100℃付近で沈殿に付着した水分や溶媒を除き乾燥する．熱に不安定な場合には，減圧下に低温で乾燥を行う．沈殿を強熱する場合も乾燥してから強熱する．ろ紙で沈殿をろ取する場合，沈殿形がそのまま秤量形とすることができないときである．ろ紙上の沈殿を乾燥してろ紙とともにるつぼの容器に入れバーナーまたは電気炉で強熱することによって沈殿形を秤量形にする．るつぼの容器はシリカ製，白金製，石英製，ニッケル製そして磁製のものがある．

デシケーターは常温での乾燥や，加熱または強熱後に秤量形の物質を室温にまで放冷するときに用い，日本薬局方では乾燥剤としてシリカゲルが用いられている．ガラスフィルターやるつぼの容器は恒量にしてから質量を測定し，試料の沈殿をろ取しガラスフィルターやるつぼの容器中で秤量

表9.1 代表的な無機イオンの沈殿重量法

無機イオン	沈殿剤（添加時の注意事項）	加熱温度（℃）	秤量形	重量分析係数
Ag^+	HCl（＋希 HNO_3）	110	AgCl	$×0.7526 → Ag$
Al^{3+}	NH_3（→ pH 6.7〜7.5）	1000〜1200	Al_2O_3	$×0.5873 → Al$
	8-キノリノール（→ pH 5〜5.5）	130	$Al(C_9H_6ON)_3$	$×0.0583 → Al$
Ba^{2+}	H_2SO_4（HCl 微酸性）	900〜950	$BaCO_3$	$×0.5884 → Ba$
Ca^{2+}	$(NH_4)_2C_2O_4$（→ 弱アルカリ性）	>850	CaO	$×0.7147 → Ca$
Fe^{3+}	安息香酸（pH 3.8）	1000	Fe_2O_3	$×0.6994 → Fe$
Mg^{2+}	$(NH_4)_2HPO_4$（→ 強 NH_3 性）	>600	$Mg_2P_2O_7$	$×0.2184 → Mg$
Ni^{2+}	ジメチルグリオキシム（→ NH_3 性）	110	$Ni(C_4H_7O_2N_2)_2$	$×0.2032 → Ni$
Pb^{2+}	H_2SO_4	560〜800	$PbSO_4$	$×0.6832 → Pb$
Zn^{2+}	8-キノリノール（→ pH 5）	130〜150	$Zn(C_9H_6ON)_2$	$×0.1849 → Zn$
Cl^-	$AgNO_3$（希 HNO_3，感光に注意）	130	AgCl	$×0.2474 → Cl$
PO_4^{3-}	$MgCl_2 + NH_4Cl + NH_3$（→ 約 pH 10.5）	>600	$Mg_2P_2O_7$	$×0.2783 → P$
SO_4^{2-}	$BaCl_2$（HCl 微酸性）	600〜800	$BaSO_4$	$×0.1374 → S$

形にして再び恒量にして質量を測定し，秤量形の質量を求める．

表9.1に代表的な無機イオンの沈殿重量法と沈殿剤（添加時の注意事項），乾燥および強熱温度（℃），秤量形，重量分析係数の組合せを示す．

9.2 揮発重量法

目的成分を定量的に揮発性物質に変えて揮散させ，その前後の質量差を測定するか，目的成分以外のものが揮発性であるとき，それを揮散させて質量測定を行う方法を**揮発重量法**（volatilization gravimetry）という．日本薬局方の一般試験法に収載されている乾燥減量試験法，強熱減量試験法，強熱残分試験法は揮発重量法である．

有機化合物の水素と炭素の元素分析は，燃焼によって生じた水と二酸化炭素をおのおの塩化カルシウムとソーダ石灰に吸収させ，おのおのの吸収前後の質量を測定して，水と二酸化炭素の量から水素と炭素の含有率を求める方法で揮発重量法の応用である．

日本薬局方に収載されているケイ酸マグネシウム，軽質無水ケイ酸およびモノステアリン酸アルミニウムの医薬品の定量に揮発重量法が用いられている．

9.2.1 水の測定

水は，①試料に付着している湿気，湿分ともいわれている付着水分，②試料の固体表面に吸着されている吸着水，③固体の内部に含まれている吸蔵水，④結晶もしくは分子に水分子として組み込まれるか，または結合している結晶水，⑤水分としては存在していないが，熱分解などの条件により水分子として放出される構成水などがあるが，いずれも揮発重量法により測定できる．付着水分は風乾または適当な除湿器で除くことができるが，吸着水，吸蔵水，結晶水を除くには加熱するのが普通で，常圧で105～110℃で多くは除かれる（試料が加熱で分解するときは減圧下，乾燥剤を入れたデシケーター中に入れ水分を除く）．構成水は物質を熱分解によって水分子として放出される．

揮発重量法は食品，薬品，肥料，飼料，鉱物などの試料中の水分，結晶水または揮発性物質の測定に広く用いられる．日本薬局方の一般試験法の乾燥減量試験法は水分，結晶水および揮発性物質などの量を測定するのに用いられ，多くの医薬品に適用されている．また強熱減量試験法も結晶水および揮発性物質などの量を測定するのに用いられている．いずれも減量を測定している．

減量の測定操作法は，乾燥減量試験法では，「はかり瓶をあらかじめ，医薬品各条に規定する条件で30分間乾燥し，その質量を精密に量り，つぎに試料をはかり瓶に入れ，厚さ5mm以下の層になるように広げて乾燥し，乾燥前後の質量を精密に量る」と定めている．強熱減量試験法では，「あらかじめ，シリカ製，白金製，石英製又は磁製のるつぼ又は皿の容器を医薬品各条に規定する条件で恒量になるまで強熱し，デシケーター中（シリカゲル）で放冷後，質量を精密に量る．ついで試料を秤取し，容器に入れ，その質量を精密に量り，強熱し，放冷後，その質量を精密に量る」と定めている．

9.2.2 二酸化炭素の測定

炭酸塩，炭酸水素塩は強熱すると分解して二酸化炭素を発生するので減量による定量が可能であ

る．しかし水分や強熱により分解する他の物質が含まれている場合には不適当であるので，水溶液に塩酸などの強酸を加えて二酸化炭素を発生させ，ソーダ石灰に吸収させて質量を測定する吸収法が適用される．

9.2.3 灰分または強熱残分の測定

有機物を強熱し残った灰分の組成は不定であるが，その量は有機物中に不純物または構成分として含まれる無機物の量を与えるとともに，その灰分は無機元素定量用試料としても提供できる．日本薬局方の一般試験法の強熱残分試験法は，通例，試料の有機物中に不純物として含まれる無機物の含量を知るために用いる．

強熱残分の測定操作法は，強熱残分試験法では，「あらかじめ，シリカ製，白金製，石英製又は磁製のるつぼの容器を $600±50°C$ で恒量になるまで強熱し，デシケーター中（シリカゲル）で放冷後，質量を精密に量る．試料を正確に量り，容器に入れ少量の硫酸を加え徐々に加熱し，白煙が生じなくなった後，$600±50°C$ で強熱し，有機物を燃焼分解するとともに塩酸，硝酸，炭酸などの揮発性酸も揮散させ，無機物を硫酸塩として残留させる．放冷後，質量を精密に量る」と定めている．

9.3 抽出重量法

試料中の目的成分を適当な溶媒で抽出し，次に溶媒を蒸発し，残留物を乾燥して質量測定する方法を**抽出重量法**（extraction gravimetry）という．抽出は有機溶媒を使用するので有機化合物の定量に用いられることが多いが，無機化合物もキレート化合物やイオン対などにして抽出されることもある．

操作法は簡単であるが，目的成分のほかに溶媒に可溶な夾雑成分が同時に抽出される場合は正確な結果を与えないので，複雑な組成の試料には適さない．

日本薬局方に収載されている医薬品の抽出有機溶媒にはエーテル，イソブタノール/クロロホルム混液が使用され，水浴上で蒸発している．容器は質量既知のフラスコを使用している．

日本薬局方に収載されているカリ石ケンの脂肪酸，フェニトイン錠，注射用フェニトインナトリウムおよびフルオレセインナトリウムの医薬品の定量に抽出重量法が用いられている．

演習問題

9.1 硫酸カリウム（K_2SO_4：174.26）の標品 0.450 g を水 200 mL に溶かし，塩酸 1 mL を加えて煮沸し，熱塩化バリウム試液 8 mL を加え 1 時間加熱し，沈殿をろ取，乾燥して質量を測定したところ 0.600 g であった．標品中の硫酸カリウムの含量は何％か．

9.2 硫酸銅五水和物（$CuSO_4·5H_2O$：249.67）の結晶 0.675 g を砕いて $105°C$ で 1 時間加熱して，再び測定したところ 0.480 g であった．揮発した水分は結晶の何％か．硫酸銅五水和物 1 mol 当たり何 mol の水が失われたか．

参考図書

1) 厚生労働省：第十六改正日本薬局方，2011．
2) 中村　洋編：基礎薬学 分析化学 I （第 3 版），廣川書店，2007．

10

紫外可視吸光度分析法

はじめに

電磁波のうち200〜400 nmを紫外線，400〜800 nmを可視光線と称し，この電磁波を物質に照射すると，その物質の電子遷移に応じて紫外線や可視光線の領域を吸収する．その結果得られるスペクトルから定性分析，また吸収の強度から定量分析を行う方法を**紫外可視吸光度分析法**（ultraviolet/visible spectrophotometry）という．本法は微量成分を迅速に分析でき，精度や再現性もよく，操作も簡単なことから最も汎用されている機器分析法の一つである．本章では，まず光の性質と吸収スペクトルの原理について概説し，次に紫外可視吸光度分析装置および定量方法，さらに生体成分の応用例について述べる．

10.1 原　　　理

10.1.1 光の性質および吸収

光は，波でありながら粒子でもあるという性質をもっており，空間を一定の速度で移動するものであると考える．光が物質に吸収されると，光のもつエネルギーは E，光の振動数 ν，波長 λ，真空中の光速度を C とすると

$$E = h\nu = hC/\lambda$$

という関係が成り立つ．ここで，hはプランク定数である．振動数は波長に逆比例し，振動数が高いほど高いエネルギーをもっていることになる．

一方，物質を構成する原子や分子はそれぞれ固有のエネルギー，すなわち電子エネルギー，振動エネルギー，回転エネルギーをもっている．原子核の周囲の電子はさまざまなエネルギー準位をもっており，ここに一定の光が投射されると，基底状態にある電子は光エネルギーを吸収して外側のエネルギー準位（励起状態）に移動する（図10.1）．紫外・可視光線のもつエネルギーの大きさは，電子エネルギーに匹敵して励起されることになる．励起状態の電子は，余剰のエネルギーを蛍

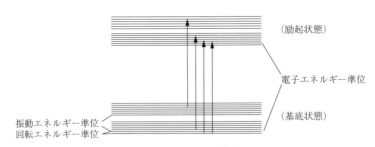

図10.1　電子励起の模式図[1)]

光, リン光, 運動エネルギー, 音エネルギーなどを放出して基底状態に戻ることもあるが, ほとんどの場合は溶媒分子などの他の分子にエネルギーを移して速やかに基底状態に戻る. したがって, 励起分子の寿命は短いが, 持続して光エネルギーを与えると励起状態と基底状態の間を繰り返し, 吸収が持続的に観察される.

可視光線は正常なヒトの目でみえる範囲であるため, 早くから物質の特性と関連づけて論じられてきた. 物質に太陽光線（可視光線）を当てるとその物質固有の光が吸収されるので, 吸収されずに残った光がヒトの目に補色として感じられる. たとえば, 赤く見える場合は, その物質は緑色の 500 nm 近辺の可視光線を吸収するからである. 表 10.1 に吸収した色と補色との関係を示す.

表 10.1 吸収した色と補色の関係[1]

波長 (nm)	吸収した色	補色
400〜450	紫	黄緑
450〜480	青	黄
480〜490	青緑	橙
490〜500	緑青	赤
500〜560	緑	赤紫
560〜575	緑黄	紫
575〜590	黄	青
590〜625	橙	青緑
625〜750	赤	緑青

10.1.2 吸収スペクトルと化学構造

ベンゼンやナフタレンのような二重結合をもつ有機化合物は紫外領域に吸収帯をもつ. このメカニズムを電子遷移（図 10.2）によって説明することができる. 有機分子は, 単結合の形成にかかわる σ 軌道, 多重結合の形成にかかわる π 軌道および結合に関与しない n 軌道をもっている. そして, 通常これらの軌道には電子が満たされているが, 光エネルギーを吸収すると, 上位の空軌道（π^* や σ^*）に励起され, $\sigma \to \sigma^*$ 遷移, $\pi \to \pi^*$ 遷移, $n \to \sigma^*$ 遷移, $n \to \pi^*$ 遷移が起こる. 有機化合物の場合は一般には $\pi \to \pi^*$ 遷移に基づくもので, 紫外部領域に吸収帯が現れる.

このような遷移は, 分子内に C=C, C=N, C=O, C=S などの**発色団**（chromophore）とよばれる原子団を共役系の中にもっている化合物で起こりやすい. またこれらの発色団をもつ化合物は, −OH, −NH$_2$, −SH などの**助色団**（auxochrome）とよばれる原子団と結合して, 吸収帯が変化する. 吸収は置換器の導入や溶媒の種類などによって変化し, 長波長側へ移動することを深色移動, 短波長に移動することを浅色移動といい, また吸光度が大きくなることを濃色効果, 小さくな

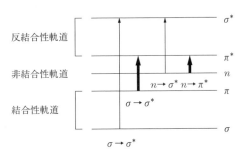

図 10.2 分子軌道と電子遷移[2]

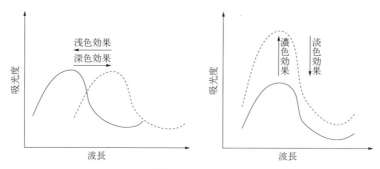

図 10.3 吸収スペクトルのシフト[3]

ることを淡色効果という（図 10.3）．

吸収と化学構造との間には次のような関係がある．
(1) 多重結合は共役すると深色移動し，濃色効果がある．
(2) ベンゼン環の置換基は π または n 電子のあるものでは深色移動し，濃色効果がある．
(3) 極性が高い溶媒ほど，$\pi \to \pi^*$ 遷移では深色移動を，$n \to \pi^*$ 遷移では浅色移動する．
(4) キレーションがあると深色移動する．

表 10.2 のように，ベンゼンは 254 nm の吸収を示すが，その水素原子を 1 個置換した化合物は表のように深色移動し濃色効果を示す．電子供与性基では $CH_3 < Cl < Br < OH < OCH_3 < NH_2$，電子吸引性基では $CN < COOH < COCH_3 < CHO < NO_2$ が置換すると，この順に吸収を深色移動させることがわかっている．

表 10.2 ベンゼンの 1 置換化合物のスペクトル変化[3]

置換基	波長（nm）	モル吸光係数
-H	254	204
-CH$_3$	↑ (261)	↑ (225)
-Cl	↑ (263.5)	↓ (190)
-Br	↑ (261)	↓ (192)
-OH	↑ (270)	↑ (1450)
-OCH$_3$	↑ (269)	↑ (1480)
-CN	↑ (271)	↑ (1000)
-COOH	↑ (273)	↑ (970)
-NH$_2$	↑ (280)	↑ (1430)

10.1.3 ランベルト-ベールの法則

紫外可視吸光度分析法は，すでに述べたように電子遷移に伴う光の吸収を利用するもので，物質が一定の波長の光を吸収する度合いを測定するものである．単色光がある物質の溶液を通過するとき，入射光の強さ（I_0）に対する透過光の強さ（I）の比率を**透過度**（transmittance, t）といい，これを百分率で表したものを**透過率**（percent transmittance, T）という．また，透過度の逆数の常用対数を**吸光度**（absorbance, A）という．

$$t = \frac{I}{I_0}, \quad T = \frac{I}{I_0} \times 100, \quad A = \log \frac{I_0}{I}$$

単色光がある物質を通過するとき，光吸収物質の分子またはイオンの数に比例して光エネルギーが減少する．したがって，吸光度 A は溶液の濃度 c および層の長さ l (cm) に比例する．この関

係式を**ランベルト-ベール**（Lambert-Beer）**の法則**という．

$$A = \log \frac{I_0}{I} = kcl \quad (k \text{ は定数})$$

l を 1 cm，c を mol/L で表した場合，k を ε と表記し，**モル吸光係数**（mole absorptivity）ε とよぶ．吸収極大の波長におけるモル吸光係数は $\varepsilon_{\max}$ で表す．また，l を 1 cm，c を w/v% で表すとき**比吸光度**（specific absorption）$E_{1cm}^{1\%}$ という．

$$\varepsilon = \frac{A}{c(\text{mol/L}) \times l}, \qquad E_{1cm}^{1\%} = \frac{A}{c(\text{w/v\%}) \times l}$$

10.2　装　　　置

通常用いられる装置は，光源部，分光部，試料部，測光部および記録部から構成される（図10.4）．

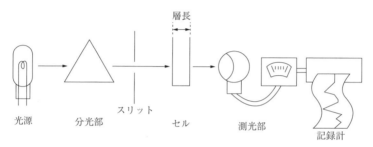

図 10.4　紫外可視吸光度分析装置の構成図

10.2.1　光　源　部

本測定で用いられる波長領域はおおよそ 200～800 nm であり，紫外部（200～400 nm）の測定には重水素放電管や水素放電管が用いられる．重水素放電管は 2.7 kPa 程度の重水素を充塡した石英の窓を有するガラス管で，400 nm 以下の短波長領域で使用される．なお 656.10 nm に鋭い輝線をもつので，簡単な分光器の波長校正に利用することもできる．可視部（400～800 nm）の測定にはタングステンランプまたはハロゲンタングステンランプが用いられる．そのほかにキセノンランプなどが用いられる．

10.2.2　分　光　部

光源の連続光から非常に狭い波長範囲の光（単色光）を得る装置である．プリズムは古くから用いられてきた分光器である．光の波長が異なるとその屈折率が異なることを利用して波長ごとに光を分光するものである．

回折格子は，光の回折現象を利用したものである．回折格子は通常，ガラス板上にアルミニウムを蒸着し，その表面に 1 mm 当たり数千本の溝が平行に等間隔に刻まれたものである．身のまわりにあるコンパクトディスク（CD）の表面には，細かな溝が刻まれており，みる角度によってさまざまな色合いを有するが，これも光の回折によって生じるものである．

10.2.3 試料部

試料測定用の容器をセルと称し，通常，縦，横1cm，高さ4.5cmの角柱型で，ガラス，石英ガラスまたはプラスチックでつくられている．ガラスセルやプラスチックセルは紫外部の光を通過しないため，可視部の吸収を測定する場合に用いられる．一方，石英セルは紫外部，可視部の光をともに透過するため両者の測定に用いることができる．

紫外可視吸光度測定法では，試料を水または有機溶媒に溶かし，セルに入れて測定する．試料室にはセルを挿入するためのセルホルダーがある．複光束式の装置では試料溶液と対照液を入れたセルをそれぞれ試料光路と対照光路上に置くことができるセルホルダーが備えられている．単光束式の装置では，セルホルダーには対照試料セルのほかにいくつかの測定試料セルが挿入される．これをスライドさせることによって，それぞれのセルが順次光路上に置かれ，吸光度が測定できる構造になっている．

10.2.4 測光部

試料溶液を透過した光は測光部に導かれ，検出器で電流に変換して測定される．検出には光電効果が利用され，その装置として光電子増倍管（図10.5），光電管，フォトダイオードなどがある．光電子増倍管は光が陰極の金属板に当たると電子が放出され（光電効果），この電子が対陰極D_1に当たり二次電子が放出される．これが$D_2, D_3, \cdots\cdots$と順次繰り返され，そのたびに放出される電子が増え，約10^6倍に増幅され，最終的に陽極に達する．このとき流れる電流を電流計で検出し，それを信号として吸光度や透過率を読みとることができる．

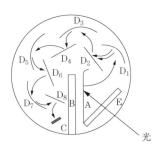

A：陰極，B：遮蔽板，C：陽極
$D_1 \sim D_8$：ダイノード，E：焦点光子

図10.5　光電子増倍管[4]

10.3　定　量　分　析

紫外可視吸収スペクトルは原理的には物質特有なスペクトルを示すと考えられるので，そのスペクトルから物質の同定が可能であることは理解できるであろう．しかしながら，化合物の構造が似ている場合には同様なスペクトルを示すため，通常，他の機器分析との併用により同定や構造解析を行う必要がある．一方，定量という点では紫外可視吸光度測定法は威力を発揮する．紫外可視吸光度分析法は高感度，迅速，簡便であり，また，装置が比較的簡単に入手できる利点を有しており，現在では定量の機器分析法として最も汎用されている．

物質を定量するためには，その吸光度と濃度との間に直線性（ランベルト-ベールの法則）が成

り立つ必要があり，本分析法を定量に応用する場合には直線性が成り立つ範囲で試料を調製する必要がある．一般的に用いられる定量法として以下のような方法が知られている．

10.3.1 検量線を用いる方法

試料中の測定対象成分の標準品を用意し，それを用いて数種の既知濃度の溶液を調製する．これらの吸光度を測定し，濃度に対して吸光度をグラフ上にプロットすれば，ランベルト-ベールの法則が成り立つ濃度範囲では直線が得られる．ついで，同条件下，被検物質の溶液を調製し，被検物質の吸光度を測定する．その値をグラフに当てはめることにより，被検物質の濃度を求めることができる．一般に，紫外可視吸光度測定法で物質を定量する場合には検量線を用いる方法が汎用されている．

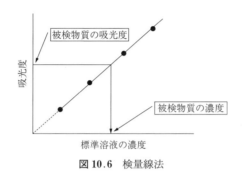

図 10.6　検量線法

10.3.2 標準物質を用いる方法

上記検量線を作成する方法では標準物質の濃度の異なる溶液を何種類か用意する必要があり，検量線の作成に時間を要する．ところで，既知の化合物では検量線が直線性を示す濃度範囲が予想できる．したがって，医薬品のように，ある程度の純度が予想される試料については検量線を作成することなく，一つの濃度既知の標準品溶液との比較によって濃度あるいは量を決めることができる．この方法は一つの濃度から検量線を作成することに相当し，日局では広く用いられている．その操作法は，被検物質の標準物質をあらかじめ用意し，既知濃度の標準物質の溶液の吸光度を測定する．ついで，試料溶液中の被検物質の吸光度を測定し，その比より被検物質の濃度を求めるものである．この方法を用いる条件として，標準物質と試料は溶媒，一溶解法，温度などすべて同一にする必要がある．以下に本法を用いる定量の例として日局**ジゴキシン**の定量法を示す．

「本品及びジゴキシン標準品を乾燥し，その約 25 mg ずつを精密に量り，それぞれを温エタノール 50 mL に溶かし，冷後，エタノールを加えて正確に 100 mL とし，試料原液及び標準原液とする．これらの液 10 mL ずつを正確に量り，それぞれにエタノールを加えて正確に 100 mL とし，試料溶液及び標準溶液とする．試料溶液及び標準溶液 5 mL ずつを正確に量り，それぞれ別の三角フラスコに入れ，水浴上で空気を送りながら蒸発乾燥し，デシケーター（減圧，五酸化リン）中に 15 分間放置する．これにアルカリ性 m-ジニトロベンゼン試液 5.0 mL ずつを加え，振り混ぜ，30℃以下で 5 分間放置する．これらの液につきエタノールを対照とし，吸光度測定法により試験を行う．試料溶液及び標準溶液から得たそれぞれの液の波長 620 nm における吸光度を 1 分ごとに測定し，それぞれの最大値 AT 及び AS を求める．」

$$\text{ジゴキシンの量 (mg)} = \text{ジゴキシン標準品の量 (mg)} \times \frac{AT}{AS}$$

10.3.3　絶対吸収法

医薬品のようにある波長における $E_{1cm}^{1\%}$ あるいは ε の値もすでに知られているものは，標準品が手に入らなくてもその値を利用して試料の量を測定する方法がある．これは標準品を必要としないため非常に簡便な方法であり，日局においても $E_{1cm}^{1\%}$ の値を利用することによって多くの医薬品の定量法として用いられている．また，この方法では，標準品を用いないため，セルの長さ（1 cm）が正確であること，測定波長が正確であることや装置そのものの精度が良好であることが前提となる．以下に本法を用いる定量の例として，日局**プロゲステロン**の定量法を示す．

「本品を乾燥しその約 0.01 g を精密に量り，無水エタノールに溶かし，正確に 100 mL とする．この液 5 mL を正確に量り，無水エタノールを加えて正確に 50 mL とする．この液につき，吸光度測定法により試験を行い，241 nm 付近の吸収極大の波長における吸光度 A を測定する．」

$$\text{プロゲステロンの量 (mg)} = \frac{A}{540} \times 10000$$

10.4　生体成分の応用例

10.4.1　酵素活性の測定（GOT 活性の場合）

一般に酵素活性の測定は，基質あるいは反応生成物などを定量して単位時間当たりの変化量を求めることで行われる．たとえば，グルタミン酸オキザロ酢酸トランスアミナーゼ（GOT）は，次式を触媒する酵素である．

$$\text{L-アスパラギン酸} + \alpha\text{-ケトグルタル酸} \xrightarrow{\text{GOT}} \text{オキザロ酢酸} + \text{L-グルタミン酸}$$

したがって，GOT 活性を測定するには，関与する基質あるいは生成物のいずれかに注目すればよいが，いずれも紫外・可視部に適当な吸収帯をもたない．そこでリンゴ酸脱水素酵素（MDH）が触媒する次の反応によって，オキザロ酢酸を補酵素 NADH の減少として定量して活性を求めている．

$$\text{オキザロ酢酸} + \text{NADH} + \text{H}^+ \longrightarrow \text{リンゴ酸} + \text{NAD}^+$$

還元型の NADH は，図 10.7 のように波長 340 nm に吸収（$\varepsilon = 6.22 \times 10^3 \, \text{dm}^3 \cdot \text{mol}^{-1} \cdot \text{cm}^{-}$）をもつが，酸化型の NAD^+ にはこれがない．したがって，この 340 nm での吸光度の減少，すなわちオキザロ酢酸の生成量を測定すれば，GOT 活性を測定できることになる．この方法は，最終的には試薬である NADH 自身のもつ吸収の消失を利用する方法である．

実際には，アスパラギン酸，MDH，NADH に α-ケトグルタル酸の添加により，GOT の活性が上がり，NAD^+ が生成される．すなわち，340 nm の吸光度の減少が認められ，単位時間当たりの吸光度変化を求めれば，GOT 活性を求めることができる（図 10.8）．

10.4.2　タンパク質の測定

a.　直接法

タンパク質溶液の吸収スペクトルは，280 nm 付近に極大波長が存在するが，これはチロシン，

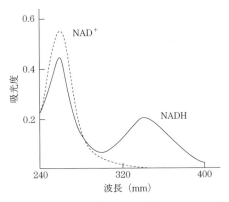
図10.7 NAD$^+$とNADHの吸光スペクトル[5]

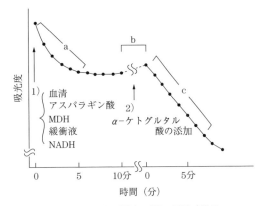
図10.8 GOT測定の際の経時変化[5]

フェニルアラニンおよびトリプトファンの芳香族アミノ酸残基の吸収に由来する．図10.9にこれらのアミノ酸の吸収スペクトルが示してある．フェニルアラニンの吸収は小さく257.4 nmにおけるモル吸光係数（ε）の値もほぼ197と小さいが，チロシン，トリプトファンではεが10^3オーダーである．また，吸収スペクトルのpH依存性が大きいのはチロシンのみであって，これはフェノール性-OH基の酸解離に起因する．

タンパク質の種類によってチロシンやトリプトファンの含量が異なるので280 nmにおける吸光度（$A_{280\,nm}$）は変動するが，通常1 mg/mLの濃度のとき$A_{280\,nm}$は1.0として計算できる．$A_{280\,nm}/A_{260\,nm}<1.5$のときは核酸の混入が考えられるのでほかの方法を検討する必要がある．また280 nmに吸収をもたないタンパク質（コラーゲン，ゼラチンなど）は測定できない．

b. ビウレット法（Biuret method）

タンパク質はアルカリ性条件下でCu^{2+}溶液と反応させると，赤紫色の色素を生じる．これはアルカリ条件下でCu^{2+}がポリペプチド鎖中の窒素原子と結合して錯体を形成して発色する，いわゆるビウレット反応を利用したものである．硫酸銅と酒石酸カリウムナトリウム塩をアルカリ溶液に溶かした試薬（ビウレット試薬）を試料に加え$A_{540\,nm}$を測定する．

c. ローリー法（Lowry method）

リンモリブデン酸とリンタングステン酸を酸性溶液に溶解したフェノール試薬（フォリン試薬ともいう）は，アルカリ性でタンパク質中のチロシン，トリプトファンおよびシステインと反応して

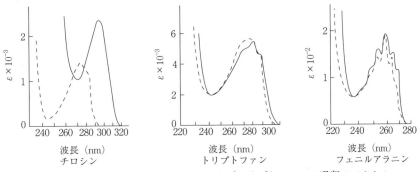
図10.9 チロシン，フェニルアラニンおよびトリプトファンの吸収スペクトル
実線：0.1N NaOH中，点線：0.1N HCl中，ε：モル吸光係数．

青色を呈する（$A_{750\,nm}$）．この反応にビウレット反応を加えたものがローリー法である．ペプチド結合に由来する発色効果が強く現れるため，ビウレット法よりはるかに感度が高く，5〜100 μg/mL の範囲で測定することが可能である．

10.4.3 核酸の測定

デオキシリボ核酸（deoxyribonucleic acid, DNA）は D-2-デオキシリボースの 5′-ヒドロキシ基と 3′-ヒドロキシ基がリン酸ジエステルをつくって高分子になったもので，1′位にアデニン（A），チミン（T），グアニン（G），シトシン（C）の核酸塩基が結合している．核酸の定量は，紫外吸収スペクトルによって行われるのが一般的である（図 10.10）．核酸水溶液の吸収スペクトルは，230 nm 付近が最小で，260 nm 付近に吸収極大をもつ．この吸収極大波長は核酸に含まれる塩基含量，配列によって多少異なる．A_{260}/A_{230} の比は DNA では 1.8，RNA では 2.0 である．また共存タンパク質は 280 nm に吸収極大を有するので，A_{260}/A_{280} の比をとれば純度を見積もることができる．DNA の場合，その値が 1.8 より低いときはタンパク質が混在している可能性がある．また RNA が混在するとその値は逆に高くなる．また正確に求めるときにはモル吸光係数 ε を利用できる．核酸の検出限界は，約 1.0 μg/mL である．

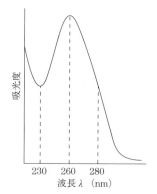

図 10.10 核酸の吸収スペクトル

演習問題

10.1 次の記述は，日本薬局方アスピリンアルミニウム中のアスピリンの定量法の概要である．これについて以下の問に答えよ．

「本品約 0.1 g を精密に量り，フッ化ナトリウム試液を加えて振り混ぜ，クロロホルムで 6 回抽出し，抽出液を合わせ，更にクロロホルムを加えて 200 mL とする．この液 10 mL にクロロホルムを加えて 100 mL とし，試料溶液（I 液）とする．別に乾燥した定量用サリチル酸約 0.09 g を精密に量り，クロロホルムに溶かして 200 mL とし，この液 5 mL にクロロホルムを加えて 200 mL とし，標準溶液（II 液）とする．また，乾燥したアスピリン標準品約 0.09 g を精密に量り，クロロホルムに溶かして 200 mL とし，この液 10 mL にクロロホルムを加えて 100 mL とし，標準溶液（III 液）とする．これらの液につき，紫外可視吸光度測定法により試験を行う．

各液の吸光度が右の表のとおりであるとき，試料溶液中に不純物として混在するサリチル酸の 278 nm における吸光度を x とすると，

	278 nm	308 nm
I 液の吸光度	A_1	A_2
II 液の吸光度	A_3	A_4
III 液の吸光度	A_5	

アスピリン（$C_9H_8O_4$）の量（mg）＝アスピリン標準品の量（mg）$\times \dfrac{A_1-[x]}{A_5}$ である.」

1) このアスピリンの定量には紫外可視吸光度測定法が用いられている．透過光の強さを I，入射光の強さを I_0 とすると，吸光度 A はどのように表すか．
2) サリチル酸は 308 nm に吸収極大を示し，278 nm にも吸収がある．アスピリンは 278 nm に吸収極大を示し，308 nm には吸収がない．したがって，この定量法は，I 液の試料溶液の 278 nm における吸光度 A_1 から，不純物として混在するサリチル酸の 278 nm における吸光度を差し引いてアスピリンの量を求める方法である．上記の式中の $[x]$ はどのように表すか．

10.2 示性値の吸光度の項に（乾燥後，0.003 g，0.1 mol/L 塩酸試液，100 mL）と規定のある日本薬局方医薬品について，その医薬品各条の乾燥減量の項と同じ条件で乾燥した後，その 0.0300 g につき，規定のとおりに紫外可視吸光度分析により測定したところ，その吸光度は 0.700 であった．この医薬品の $E_{1cm}^{1\%}$ はどれか．

引 用 文 献

1) 大倉洋甫ほか編：分析化学 II，p. 69，p. 70，南江堂，1997.
2) 中澤裕之監修：最新機器分析，p. 19，南山堂，2000.
3) 中村　洋編：基礎薬学 分析化学 II，p. 11，p. 12，廣川書店，2003.
4) 椛澤洋三ほか編：わかりやすい機器分析学，p. 13，廣川書店，2004.
5) 田中　久ほか編：薬学の機器分析，p. 15，廣川書店，1991.

11

蛍光分析法・リン光分析法

はじめに

さまざまな色（波長）を含む太陽光が物質に当たると，反射や吸収が起きるためわれわれは物質の色を見ることができる．たとえば赤い花は赤色光（波長 650 nm 付近）を反射し，その他の色の光，特に青緑色光（490 nm 付近）を吸収するため赤く見える．この光の吸収量を測定して物質量を測定する方法が紫外可視吸光度分析法であることはすでに学んだ．このように物質（分子）は特有な波長の光，すなわち，特有なエネルギーを吸収して，不安定な状態（励起状態）となるが，通常，励起状態になった分子は他分子との衝突による運動エネルギーへの変化やエネルギー移動などによりエネルギーを失い，吸収前の安定な状態（基底状態）に戻る．一方，ある種の分子は光を吸収して励起状態になった後，再び光を放出（光ルミネッセンス）して安定な基底状態に戻る場合がある（図 11.1）．

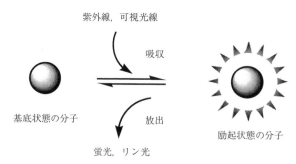

図 11.1 分子の光の吸収および放出

この放出される光が蛍光あるいはリン光とよばれ，その強度を測定することにより物質の構造や量を測定することができる．これが蛍光分析法，リン光分析法とよばれるものである．

11.1 原　　　理

紫外線，可視光線などを吸収した分子はどのようにふるまうのであろうか．光を吸収した分子は吸収前に比べて過剰なエネルギーをもった励起状態にある．また，このエネルギーを放出して基底状態に戻り，その際に光として放出すれば蛍光あるいはリン光がみられる．まず，基底状態と励起状態の関連，蛍光とリン光の相違について述べる．

11.1.1　基底状態と励起状態

分子は原子どうしが電子を介して結合することにより生成する．結合前の原子では，その電子は

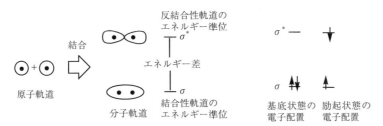

図 11.2 原子軌道と分子軌道の模式図および基底状態・励起状態の電子配置

原子軌道上に存在するが，分子を生成することにより新たに生じた分子軌道上を電子が占めることになる．たとえば，炭素どうしが電子を 1 個ずつ出しあい単結合を形成するときには，結合性軌道（σ 軌道）とエネルギーレベルの高い反結合性軌道（σ* 軌道）の二つの分子軌道が生成する（図 11.2）．結合性軌道をスピンの方向（矢印の上下）が異なる 2 個の電子（同じスピンの電子が一つの軌道を共有できない，パウリの排他律）が占有し，安定な σ 結合を形成する．この状態が基底状態とよばれる状態である．一方，σ 軌道と σ* 軌道にそれぞれ 1 個ずつの電子が入る場合は，エネルギーの高い結合が生成し，これが励起状態に相当する（図 11.2 右）．同様に 2 個ずつ出しあうと，σ 結合と π 結合からなる二重結合が生成するが，それらに伴った σ*，π* 軌道が生じる．

これら基底状態と励起状態とのエネルギー差は紫外線あるいは可視光線の有するエネルギーとほぼ等しい．そのため，紫外線や可視光線を吸収し，励起状態へと遷移することが可能となる．カルボニル基にみられるような酸素は非共有電子対（n 電子）をもち，分子内に σ*，π* 軌道があると n 軌道から電子遷移を起こすことができる．これら電子遷移に伴う光の吸収を利用する分析方法がすでに学んだ紫外可視吸光度分析法である．励起状態になった分子は不安定なため，過剰なエネルギーを放出して再び基底状態へと戻るが，その際に光として放出されるものが蛍光あるいはリン光である．

11.1.2 蛍光とリン光

すでに述べたように基底状態の分子が特有な波長の光を吸収して励起状態になるが，通常の分子ではこの励起状態には 2 種の状態が存在する．

一つは，結合性軌道の電子と反結合性軌道の電子のスピンが逆の状態であり，これを励起一重項という．通常，基底状態では電子スピンの方向が逆であるため一重項となる．もう一つは，結合性軌道の電子と反結合性軌道の電子のスピンが同一となる場合であり，励起三重項とよばれる．これら 2 種の励起状態は，基底状態が，光を吸収した後，まず励起一重項となり，ついで，項間交差（系間交差）により励起三重項へと変換される（図 11.3）．これは，電子が入れる軌道が複数ある場合にはスピン方向が同一で 1 個ずつ各軌道を占有したほうが電子どうしの反発が少なくなるため（フントの法則）エネルギー的に有利であることに起因している．

このように，励起状態には 2 種の状態が存在し，励起一重項より基底状態に戻るときに放出される光を蛍光とよび，励起三重項から基底状態に戻るときに放出される光をリン光とよんでいる（図 11.4）．蛍光は励起するための光（励起光）の照射を中止すると同時に認められなくなるが，励起三重項の寿命は比較的長いため，リン光は励起光の照射後もしばらく放出される（〜10^{-4} 秒程度以上）．また，蛍光およびリン光のエネルギーは，励起光のエネルギーより小さくなる，すなわち，

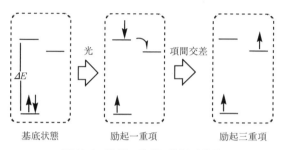

図11.3 励起一重項と励起三重項

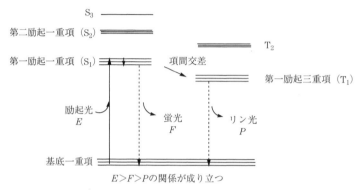

図11.4 蛍光およびリン光の放射とエネルギー準位

蛍光の波長は励起波長より長くなる（ストークスの法則）．これは図11.4に示したように各状態は振動のエネルギー準位を含むため幅をもつ．そのため，励起された状態で最も低い振動準位に下がった後，再び基底状態に戻るためである．一般に，励起光，蛍光，リン光のエネルギーの大きさをそれぞれ E，F，P とすると，$E>F>P$ となる（光の波長ではこの順に長くなる）．

蛍光とリン光の相違は寿命の長短で判断される場合もあり，厳密な定義はなされていない．しかしながら，一般的にはここで説明したような，生成機序の相違に基づく場合が多い．

これら蛍光やリン光を検出測定することにより物質の分析を行うことができる．この測定方法が蛍光光度法とよばれるものであり，吸光光度法に比べて約1000倍以上の高感度での微量定量分析が可能である．

11.2 蛍光分析法

11.2.1 蛍光の法則

物質が光を吸収することにより励起状態へと遷移した後，再び基底状態へと戻るときに蛍光が現れるわけであり，その強さは光の吸収と密接な関連がある．物質のモル吸光係数 ε と吸光度 A との間には，入射光の強さを I_0，透過光の強さを I，濃度（mol/L）を c，セル層長（cm）を l とすると，ランベルト-ベールの法則より

$$A=-\log\frac{I}{I_0}=\varepsilon \cdot c \cdot l$$

$$\frac{I}{I_0} = 10^{-\varepsilon cl} \quad (I = I_0 \cdot 10^{-\varepsilon cl})$$

が導かれ，吸収された光の量は，

$$I_0 - I = I_0(1 - 10^{-\varepsilon cl})$$

で与えられる．

蛍光強度 F は上記吸収された光の量に比例するが，吸収されたすべての光を蛍光（あるいはリン光）として放出することはなく，物質によってその割合が異なる（物質固有の値となる）．これを蛍光（あるいはリン光）量子収率 ϕ（吸収された光量子数に対する蛍光またはリン光として放出される光量子数の比，すべての励起状態の分子が100%蛍光を放出する場合 $\phi=1$ となる）といい，

$$F = k \cdot \phi \cdot I_0 (1 - 10^{-\varepsilon cl}) \quad (k：比例定数)$$

が導かれる．ここで，十分な希薄溶液でかつ光の吸収量が2%以下ならば（通常，測定ではこのような条件を選ぶ），

$$F = k \cdot \phi \cdot I_0 \cdot \varepsilon \cdot c \cdot l$$

が成り立ち，蛍光強度 F は濃度 c，層長 l，励起光の強さ I_0 に比例する．したがって，蛍光強度より物質の濃度を測定することが可能となる．なお，量子収率 ϕ は条件が一定ならば物質に固有な値となり，また，モル吸光係数 ε も物質に固有な値であり，定数とみなすことができる．

11.2.2 蛍光の測定装置

蛍光の測定装置には分光蛍光光度計を用い，装置は光源，分光器，試料測定部，検出部からなる．図11.5にその概念図を示した．その構成は紫外可視分光光度計とほとんど同一であるが，蛍光測定のための工夫がなされている．

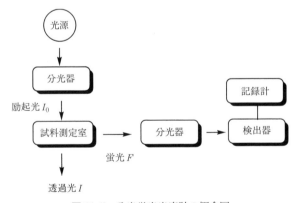

図11.5 分光蛍光光度計の概念図

光源には簡易的な蛍光光度計では水銀ランプが用いられるが，分光蛍光光度計では，通常，キセノンランプが用いられる．キセノンランプは紫外部から可視部にかけて連続的な波長と比較的強度の大きい光が得られるものである．すでに述べたように蛍光強度 F は励起光の強さ I_0 にも比例するため，エネルギー密度の高いレーザーを光源に用いる装置も市販されており，きわめて高感度の分析が可能となっている．

分光器は紫外可視分光光度計と同様に回折格子が用いられているが，簡易的な機器ではプリズムやフィルターが用いられることもある．まず，光源からの連続光が分光器により単色光（一定の波

長）に分光され，試料へと導かれ，ついで試料からの蛍光を波長ごとに分光できるように構成されている．

試料測定部では，通常，四面透明な角柱型の石英製の測定セル（紫外線，可視光線を透過する）が用いられるが，丸形のセルも用いられる場合がある．

検出部には光電子増倍管やフォトカウンターが用いられ，高感度な分析が可能となっている．測定試料は励起光が直進する光路上に置かれるが，透過光の影響を最小にするために，検出部は励起光の光路と直角に交差する方向にセットされている．

11.2.3 測定法

通常，物質の定量を行う際には，一定の波長を有する励起光を照射し，その際に放出される一定の波長の蛍光強度を測定する．すなわち，励起光，蛍光の波長を固定して測定するが，このような場合は医薬品のような既知の化合物であり，かつ，その測定方法が確立されているものを対象とする．

物質の蛍光性についてより詳細な情報を得て，定量法を確立するうえでは，そのスペクトルを測定する必要があり，励起スペクトル，蛍光スペクトルの測定がなされる．励起スペクトルは，検出する蛍光波長を固定しておき，励起光の波長を連続的に変化させ，そのときの蛍光強度をプロットするものである．これにより，最も強い蛍光を与える励起波長を選択すること，すなわち高感度化も可能となる．一方，励起光の波長を固定し，検出する蛍光波長を連続的に変化させその値をプロットすれば蛍光スペクトルが得られる．これは，ある励起光のもとで最も効率よく発せられる蛍光の波長を知ることができ，先と同様に高感度化が可能である．そのほかに，これらのスペクトルより光吸収と蛍光強度の関係がわかり，物質の構造などの情報も得られ，また，妨害物質の蛍光以外の波長で測定できるなど大きなメリットが得られる．

蛍光光度法では非常に高感度の分析が可能となるが，溶媒の種類，測定温度（温度消光，分子どうしの衝突回数が増加するため，エネルギーを相手分子に渡してしまう），液性（pH），あるいは濃度（濃度消光が起き，濃度が高い溶液では直線性が成り立たない）などに注意する必要がある．

11.2.4 蛍光性物質とその応用

蛍光を発する化合物はこのような構造をもてば必ず蛍光が生成するという確実なものはない．しかしながら，蛍光を発生するためには物質の構造中に共役二重結合のような光吸収部位を有し，かつ，その共役が有効にはたらくために分子構造が平面状となることが必要とされている．たとえば代表的な蛍光物質であるフルオレセインと構造が類似したフェノールフタレインを比べた場合，フルオレセインは共役二重結合系を有し，その構造は平面状となっている．一方，フェノールフタレ

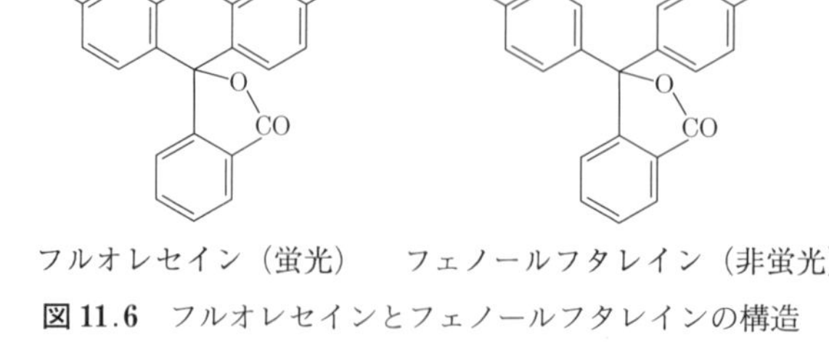

フルオレセイン（蛍光）　　フェノールフタレイン（非蛍光）

図 11.6　フルオレセインとフェノールフタレインの構造

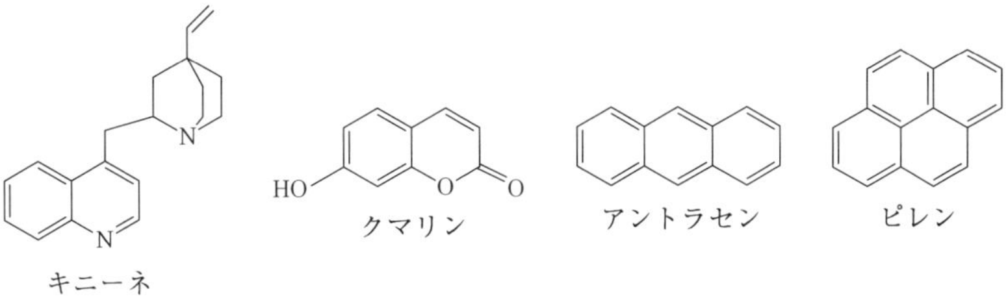

図 11.7 代表的な蛍光物質

インは平面性が低いため（各芳香環が同一平面上に存在しない）蛍光は観察されない（図 11.6）.

その他の代表的な蛍光物質として，キニーネ，クマリンを図 11.7 に示したが，これらは共役二重結合を有し分子の平面性が高いため蛍光を発する．また，アントラセン，ピレンなどの芳香族多環状炭化水素は平面性が非常に大きいため強い蛍光が観察される．これらの環上にアミノ基，水酸基などの電子供与性置換基がつくと蛍光が増大し，ニトロ基，ハロゲンなどの電子吸引性置換基がつくと蛍光が減少する．

蛍光を利用して物質の測定を行うことはすでに述べたように非常に高感度な方法であるが，多くの化合物は蛍光性を有しないため直接測定することは困難である．そのため，現在では蛍光物質に

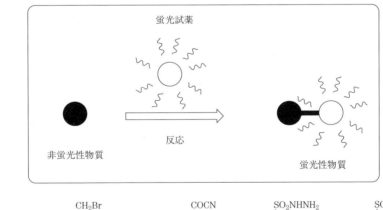

図 11.8 非蛍光性物質の蛍光ラベル化と代表的な蛍光試薬

より非蛍光性物質をラベル化し，蛍光性の誘導体へと導くことにより，非蛍光性物質の高感度な分析法の開発が行われている（図11.8）．

図11.8に示した化合物1, 2, 3, 4はそれぞれカルボン酸，アルコール，ケトン，アミン類の蛍光ラベル化剤（蛍光試薬）であり，非蛍光性の上記官能基をもった化合物を蛍光性誘導体へと変換することができる．通常，これらの化合物はラベル化後，高速液体クロマトグラフィー（HPLC）により分離定量される．そのほかに，自身は蛍光性を有しないが，誘導体とした後，蛍光性となるような試薬の開発も行われている．

化合物5, 6はそれぞれFura 2, Fulo 3とよばれる蛍光試薬であり，細胞内に取り込まれて，カルシウムイオンとキレートを生成し，その蛍光の波長がキレート生成前と異なるという性質を有するため，カルシウムの定量や細胞内分布の様相を調べることができる．また，タンパク質や核酸などの高分子と特異的に相互作用し，蛍光を発する試薬なども開発されている．このような生体内におけるイオンの分布や高分子化合物の特性を調べるために開発された蛍光試薬は蛍光プローブとよばれており，遺伝子や細胞を含めた生化学分野ではなくてはならないものとなっている．

11.3 リン光分析法

11.3.1 リン光分析の特徴

すでに述べてきたように，リン光も蛍光と原理的には同様に測定することが可能であり，蛍光分析法と異なる部位について簡単に述べる．リン光の特徴としては，蛍光に比べて波長が長いこと，長寿命（10^{-4}～10秒程度）であること，励起三重項へと遷移して現れるため励起一重項よりの蛍光は弱くなるなどがある．これらの特徴は，蛍光分析では測定が困難な物質の高感度分析法への応用や，寿命の相違を利用した多成分の同時測定などを可能とする．現在では，リン光分析法は，超微量の芳香族化合物や生体試料中の微量成分の分析などに応用されている．

11.3.2 測　　　定

測定装置は，蛍光光度計を用いるが，蛍光とリン光を区別するために試料部にチョッパーを装着して用いる．

通常，リン光は溶液の状態では，蛍光と異なり溶媒との分子衝突により励起エネルギーを失う確率が高いため（長寿命のため）熱的に失活し，発光がみられない．そのため，分子衝突を極力避けるように液体窒素などで溶液（通常，溶解度，測定物質との相互作用の有無，溶媒自体の非発光性を考慮して，エーテル，イソペンタン，エタノールの混合溶媒が用いられる）を冷却し，低温で測定する（低温リン光法）．この方法は極低温での操作や装置の操作が煩雑であるため，薄層プレート上にスポットし，溶媒を除いた後に観測する方法（常温リン光法）も考案されており，室温での極微量分析が可能となっている．

12

化学発光分析法・生物発光分析法

はじめに

物質が吸収したエネルギーの全部または一部を，光として放出する現象を**発光**または**ルミネッセンス**（luminescence）という．このうち，化学反応から生じるエネルギーを吸収して光を放出する現象（発光）が，**化学発光**（chemiluminescence）である．また，生物由来の物質（酵素）によって起こる（化学）発光を**生物発光**（bioluminescence）という．

蛍光やリン光は，光のエネルギーを吸収して起きる発光であり，そのために光源が不可欠であるが，化学反応から生じるエネルギーを吸収する化学発光や生物発光には光源が不要である．したがって，光源に由来する迷光，散乱光や出力変動といったノイズが生じないため，シグナル対ノイズ比（S/N 比）が大きくなり，化学発光を用いた検出法は，蛍光検出よりもさらに高感度な分析法となりうる．また，生物発光は発光の効率（量子収率）がよいので，さらに高感度な検出が可能である．

12.1 発光反応の過程

化学発光の発光形式は，大きく以下の二つに分けられる．
(1) 発光物質が化学反応によって高エネルギー中間体を経て励起状分子となり，基底状態に戻る際に発光する．
(2) 化学反応によりある物質が励起状分子になり，そのエネルギーが共存する蛍光物質に与えられて，その蛍光物質から光が放出される．したがって，発光は蛍光物質からの蛍光と同じものである．

また，化学発光の反応過程は，① 化学的反応による高エネルギー中間体の形成，② 高エネルギー中間体から励起状分子の生成，③ 励起状分子からの光の放出（上記の(1)の場合），あるいは共存する蛍光物質へのエネルギー移動と光の放出（上記の(2)の場合）の段階に分けることができる．したがって，**化学発光量子収率** ϕ_{CL}（反応した分子数に対する放射された光量子数の比）は，以下のように表せる．

$$\phi_{CL} = \phi_C \times \phi_E \times \phi_F$$

ここで，ϕ_C は化学反応の収率，ϕ_E は励起状分子の生成収率，ϕ_F は励起状分子の蛍光量子収率である（上記の(2)の場合には，さらにエネルギーの移動の収率 ϕ_T を掛ける）．後述するルミノールの化学発光量子収率 ϕ_{CL} はおおよそ 0.036 であり，上記(2)の反応である過シュウ酸エステル化学発光では約 0.2 である．

これに対して生物発光は，酵素反応によって同様の過程を経ると考えられるが，その量子収率

は，ホタルの発光では0.41とされ，化学発光よりも格段に効率がよい．

12.2 測定装置および測定法

化学発光分析法・生物発光分析法では，発光強度を測定して定量分析を行う．発光強度が発光反応にかかわる物質の濃度に比例することに基づいて，測定した発光強度から発光反応にかかわる物質の濃度を求める方法である．

図12.1(a)は，発光測定装置の概略を示したものである．暗室内の試料から発せられる光は，**光電子増倍管**（photomultiplier）で検出する．ノイズを低減して感度を上げるため，光電子増倍管を冷却する場合もある．試料室は，反応をコントロールするため温度制御ができたり，反応が瞬時に起こることもあるため，試薬をポンプなどを用いて自動で注入する工夫が施されている場合もある．

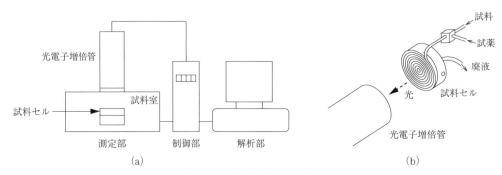

図 12.1 発光測定装置の概略
(a) 試料セル内で発光反応を行い，発光強度を測定する装置．
(b) 試料と試薬を別々に導入し，渦巻き形の細管内で混合して，生じる発光を検出する装置．

化学発光や生物発光は，化学反応から生じるエネルギーを吸収して光を放出するので，発光測定装置には光源が不要である．この点が，紫外可視吸光度分析法や蛍光・リン光分析法の装置とは大きく異なる．また，吸光度分析法や蛍光・リン光分析法の装置には分光器が備わっていることが多いが，発光測定装置では一般的には用いられず，発光を直接光電子増倍管で検出する．一般に発光が微弱であるため，分光器を通すとさらに弱まって検出できなくなるからである．これらの相違から，発光分析法は他の光分析法と異なる特徴を有する（12.3節参照）．

発光反応では，発光強度が時間とともに大きく変化する場合がある．たとえば，ルミノール化学発光の場合は，試薬を混合した後急速に発光し，2～3秒以内に減衰してしまう．このような場合，試薬の混合法や混合速度の違いが，測定結果のばらつきの原因になる．コントロールされた再現性のよい混合法が必要であり，また，発光の経時変化に留意した測定時間を設定する必要がある．フロー法を用いると，試薬と試料を連続的に混合することができ，定常状態の発光を測定できて安定した結果が得られる（図12.1(b)）．さらに，高速液体クロマトグラフィーと連結し，分離・溶出された試料を導入すれば，目的の物質だけを他の夾雑物の影響なしに，高感度に分析することができる．

12.3 発光分析法の特徴

発光分析法の特徴をまとめると以下のようになる．
(1) 高感度な分析法である．12.2節「測定装置および測定法」で述べたように，発光分析法では光源を必要としないため，光源由来の迷光や散乱光，光源強度のゆらぎといったノイズがない．したがって，S/N比が大きくなり，吸光度分析法や蛍光・リン光分析法よりも高感度な分析が可能である．発光量子収率の高い生物発光の場合には，さらに高感度な分析ができることになる．
(2) 選択性が低い．吸光度法や蛍光・リン光分析法では，分光器で励起波長を選択できる．また，蛍光・リン光分析法では，さらに蛍光波長も選択でき検出の選択性は高い．これに対して，発光分析法では300～700 nm付近の光をすべて検出するため選択性は低い．
(3) 装置が簡単である．光源や分光器が不要なので，吸光度法や蛍光・リン光分析法の装置と比べると，一般に装置が簡単で安価である．
(4) 発光強度が，さまざまな条件（反応時間，溶媒，pH，共存物質，温度，試薬の混合速度など）で変化する．したがって，測定に当たっては，これらの条件をよくコントロールする必要がある．

12.4 化学発光反応

12.1節「発光反応の過程」で述べたように，化学発光は以下の2種類に大別される．①発光物質自身が発光する場合と，②化学反応によりある物質が励起され，そのエネルギーが共存する蛍光物質に与えられて，そこから光が放出される場合である．①の代表的物質は，ルミノール誘導体，アクリジン誘導体，ジオキセタン誘導体などであり，②は，シュウ酸誘導体などである．

12.4.1 ルミノール誘導体

ルミノールや誘導体であるイソルミノール，ベンゾペリレン誘導体は，図12.2に示した反応機構によって発光すると考えられている．すなわち，アルカリ性条件下でさまざまな触媒（オゾン，ハロゲン，遷移金属錯体，ヘミン，ヘモグロビン，ペルオキシダーゼなど）が存在すると，酸素または過酸化水素と反応して6員環ペルオキシドとなり，励起状態のアミノフタル酸ジアニオンとN_2となる．アミノフタル酸ジアニオンが基底状態へ戻る際に，485 nm付近の光（青色）を発する．

オゾンやヘモグロビンで反応が増強されるため，大気中のオゾンの測定や血痕の鑑識に利用される．過酸化水素の微量検出にも用いることができ，これは以下のような生体物質の分析に利用されている．すなわち，血中のグルコースや尿酸などを，それぞれに特異的な酸化酵素（グルコースに対してグルコースオキシダーゼ）で処理し，生成する過酸化水素を高感度分析する（12.5節参照）．

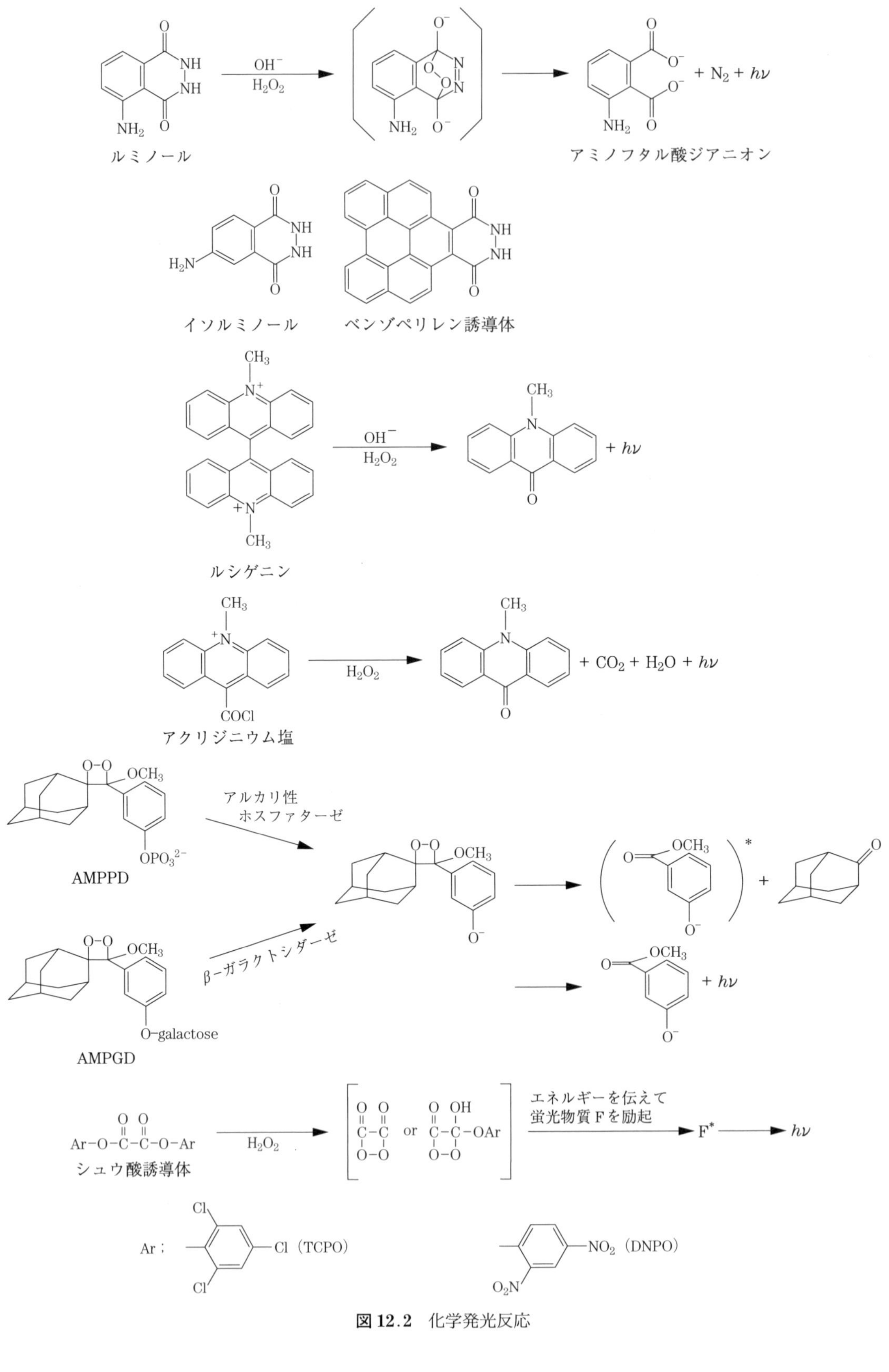

図 12.2 化学発光反応

12.4.2 アクリジン誘導体

ルシゲニンは，ルミノールと同様に化学発光反応を起こす．還元物質によって発光が起きることを利用して，生体内の還元物質の分析に利用される．アクリジニウム塩やアクリジニウムエステルは発光量子収率がよいので，化学発光イムノアッセイに利用される（12.5節参照）．

12.4.3 ジオキセタン誘導体

アダマンタンのジオキセタン誘導体は，アルカリ性ホスファターゼやβ-ガラクトシダーゼの化学発光性基質として開発された．AMPPDやAMPGD（図12.2）が，それぞれ脱リン酸やガラクトースの脱離によって容易に分解し，励起状分子が生成して発光する．これらの酵素を標識酵素として用いる化学発光酵素イムノアッセイの基質に利用されている（12.5節参照）．

12.4.4 シュウ酸誘導体

シュウ酸誘導体は，過酸化水素と反応して過酸化物（高エネルギー中間体）を生成する．このとき蛍光物質が共存すると，この中間体が蛍光物質と電荷移動錯体を形成して蛍光物質を励起し，その結果発光が起きると考えられている．シュウ酸誘導体としてさまざまな試薬（図12.2）が合成されており，過シュウ酸エステル化学発光と称されている．過酸化水素や過酸化水素を生じる酵素反応の基質（生体物質）（12.4.1項参照）の高感度検出に利用される．また，過酸化水素を生成する酵素（ペルオキシダーゼやオキシダーゼ類）の高感度測定も可能で，これらを標識酵素とする化学発光酵素イムノアッセイにも用いられる．蛍光物質を蛍光検出よりもさらに高感度に検出できるので，蛍光誘導体化した物質を高速液体クロマトグラフィーで分離した後の検出系としても利用されている（12.5節参照）．

12.5 化学発光反応の代表的な応用例

12.5.1 固定化酵素カラムを用いる生体物質の臨床化学分析法

ルミノールの化学発光が過酸化水素に依存することを利用して生体物質を高感度に検出する分析法である．生体物質（たとえば，グルコース，尿酸，コレステロール，アミノ酸など）を特異的に酸化し過酸化水素を生成する酵素（オキシダーゼ）を固定化したカラム（固定化酵素カラム）と，ルミノールと過酸化水素のフロー法による化学発光分析法を組み合わせた方法が用いられている．

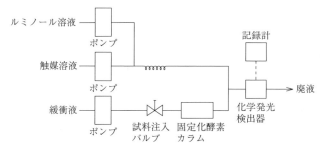

図12.3 固定化酵素カラムを用いる生体物質の臨床化学分析法
フローインジェクション法を用いる過酸化水素のルミノール化学発光分析法と，固定化酵素カラムを連結して生体物質の測定を行う．

固定化酵素カラムに試料を注入すると，試料内の生体物質の量に従って過酸化水素が生成する．これをフロー法により，連続的にルミノール（および触媒）と混合して発光を測定する（図12.3）．

12.5.2 化学発光イムノアッセイ法および化学発光酵素イムノアッセイ法

イムノアッセイにおいては，抗体（または抗原）を検出するために「標識」すること（検出できるように目印をつけること）が不可欠である．ラジオイムノアッセイでは，放射性物質を標識物質として用いているが，廃棄の制約や被爆の危険性から非放射性の標識法が用いられるようになっている．高感度検出が可能な化学発光物質は，イムノアッセイの標識物質として利用されている．タンパク質に容易に結合する反応基と，発光物質であるアクリジニウム誘導体やイソルミノール誘導体とを結合させた標識試薬（図12.4）は，タンパク質である抗体分子の標識に用いられ，高感度な**化学発光イムノアッセイ**に利用されている．

標識試薬として酵素を用いるイムノアッセイ〔酵素イムノアッセイ（エンザイムイムノアッセイ）〕では，標識酵素による生成物を化学発光により検出すると高感度なイムノアッセイが可能である．酵素は反応を繰り返し触媒して生成物をつくり出すので，上記のように化学発光物質で標識する化学発光イムノアッセイよりもさらに高感度検出が期待できる（**化学発光酵素イムノアッセイ**とよばれる）．過酸化水素を生成する酵素には，ルミノール誘導体やシュウ酸誘導体（＋蛍光物質）

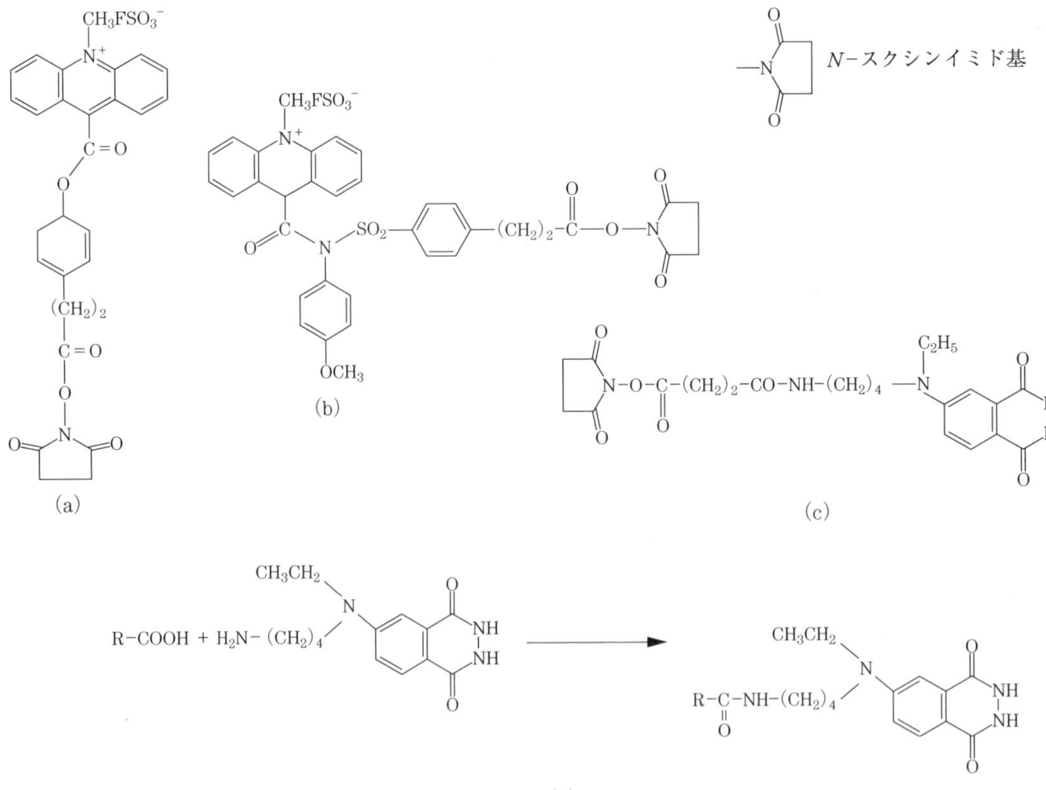

図12.4　化学発光性標識試薬
(a)〜(c)は，タンパク質のアミノ基と特異的に反応するN-スクシンイミド基を有する化学発光物質．
(d)は，カルボン酸を化学発光性物質へ誘導体化する試薬．

を用いて化学発光を起こさせて検出する．また，図 12.2 に記した AMPPD や AMPGD は，それぞれアルカリ性ホスファターゼや β-ガラクトシダーゼを標識酵素に用いる化学発光酵素イムノアッセイ法に利用されている．

12.5.3　高速液体クロマトグラフィーの検出系

化学発光検出系は，高速液体クロマトグラフィーの検出系としても利用されている．蛍光物質や蛍光誘導体化した物質は，高速液体クロマトグラフィーで分離した後に，シュウ酸誘導体（図 12.2）と過酸化水素とを混合して過シュウ酸エステル化学発光を起こさせ，蛍光検出よりもさらに高感度に検出することができる（図 12.5）．また，カルボン酸（胆汁酸や脂肪酸など）は，イソルミノール誘導体（図 12.4(d)）で誘導体化して高速液体クロマトグラフィーで分離し，過酸化水素（＋触媒）と混合して発光検出することができる．

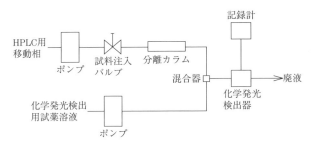

図 12.5　高速液体クロマトグラフィーの化学発光検出法

12.6　生物発光反応

生物発光は，酵素の作用で発光が生じるもので，ホタル，ウミホタルなどさまざまな生物に認められている．12.1 節で述べたように，発光量子収率が高いため，この反応を用いた分析法は化学発光分析法よりも高感度になりうる．基本的には，発光物質**ルシフェリン**が，酵素**ルシフェラーゼ**と酸素（＋その他の基質）によって酸化されて発光が起きる．また，長鎖アルデヒド，ニコチンアミドアデニンジヌクレオチド（リン酸）（NADH または NADPH）と酸素による生物発光（発光バクテリア）や，カルシウムイオンと結合すると発光するタンパク質（オワンクラゲのエクオリンなど）なども知られている．

ホタルの場合は，ホタルルシフェリンがアデノシン-三リン酸（ATP），Mg^{2+} と酸素存在下に，ルシフェラーゼによって高エネルギー中間体へ酸化され，励起状分子を経て基底状態へ戻る際に発光する（図 12.6）．反応時の pH などによって発光の波長（色）が変化するといわれている．この反応は，ATP や Mg^{2+} に依存するが，特に ATP の高感度定量法に利用されている．

12.7　生物発光反応の代表的な応用例

ATP は生きている細胞にのみ存在するので，ルシフェリン-ルシフェラーゼ系を用いる ATP の高感度検出法は，食品中の微生物検出や尿中や血中細菌の検出などに利用されている．また，ATP 産生と共役する酵素反応やその基質を高感度に検出することもできる．たとえば，アセテー

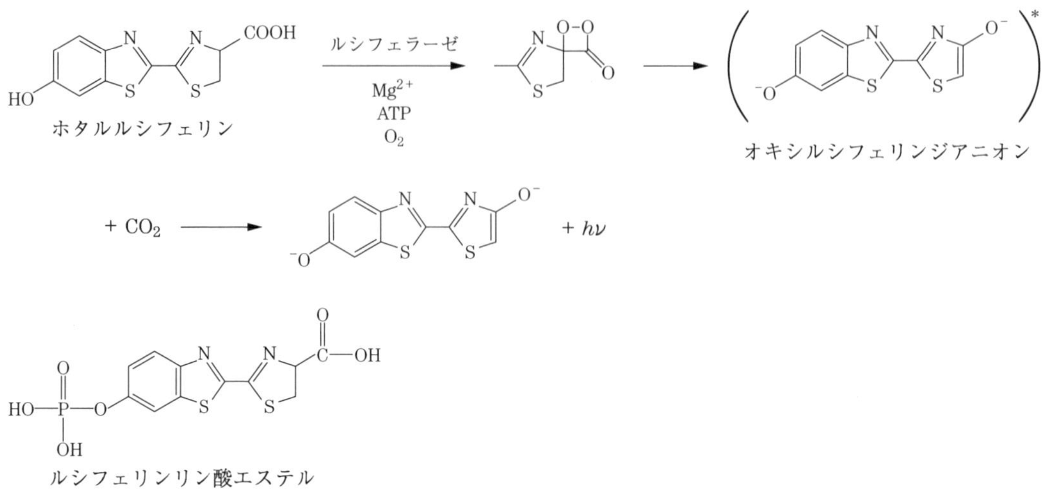

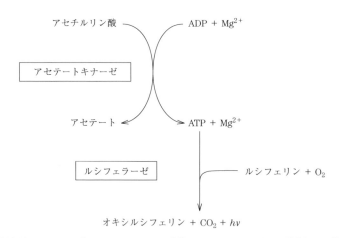

図12.6 生物発光反応

ルシフェリン–ルシフェラーゼ系による生物発光の例を示す．ルシフェリンのリン酸エステルは，アルカリ性ホスファターゼの発光性基質として用いられる．

トキナーゼはアセチルリン酸とADP＋Mg^{2+}からATPを産生するが，生成したATPをルシフェリン–ルシフェラーゼ系で検出すれば，アセテートキナーゼの活性を高感度に測定できることになる（図12.7）．したがって，アセテートキナーゼを標識酵素として用いる生物発光酵素イムノアッセイ法が可能である．また，ATP-スルフリラーゼはピロリン酸とアデニリル硫酸からATPを生成するが，これを利用してピロリン酸の高感度定量ができる．

図12.7 ルシフェリン–ルシフェラーゼ系とアセテートキナーゼ反応との共役

また，さまざまな酵素の発光性基質としていろいろなルシフェリン誘導体が開発されている．たとえば，ルシフェリンのリン酸エステル誘導体（図12.6）は，アルカリ性ホスファターゼの基質となり，生じたルシフェリンをルシフェラーゼ（＋ATP, Mg^{2+}）を用いて検出できるので，アルカリ性ホスファターゼを標識酵素とする生物発光酵素イムノアッセイ法に利用されている．

ルシフェリン–ルシフェラーゼ系は，ルシフェラーゼ自身の高感度検出にも利用されている．遺伝子が細胞内でタンパク質として発現しているかどうかを検出するためのレポーター遺伝子とし

て，ルシフェラーゼ遺伝子が用いられている．発現タンパク質が微量でも，ルシフェラーゼならば高感度に検出できるからである．

演習問題

12.1 下記の文章のうち，正しいものはどれか．
    a 化学発光分析法が蛍光分析法よりも高感度になりうる理由は，放出される光の強さが蛍光分析法よりも強いためである．
    b 生物発光は，酵素による反応であるため不安定であり，化学発光よりも量子収率が一般に低い．
    c 発光反応を行うに当たっては，再現性の高い結果を得るために，試薬と試料の混合方法，溶媒，共存物質や反応時間などを厳密にコントロールする必要がある．
    d ルシフェリン-ルシフェラーゼによる発光反応は，理論的には限りなく続くと考えられる．
    e 過シュウ酸エステル化学発光では，同じシュウ酸誘導体を用いれば，どのような蛍光物質でもほぼ同じ量子収率で発光する．

12.2 ルシフェリン-ルシフェラーゼ系を用いると，ピロリン酸を定量することができる（12.7節参照）．この原理を用いて，高感度なDNAの塩基配列決定法が開発されている．DNAのDNA合成酵素による伸長反応に当たって，デオキシヌクレオチド-三リン酸から塩基が付加されると，ピロリン酸が生成することを利用している．この方法の概略を説明せよ．

13

光熱変換分光法

13.1 測定の原理

　光をエネルギーとして熱に変換できることは，たとえば地球上に注ぐ太陽光（波長483 nmにピークがあり，大部分が400～700 nmの間に入る可視光）の約半分が地球に吸収され，地球を暖めている事実からも想像できる．こうした光エネルギーを熱に変換する過程を応用する分析法が光熱変換分光法である．10章でも説明されたように，分子のまわりの電子は光を吸収するが，蛍光などの光を放出してもとの状態（基底状態）に戻る場合と，光を放出しないでもとに戻る場合がある．光を放出しない過程を無輻射過程とよぶが，無輻射過程には，内部転換，項間交差も含まれる．無輻射過程で放出されるエネルギーは，ほとんどが熱に変換する．ものが温まれば膨張するので，断続的な光吸収から断続的な熱膨張が起こり，周囲の空気を振動させ音波を発生させることもある．これは光音響法とよばれ，光熱変換法としては最も古いものである．

13.2 熱レンズ効果

　溶液において，上で述べた無輻射過程が起こると，温度が上昇するが，特にレーザーのような光源を用いた場合，100～200μmの部分のみが加熱される．通常の熱レンズ測定の構成は，吸光光度法と同じである．しかし試料セルの前に集光性をよくするため，凸レンズを置くのが普通である．こうして溶液のごく一部に集められた光を吸収した部分は，わずかに温度が上昇する．一般の溶液（溶媒）では，温度上昇は屈折率の低下をもたらす．レーザー光の断面はガウス分布となっていて中心は光度が高く周辺部になるほど光度は低くなるので（温度差は数百分の1度程度），レーザー光強度に沿って屈折率が低下し，ちょうどセル内に凹レンズができたようにみえる．これが熱レンズである．測定の様式を図13.1に示す．一般的には，熱レンズをつくるポンプ光にあわせるように，低出力のプローブ光を入射する．セル内の凹レンズの形成によって，プローブ光は広がるので，この広がりを光軸の中心のピンホールで検出すると，ピンホールに入ってくる光の量は，熱レンズの形成に伴って数千分の1にまで減少する．すなわち凹レンズによる光の広がりを測定するので，試料セルとピンホールの間は数mあけるのが普通である．ここでポンプ光の波長を変化させることによって，吸光光度法と同じく，高熱変換スペクトルをとることもできる．
　結局吸光度数万分の1といった微弱吸収が，ピンホールを通過してくる光量を測定することによって検出できることになる．物質の吸収を極端に増幅して測定する手法として，熱レンズ法はきわめて有力な方法である．熱レンズの焦点距離（ピンホールに入ってくる光量）は，溶液の吸光度

13.3 光音響法

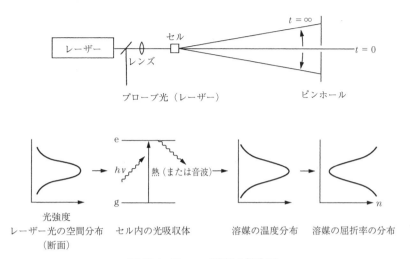

図13.1 熱レンズ効果の概念図
t：時間，n：屈折率，e：励起状態，g：基底状態．

が低い場合にはほぼ吸光度に比例していることが理論的にも証明されている．

ところで熱レンズのでき方は，用いる溶媒の性質に依存する．温度に対する屈折率変化の大きさと熱伝導率の低さは熱レンズ形成の重要な因子である．この点で水はあまり適当な溶媒ではない．温度に対する屈折率変化が小さく，せっかく無輻射過程で熱を生じてもすぐ逃がしてしまうからである．しかし細胞は主として水で形成され，またわずかな光の偏位を検出できる技術も発達したので，生物への応用もさかんに試みられている．図13.2は，光学顕微鏡下で細胞中の色素を観測した研究の模式図である．また光合成バクテリアの色素について，色素が吸収した光エネルギーのどの程度が光合成系へ回るかの推定に熱レンズ法が使われた例もある．

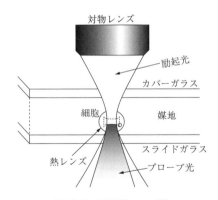

図13.2 顕微熱レンズ法
(M. Harada, M. Shibata, T. Kitamori, T. Sawada：*Analytical Science,* **15**, 647-650, 1999 より)

13.3 光音響法

1880年，電話の発明で有名な米国のベル（A.G. Bell）が，断続光を物質に照射すると音が発生するという現象を見いだしたのが，光音響法の始まりである．すなわち光源（レーザー）を適当な

周波数で試料に当てると，試料が光源の波長の光を吸収する場合，同じ周波数の音波が発生してくる．これは無輻射過程で試料に吸収された光が，発熱 → 断続的な試料の膨張 → 周辺の空気への膨張の伝播 → 音波の発生，という過程を経て音として検出されるためである．したがって光音響法では，図 13.3 に示したように，マイクロフォンが検出器に使われる．

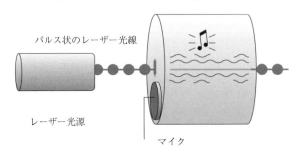

図 13.3 光音響法の模式図
((株)オムニセンスジャパンホームページ：http://www.omnisens.co.jp より)

光音響法（photo-acoustic spectrometry，略して PAS とよばれることが多い）の特徴は不透明な試料や固体試料に応用されることが多いことである．特に波長の長い赤外領域でフーリエ変換法と併用することによって，固体の赤外スペクトルが感度よく測れることも利点となっているからである．固体試料の場合，試料の熱伝導率，光源の断続周波数，光学的性質によって，表面からどのくらいの深さを測定できるかが重要なファクターであり，さまざまな理論式が存在するが，本書ではふれないこととする．ただ深さ方向への物質の分布測定にも利用されていることは言及する．

13.4 その他の高熱変換分光法

レーザーのような光源を用いて 2 本のポンプ光を 10 度以下の角度で試料に入射すると，ポンプ光は互いに干渉しあい干渉縞ができる．実際にはレーザー光源の光を二つに分割して試料へ入射するが，試料が光源の光を吸収する場合，干渉縞に沿って温度の高い部分と低い部分が生じ，熱レンズ効果のところで述べたように，屈折率の高い部分と低い部分が交互に縞模様のようになる．これは回折格子と同じような挙動を示し，3 番目の光を反射・回折するようになる．この様子を図 13.4 に示す．ポンプ光がパルスレーザーのようなものでは，過渡的に回折格子が発生するようにみえるので，この方法を過渡格子法という場合がある．この方法の特徴は，2 本のポンプ光によって形成

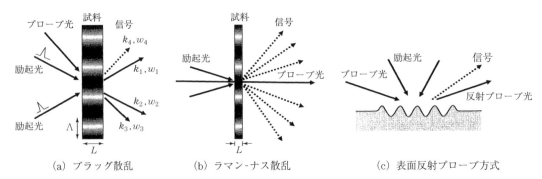

(a) ブラッグ散乱　　(b) ラマン-ナス散乱　　(c) 表面反射プローブ方式

図 13.4 過渡回折格子法の概念図
(日本化学会編：実験化学講座 9 物質の構造 I 分光 上，丸善，2005 より)

される干渉縞が，空間的にごく一部であり，試料の限定された部分が観測されることである．この方法はあまり多くの応用例がないが，二光子励起顕微鏡のような応用もできると思われる．

　光熱変換分光法は，光吸収の無輻射過程を利用するいわば廃品回収的な意味合いから出発したものであるが，熱変換に伴うさまざまな現象を利用して，主に空間分解能あるいは物質の空間分布の細密測定に，広い応用分野をもつ新しい分光分析法である．むしろ分光法として今後の発展が期待できる分析法であろう．

14

赤外分光分析法・ラマンスペクトル分析法

はじめに

図 14.1 は分子のエネルギー準位を示したものである．分子に入っている外側の電子は，分子の振動や回転の影響を受け，その準位は細かく分裂している．図からわかるように，まず分子振動に応じたいくつものエネルギー準位（振動準位）に分裂しており，それぞれの振動準位はさらにいくつもの分子の回転に応じたエネルギーをもつ構造となっている．こうした回転準位を含んだ振動準位の間のエネルギー移動（遷移という）に対応するものが，本章で取り扱う赤外分光・ラマン分光法である．10 章で取り扱った電子の準位に対応する紫外・可視領域の光（電磁波）のエネルギー領域が 1～100 eV であるのに対し，振動準位間の遷移は 1/1000～1 eV のエネルギーに対応する．赤外分光法の波長は約 1～100 μm であり，この波長領域は赤外領域とよばれている．赤外光は目では見えないが，熱として感じることができる．一方，ラマンスペクトル分析は，光散乱に基づくものである．空が青くみえるのも，あるいは宇宙船から地球を見たときに青く見えるのも，空気（主として窒素）の分子が太陽光を散乱するからである．分子の外側に分布している電子が光を散乱するもとであるが，通常入射してくる光に対して散乱する光の波長は変わらない．これをレー

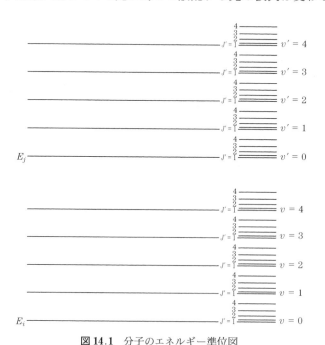

図 14.1 分子のエネルギー準位図
E：電子の軌道エネルギーに対応する準位，v：分子の振動に対応する準位，
v'：励起状態の振動に対応する準位，J'：分子の回転に対応する準位．

リー散乱といっている．しかし，100万回に1回くらいの割合で，入射光のエネルギーが光散乱分子の振動準位に移動する散乱が起こる．これがラマン散乱とよばれる現象で，入射光のエネルギーを分子振動のエネルギーに与える散乱で生じる散乱光をストークス線，分子振動のエネルギーをもらう散乱光を反（アンチ）ストークス線とよんでいる．赤外分光法もラマン分光法も分子の振動準位の情報を知る分析法である．温室効果などで大気の二酸化炭素の増加が問題になっているが，これも二酸化炭素の赤外吸収によるものであり，分子の振動は，われわれの身近な問題になじみのあるものである．

14.1 赤外分光分析法の原理

図14.1では分子の振動に対応するエネルギー準位は何本もあるようにみえるが，実際には，分子振動の数は決まっていて，これを基準振動といっている．N個の原子からなる分子の基準振動の数は，1個の原子の移動の自由度は x, y, z 軸に対応した三次元しかないので3となり，分子をつくる原子の数との積，$3N$ がその分子の移動の自由度の数である．$3N$ の移動の自由度のうち3個は，分子全体が x, y, z 軸に沿って回転するもの，さらに3個は x, y, z 軸に沿って平行移動する運動に使われるので，振動の自由度すなわち基準振動の数は，$3N-6$ となる（ただし直線分子は，分子軸のまわりの回転があるので，$3N-5$）．図14.2に水分子と二酸化炭素の基準振動をあげた．図14.2において，波長とあわせて波数が記載されている．波数とは一定の長さのなかにおける波の数であり，通常1cmの中の数として cm^{-1}（カイザー）が用いられる．波数は，光

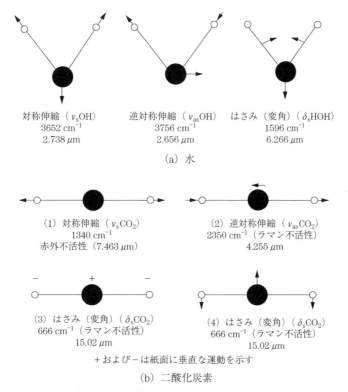

図14.2 分子の基準振動〔ラマン散乱シフト（波数と赤外吸収波長）〕

のエネルギーに対応する．赤外光のように波長が長くなってくると，どの程度の精度のエネルギーで測定しているかはっきりと波数に現れてくるし，ラマン散乱では，光源の波長からどれだけずれているかを測定しているので，波長自体に意味はないからである．波数で表せば，赤外吸収の位置もラマン散乱の位置も，同じエネルギー位置として表すことができ，どのような振動に基づくかを対応させるにも便利である．

　ここで，基準振動のうち赤外吸収をするもの（赤外活性）としないもの（赤外不活性）があることを述べなければならない．本書は振動分光法の専門書ではないので詳しくは述べないが，赤外吸収もラマン散乱も光との相互作用であり，その吸収や散乱には分子の電荷分布の変化が関係している．光による電子の分布変化（電化分布の変化）によっては，赤外吸収はしないがラマン散乱はする基準振動あるいはその逆がある．特に二酸化炭素の場合は，赤外活性とラマン不活性，赤外不活性とラマン活性がお互いに相補うようになっている．

14.2　赤外分光装置

14.2.1　波長分散型赤外分光装置

　赤外線の吸収を測定することが基本であり，したがって，光源，試料容器，赤外線検出器からなる．赤外線は，先にも述べたように数 μm 以上の波長領域が測定の対象となる．通常紫外・可視領域でレンズやプリズム，試料セルに使われるガラスや石英は，OH の結合を含むなどのため，赤外領域では透明でなくなる．このため共有結合をもたない NaCl や KBr などのイオン結晶が光学材料に使われる．固体試料では，粉砕して微粉末とし，こうしたハロゲン化アルカリ塩の粉体に混ぜて圧力をかけて整形し，透明の錠剤とする．またヌジョールとよばれる流動パラフィンと混ぜて，上記の塩の結晶板に挟んで測定する．また高分子の場合 10 μm 程度のフィルムとして測定される．溶液の場合も結晶板に挟んで測定する．試料を溶液にする場合，水などの赤外光を吸収しやすい溶媒は使うことができない．クロロフォルムや四塩化炭素などが用いられる．

　図 14.3 に分散型の赤外分光装置の模式図を示す．光源は通常のニクロム線白熱灯や，炭化ケイ素（セラミックス）のような発熱体が用いられる．赤外領域は熱の領域だからである．発光ダイ

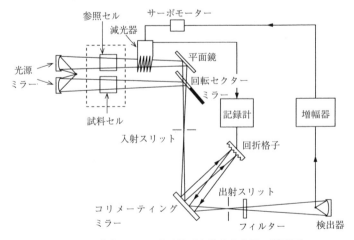

図 14.3　ダブルビーム式分散型赤外分光装置の概略図
（澤田嗣郎ほか著，日本化学会編：新化学ライブラリー　分光分析化学，大日本図書，1988 より）

オードも単色の光源としては使用されている．光源から出た光は参照用と試料用に二つに分けられ，結晶や溶媒などの光学材の影響を補正した後，回折格子で波長を分けて，特定の波長の赤外光を検出する．検出には通常は半導体赤外検出器が用いられている．

14.2.2 赤外スペクトル

赤外分光法は，有機分子の同定（どんな化合物であるかの判定）に使われてきた．表14.1で示したように，有機分子を構成するO-H, N-H, C-H, C=Oなどの伸縮振動が特定の波長に現れるので，その分子がどのような官能基をもっているかがわかるからである．赤外スペクトルの例を図14.4に示す．先の基準振動の説明では分子全体の振動として説明したが，実際の赤外スペクトルでは，個々の結合の振動（特性振動）に対応するもののほうがより強く現れてくる．図14.4はフェノールの赤外吸収スペクトルである．Aの幅広い強い吸収はO-Hの伸縮振動（$3373\,cm^{-1}$），Bはベンゼン環についたC-Hの伸縮振動（$3045\,cm^{-1}$），Dはベンゼン環のC-C伸縮振動（1595, 1499, $1470\,cm^{-1}$），EはO-H面内変角振動（$1360\,cm^{-1}$），FはC-O伸縮振動（$1224\,cm^{-1}$），Gは面外変角振動（810, $752\,cm^{-1}$），Hはベンゼン環C-C面外変角振動（$690\,cm^{-1}$），IはO-H面外変角振動（約$650\,cm^{-1}$）に帰属される．ここで面内，面外といっているのはベンゼン環の面を指している．さらにCで示す2000〜$1667\,cm^{-1}$の領域に4本の吸収がみられるが，特定の振動の振動数が倍になって現れる吸収もしくは二つの振動数の結合に基づく吸収で，振動分光法に特有なものである．1300〜$900\,cm^{-1}$の領域は指紋領域とよばれ，化合物に特有のスペクトルパターンが現れるので，どのような化合物を測定したかの判定に使われる．実際の赤外吸収分析計にはデータベースの検索ソフトがついているものもあり，どんな化合物かを推定できるようになっている．

表14.1 特性吸収帯

結合の型	吸収領域（cm^{-1}）
C-C, C-O, C-N	1300〜 800
C=C, C=O, C=N, N=O	1900〜1500
C≡C, C≡N	2300〜2000
C-H, O-H, N-H	3800〜2700

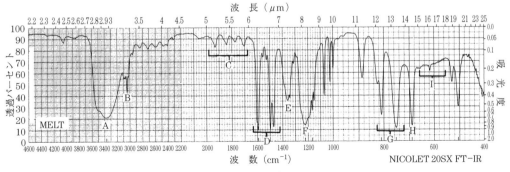

図14.4 フェノールの赤外スペクトル

(Silverstein, Bassler, Morrill 著，荒木 峻，益子洋一郎，山本 修訳：有機化合物のスペクトルによる同定法（第5版），東京化学同人，1992 より)

14.2.3 フーリエ変換赤外分光装置

現在の多くの測定は，フーリエ変換赤外分光計によって測定されている．特定の赤外波長領域を短時間で測定できるため，繰り返し測定してデータを積算することによって，高精度の測定が可能になるためである．繰り返し測定のための高周波数のパルス光源も開発されている．フーリエ変換赤外分光法には，図14.5に示すようなマイケルソン干渉分光計が使われる．図に明らかなように，光路は2分され，固定鏡側へ行く光の光路長は一定であるが振動している可動鏡側へ行く光は振動とともに変化する．異なる光路長の光は互いに干渉しあい，（振動の）時間に対する光量変化パターンが得られる．これをインターフェログラムとよんでいるが，時間の関数であるインターフェログラムをフーリエ変換により波数の関数に変えることによって，積算された赤外吸収スペクトルが得られることになる．

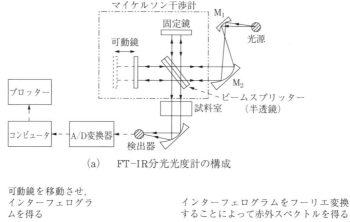

(a) FT-IR分光光度計の構成

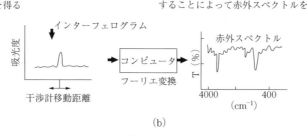

(b)

図14.5 フーリエ変換（FT）スペクトル取得の流れ

14.2.4 全反射赤外分光法

物質のごく表面の化合物の状態を知りたいときに，表面に赤外光を反射させて，吸収を測定する方法である．溶液や柔らかい試料でも全反射媒体を密着させて測定することができる．たとえば図14.6のようにして測定する．この方法は全反射吸収法（attenuated total reflection spectrometry, ATR法）とよばれる．全反射はスネルの法則で決まり，入射媒体の屈折率 n_1（高屈折率）とそれに接する試料の屈折率 n_2（低屈折率）に対して $\sin\theta > n_1/n_2$ の条件を満たす入射角 θ で赤外光が入ると，全反射が起きる．全反射はその境界で起きるが，入射光はわずかながら低屈折率の試料側へも入っていく．これを**エバネッセント波**というが，これによって，全反射の試料側の赤外吸収が得られることになる．ATR法は表面分析に威力を発揮するが，特に微細領域でのフーリエ変換法との組合せによって顕微赤外分析法が確立され，装置としても市販されている．

14.3 ラマンスペクトル分析法　　　　　　　　　　　　　　　　　　　　141

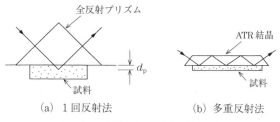

(a) 1回反射法　　　　(b) 多重反射法

図 14.6　ATR 法（全反射吸収法）
（赤岩英夫編：機器分析入門，裳華房，2005 より）

生体試料については皮膚などの分析に応用されている．

14.2.5　非分散赤外分光法

特定の分析種のみを定期的に測定する場合，いちいち波長を分光器で合わせていると測定精度も悪くなる．特に気体試料の測定に，分光器を用いない方法が多用されている．装置の一例を図14.7 に示す．図では検出器に測定される気体が入っており，その発熱量が測定されるようになっている．セルに導入される対象気体の濃度が高くなると，吸収が大きくなって検出器へ入る光量が減り，したがって検出器内の対象気体の赤外吸収量が減るので，発熱量も減少する．こうした非分散赤外分光器は，増え続ける大気の二酸化炭素の濃度の測定など，環境試料では重要である．

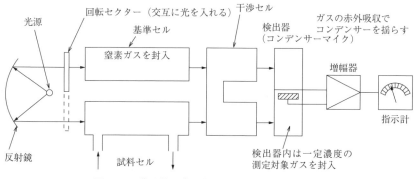

図 14.7　非分散型赤外線（NDIR）分析計の構造
（熊谷　哲（兵庫県立大学）ホームページより）

14.3　ラマンスペクトル分析法

1928 年インドのラマン（C.V. Raman）が発見したラマン散乱は，レーザーが光源に導入されることによって，その利用度が飛躍的に増大した．すなわち先にも述べたが光散乱の 100 万回に 1 回の割合で起こるラマン散乱は，散乱光が微弱で，迷光（分光系以外から入ってくる光）の影響を受けやすく，難解な測定法であった．しかし検出器も CCD（電荷結合型検出器：二次元に広がった検出器で，散乱光の波長シフトが自動的に測定される）が導入され，応用面も広がっている．また光源に偏光を用いると，ラマン散乱光の偏光解消度（偏光面が保持されなくなった光の割合）から，振動の対称性に関する情報を得ることができる．ラマン散乱では，入射光（したがってレーリー散乱）からの波数のシフトを精度よく測定する必要がある．したがって分光器は，回折格子 1

枚だけのシングルモノクロメーターではなく，分光器を重ねたダブルあるいはトリプルモノクロメーターが用いられることが多い．ラマン分光法の最大の利点は，分光材料に，赤外光のような制約がないことである．すなわち光源からのラマンシフトをみるだけなので，可視域や紫外域が測定領域であっても構わないことである（石英やガラスが使える）．このため，振動分光法としての応用範囲も赤外分光法より大きいことになる．測定を制約するのは，試料の蛍光である．溶液の蛍光では，溶媒のラマン散乱に注意しなくてはならないが，ラマン分光法では，蛍光のノイズの影響回避が必要な場合がある．生体物質が試料の場合不純物が蛍光をもつことがあり，蛍光の回避にはさまざまな分光学的手法が用いられている．

14.3.1 顕微ラマン分光法，表面増強ラマン分光法など

ラマン分光法が現在注目されているのは，顕微分光法の分野であろう．微細部の構造評価の手法として，その重要度はますます上がっている．分光器はシングルモノクロメーターが使われる場合もあるが，ラマン像はCCDなどの二次元撮像素子が用いられる．また精密なXYステージを移動させることによって，二次元イメージを観測する場合もある．光源の反射光やレーリー散乱を防ぐため，特殊なフィルターが用いられる．生体組織を観察する場合，光源が強力なレーザーであることが多いので，試料のダメージを避けるため，あえてレーザー出力を弱めなければならないこともある．また蛍光の妨害を除くため，波長の長い（蛍光は通常励起に短波長光が必要である）近赤外部を光源とする場合もある．また共焦点光学系（光学顕微測定の焦点を絞り込んだ部分でのラマン分光観察）を利用して，立体的な観測も行われている．生体試料の測定法として，さまざまな利用がなされるであろう．

表面増強ラマン分光法とは，金，銀，銅，白金などの表面に吸着した分子に，強いラマン散乱（通常のラマン散乱の10万～100万倍）が起きる現象で，SERS（surface enhanced Raman scattering）ともよばれる．これは金属表面にレーザー光のような強い光が照射されると巨大電場が形成され，大きな強度のラマン散乱が誘起されることによる．ナノ粒子被膜，金属微結晶，色素などの解析に応用されている．また電子準位の遷移を伴うラマン散乱は共鳴ラマン散乱といわれ，強い強度のラマン散乱が観測される．ラマン散乱は，さまざまな光学効果〔非線形光学効果．たとえば反ストークスラマン散乱（CARS）など〕を伴う複雑な現象があり，分光化学的な研究も多い．しかしこうした基礎研究が生命科学の分野にうまく適用されると，面白い分析化学の領域になると思われる．

15

磁気共鳴分析法

15.1 核磁気共鳴分析法

核磁気共鳴（nuclear magnetic resonance, NMR）現象が1946年，パーセル（E.M. Purcell）とブロッホ（F. Bloch）によって独立に見いだされて以来，NMR法は有機化学はもちろんのこと，生命現象を取り扱う生化学の分野に至るまで広くいきわたり，医薬品，生体物質の同定・確認，溶液中における分子立体構造の解明，さらには異なる分子間の親和性，相互作用に関する研究に利用されている．現在では，超伝（電）導磁石を用いたパルスフーリエ変換〔(FT) NMR〕装置が数多く普及し，当初NMRの専門家しか利用できなかった多次元スペクトルの測定が容易になり，理工農医薬全般にわたり基礎と応用研究の両面で，多種多様の情報を提供できる機器分析の主要な手段となっている．「日局12」から，一般試験法の中に新たに核磁気共鳴スペクトル測定法（^{1}H）が追加され，その用途はますます広がっている．

NMRスペクトルの解釈には，基礎となる半経験的理論に基づく法則がいくつか知られており，スペクトルデータも分野別に相当量集積されているので，できるだけ多くの類似化合物のスペクトルと比較検討し，判断するのがよい．NMRスペクトルは，スピン量子数をもつ限られた原子の核スピンの遷移に関する情報を提供する．すなわち，電磁波の共鳴周波数，**化学シフト**（chemical shifts）とその強度のほかに，スカラー結合によるシグナルの分裂，飽和，緩和ならびに交換現象といった，時間をパラメーターとして含む情報も得られる点で，きわめて特徴的な測定法である．本節では，主に^{1}H NMRの基本的な事項を解説し，^{13}C NMRや多次元NMR測定法についても最近の動向を含めて解説する．

15.1.1 スピン角運動量と磁気モーメント

原子核はスピン角運動量$\hbar I$（$\hbar = h/2\pi$，hはプランク定数）に由来する磁気モーメントμをもつ．

$$\mu = \gamma \hbar I$$

ここでγは**磁気回転比**（magnetogyric ratio）とよばれ，いろいろな原子核に固有の値である．静磁場の中に原子核を置くと，スピン角運動量の静磁場方向成分は$2I+1$個の値をとる．Iを単にスピン（数）とよぶ．核スピンを静磁場中B_0に置くと，磁場と磁気モーメントの間にゼーマン相互作用が生じ，その相互作用$\mathcal{H}$は，

$$\mathcal{H} = -\mu \cdot B_0$$

と表すことができる．静磁場の方向をz軸にとり，静磁場の強さをB_0で表す．また核のエネル

ギー準位は

$$E_m = -\gamma \hbar m B_0 \quad (m = I,\ I-1,\ \cdots -I+1,\ -I)$$

と表すことができ，NMR 測定に多用されている ^1H，^{13}C は，いずれもスピンが 1/2 であるから，これらの核は二つのエネルギー準位をもつことになる．このことは磁場に対して各核スピンが平行または逆平行のエネルギー状態をとることを示している．^1H の磁気回転比は ^{13}C の 4 倍であることから，^1H の静磁場中におけるエネルギー準位差は ^{13}C に比べて 4 倍大きい．

15.1.2 ラーモア（Larmor）周波数

磁気モーメントは静磁場により $\mu \times B_0$ の力を受ける．スピン角運動量の運動方程式は，

$$\frac{\hbar dI}{dt} = \mu \times B_0$$

となる．$\mu = \gamma \hbar I$ からこの式は

$$\frac{d\mu}{dt} = \mu \gamma B_0$$

が得られる．この式を解くと，磁気モーメントはあたかもコマが重力場を軸に回転する運動と同様，静磁場のまわりを歳差運動することがわかる（図 15.1）．この歳差運動の周波数を**ラーモア周波数**とよび，NMR 現象の共鳴周波数と一致する．ここで，歳差運動の角速度 ω_0 (rad/s) は，

$$\omega_0 = \gamma B_0$$

で与えられ，$\omega = 2\pi\nu$ の関係式を用いて周波数に直すと，

$$\nu_0 = \gamma B_0 / 2\pi$$

となる．NMR スペクトルは核スピンの歳差運動周波数のスペクトルである．

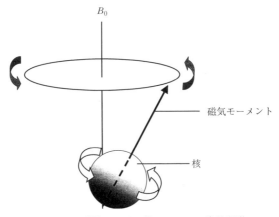

図 15.1 磁場における核のラーモア歳差運動

15.1.3 緩和時間

励起された核スピンは，時間が経過するとともに励起される前の熱平衡状態に戻る．磁化の熱平衡状態へ戻る過程を緩和（relaxation）過程といい，緩和に要する時間を緩和時間とよぶ．この熱平衡へは，二つの緩和機構が同時にはたらいて戻ることが知られている．すなわち，①エネルギーを放出する機構（T_1 過程，この所要時間を縦緩和時間，またはスピン-格子緩和時間という）

と，②一方向に整列していた個々の核スピンがランダムな方向に散らばっていく機構（T_2過程，この所要時間を横緩和時間，スピン-スピン緩和時間という）である．縦緩和過程が効率的であればあるほど，緩和時間 T_1 の値は小さくなる．スピン-格子緩和時間は，格子を構成している分子の運動の形や速さに依存するだけでなく，磁性をもった核の磁気回転比にも依存している．分子運動が非常に規制されている固体試料では，縦緩和過程の効率が悪く，T_1 の値は非常に大きくなる．一方，横緩和時間 T_2 の値は共鳴線の線幅と $\varDelta V_{1/2}=1/\pi T_2$ の関係があり，線幅から T_2 を見積もることができる．T_1，T_2 どちらも核の化学的環境に関する重要な情報を含んでおり，有機化合物の構造解析に欠かせないパラメーターの一つである．

15.1.4 核磁気共鳴スペクトルの測定

　NMRスペクトルの測定法は，現在大きく**連続磁場掃引法**（continuous wave method，CW法）と**パルスフーリエ変換法**（pulse Fourier transform method，パルスFT法）に大別される．以下それぞれの装置の概要について簡単に説明する．

a．装置

1) CW法　　CW法はおもに ^{1}H NMR 測定に用いられ，装置は，①電磁石，②磁場掃引装置，③電磁波発信器，④電磁波受信器の四つの主要部からできている．電磁石は試料に照射した電磁波が吸収される共鳴条件をつくるために必要であり，核磁気共鳴スペクトル測定のためには欠かすことのできない部位であるが，他の部位はすべて他の電磁波分析に共通している．測定するためには試料管を電磁石の中に挿入する．試料管の軸方向に受信コイルがあり，磁石の軸方向に磁場掃引コイルがある．これら二つのコイルと直角に高周波発信コイルがある．プロトンの100 MHz核磁気共鳴スペクトルを測定しようとする場合，電磁石に電気を通じ，23.487ガウスの磁場を形成する．発信器から100 MHzのラジオ波を試料に照射し，少しずつ掃引コイルに電気を通じて外部磁場を微少に変化させる．このとき共鳴条件を満足する外部磁場に到達すると，受信コイルに電流が誘起され，これを増幅することによってスペクトルを得ることができる．電磁石の大きさによりプロトンに対して40，60，100 MHz などが汎用されたが，1990年以降急速にパルスFT装置にとって代わられた．

2) パルスFT法　　現在では ^{1}H NMR，^{13}C NMR の測定にはパルスFT法（以下FT法と略）が用いられる．この方法は強力な高周波を矩形パルス（10〜50 μs）として照射し，広い範囲にわたり原子核を励起する．励起された核はエネルギーを放出しながら基底状態に戻る．このとき放出されたエネルギーの受信器で検知されたパターンを**自由誘導減衰信号**（free induction decay，FID）といい，この信号を数学的にフーリエ変換して得られる実数部が吸収スペクトルに相当する．すなわちFIDシグナルは，試料中の核に吸収されたすべての周波数成分の再放射と考えることができる．FIDは指数関数的に減衰する正弦波であり，この周波数は励起パルスの中心周波数と，核の歳差周波数との差に相当するが，2種以上の共鳴線に相当するFIDは非常に複雑になるので，吸収スペクトルを得るためには一般にフーリエ変換という数学的取扱いを施さなければならない．しかし，得られるデータは高い分解能を有するだけでなく，繰返し測定が容易であるため，微量の試料で効率のよい測定が可能である．CW法を比色法にたとえるなら，蛍光法あるいは化学発光法に匹敵する感度・精度が期待できる．FT法では分光計と，データを採取し処理するためのコンピューター装置が必要である．分光計についてはCW法で用いた装置と大きな差異はないが，

強力な磁場を形成するための超伝導磁石およびデータ処理に要する装置が必要となり，CW 法に用いる装置と比べて非常に高価である．

b．溶　媒

超伝導磁石をもつ装置では，重水素化溶媒の重水素の共鳴信号をロック信号として用い，見かけ上の磁場の安定化が行われている．したがって NMR 測定溶媒としては，重水，重クロロホルム，重ベンゼンなどの重水素化溶媒が用いられる．四塩化炭素や軽水などが測定上必要な場合には 5〜10％の重水素化溶媒を混合して用いる．測定に用いる溶媒の選択は重要な問題で，表 15.1 に NMR によく用いられる溶媒を示す．

表 15.1　NMR によく用いられる溶媒

溶媒	使用可能な温度範囲 (°C)	化学シフト δ_H	δ_C
アセトン-d_6	−95〜 56	2.17	29.2, 204.1
アセトニトリル-d_3	−44〜 82	2.00	1.3, 117.7
ベンゼン-d_6	6〜 80	7.27	128.4
メタノール-d_4	−98〜 65	3.4, 4.8	49.3
CCl_4	−23〜 77	—	96.0
$CDCl_3$	−63〜 61	7.25	76.9
DMSO-d_6	19〜189	2.62	39.6
D_2O	−0〜100	4.70	—
ニトロメタン-d_3	−29〜101	4.33	57.3
ピリジン-d_5	−42〜115	7.0, 7.6, 8.6	124, 136, 150

NMR 法は非破壊分析法の一つで，用いた試料を 100％回収することができる．しかし，試料によっては回収できない場合がある．特に汎用される重クロロホルムは，検出部の加熱により分解して塩酸を生じるため，注意を要する．

重ベンゼンは重クロロホルムほど試料の溶解能が高くないが，溶媒効果を期待できる．すなわち，ベンゼン環の π 電子が，測定対象分子中の電子密度の低い部分に対する受容体となり，ある種の複合体を形成するので，重クロロホルムで測定した場合に比べて大きくある種のプロトンの共鳴周波数が変化することがある．

重 DMSO（ジメチルスルホキシド-d_6）は，交換可能なアミドプロトンやヒドロキシル基のプロトンを観測したいときに有効であるが，低温にすると凝固する（mp 18.5°C）．単一溶媒に溶けない，あるいは溶けにくい試料には，重クロロホルム-重メタノールなど混合溶媒を用いることができる．この場合，ロック信号にはどちらか大きいほう，および温度でシフトしにくい信号（重メタノールの場合，メチル基）を用いる．

c．試料の調製

不純物などの目にみえるごみが存在する場合，フィルターを用いて試料をろ過する．また試料が均一に溶けているかなどにも注意を払わなくてはならない．NOE（核オーバーハウザー効果）測定する場合，常磁性物質によってその効果が減じてしまうので，常磁性を示す溶存酸素，金属の除去に注意を払う必要がある．溶存酸素を取り除くためには，試料を凍結し減圧する．できればこれを数回繰り返した後，バーナーで試料管の上部を封管する．溶液の量は，常に決められた量（5 mm の試料管の場合，0.5〜0.7 mL）を用い，液量の高さを一定にすることが大切である．FT 法

の場合，特に測定温度の制御だけでなく，装置内の試料管周辺の局所磁場を最適化するために，微細磁場制御コイル（シムコイル）が用いられている．高分解能を得るためには，ロック信号を観測しながらシム電流によって生じる磁場を最適化しなければならないが，液量が変化すると最適条件が標準値から大きくかけ離れるため，最適化に多大な時間を要する場合がある．

d. 化学シフトの基準物質

化学シフトは ^1H，^{13}C NMR いずれもテトラメチルシラン（TMS）のメチルプロトン，またはメチル炭素の共鳴周波数をゼロとして計算される．重水素化溶媒中の残留プロトンや，炭素のシグナルの化学シフトを参照して求めることもできるが，溶媒由来のシグナルは測定温度，試料濃度などによって変化することがあるので，基準物質を入れることが望ましい．TMS は沸点（bp 27℃）が低く，長時間の測定中に気化してしまうことがあるので，そのような場合にはヘキサメチルジシロキサン（HMDS）を用いるとよい．重水を用いる場合は，4,4-ジメチル-4-シリルペンタン硫酸ナトリウム（DSS）や 3-トリメチルシリルプロピオン酸ナトリウム（TSP）が用いられる．

15.1.5 核磁気共鳴スペクトルと化学構造

a. 化学シフト

観測しようとする核が共鳴する周波数は，外部磁場の強度と，核の磁気回転比だけに依存しているのではなく，核の分子内における局所的な磁場環境にも大きく影響される．すなわち観測対象の核について，異なった化学（電子）的環境下にあるそれぞれの核は，感知する外部磁場の強さが異なり，それに対応した特性周波数で NMR 現象を示す．たとえばエチルアルコールの ^1H NMR スペクトルを測定すると，CH_3, CH_2, OH プロトンに対するシグナルは 1 か所にまとまって現れるのではなく，3 種類の異なったピークとして観測される．それぞれのプロトンのまわりに存在する電子雲が外部磁場の影響を**遮蔽**（shield）している，すなわちこれらの電子雲が，外部磁場に対して逆方向の誘起磁場を生じることに起因している．したがって，核は外部磁場よりいくらか小さい磁場を感知していることになり，最初にあげた式 $\nu = \gamma B_0/2\pi$ は次式のように変換される．

$$\nu = \frac{\gamma B_0 (1-\sigma)}{2\pi}$$

ここで，σ は外部磁場に依存しない遮蔽定数である．電子吸引性の置換基がプロトンに隣接していると，プロトンから電子雲を取り去り，遮蔽効果を減少させる，すなわち低磁場側で観測される．隣接している置換基の電気陰性度が大きければ大きいほど，このプロトンのシグナルは低磁場側で観測されることになる．

NMR スペクトルは通常サイクル/秒（cps），SI 単位では Hz（ヘルツ）という周波数単位で目盛られている．基準物質からのかけ離れ度，すなわち距離を化学シフトと定義している．しかしながら，ある特定のプロトンの共鳴周波数は外部磁場の大きさ B_0 に依存しており，たとえば酢酸のメチルプロトンが 60 MHz の分光装置で 120 Hz に観測されるとすると，100 MHz の装置では 200 Hz の位置に観測されることになる．磁場の大きさは，用いる装置によって決まるのであるから，装置に依存しないで共鳴信号の位置を表示する単位が要求される．そこで δ が次のように定義され，化学シフトの単位として用いられている．

$$\delta = V_s - \frac{V_{TMS}}{Z}$$

ここで，V_s および V_{TMS} はそれぞれ観測されたプロトンと TMS プロトンの共鳴周波数（Hz），Z は装置の磁場に依存するプロトン観測周波数（MHz）である．δ の単位は式から明らかなように無次元で，$1/10^6$ すなわち ppm（parts per million）となる．

　異なった混成軌道をもつ炭素や，異なった電気陰性度をもつ原子に隣接したプロトン，あるいは異なった環境にあるプロトンは，それぞれ異なった化学シフト値をもつ．すなわち，このことが化合物の同定に大いに役立っているのである．図 15.2 に，おもな官能基プロトンの化学シフトの観測位置を示す．

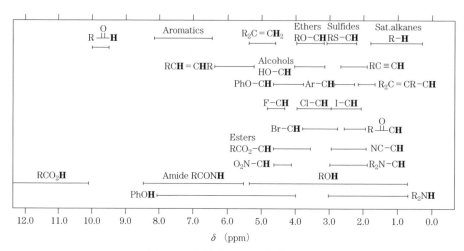

図 15.2 各種プロトンの化学シフト
重クロロホルム中．TMS を基準（0 ppm）としたときの値．

　一般に，2種の置換基 X，Y が結合した炭素に結合したプロトン（X-CH_2-Y）の化学シフトは，X，Y の種類とそれぞれがもつプロトンの化学シフトに対する影響との間の加成性を利用して，予測することができる（シューレリーの加成則）．化学シフト値は，核スピン周辺のさまざまな因子によって決定される．大別して，①局所的な反磁性遮蔽効果，②隣接する原子あるいは官能基による効果に分類することができる．たとえば，官能基のもつ**誘起効果**（inductive effect），プロトンが結合する炭素原子の**混成**（hybridization）の状態が，プロトンの化学シフトに大きく影響を与える．また，プロトンどうしが，空間的に非常に近い位置に押し込められると，ファン・デル・ワールス力の反発によって遮蔽に寄与する電子雲が歪み，結果的に低磁場シフトすることがある．また，炭素間単結合，二重結合，三重結合，芳香環などに隣接したプロトンの周辺の電子雲は，球対称ではなく，非対称であるため，**反磁性異方性**（diamagnetic anisotropy）として知られる効果が，化学シフトに影響する．炭素間多重結合ばかりでなく，カルボニル基，ニトロ基，ニトリル基，その他の結合もこのような磁気異方性を示し，プロトンの空間的位置によって遮蔽，あるいは脱遮蔽効果として影響することが知られている．

b．スピン–スピン結合

1）スピン結合定数　NMR スペクトルで観測されるシグナルは，一重線で観測されるのではなく，二重線，三重線あるいは多重線に分裂して観測される場合がある．たとえば，図 15.3 に示

したエチルアルコール（重水中）では，メチルプロトンは三重線，メチレンプロトンは四重線となる．この分裂は，同じ炭素や隣接した炭素に結合した非等価なプロトンが，スピン-スピン結合を示すために生じる分裂である．分裂の大きさ（二重線，三重線（triplet）などを構成する各シグナルの化学シフトの差）は**スピン結合定数**（spin-spin coupling constant），J（単位はHz）で表される．J値は外部磁場に依存せず，隣り合ったビシナルプロトン（vicinal protons）が形成する二面角に依存する普遍的な定数である．

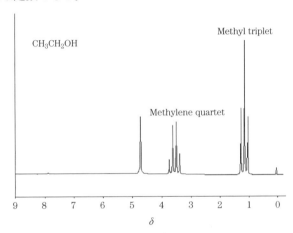

図 15.3 重水中エタノールのプロトン NMR スペクトル

プロトンの結合する炭素間に自由回転が存在する場合，やはり化学シフトと同様スピン結合定数も平均値として得られるが，立体構造を推定する場合に役立つ情報を得ることができる．通常二つのプロトン間に四つ以上の共有結合が存在すると，スピン結合を検出することはできない．しかし特殊な位置関係にあるプロトン間には，ロングレンジ（遠距離）結合が観測される場合が多く，その立体構造を推定するうえで有用証拠となる場合がある．スピン結合によるシグナルの分裂は，いくつかの要因によって引き起こされる．先に述べたように，プロトンは1/2のスピン量子数をもっており，このことはプロトンが2種の可能な磁気状態のうちの，どちらか一つの状態をとることができることを意味する．

隣り合った2個のプロトンの場合を考えてみよう．磁場中では，プロトンがお互いに外部磁場に対して平行，逆平行の2種のスピン配向をとるのであるから，そこに外部磁場に対して平行，逆平行の2種の局所磁場が形成される．したがってこの2種のプロトンが感知する実際の磁場の大きさは，（外部磁場の大きさ）±（局所磁場）となるので，共鳴周波数に差ができ，本来一重線に観測されるべき信号が，2本に分裂して観測されることとなる．2個のプロトンが，相互作用する度合いはまったく同一であるので，J値は同一となる．このとき化学シフトは，分裂した二重線の中間点で記載する．磁場中で，2種のスピン状態をとることのできるプロトンが，隣接するプロトンの感知する磁場をいかにして変えることができるかを説明する，いくつかの機構が提出されている．基本的に，以下の項目が前提となっている．

・核と電子スピンは対をなしており，逆方向のスピンをもつ．
・共有結合した電子対も逆方向のスピンをもつ．
・別々の軌道上にある同一炭素に属する電子は互いに平行なスピンをもち，対をつくらない．したがって隣り合ったプロトンの場合，一方が外部磁場に平行なスピンをもつなら，他方は逆平行の

スピンを，逆平行なスピンをもつなら，他方は平行なスピン状態をとることとなる．また，同一の炭素に結合した2個のプロトン（geminal protons）の場合は，互いに平行スピンとなる．

2） スピン結合定数に影響を与える因子 カップリングしたプロトン間のスピン結合定数は，その符号も大きさも変化する．スピン結合定数の大きさに影響を与える因子としては，C-H 二面角，炭素に結合した置換基の電気陰性度，炭素-炭素結合距離などが知られている．プロトンの二面角は，ニューマン投影図で示したときに C-H どうしがつくる角度として定義される．このビシナルプロトン間のスピン結合定数と，二面角 ϕ との関係は，カープラスの式として知られる以下の式によっておおよそ求めることができる．

$$J = (8.5 \cos 2\phi) - 0.28 \quad (\phi = 0 \sim 90° のとき)$$
$$J = (9.5 \cos 2\phi) - 0.28 \quad (\phi = 90 \sim 180° のとき)$$

非等価なジェミナルプロトン，すなわち同一の炭素に結合したプロトン間のスピン結合定数も，やはりそれらの間の角度に依存している．H-C-C-H のどちらかの炭素に，電気陰性度の大きな置換基が結合すると，一般にビシナルプロトン間のスピン結合定数は減少する．一方，スピン結合定数の大きさは，ビシナルおよびジェミナルプロトン間のスピン結合定数に比べて小さくなるが，四つあるいは五つの共有結合を隔てたスピン結合も観測される場合がある（$J = \sim 3\,Hz$）．カップリングが σ 結合を介してだけ伝達される場合は，結合が一つ加わるごとにその大きさは1桁ずつ減少していく．しかしながら，そこに不飽和（π）結合を含む場合，あるいは飽和結合でも C-H と C-C 結合がジグザグに配置した場合などに，小さいながらもカップリングが観測される場合がある．これらを総称してロングレンジカップリング（遠距離結合）といい，立体構造を推定するうえで有用である．

3） シグナルの相対強度 NMR スペクトルから得られる有益な情報として，シグナルの相対強度がある．たとえばエチルアルコールを重クロロホルム中で測定すると，3か所にシグナルが観測されるが，その各シグナル強度（通常シグナルの面積）は，そのシグナルに帰属されるプロトンの数に直接比例している．

4） 核オーバーハウザー効果（NOE） 二つの観測核が，空間的に接近している場合（5Å以内），一方の核を強力にデカップル（シグナルを選択的に共鳴させ，スペクトル上から消す操作）すると，その核に結合する核の低エネルギー状態の存在数が増加する．したがって，観測されるシグナル強度が増大することになるが，この現象を**核オーバーハウザー効果**（NOE）といい，有機化合物の構造解析を行ううえで非常に重要な現象である．NOE の大きさは核スピン間の距離の6乗に反比例するので NOE の大きさから逆に，核間の距離を見積もることができ，分子力学計算と組み合わせたコンピュータモデリングがさかんになった．

5） 緩和時間 緩和時間は化学シフトやスピン-スピン結合定数などと異なり，化学構造に関する情報よりもむしろ，分子の動的挙動を知る目安となる．特に縦緩和時間 T_1 は，希薄溶液の繰返し測定を FT 装置で行う場合，非常に重要なパラメーターである．横緩和時間 T_2 は線幅から求めることができるが，線幅には本来核がもつ T_2 のほかに，静磁場の不均一性も寄与する．

6） スピンデカップリング（二重共鳴法） スピンデカップリング法，あるいは二重共鳴法とよばれるものは，スピン結合している相手の核を選択的に照射し，それと同時にもう一方の核を観測する方法である．一方の核を通常の観測周波数で照射し，他方の核をより強力なデカップリング周波数で照射するので**二重共鳴**（double resonance）とよばれている．この手法は，スペクトル上

でどのシグナルがどのシグナルとスピン結合しているかをみつけるのに役立つ．照射される核と観測される核が，**同核種**（homonuclear decoupling），たとえばプロトン間のデカップリングの場合のほかに，**異核種**（heteronuclear decoupling），たとえばプロトンを照射して ^{13}C を観測することがある．

すべてのプロトンを広領域にデカップリングし，^{13}C NMR スペクトルを測定すると，すべての ^{13}C のシグナルが一重線に観測されスペクトルが簡略化され，また NOE によって S/N 比が向上するなど測定，解析に都合がよく汎用されている．

15.1.6 核磁気共鳴分析法の応用

a. 混合製剤

ピーク面積はプロトンの相対的な数を表しているので，試料がたとえ混合物でも，互いに重ならないシグナルを利用すれば，各種プロトンの面積強度比から定量分析ができる．複雑な前処理を行う必要がなく，アスピリン，フェナセチン，カフェインからなる混合製剤の各成分分析を精度よく容易に行うことができる．

b. ^{13}C NMR

^{13}C は中性子が 7，陽子が 6 なので，プロトンと同様スピン量子数は 1/2 であるが，天然存在比は 1.1% ときわめて少なく，しかも測定感度もプロトンに比べて低いため，総合的にはプロトンの約 1/6000 の感度しかない．すでに NOE の項で解説したように，FTNMR 法の進歩により S/N 比のよい ^{13}C NMR スペクトルが測定できるようになった．^{13}C NMR の特長は有機化合物の炭素骨格についての情報が直接得られる点である．一般に，プロトンを広領域でデカップリングするために各 ^{13}C のシグナルは一重線となり，その化学シフトが最も重要なパラメーターとなる．^{13}C NMR に観測されるいろいろな炭素の化学シフトを図 15.4 に示す．

^{13}C の化学シフトが，各 ^{13}C の周囲の電子状態に支配されているのは，プロトンの場合と同様で，高磁場側（アルカン炭素）から低磁場側（カルボニル炭素）へと化学シフトが変化する．その範囲は，おおよそ 600 ppm にも広がっており，プロトンに比べて約 30 倍も広く，重なることがほとん

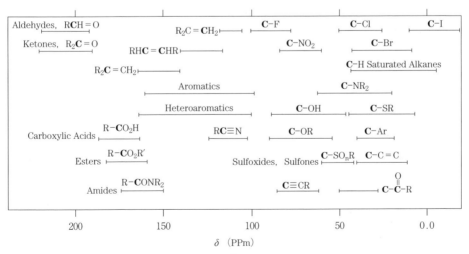

図 15.4 各種 ^{13}C の化学シフト
重クロロホルム中．TMS を基準（0 ppm）としたときの値．

どないので，帰属がプロトンに比べて容易である．

c．多核 NMR

NMR の分野で，**多核**（multinuclear）というと，^{1}H，^{13}C 以外の核をいうことが多い．多核 NMR を測定するには，対象とする核の磁気回転比の値，および核スピン量子数が 1/2 の双極子核か，四極子核なのかを知る必要がある．また，多核 NMR では観測周波数幅や，基準物質の選択，温度効果，90°パルス幅，緩和時間，体積磁化率の補正など，^{1}H，^{13}C NMR スペクトルの測定では予期できない問題が起こる場合もある．

d．二次元 FTNMR 分光法

二次元 FTNMR（以下，二次元 NMR）は，近年，特にさまざまなパルスシークエンスが考案され，低分子からタンパク質，核酸，多糖およびそれらの複合体など高分子化合物まで，さまざまな分野で構造解析，二分子間相互作用の解明などに応用されている．二次元 NMR の測定は，

(1) 磁化を平衡にするための準備期間
(2) 変調を起こすまでの展開期間
(3) 磁化移動などに要する混合期間
(4) FID 検出のためのサンプリング期間

に分けることができる．その目的によって，上記の混合期間を省いた測定法もあれば，さらにスピンロッキングを組み合わせた，複雑なパルスシークエンスを用いた測定法も目的に応じて汎用されている．

二次元 NMR の測定法では，展開時間を等間隔に変化させながら，多数の FID を取り込み，得られたデータマトリックスを検出期間 t_2，展開時間 t_1 に関して 2 回フーリエ変換することによって，三次元のスペクトル情報をもったスペクトルが得られる．

二次元 NMR の利点はシグナルの分離が向上し，重なり合ったシグナルさえも容易に区別できる点，異核種間の核スピン結合情報を，相関ピークで帰属することができる点，さらに，位相検波法によれば，スピン-スピン結合と NOE 情報を同時に検出できる点などがあげられる．現在，FTNMR 分光法を用いた二次元 NMR スペクトルは，標準的な手法となっている．また，^{1}H 検知多核測定法の開発により，多核のシグナルを，^{1}H と同程度の感度で観測できるようになり，多核を利用した高分子タンパク質，核酸などの構造解析に利用されている．

e．固体 NMR

固体 NMR は 1980 年代初め頃まで，主に固体物性の研究に携わる物理学者によって用いられていたが，現在は化学・生物学の分野でも幅広く用いられるようになっている．固体高分解能 NMR は，溶解・融解できない，あるいは溶解により分解する試料の高分解能スペクトルを与えるだけでなく，溶解・融解によって消失する固体としての物性研究に，きわめて有用な手段である．半導体の性質と物性研究では多大な成果をあげた．

現在薬学の分野では，散剤・錠剤中における医薬品の形状と薬効評価の関連性を調べる製剤工学的な利用がさかんで，将来は固体医薬品の物性研究・品質管理などに使用されるであろう．

f．NMR イメージング（magnetic resonance imaging, MRI）

医療の分野では，身体を傷つけることなく内部の様子を探る方法が考案されてきた．聴診，打診，触診などの基本的診断法に加えて，X 線撮影や超音波診断法，内視鏡検査などは，もはや一般的な検査法になっている．さらにコンピューター技術の進歩に伴い，身体すべての断層撮影を行

える装置も市販されている．NMR も非侵襲性の診断法として徐々に普及している．詳細については 28 章を参照されたい．

15.2 電子スピン共鳴法

電子スピン共鳴（electron spin resonance, ESR）現象は 1945 年に，旧ソ連のザボイスキー（Y. Zavoyskiy）により発見され，**電子常磁性共鳴**（electron paramagnetic resonance, EPR）ともよばれ，**核磁気共鳴**（nuclear magnetic resonance, NMR）とともに，電子のスピン状態を調べる磁気分光法の一つである．ESR と EPR は同じ分析法であるが，最近は**血沈沈降速度**（erythrocyte sedimentation rate, ESR）との誤解を避けるために EPR とすることも多くなっている．ESR は対象とする分子内に不対電子が存在するときのみ測定が可能である．不対電子を有する分子は自然界，特に生体内に多く存在しており，活性酸素の研究には欠かすことができない分析法の一つである．ESR は試料の形状（液体，気体，固体）に影響されることなく，非破壊的にかつ選択的にフリーラジカルを測定できる唯一の手段であり，その他遷移金属イオンなどが対象となる．ESR は不対電子を有する分子を数百 mT の磁場中に置き，不対電子スピンの遷移に伴うマイクロ波の吸収を観測する．

以下で ESR 測定の原理，装置，得られるパラメーターの意味について解説する．

15.2.1 原　　理

a． 常磁性共鳴

電子はスピン量子数 1/2 の磁気能率を有する．しかし酸素や NO 分子などを除けば，多くの分子でスピンの方向が違う電子が対をなして存在するので，互いに打ち消しあい，外部に対して常磁性を示すことはない．これに対して**不対電子**（unpaired electron）が存在すると常磁性を示し，外部磁場 B_0 中に置くと磁場と平行あるいは逆平行のいずれかの状態をとり，磁場との相互作用により図 15.5 のように 2 種類のエネルギー状態に分布する．

β はボーア磁子とよばれる比例定数，g は**分光学的分裂因子**（spectroscopic splitting factor）または単に g 値とよばれる物質に固有の値である．g 値は電子のスピンと軌道上の全運動量に対する寄与の尺度で，完全な自由電子の場合は $g=2.0023$ となる．有機フリーラジカルでは自由電子と大きく異ならないが，希土類金属イオンでは g 値は 1〜6 の範囲で大きく変化することが知られている．

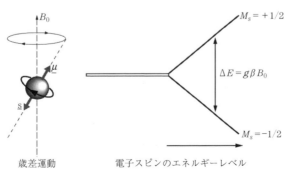

図 15.5 電子スピンの分裂

二つの状態間のエネルギー差は次式となる．
$$W_+ - W_- = g\beta B_0$$
一般に二つの状態間を電子が遷移する場合には
$$\nu = (E_1 - E_2)/h$$
で与えられる電磁波の放射，吸収が起こる．不対電子の系では $E_1 - E_2$ は $g\beta B_0$ であるから，現象にかかわる電磁波の振動数は
$$h\nu = g\beta B_0$$
で与えられる．

したがって，不対電子の系を均一磁場内に入れ，$h\nu = g\beta B_0$ に相当する電磁波を照射すると吸収および放射が起こるが，低い準位の電子が高い準位の電子より多いので，差し引きとして電磁波の吸収が観察される．これを常磁性共鳴，電子スピン共鳴という．

b. 飽和と緩和

不対電子を磁場の中に入れると，二つのエネルギー準位に分布するが，二つの準位間のエネルギー差は $g\beta B_0$ であるから，ボルツマン分布則により，低い準位にある電子と高い準位の電子の存在比は $\exp(g\beta B_0/kT)$ となり，常温では低エネルギー準位の電子のほうがわずかに（1万ガウスにおいて 0.2% 程度）多くなる．ここにマイクロ波を照射し共鳴させると上から下への遷移確率と下から上へのそれとは互いに等しいので，全体として下から上への遷移が多くなり，エネルギーの吸収が起こる．このエネルギー吸収に伴い，下位の電子は減り，上位の電子が増すので，ある限度に達すると吸収はこれ以上継続しなくなり，もはや吸収は起こらない．このような状態を飽和という．しかし試料の条件を適当に選べば，高エネルギー準位の電子は輻射によらない機構で低エネルギー準位に遷移し，両スピン間の均等化を妨げる．この現象を電子スピンの緩和といい，このため両エネルギー準位の電子の数の差は最初は減少しても，すぐ定常状態に達して外部エネルギーの吸収が続くことになる．

緩和現象のうち，スピン系に蓄えられたエネルギーが周囲の系に与えられ，再びもとの状態に戻るスピン-格子緩和が特に重要な機構である．この際，系に固有の特性時間をスピン-格子緩和時間といい，スピンに与えられたエネルギーがその 1/6 に減る時間で表現される．これが小さすぎると，不確定性原理によって生じた吸収の広がりのために吸収として観測できないほどになる．常磁性の塩，すなわち Cr^{3+}, Cu^{2+}, Fe^{3+}, Mn^{2+}, V^{4+}, V^{2+}, Gd^{3+} を含む塩では 10^{-8} s 程度であり，常温で吸収が観測され，帯磁率法の結果とよく一致するが，それ以外の塩類では，帯磁率法の結果から不対電子が存在するはずであるのに，室温では必ずしも吸収が認められないことがあるのは，この緩和時間の大きさが十分でない理由による．しかし，これらの塩も低温にすると緩和時間が大きくなるので，一般に吸収が認められるようになる．フリーラジカルにおいては，緩和時間は比較的長く，このような吸収の広がりは観察されない．

15.2.2 超微細構造と微細構造

実際にスペクトルの測定を行うと，1種類のフリーラジカルまたは常磁性イオンを含む場合でも，何本かの吸収が得られることが多い．これが電子スピン核スピンとの相互作用による分裂，すなわち**超微細構造**（hyperfine structure）である．

たとえばフリーラジカルの場合には，不対電子が存在する分子内の原子核の核スピンと相互作用

するために超微細構造が生ずる．すなわちメチルラジカルの場合，プロトン（$I=1/2$）3個が1個の不対電子とカップリングしているので，メチル基に隣接しているCHまたはCH_2基が核磁気共鳴法の場合スピン-スピン相互作用を受けるのとまったく同様に考えてよい．したがって3個のプロトンが等しい影響を不対電子に及ぼしているとすると，等間隔の4本の線に分かれ，その強度比は1：3：3：1となる．

同様に常磁性イオンの場合も，不対電子のスピンとそれが属する原子核の磁気能率との相互作用によって超微細構造が生ずる．すなわちたとえば核スピン量子数1で不対電子をもつイオンを考えると，磁場中では核磁気能率は量子化され，3方向（核磁気量子数 M_I が＋1，0，−1）に配向するが，これが不対電子のところに局所磁場を形成し，外部磁場に加わって不対電子の上下の準位それぞれに対し作用するため，結局6個の準位が生ずる．しかし，そのうち実際に許される遷移は選択律 $\Delta M_I=0$ に従うため図15.6に示される3種の遷移しか観測されない．したがってこの場合に照射するマイクロ波の波長を一定として，磁場を掃引すれば，図15.6に示すように同じ強度の3本の吸収が出現する．

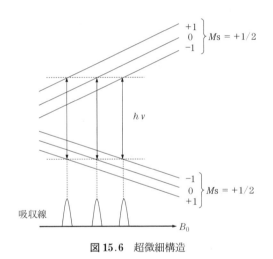

図 15.6 超微細構造

なお，遷移金属イオンの場合に，全電子スピンが1または1以上のとき，磁場がないときの電子スピンエネルギーの準位が分裂しており，これに外部磁場が影響すると吸収線は2本以上観測され，これを**微細構造**（fine structure）とよんでいる．

15.2.3 装　　置

ESR分光装置に用いられている電磁波帯には，L-バンド（1000 MHz），X-バンド（9500 MHz），Q-バンド（35000 MHz），W-バンド（95000 MHz）などがある．通常は，高感度であるX-バンド帯を用いたESRが用いられている．最近，生体を直接計測する場合が多く，水分による誘電損失の少ないL-バンド帯が活用され，最近ではラットの体内を画像化することのできる装置が開発されている．

ESR装置は，図15.7に示すように，磁石，マイクロ波を照射するための発信装置（クライストロン），温度制御と検出器，不対電子とマイクロ波の共鳴を起こさせる共振器，マイクロ波の不対電子による吸収量を増幅，記録する部分から構成されている．

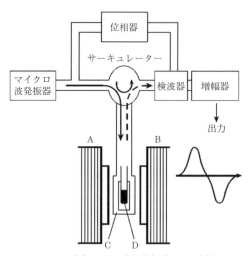

図 15.7　ESR 装置の模式図

15.2.4　測　　定

試料は固体，液体，気体いずれも測定できる．一般に内径 3～5 mm の石英試料セル（目的によってはパイレックス管なども使用される）に入れ，試料量は 0.05～5 mL 程度を要するが，誘電率の大きい水溶液では共振器の種類によって内径 1 mm 前後の毛細管または厚さ 0.25 mm の平らな試料セル（扁平セル，容量 0.05 mL）が用いられる．

標準試料としては一般にジフェニルピクリルヒドラジル（DPPH）を用いる．これは最も典型的な有機フリーラジカルである．これをキャピラリーに入れ試料管に接して付着させ，試料のシグナルと同時に DPPH のシグナルを記録し，記録紙上で DPPH からの距離を測定し，試料の g 値を求める．

15.2.5　応　　用

ESR はフリーラジカルの検出およびフリーラジカルの存在状態の解明に適した分析法である．ESR はフリーラジカルに特異的であり，また超微細構造からフリーラジカルの種類も判定できるなどその利点は多い．イオンラジカルへの応用や，血清中に存在する銅，鉄などを含むタンパク質の分析に利用されている．今後その生命科学における応用範囲は，さらに広がるものと期待されている分析法の一つである．

参 考 図 書

1) 日本化学会編：実験化学講座 5 NMR，丸善，1991．
2) ラーマン著，通　元夫，廣田　洋訳：最新 NMR 基礎理論から 2 次元 NMR まで，シュプリンガー・フェアラーク東京，1988．
3) R.R. エルンスト，G. ボールデン，A. ヴォーガン著，永山国昭，藤原敏道，内藤　晶，赤坂一之訳：二次元 NMR 原理と測定法，吉岡書店，1991．
4) 桜井　弘：ESR の技法：バイオサイエンスの電子スピン共鳴，日本学会事務センター，2003．
5) 桜井　弘，菊川清見：フリーラジカルとくすり，廣川書店，1995．

16

質量分析法

はじめに

　本章を学習することにより，質量分析法（mass spectrometry，MS）の原理，基礎用語，特徴を説明でき，また生体分子の解析に質量分析法を応用した例を説明できるようになることを目標とする．質量分析法は試料中に含まれる原子や分子を様々な方法でイオン化し，生成したイオンを真空中で加速して m/z 値ごとに分離・検出し，m/z 値により定性分析を，イオンの強度により定量分析を行う分析手法である．最近では質量分析法は単独で使用されることは少なく，クロマトグラフィーやキャピラリー電気泳動などの分離手法と組み合わせたシステムにおける検出手段としての利用が一般的となっている．分離手法と検出手法とを組み合わせたシステムは，一般にハイフネイティッド技術（hyphenated technique）と呼ばれるが，質量分析法を用いるものは格段に高い物質同定能を有するため，有機化合物の定性・定量に汎用されている．なかでも，高速液体クロマトグラフ（high performance liquid chromatograph，HPLC）と質量分析計（mass spectrometer，MS）から構成されるLC-MSは，幅広い試料に適用することができるため，製薬産業，食品産業などを中心に広範に使用されている[†]．また，ガスクロマトグラフィーが苦手とする高分子や熱に不安定な物質にも使用できるため，ゲノムタンパク質やペプチドなどを解析する有力なツールとなっている．

16.1　質量分析法の原理と基礎用語

　質量分析法は，物質をイオンの形態に変え高真空中で反対荷電の電極に移動させ，イオンの質量と電荷数から定性・定量を行う手法である．手法としては，溶液中でイオンを反対荷電の電極に泳動させる電気泳動（electrophoresis）法と似ているが，大気中では大気成分と気相のイオンが衝突して減衰・消滅するため，質量分析法は高真空中でのみ実施可能である．

　吸光光度法では，縦軸に吸光度，横軸に波長を目盛った吸収スペクトルが基礎となるが，質量分析法ではこれに対応するものが**マススペクトル**（mass spectrum）である．マススペクトルは縦軸に相対イオン強度，横軸に m/z を目盛った棒状の図である（図16.1）．ここで，m/z は無次元量であり，そのアルファベットは斜体で表記する約束となっており，mオーバーzと発音する．m

---

[†] この分野では，分離手法・検出手法とそれに使用する装置を同一の略号で表記することが行われているため，装置の組み合わせを意味する場合は両者をハイフン，手法を意味する場合はスラッシュを用いて区別する．例えば，LC-MSは高速液体クロマトグラフ質量分析計を，またLC/MSは高速液体クロマトグラフィー－質量分析法をそれぞれ示す．

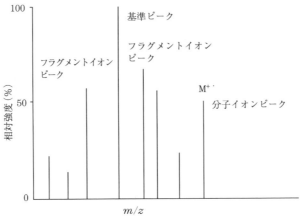

図 16.1 マススペクトルの模式図

図 16.2 質量分析計の基本構成

はイオンの質量を統一原子質量単位で割ったもの，z はイオンの電荷数である．なお，以前は，マススペクトルは質量スペクトル，m/z は質量電荷比（mass-to-charge-ratio）と称されたが，現在はどちらも非推奨用語となっている．

さて，マススペクトルにおいて最も強度が大きなピークは**基準ピーク**（base peak）と呼ばれる．質量分析法は基本的には破壊分析法であり，元の分子が断片化したフラグメントイオンピークが現れるが，ソフトなイオン化法を用いた場合には開裂を免れた分子イオン（molecular ion）ピークが観察される．分子イオンは，分子から1個もしくは複数個の電子を取り去ることにより生成する**正イオン**，または，分子に1個もしくは複数個の電子を付加することにより生成する**負イオン**のことである．

質量分析に使用される装置は**質量分析計**と呼ばれ，図16.2に示す各部から構成される．このうち，質量分離部と検出部はいずれも高真空である必要がある．質量分離部には様々な方式が工夫されており，その違いにより様々なタイプの質量分析計が開発されている（16.2節参照）．しかし，いずれのタイプの質量分析計においても，イオン化されたイオンが m/z に応じて分離される原理は同じである．そこで，飛行時間質量分析計の場合について説明する．このタイプの質量分析計では，加速電圧を一定にしてイオンが分析管を飛行するのに要する時間を測定して m/z が測定される．

いま，質量 m，電荷数 z のイオンに電圧 V を印加し，イオンが速度 v で加速されたとすると，イオンの運動量は(1)式で表される．ここで，q は電子1個の電荷量（電気素量）である．

$$\frac{mv^2}{2} = zqV \tag{1}$$

したがって，イオンの速度 v は(1)式を変形した(2)式で示される．

$$v = \sqrt{\frac{2zqV}{m}} \quad (2)$$

そこで，分析管の長さ L を加速されたイオンが飛行する時間 t は(3)式で表される．また，m/z は(3)式を変形して(4)式で表されることがわかる．

$$t = \frac{L}{v} = L\sqrt{\frac{m}{2zqV}} \quad (3)$$

$$\frac{m}{z} = \frac{2qVt^2}{L^2} \quad (4)$$

すなわち，V と L は一定であり，q は定数であるから，飛行時間 t を測定することによりイオンの質量 m が判明することになる．

イオンを検出する検出部には，二次電子増倍管（secondary electron multiplier, SEM），チャンネルトロン（channeltron），マルチチャンネルプレート（multichannel plate），アレイ検出器（array detector），ファラデーカップ（Faraday cup）などが目的に応じて使用される．

16.2 質量分離部による質量分析計の分類

質量分離部は，電磁気的な相互作用を利用して m/z に従ってイオンを分離する部分である．これまでに様々な方式の質量分離部が工夫されており，その名前を冠して，磁場セクター質量分析計（magnetic sector mass spectrometer），四重極質量分析計（quadrupole mass spectrometer, QMS），飛行時間質量分析計（time-of-flight mass spectrometer, TOF-MS），イオントラップ質量分析計（ion trap mass spectrometer, ITMS），フーリエ変換（イオンサイクロトロン共鳴）質量分析計〔Fourier transform (ion cyclotron resonance) mass spectrometer〕などが開発されている．

16.3 分離手法と質量分析法とのドッキング

質量分析法は，最近では単独で使用されることは少なく，多くの場合はクロマトグラフィーなどの分離手法の検出法としてもっぱら利用されている．すなわち，分離手法の高性能分離能と質量分析計の高度な解析力を相補的に組み合わせることにより（図 16.3），信頼性が高い分析・解析システムが実現している．それらの中で最も早い時期に実用化されたのが，ガスクロマトグラフィー質量分析法（GC/MS）であり，その後に液体クロマトグラフィー質量分析法（LC/MS），超臨界流体クロマトグラフィー質量分析法（SFC/MS），キャピラリー電気泳動質量分析法（CE/MS）などへの展開が順次進んだ．

16.3.1 イオン化法

質量分析法においては，分析種をイオン化する必要がある．各種の分離手法の中で，MS が真っ先にガスクロマトグラフィー（GC）に採り入れられたのは移動相が気体であることによる．これに対して，移動相が液体である高速液体クロマトグラフィー（HPLC）や電解質溶液を用いるキャ

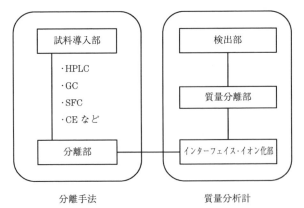

図 16.3 質量分析計を検出器とするハイフネイティッドシステム

ピラリー電気泳動（CE）では，分析種を含む液体が気化すると容積が 1000 倍程度増加することがネックとなって質量分析法と組み合わせることが遅れた．

a．GC/MS におけるイオン化法

1）電子イオン化（electron ionization, EI）**法**　電子を衝突させて原子や分子をイオン化する方法であり，分子から 1 個以上の電子を取り去るには 10〜150 eV のエネルギーをもつ加速電子を使用する．たとえば，試料中の中性分子 M は電子を 1 つ放出して正のラジカルイオンを生成する．

$$M + e^- \rightarrow M^{+\cdot} + 2e^-$$

2）化学イオン化（chemical ionization, CI）**法**　試薬ガス（reagent gas）から生成させた $[R+H]^+$ や X^- などの反応イオン（reactant ion）を中性試料分子 M と反応させ，M をイオン化させる方法である．M のイオン化の機構にはプロトン移動（下式），求電子付加，アニオン引き抜き，電荷交換などがある．

$$[R+H]^+ + M \rightarrow [M+H]^+ + R$$

b．LC/MS におけるイオン化法

当初，LC/MS におけるイオン化法としてはサーモスプレーイオン化（thermospray ionization, TSI）法，パーティクルビームイオン化（particle beam ionization, PBI）法などが開発されたが，高真空下でのイオン化法であったため，広く普及するには至らなかった．ところが，大気圧下でイオン化が可能な**大気圧イオン化**（atmospheric pressure ionization, API）法が開発されるに及び，LC/MS は急速に普及し，現在では GC/MS を凌ぐ存在となっている．API 法の代表は以下の 3 法であるが，特に**エレクトロスプレーイオン化**（electrospray ionization, ESI）法は最も広範囲に使用されている．**大気圧化学イオン化**（atmospheric pressure chemical ionization, APCI）法は ESI 法でイオン化が思わしくないときのセカンドチョイスである．また，大気圧光イオン化（atmospheric pressure photoionization, APPI）法は ESI 法，APCI 法に次ぐイオン化法である．

1）ESI 法　ESI 法は，対向電極との間に数 kV の高電圧を印加した細いステンレス管にカラム溶出液などを通導してスプレーし，試料中の成分をイオン化する手法であり，高極性物質のイオン化に適する．

2) **APCI 法**　APCI 法は，カラム溶出液などをキャピラリーに通導し，大気圧下での加熱，圧搾気流，超音波などによりスプレーして気化させ，コロナ放電で生成させたイオン種（反応イオン）と反応させてイオン化する手法であり，中極性物質のイオン化に適する．

3) **APPI 法**　APPI 法は，カラム溶出液などをキャピラリーに通導し，紫外線照射で溶質を直接イオン化するか，または紫外線照射で生成させた反応イオンとの反応で溶質をイオン化する手法である．

16.4　質量分析法による生体分子の解析[1]

ガスクロマトグラフ質量分析計（GC-MS）や液体クロマトグラフ質量分析計（LC-MS）などの質量分析計を検出器とするハイフネイティッドシステムは，きわめて豊富な物質情報を取得できるため，医薬品・代謝物の分析，食品分析など広範に利用されていたが，ポストゲノム時代の到来によりゲノムタンパク質やペプチドのハイスループット構造解析手段として LC/MS および LC/MS/MS が急速に発展している．特に 1 台の質量分析計で質量分析を 2 回実施できる時間的質量分析（tandem mass spectrometry in time），2 台の質量分析計を直列に繋いで質量分析を 2 回行う空間的タンデム質量分析（tandem mass spectrometry in space）の出現により，物質同定能は飛躍的に向上している．**タンデム質量分析**は **MS/MS** とも表記され，前段の質量分析で選択された**プリカーサーイオン**（precursor ion）を衝突誘起解離（collision-induced dissociation, CID）により開裂させ，生じた**プロダクトイオン**（product ion）を m/z 分離してデータを得る手法である．

演習問題

16.1　ある両性化合物 A を ESI 法でイオン化し，マススペクトルを測定したところ，正イオンモードで m/z 506，負イオンモードで m/z 504 のイオンがそれぞれ検出された．化合物 A の分子量（M）はいくつか．ただし，正負のイオンは何れも 1 価とする．

16.2　質量分析計を検出器とする次のハイフネイティッド技術のうち，タンパク質の分子量測定に最適なものはどれか．
① EI-GC/MS，② CI-GC/MS，③ ESI-LC/MS，④ APCI-LC/MS，⑤ ESI-SFC/MS，⑥ APCI-SFC/MS

16.3　次の分析法のうち，Fe（II）と Fe（III）の形態別分析に最適なものはどれか．
① GC/MS，② LC/MS，③ SFC/MS，④ LC/ICP-MS

引用文献

1) 中村　洋監修：LC/MS，LC/MS/MS の基礎と応用，オーム社，2014．

17

屈 折 率

はじめに

屈折率は光の波長，温度および圧力が一定のとき，物質固有の値を示す．したがって，医薬品の純度試験や混合物質の組成などの分析に利用され，また，最近では，高速液体クロマトグラフィーなどの検出器としても使用されている．

17.1 屈折の原理

光が一つの媒質（たとえば空気）から密度が異なる他の媒質（たとえば水）に進むとき，一般に光の速度が変化するため，その境界面で光の進行方向が変わる．この現象を屈折という．この様子を図 17.1 に示す．

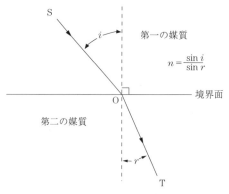

図 17.1 光の屈折

第二の媒質が第一の媒質より光学的に密な場合には，第一の媒質中の光線は，入射角 i よりも第二の媒質中の対応する角，すなわち屈折角 r のほうが小さくなる．このとき，それらの正弦の比は，

$$n = \frac{\sin i}{\sin r}$$

が成り立ち，入射角によらない一定の値 n を示す．この n を媒質 2 の媒質 1 に対する屈折率または相対屈折率という．第一の媒質が真空である場合，絶対屈折率といい，N で表す．一般には，第一媒質として空気を基準として屈折率を求めている．このときの屈折率は，絶対屈折率と比べほとんど違わないことから，局方では屈折率は空気に対する値で示し，通例，温度は 20°C，光線はナトリウムスペクトルの D 線を用い，n_D^{20} として表している．屈折率の値は測定の波長や温度によ

り変化し，また気体の場合には圧力の変化にも影響を受ける．しかし，これら測定条件を一定にすれば，その屈折率は，物質に固有の値（定数）を示す．なお，物質の屈折率が，温度，圧力により変化するのは，温度，圧力による密度の変化が原因である．したがって，

$$\text{比屈折率} \ r_{sp} = \frac{n^2-1}{n^2+2} \times \frac{1}{d} \quad (\text{ただし，} d \text{は密度})$$

を用いると，固体，液体，気体について波長が一定であれば温度，圧力はほとんど影響しない．また，$R = r_{sp}M$（M は分子量）を分子屈折とよび，物質固有の定数となる．

17.2 屈折率測定法

17.2.1 原　　理

図 17.2 において，光 SO が→の方向から液体（屈折率 n_1）を通ってプリズム（屈折率 n_2）に入って OT 方向に進むとすると，その間には

$$\frac{\sin i}{\sin r} = \frac{n_2}{n_1}$$

の関係が成立する（スネル-デカルトの法則という）．

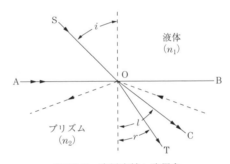

図 17.2 臨界光線と臨界角

いま，$\angle i$ を大きくしていき，最大 90° にすると，入射光は境界面に沿った光 AO となり，屈折して OC へと進む．$\angle i$ は 90° が最大であり，このとき屈折角 $\angle r$ も最大値に達する．このときの $\angle r$ の値を l とすると

$$\frac{\sin 90°}{\sin l} = \frac{n_2}{n_1}$$

$$\therefore \ \sin l = n_1/n_2$$

となる．この角 l を臨界角という．屈折率の小さい物質から大きい物質に光が入るとき，$\angle$BOC の範囲には光が入ってこない．したがって，C の方向から接眼鏡でみると，視野の半分が暗くなる．このような接眼鏡の位置から臨界角 l を知れば，プリズムの屈折率 n_2 は既知であるから，上の式から液体の屈折率 n_1 を求めることができる．

反対に光が T→O→S の方向に進むとき，$\angle i$ が l より大きくなると，光はプリズムと液体の界面で全反射してしまい，液体の中には入ることができない．すなわち，プリズムから液体中へ光が進むためには，$\angle i$ は l より大きい値をとることはできない．屈折計はすべてこの原理を利用したものである．

17.2.2 操作法と装置

日局での屈折率の測定には,「通例アッベ屈折計を用い,医薬品各条に規定する温度の±0.2℃の範囲内で行う」と記載されている.屈折計には,ほかにプルフリヒ(Pulfrich)屈折計や液浸屈折計がある.ここでは,アッベ屈折計について以下に述べる.

17.2.3 アッベ屈折計

アッベ(Abbe)屈折計は白色光を用いることができ,また液体試料は1滴(約0.05 mL)と少なく,また操作も簡単なことから最も広く用いられている装置である.

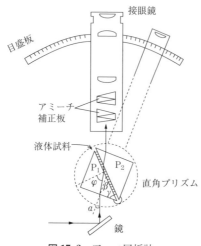

図17.3 アッベ屈折計

装置は,鏡,プリズム,アミーチ補正板および接眼鏡からなる.プリズムは二つの直角プリズム(P_1とP_2)からなり,その間に試料を滴下する.光源からの光を鏡で反射させ,図17.3のようにプリズムに入射させる.光はP_1から試料に入り,さらにプリズムP_2に入る.このときの入射角をφとする.いま試料の屈折率をn_1,プリズムの屈折率をn_2とすると,入射角φは次式

$$\sin \varphi = \frac{n_1}{n_2}$$

を満足する値(臨界角)より大きいときは全反射を受け,光はプリズムP_1から液層に入ることはできない.φより小さいとき初めて試料に入り,矢印の方向に進むことができる.測定者は接眼鏡をのぞくと,回転する入射角がφより大きいとき視野は暗,小さいときは明となる.いま,明暗の境界線が望遠鏡の十字路と一致するまでプリズムを回転させ,そのときのプリズムの方向を目盛板上に読む.目盛はただちにnを示すように刻まれている.すなわち,明暗の境が十字の中心と一致したときは,

$$\sin \varphi = \frac{n_1}{n_2}$$

$$\varphi = \beta + \gamma$$

$$\frac{\sin \alpha}{\sin \beta} = n_2$$

が成立する.ただし,αは空気からプリズムへの入射角,βは屈折角であり,φはプリズムP_1の頂角である.γとn_2は既知であるから,上の三つの式から,αがわかればn_1を求めることができ

る．目盛版にはこれにより計算された n_1 の値が刻んであり，接眼鏡の位置から容易に n_1 を読みとることができる．n_2 は通常，約 1.75 で，$n_1 = 1.30 \sim 1.70$ の間を求めることができる．

17.3 旋光度測定法

通常の自然光は進行方向に垂直なあらゆる方向に振動している電磁波である．もし，このような光をニコルプリズムのような偏光子を通すと，その通過した光は，振動が進行方向を含む一平面内にのみ限定された光になる．このような光を直線偏光または平面偏光という．また，この平面を偏光面という．偏光が光学活性物質またはその溶液を通過するとき，その偏光面は回転する．この現象を旋光という（図 17.4）．

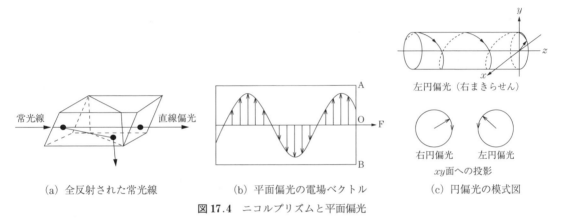

図 17.4 ニコルプリズムと平面偏光

また，この旋光性が光の波長により変化するとき，旋光分散といい，物質が左，右円偏光に対し，それぞれ異なる吸光度を示す現象を円偏光二色性という．これらの現象は，物質の分子構造に関係があり，また，偏光面の回転角度（旋光度）および円偏光二色性は，光学活性物質の種類と濃度に依存することから，医薬品の分子構造の解析や定量分析，純度試験に利用されている．

17.3.1 旋光の原理

直線偏光は，振幅および回転速度が等しい右円偏光と左円偏光の重なりであるとみることができる．すなわち，図 17.5 に示すように右回りの円偏光の電場 E のベクトルは，O を中心に右回りに

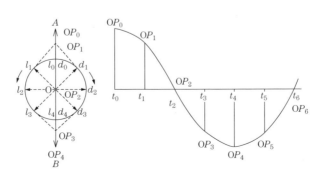

図 17.5 左右円偏光の重なりによる直線偏光

回転し，左円偏光では，O を中心に左回りに回転している．

まわる方向が逆なだけで，ベクトルの大きさも回転速度も同一であるから，左右の円偏光を重ねると直線偏光になる．すなわち時刻 t_0 において，両成分が同一点にあるとすると，そのベクトルは Ol_0 と Od_0 で表され，その合成ベクトルは，OP_0 となる．次に時刻 t_1 における両成分のベクトルは Ol_1 と Od_1 となり，その合成ベクトルは OP_1 となる．以下同様に変化すると，合成ベクトルは，すべて直線 AB 上を振動しているようになる．この振動を時間に対してプロットすると正弦曲線が得られる．これは直線偏光波となる．

17.3.2 旋光度と比旋光度

光学活性物質とは，左円偏光と右円偏光に対する屈折率が異なるもの，すなわちその物質中での左右円偏光（l 成分と d 成分）の速度に差を生じる物質をいう．これについて詳しく述べると，たとえば，直線偏光が光学活性物質内を通過するとき，左回りの円偏光の速度が減少したとすれば，右回りの円偏光のほうが先に進むことになる．左回りと右回りの円偏光の進み方の差を位相差とよび，角度 φ で表す．このような位相差が生ずると，その結果として得られた直線偏光の偏光面は，図 17.6（右）に示すように，最初の位置から右に傾く．このときの回転角 α は，両偏光の位相差 φ の 1/2 である．すなわち

$$\alpha = \varphi/2$$

が成り立つ．よって，図 17.6（右）においては，偏光面は AB から A′B′ になる．このときの角度 α を**旋光度**（optical rotation）とよぶ．

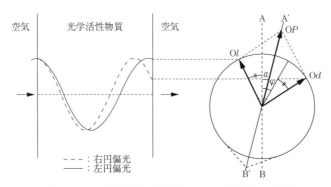

図 17.6 右，左円偏光の速度差による直線偏光の回転

物質の屈折率 n は，真空中における光速度 c と，物質中での光の速度 v との比で表される．

$$n = c/v$$

もしある物質が，円偏光の l 成分および d 成分に対して異なる屈折率 n_l および n_d を示すとき，l 成分および d 成分の物質中の速度をそれぞれ v_l，v_d とすれば

$$n_l = \frac{c}{v_l}, \qquad n_d = \frac{c}{v_d}$$

になる．光の波長を λ，振動数を ν，試料の層長を l cm とすれば，l cm を光が通過する時間は l/v_l，l/v_d となり，これに光の振動数 ν を掛けると物質中を通過する時間内の振動数となる．さらに位相は 1 振動当たり 2π 進むので，これを掛ければ，通過後の位相は $2\pi\nu l/v_l$ および $2\pi\nu l/v_d$

17.3 旋光度測定法

となる．この差が位相差 φ であるから

$$\varphi = 2\pi\nu l\left(\frac{1}{v_l} - \frac{1}{v_d}\right)$$

となる．これは，位相差 φ が l 成分と d 成分の速度の違いによって生ずることを示している．また $\nu = c/\lambda$ であるから，

$$\varphi = \frac{2\pi l}{\lambda}\left(\frac{c}{v_l} - \frac{c}{v_d}\right)$$

となる．これに $n_l = c/v_l$，$n_d = c/v_d$ を代入すると

$$\varphi = \frac{2\pi l}{\lambda}(n_l - n_d)$$

が得られる．したがって，旋光度 α は

$$\alpha = \frac{\varphi}{2} = \frac{\pi l}{\lambda}(n_l - n_d)$$

で表される．この式は，旋光度が屈折率の差と層長 l に比例していることを示している．

旋光度は，旋光計によって測定する．旋光計は，光源，偏光子，試料室，検光子（偏光子と同じもの）および度盛り板からなっている．装置の概略を図 17.7 に示す．

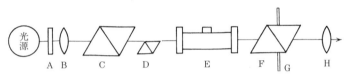

図 17.7 リッピッヒ旋光計
A：フィルター（分光器），B：コリメーターレンズ，C：偏光子，D：リッピッヒプリズム，E：試料，F：検光子，G：度盛り板，H：接眼レンズ．

旋光度は測定管の層長に比例し，溶液の濃度，温度および波長に関係する．旋光の性質は，偏光の進行方向に向きあって，偏光面を右に回転するものを右旋性，左に回転するものを左旋性とし，偏光面を回転する角度を示す数字の前に，それぞれ，記号＋または－をつけて示す．

日局で用いられる旋光度 α_x^t とは，特定の単色光 x（波長または名称で記載する）を用い，温度 t°C で測定したときの旋光度を示し，その測定は，通常，温度 20°C，層長 100 mm，光線ナトリウムスペクトルの D 線で行われている．

一方，一定温度，単位層長，単位濃度当たりの旋光度は，波長にのみ依存する物質固有の値を示す．これを比旋光度という．

比旋光度 $[\alpha]_x^t$ は，次の式で表される．

$$[\alpha]_x^t = \frac{100\alpha}{lc}$$

ここで，t：測定時の温度，x：用いたスペクトルの特定の単色光の波長または名称（D 線を用いたときは，D と記載する），α：偏光面を回転した角度，l：試料溶液の層で，測定に用いた測定管の長さ (mm)，c：日本薬局方では，溶液 1 mL 中に存在する薬品の g 数で，液状薬品を溶液としないでそのまま用いたときは，その密度である．ただし，別に規定するもののほか，この密度の代わりに，その比重を用いる．

医薬品各条で，たとえば $[\alpha]_D^{20}$：$-33.0 \sim -36.0°$（乾燥後，1 g，水，20 mL，100 mm）とは，

本品を乾燥減量の項に規定する条件で乾燥し，その約 1 g を精密に量り，水に溶かし正確に 20 mL とし，この液につき，層長 100 mm で測定するとき，$[\alpha]_D^{20}$ が $-33.0 \sim -36.0°$ であることを示す．

17.3.3 旋光分散・円偏光二色性

旋光度は測定波長によって変化する．紫外可視部領域で連続的に測定して得られる旋光度の変化を**旋光分散**（optical rotatory dispersion, ORD）という．横軸に旋光度を縦軸にプロットすると旋光分散曲線が得られる．

このとき，長波長側から短波長側にかけてなめらかに旋光度が増大または減少する場合を単純曲線という．図 17.8 (a) に示す．旋光分散曲線のなかには，正の大きな値から負の大きな値に，またはその逆に変化し，異常分散を示すものがある．この異常分散を**コットン効果**（Cotton effect）という．

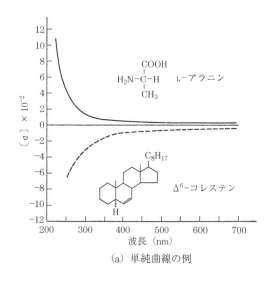
(a) 単純曲線の例

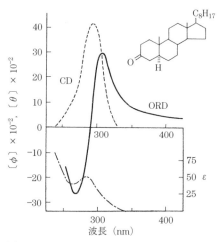
(b) 5α-コレスタン-3-オンの旋光分散（ORD），円二色性（CD）および紫外吸収（UV）曲線

図 17.8 旋光分散曲線
（(b) 栗山 馨：旋光分散，実験化学講座 続 5，日本化学会編，p. 1243，丸善，1966 より）

左右円偏光が異なった速度で媒体を通過するだけでなく，さらに異なった度合いで媒体に吸収されると透過光は楕円偏光となる．この現象を**円偏光二色性**（circular dichroism, CD）という．左右円偏光に対する吸収の差と速度の差が同時に起こるとコットン効果の現象がみられる．

図 17.8 (b) に分散曲線の一例を示す．一般にコットン効果は，その物質の吸収極大の波長域で起こる．このような吸収帯を光学活性吸収帯という．

18

X線回折分析法

はじめに

ワトソン（J.D. Watson）とクリック（F.H.C. Crick）がDNAの二重らせん構造を発表するに当たって，ロージー（ロザリンド）・フランクリン（R.E. Franklin）のDNAのX線回折結果を決め手にしたことは有名である．単純な化合物から始まって，タンパク質，金属，無機化合物に至るさまざまな物質の構造を示すことは，DNAの二重らせんの話にかぎらず，最終ゴールといえるものである．X線の波長は，1/100 nm（エネルギーでは100〜100000 eV）であり，分子の結合長は1 nmの数分の1であるから，人体などを通り抜けたり，あるいは原子と衝突して回折したりする．

18.1 X 線 光 源

図18.1にX線管球の模式図を示す．フィラメントに電流を流して加熱し熱電子を放出させる．これを陰極として，ターゲットである金属（陽極）との間に数十eVの電圧をかけておくと，加速された電子はターゲットに衝突し，運動エネルギーはX線として放出される（制動X線とよばれる）．変換効率は0.1%程度で，あとは熱に変わってしまうので，ターゲットは水冷しなければ溶けて変形してしまう．たとえばターゲットに銅を使用すると，図18.2のような波長分布をもつX

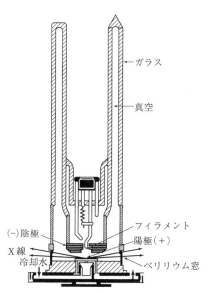

図18.1 X線管球の断面図[1]

線が発生する．鋭いピークのバックグラウンドとして，連続したスペクトルが得られるが，これが制動Ｘ線である．制動Ｘ線の端（短波長側）のエネルギーは，電子を加速する電圧（したがって電子の運動エネルギー）によって決まる．Ｘ線管球は電子の運動を妨げないように真空となっているが，Ｘ線を取り出す窓は，Ｘ線を通しやすい金属ベリリウムが使われる．図18.2にはこの連

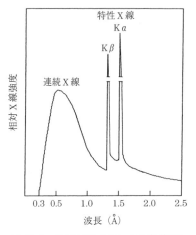

図18.2 Ｘ線のスペクトル分布（銅をターゲットとしたとき）

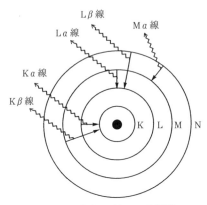

図18.3 特性Ｘ線の発生機構
中心の黒丸は原子核，Ｋ，Ｌ，Ｍ，Ｎは各電子軌道の殻．

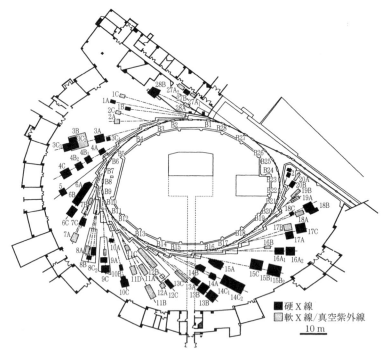

図18.4 Photon Factory (PF) の平面図[2]
楕円形の電子蓄積リングから取り出された放射光は種々の実験ステーションに導かれる．蓄積リング上でB1などの番号を付した白抜きの箱は偏向電磁石を示し，番号なしの白抜きの箱は挿入光源を示している．1Aなどの番号を付した四角形は放射線防護用のハッチとよばれる鉛製（鋼材で補強）の箱である．実験機器はこの中に置かれ測定はハッチの外から遠隔操作によって行う．

続した制動 X 線の上に鋭いピークがみられる．これは特性 X 線とよばれ，その波長はターゲットとなる元素の種類に依存する．図 18.3 に示すように，ターゲットの元素の軌道の電子が，外側の軌道から内側の軌道へ落ち込むときに発生する X 線が特性 X 線であり，軌道のエネルギーは，元素ごとに異なるからである．陰極から高速でターゲットに当たった電子は，内側の軌道の電子を跳ね飛ばし，その開いた軌道に外側の電子が落ち込むときに，特性 X 線が発生する．図 18.1 の真空管球のほか，開放型の回転対陰極ターゲットの管球が用いられることもある．しかし X 線光源としてもっと重要なのは，シンクロトロン放射光である．高速に加速された電子が磁場によって飛行軌道が変えられると，接線方向に放射光が放出される．高エネルギー加速器研究機構の Photon Factory の上からみた模式図を図 18.4 に示す．特性 X 線をもたない連続した広い波長領域（可視光から 0.01 nm の波長領域），高輝度，レーザーのような強い指向性，1 ms 程度のパルスとなっているのが，放射光 X 線の特徴である．

18.2　X 線 の 回 折

X 線が試料の原子に当たると，波長が変わらずに特定の方向に散乱するものがある．この散乱を**ブラッグ散乱**（または**トムソン散乱**）とよぶ．原子の近傍でそのまま通過してしまうものや，波長の変化するコンプトン散乱とよばれるものは，回折には利用しない．図 18.5 は結晶格子における X 線の回折の図である．通常結晶構造解析の場合，図 18.5 のような回折現象を使って，結晶（分光結晶）によって特性 X 線だけを取り出して回折を行う．これを X 線の分光といい，通常はグラファイトの結晶が用いられる．すなわち有機系の物質では銅，金属などではモリブデンをターゲットに出てきた X 線を，分光結晶で単色の X 線としてとり出す．さて試料が単結晶の場合，やはり図 18.4 のような結晶格子に X 線が照射されることになる．原子の間隔と X 線の波長が特定の条件を満たすとき，近接する X 線は強めあい，特定の角度に散乱する．この波長と散乱角度の関係が，以下に示す**ブラッグの式**とよばれるものである．

$$n\lambda = 2d \sin \theta$$

ここで θ は回折角であり，**ブラッグ角**とよばれる．散乱するのは入射方向からみて 2θ の方向であり，**散乱角**とよばれる．結晶の格子面に対して，ブラッグの反射条件に従って，特定方向に回折光は放出される．したがって結晶試料は**ゴニオメーター**とよばれる角度調節器の上に置かれ，通常 X 線管球は動かさないので，ゴニオメーターと検出器を移動して回折 X 線を検出する．精密な結晶回折を行うために，X 線管球から放出された X 線は，コリメーターで方向性を一定にして，結晶に入射される．結晶は，三次元に動かせるようになっており，さらに検出器の角度（2θ）も変

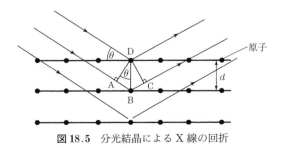

図 18.5　分光結晶による X 線の回折

えられる，単結晶四軸回折装置が用いられる．この模式図を図 18.6 に示す．またこうした軸の回転ではなく，結晶をとり囲むように写真フィルムで回折像を撮影する場合もある．これを**ラウエの斑点写真**という場合もある．その一例を図 18.7 に示す．

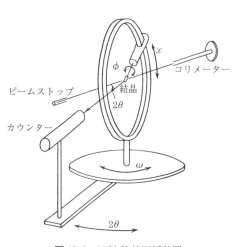

図 18.6　四軸 X 線回折装置

図 18.7　ラウエの斑点写真[3]

18.3　X 線 の 検 出

　X 線の検出には，写真フィルムのほか，イオン電離箱，比例計数管，ガイガー–ミュラー管など，不活性ガス（アルゴン）を封入した高電圧管へ X 線を入射し，生成してくる電子を計数する方法がある．ガイガー–ミュラー（GM）管を図 18.8 に示したが，陽極電圧の大きさによって，図 18.9 のように低いほうから電離箱領域，比例計数管領域，GM 計数管領域に分かれている．GM 領域では，比例計数領域に比べて電圧が高く，電子による二次電離なだれによる放電が起こる．このため X 線のエネルギーと出てくる出力パルスのエネルギーは比例しないが，増幅が簡単なため高い精度を必要としない場合は，GM 管が用いられる．こうした電子の発生を測定するものに代わって，シンチレーションカウンターがよく用いられるようになった．ヨウ化タリウムを含むヨウ化ナトリウムの結晶に X 線が入射すると，発光が生じ，これを光電子増倍管で検出する．さらに X 線に対する半導体検出器も開発されている．X 線回折測定にとっては，できるだけ短時間に回折点を測定する必要があり，結晶を回転させず，二次元で回折斑点を取得することは重要である．先にも述べた写真法は重要な二次元回折像の検出法であるが，さらにイメージングプレートとよばれる二次元検出器も存在する．また X 線用 CCD も開発され，図 18.6 のような四軸 X 線解析装置は使う必要がなくなってきている．

　このようにして得られた回折点から結晶構造を得るには，数学的処理と経験が必要であるが，コンピューターソフトの開発によって，今日では比較的手軽に結晶構造が得られるようになっている．X 線回折の初期の頃は無理であろうといわれた複雑な生体分子も，コンピューターによって，原子の配列が視覚化されるようになっている．こうして得られたトリプシン分子像を図 18.10 に示す．

18.3 X 線 の 検 出

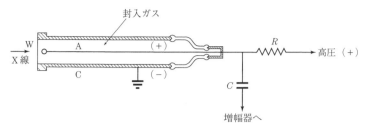

図 18.8 GM 管[1)]
A：陽極タングステン線，C：陰極（金属円筒），W：窓（マイカ薄膜など）

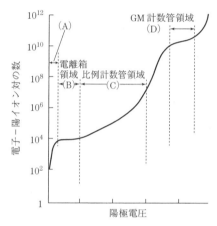

図 18.9 陽極電圧とイオン対の数との関係[4)]

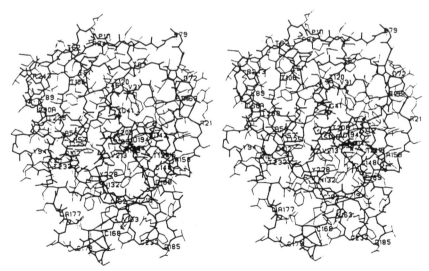

図 18.10 *Streptomyces griseus* トリプシンの構造[5)]
全原子の位置が示されており，主鎖は太い線で，側鎖は細線で示されている（左右の図を左眼と右眼で眺めると立体的になる）．

18.4 粉末X線回折

単結晶解析の場合，ある程度の大きさ（0.数 mm）の結晶作成が必要になる．しかしどんな物質か判定する場合，物質を粉末にした試料を測定する．これを**粉末X線回折法**といっている．粉末は，細かい結晶の集合体であり，原子間距離や角度は維持されるからである．しかしこの場合ラウエの斑点写真のようにはならず，図18.11に示すような円形の回折パターンが得られる．すなわち集合体の微結晶はさまざまな方向を向いているが，このうち入射X線に対してブラッグの反射角の条件を満たす方向を向いた微結晶もあり，結晶系に従って特定の方向にX線は散乱される．もし一定方向をもった単結晶であれば，回折点として現れるが，試料中で都合よくブラッグの反射条件を満たす配向をもった結晶は，試料表面に均等に分布していて，その条件を満たすものは，一定方向にすべて反射されるので，結果として，回折されたX線は粉末試料から円錐状に広がっていく．X線源も試料も固定されているので，結晶表面でブラッグの反射条件を満たすように都合よく配向しているものは，二次元に分布しているからである．しかしこの円錐パターンを測定すると，この円錐の間隔は試料となる物質の結晶に特有のものであり，データベースと比較することによって，どのような物質かを決めることができる．

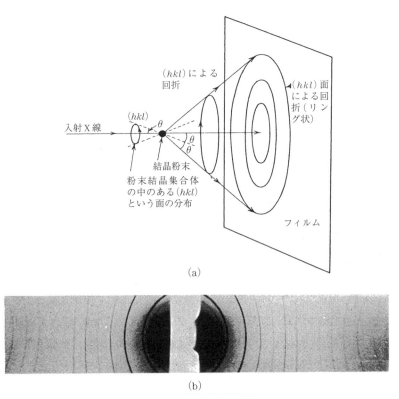

図 18.11 粉末X線回折[6]

18.5 X 線 CT

今日 X 線回折が生命科学の応用として最も注目されているのは，いわゆる X 線 CT（computed tomography）の分野であろう．指向性のよい X 線を 360°角度を変えながら一次元投影像から断面像を作成する手法は，イギリス EMI 社のハウンスフィールド（G.N. Hounsfield）によって開発され，いまや NMR-CT（MRI）と並んで，医療分野に必要不可欠な手法となっている．肺門部肺癌の CT 図を図 18.12 に示す．第 1 回のノーベル賞受賞者だったレントゲンにはじまり，ハウンスフィールドに至るまで，X 線の分野での生命科学への貢献の大きさは，15 名に及ぶノーベル賞受賞者の数からも想像でき，生命科学の最も重要な分析法といえるであろう．

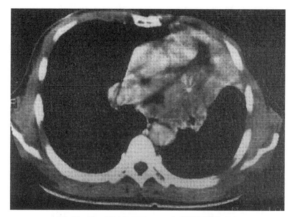

図 18.12　X 線 CT でみた肺門部肺癌[7]

引 用 文 献

1) 日本分析化学会九州支部編：機器分析入門，南江堂，1996．
2) 日本化学会編：実験化学講座 10 物質の構造 II 分光 下（第 5 版），丸善，2005．
3) 門脇和男代表：極限環境を用いた超伝導体の臨界状態の解明，戦略的基礎研究推進事業研究実施終了報告，2001．
4) 庄野利之，脇田久伸編：入門機器分析化学，三共出版，1988．
5) 日本化学会編：実験化学講座 11 物質の構造 III 回折，丸善，2006．
6) 角戸正夫，笹田義夫：X 線解析入門（第 3 版），東京化学同人，1993．
7) 河野通雄，木村修治編：放射線診断学，p.302，金芳堂，1996．

19

原子分光分析

はじめに

　原子は，分子と違って単独に存在しており，その電子レベルには，振動や回転の準位を伴わない．したがって，発光，吸収，蛍光といった分光学的現象は，線幅の小さい鋭いものになる．原子の吸収は，太陽光のスペクトルの中に**フラウンホーファー線**（Fraunhofer line）とよばれる暗線が見いだされることから始まるが，原子の定性，定量法としては，発光法のほうが古い．アークやスパークといった電気放電やフレーム（さまざまな気体，たとえばジシアン$(CN)_2$を燃焼させて，高温フレームをつくった）内に粉末や溶液を導入し，多くの原子を励起させてその発光を測定しようとしたが，定性分析には効果があったものの，微量金属の定量法としては安定性に欠け，実用的とはいえなかった．すなわち 1955 年，オーストラリアのウォルシュ（A. Walsh）が Spectrochimica Acta 誌に発表した原子吸光法の登場によって，原子分光法が金属元素の定量法となった．原子分光分析は，対象がほとんど金属または半金属元素である．これは，電気陰性度の高い非金属の場合，電子の基底状態と励起状態の間のエネルギーが大きくなり，波長が通常の分光法で取り扱える範囲（だいたい 200 nm 前後）より短くなるからである．その後アメリカ，アイオワ州立大学のファッセル（V.A. Fassel）とイギリスのグリーンフィールド（S. Greenfield）によって開発されたアルゴン誘導結合プラズマ（ICP）は，原子の発光源として有力であり，ICP 原子発光分析は，原子発光法を再び定量分析法の有力な方法とするに至った．さらに ICP をイオン源とする質量分析法は，分光法ではないが，金属元素の最も高感度な分析法として，世界に頒布されている．

19.1　原子吸光法

19.1.1　原子吸光法の原理

　光の吸収は，原子の最外殻電子の基底状態から励起状態への遷移によって起こる．表 19.1 は，原子の第一励起状態と基底状態の電子の占める比を示したものである．表 19.1 からも明らかなように，温度が 4000 K に達しても圧倒的に基底状態のほうが多いこと，また共鳴線（原子の第一励起状態までの励起を伴う吸収）の波長が長くなってくると（基底状態と励起状態のエネルギー差が小さくなって），基底状態の占める割合が減ってくることがわかる．亜鉛やカドミウムといった元素は，基底状態が多く原子吸光法が有利である．一方，アルカリ，アルカリ土類元素は電気陰性度が低く，励起状態の割合も高くなっており，フレーム発光法も用いられる理由も理解できる．

　原子吸光法で重要なことは二つある．一つは，効率よく高密度の原子蒸気をつくること，二つ目は 0.01 nm ほどの狭い原子の吸収を測定することである．二つ目について説明すると，通常金属元素の共鳴線〔基底状態から特定の励起状態へ電子が移る（遷移する）吸収線〕は紫外部にあるこ

表 19.1 励起状態にある原子の割合

共鳴線 (Å)	N_j/N_0		
	2000 K	3000 K	4000 K
Cs 8521	4×10^{-4}	7×10^{-3}	3×10^{-2}
Na 5890	1×10^{-5}	6×10^{-4}	4×10^{-3}
Ca 4227	1×10^{-7}	4×10^{-5}	6×10^{-4}
Zn 2139	7×10^{-15}	6×10^{-10}	1×10^{-7}

N_j：励起状態の原子数，N_0：基底状態の原子数．
(Walter Slain 著，下村 滋ほか訳：原子吸光分析，p.2，廣川書店，1970 より)

とが多いが，紫外部の光源である重水素ランプを用いると，特殊な分光器を用いないかぎり分光器の分解能は 1 nm 程度である．すなわち 1 nm の波長範囲の光が，光検出器（光電子増倍管）に入ってくることになる．ところが原子の吸収は，どのように大きくても線幅は 0.01 nm 程度であるので，光量の変化はほとんどないといってよい．したがって光源には，原子の発光線（共鳴線）が用いられなければならない．

19.1.2 原子吸光法の装置
a. 光源

原子吸光法の装置の概略（光学系）を図 19.1 に示す．ここで重要なのは光源である．線幅の広い光源を使うことはできないので，中空陰極ランプという元素ごとの光源が用いられる．中空陰極ランプの構造を図 19.2 に示す．陰極は測定金属を含む合金でできており，陽極との間に 500 V，数〜10 mA の電流が放電される．通常ランプ内は，ネオン（まれにアルゴン）が封入されており，ネオンが放電によって陽イオンとなり，陰極をたたき（スパッタという）測定金属原子を放出・励起する．効率よくこの過程を行うため，陰極は数 mm のへこみがあり，ここから測定元素の発光線が出るようになっている．この構造から**中空陰極ランプ**（hollow cathode lamp）とよばれてい

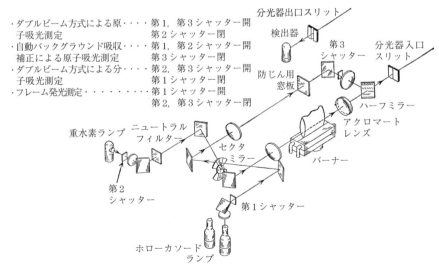

図 19.1 原子吸光分析装置の光学系（島津 AA-6500）
バックグラウンド自動補正可能なダブルビーム分光器となっている．

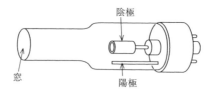

図 19.2 中空陰極ランプ

る．陰極を複数の金属元素でつくり，複数（10元素くらいのものもあるが，通常は二つか三つ）元素の光源が1本の中空陰極ランプとなっている場合もある．中空陰極ランプから出る光は，比較的指向性のよい原子の発光線であるので，そのままフレームや炭素炉を通過させて原子吸光を行う．原子線は通常紫外部にあるため，中空陰極ランプから同時に出るネオンの発光線によって光軸合わせを行う．なお光源には，金属ハライドと希ガスを封入して高周波をかけて発光させる，無電極放電管も使用されている．ランプからの発光には，非共鳴線の発光，ネオンなどの封入ガスの発光などが含まれ，測定に使用する共鳴線の検出を妨害するので，分光器で波長を選別してから，光検出を行う．

b. 原子化

試料（溶液）に含まれる微量金属の原子をつくる方法はいくつかある．最初に登場したのは，空気とアセチレンを燃焼させるフレーム原子吸光法である．2300°Cまで達し，酸化物がきわめて安定な元素（ホウ素，モリブデンなど）以外は，多くの元素の原子化が可能である．ただしヒ素やアンチモンのような半金属元素になってくると分析線の波長が 200 nm 近傍やそれ以下になるので，この部分が透明な水素と空気の燃焼フレームが用いられる．酸化物が安定な元素には 2600°C まで達する N_2O/アセチレン炎が用いられる．こうしたフレームは，図 19.3 のような予混合バーナー（スリットバーナー）が使用される．予混合バーナーは，あらかじめ試料溶液を噴霧したものと燃料・助燃気体を混合し，5 ないし 10 cm のスリット上にフレームをつくるようになっている．これは光路長を稼ぐためである．安定に層状に燃焼するので，ラミナーフレームとよばれている．

フレームを用いると，バーナーからフレームへ導入される段階で試料溶液の 90% 以上が失われてしまう．さらにフレーム自身の容積が大きく測定対象の原子が薄まってしまい，また原子も酸化物などをつくってしまう．したがって図 19.4 のようなグラファイト（炭素）炉が用いられる．グラファイトには 50〜100 μL の試料を注入し，通電して加熱する．最初 100°C 程度で乾燥し，ついで 500°C 程度（試料による）で灰化（試料に含まれる有機物や酸などを飛ばす）した後 2400°C 程度

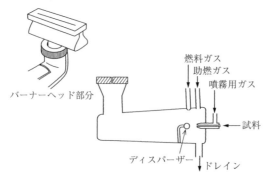

図 19.3 予混合バーナー（スリットバーナー）

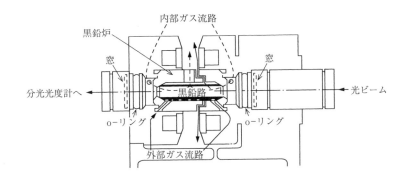

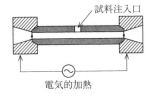

図 19.4 グラファイト炉の断面図
(Perkin-Elmer 社のカタログをもとに作成)

に温度を上げて，原子化を行う．グラファイト間の直径は 3 mm 程度なので，狭い空間に原子を閉じ込めることができるので，フレームに比較して 2 桁以上高感度な定量ができる．こうした方法は，炭素炉原子吸光法とよばれている．グラファイトのほか，タンタルやタングステンなどの金属が炉材に用いられることもある．金属元素が炭化物をつくってしまうことがある場合などである．フレームを用いるフレーム原子吸光法に対応して，炭素炉も含めてファーネス原子吸光法と総称される．

ヒ素，アンチモン，セレン，テルル，スズ，鉛は，テトラヒドロホウ酸ナトリウム（$NaBH_4$）と水溶液中で混合すると，低沸点の水素化物をつくる．これをアルゴン気流に入れて水素炎，上記のファーネスあるいは加熱したシリカ管に導入して，原子化する方法がある．これを水素化物原子吸光法とよんでいる．

水銀は，元素の状態で沸点が低く常温で気体として存在するが，水銀を還元して，原子蒸気として測定する方法が存在する．まず試料溶液に還元剤として硫酸第一スズを入れると，

$$Hg^{2+} + Sn^{2+} \longrightarrow Hg^0 \text{（原子）} + Sn^{4+}$$

の反応で水銀原子を得ることができる．これをそのまま石英管に入れる場合もあるが，一度金とアマルガムをつくらせ，これを加熱するとより濃縮された水銀の高いピークが現れる．先の水素化物原子吸光法とあわせて，還元気化原子吸光法とよんでいる．水銀の還元気化原子吸光法は，原子吸光法のなかでも最も感度の高い方法である．0.1 ppb（10^{-10} g/mL）の濃度の水銀が簡単に計れる．フレーム原子吸光法では 1〜10 ppm（10^{-6} g/mL），ファーネス原子吸光法では 1〜10 ppb（10^{-9} g/mL）が元素の検出下限である．フレームを使わない方法をフレームレス原子吸光法とよんでいるが，過渡的に原子をつくる方法では，吸収は時間に対してピークをつくる（つまり時間的に持続しない）ことである．特にファーネス原子吸光では，試料の注入によってピークの高さが異なってくることがあり，多少の習熟が必要である．

c. 干 渉

　測定する場合に，共存物が測定値に誤差を与える場合がある．これを一般に干渉とよんでいる．フレーム原子吸光法では，粘度の高い試料ではバーナーへの吸い込みが悪くなり，原子吸光強度が低くなる．溶液の密度や表面張力などの物理的液性の変化による誤差の発生を物理干渉といっている．またアルカリ元素はイオン化しやすいので，フレーム中でイオンとなっているものもあるが，他のアルカリイオンが大量に共存すると測定元素に電子を供給してそのイオン化率が減少し，吸収が大きくなる場合がある．またカルシウムを定量する場合，リン酸イオンや硫酸イオンが存在すると，フレーム中で難分解性のリン酸カルシウムや硫酸カルシウムが生成して（耐火性化合物とよばれる），感度が落ちる．こうした誤差の発生を化学干渉といっている．空気-アセチレン炎で起きる耐火性化合物の生成には，高温フレームである N_2O/アセチレン炎を用いたり，ランタンを添加したりする．またアルカリ元素がイオン化する場合，あらかじめ多量の別のアルカリ元素を入れて，イオン化をはじめから抑制することが行われる．また共存物が化合物をつくり，測定原子の吸収をかさ上げする場合がある．これを分光干渉といっている．NaClの分光干渉はよく知られている．分子の吸収は，幅が広いので連続光源で測定できる．そこで中空陰極ランプで測定した吸光度から，連続光源（重水素ランプ）の吸光度を差し引くことで，分光干渉を回避する．その過程を図19.5に示す．分光干渉の除去装置は原子吸光高度計に組み込まれている場合が多い．測定対象の原子の共鳴線の近傍の吸収を測定する方法としては，ファーネスや中空陰極ランプに磁場を加えてゼーマン分裂を起こさせ偏光成分の差から測定する方法や，中空陰極ランプに高電流を流して，共鳴線の線幅を広げる方法などがとられる場合もある．

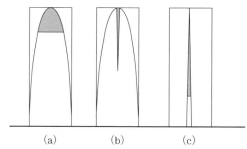

(a) 連続光源での分子の吸収（光量は減少する）
(b) 連続光源での原子の吸収（光量はほとんど変化しない）
(c) 中空陰極ランプでの分子の吸収と原子の吸収が混じったもの
　　（光量は分子の吸収と原子の吸収で減少する）

図 19.5 バックグラウンド補正法（連続光源によるもの）
四角はスリットの波長領域（0.5～2 nm）．吸光度(c)－吸光度(a)＝真の原子に由来する吸光度．

d. 検量線と標準試料

　試料中の金属元素の濃度を決めるには，濃度既知の溶液をいくつかの濃度でつくっておき，試料の吸収に対応する濃度を決める方法（検量線法），あらかじめ試料に異なる濃度の標準液を加えておき，各試料の吸光度の傾きから濃度を決める方法（標準添加法），さらに化学的挙動の似た元素（内標準）を一定量加えておき，内標準の吸収強度に対する比を検量線（もちろん試料溶液にも内標準を加えておく）とする方法がある．すべての場合，検量濃度の範囲（最も低い濃度の標準液から最も高い濃度の標準液：標準添加法も含まれる）に試料の濃度が入っていなければならない．ま

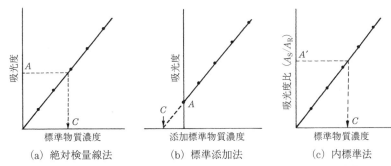

A：分析試料溶液の吸光度，A_S：目的元素の吸光度，A'：分析試料溶液の吸光度比，
A_R：内標準元素の吸光度，C：目的元素の濃度

図19.6 検量線の作成法

(a) 既知の濃度の検量液を数個つくり，検量線を作成する．
(b) 一定量の試料を加えた何種類かの検量液をつくり，検量線の原点から延長した C の位置から濃度を測定する．試料に共存する物質，効果は検量液の測定の際にも含まれ，除去できる利点がある．
(c) 内標準元素を一定量入れた試料と検量液を測定する．内標準元素も測定元素も，共存成分の影響を同等に受けると仮定すると，共存成分の効果は消去される．

た標準添加法では，検量線の直線範囲で行わなくてはならず，試料がそれを超える場合は，試料を薄めなければならない．この三つの方法の検量線を図19.6に示した．

試料は液体か固体の場合が多いが，河川水，海水，土壌，植物の葉などについては標準試料が市販されている．固体の試料ではこれを溶液化して測定するが（これを試料の分解という），その際正しく試料が調製されているかどうかを判定するのに，標準試料が使われる．すなわち測定したい試料と似た標準試料を購入し，その試料を分析して，測定値が正しいかどうか判定しなくてはならない．河川水や海水などの液体試料でも同様である．液体試料であっても溶媒抽出などの操作を伴う場合は，標準試料の分析は不可欠である．

19.2 ICP原子発光分析

誘導結合プラズマ（inductively coupled plasma，略してICP）は，イギリスのグリーンフィールドとアメリカのアイオワ州立大学のファッセルが1964年から1965年にかけて原子の発光源として考案した．アメリカARL社から装置化されたが，実際にはファッセルが1974年にAnalytical Chemistry誌にICPを原子発光源として発表してから，注目されるようになった．そしてその安定性のため今日の代表的な金属元素の発光分析法となっている．誘導結合プラズマは，通常27.1 MHz，1〜2kWの高周波によってつくられるアルゴンプラズマである．その構造を図19.7に示す．こうした構造のプラズマをつくるために，石英の三重構造のトーチ（径18 mm）が用いられる．これを図19.8に示す．この三重構造のために，ドーナツ状の10000 Kに及ぶプラズマが形成される．高周波は電磁波であり，アルゴンのように最外殻電子が詰まった原子が高周波の電場で揺すぶられると，高周波のエネルギーを吸収して電離しプラズマ状態となる．キャリヤーガス（アルゴン）に混じって噴霧された試料溶液は，プラズマの表皮効果といわれるもののために直接はプラズマ内に入っていけないが，ドーナツの中を通り抜ける際にプラズマ本体から熱を受けて励起され，外炎（図19.7では分析ゾーン）といわれる部分で発光する．この発光はすでに述べたように，歴史的に用いられてきたアーク放電やスパーク放電のプラズマに比べて安定な光源であり，金属の

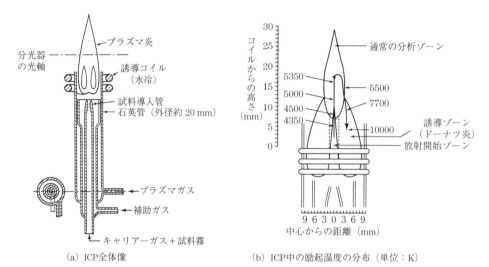

(a) ICP全体像　　　　(b) ICP中の励起温度の分布（単位：K）

図19.7 ICP（高周波誘導結合プラズマ）
((b) N. Furuta, G.M. Horlick: *Spectrochim Acta*, **37B**, 60, 1982 より)

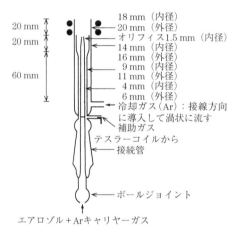

図19.8 ICPで用いられる石英製トーチ
図上部の四つの黒点は誘導コイルの断面を示す．

定量に広範に用いられるようになった．

　ICP原子発光分析は，測定する元素にもよるが，その感度はフレーム原子吸光法と炭素炉原子吸光法の中間くらいである．ただし原子吸光法に比べると，測定元素一つ一つに対応する光源を必要としないこと，ポリクロメーター（モノクロメーターと異なり，多波長が測定できるもの）によって多元素同時分析が可能なことなど決定的な利点がある．また，炭素炉原子吸光法のように試料の注入に習熟を要することもない．もちろん発光分析の短所として，共存元素の発光線が重なる場合も多いが，分光器の前に水晶板を入れて揺らせる方法などによって近傍の波長の光量を測定し，バックグラウンド発光として補正するようになっている．受光部は光電子増倍管か二次元測光器であるCCDが使われることもある．通常はICP発光部を横から観測する方法がとられているが，これでは発光の一部しかとれないので，ICPの上から測光し，すべての発光を取得する方法もとられるようになった．

19.3 ICP-質量分析法（ICP-MS）

　厳密にいえば原子分光法ではないが，同じくファッセルの属するアイオワ州立大学グループによって開発された微量金属測定法であるので，ここで少し述べておく．ICP に導入された元素のうちイオン化エネルギー 8 eV 以下の元素の 90% はイオン化している．このことに目をつけたファッセル一派のホーク（Houk）らは，1980 年 ICP を質量分析のイオン源とすることを発表した．1983 年カナダの Sciex 社に続いてイギリスの VG 社から装置が販売され装置化が実現した．装置系を図 19.9 に示す．質量分析計は真空に保つ必要があるが，ICP は大気圧アルゴンプラズマであり，そのインターフェースが骨子である．サンプリングコーン，スキマーコーンという二つの細孔を通過した測定元素のイオンは真空中で加速され，通常は四重極質量分析計で質量分析される．ICP-MS の特徴は，その高感度性にあり，ppt（10^{-12} g/mL）のレベルが，ICP-MS の登場により可能となった．表 19.2 に本章で出てきた方法による各元素の検出限界を示す．

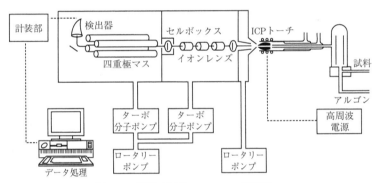

(a) ICP-質量分析計システムの原理図

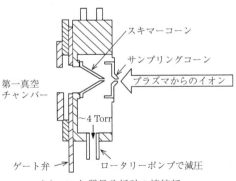

(b) ICPと質量分析計の接続部

図 19.9 ICP-質量分析計の模式図

表 19.2 検出限界の比較

元素	ICP-MS	ICP-AES	GFAAS	FLAAS	元素	ICP-MS	ICP-AES	GFAAS	FLAAS
Ag	**0.005**	0.2	0.01	5	Na	0.11	0.1	**0.001**	5
Al	0.015	0.2	**0.08**	100	Nb	**0.002**	0.2	—	5000
As	**0.031**	2	0.16	200	Nd	**0.007**	0.3	200	2000
Au	**0.005**	0.9	0.24	20	Ni	**0.013**	0.2	0.4	5
B	0.25	**0.1**	50	6000	Os	—	**0.4**	5.4	1000
Ba	**0.006**	0.01	0.08	50	P	—	**15**	100	—
Be	0.05	**0.003**	0.02	2	Pb	**0.01**	1	0.08	10
Bi	**0.004**	10	0.08	50	Pd	**0.009**	2	1.6	20
Ca	0.73	**0.0001**	0.02	2	Pr	**0.003**	10	80	10000
Cd	0.005	0.07	**0.004**	5	Pt	**0.005**	0.9	1.6	100
Ce	**0.004**	0.4	—	—	Rb	**0.005**	—	—	5
Co	**0.005**	0.1	0.16	5	Re	—	**6**	20	1500
Cr	0.04	**0.08**	**0.08**	5	Rh	**0.002**	30	0.4	30
Cs	**0.002**	—	—	50	Ru	—	30	**8**	300
Cu	0.04	**0.04**	0.08	5	Sb	**0.012**	10	0.16	200
Dy	**0.007**	4	3.4	400	Sc	**0.015**	0.4	0.74	200
Er	**0.005**	1	9	100	Se	0.37	1	**0.16**	500
Eu	**0.007**	0.06	0.2	200	Si	—	2	**0.01**	100
Ga	**0.004**	0.6	0.1	100	Sn	**0.01**	3	0.08	60
Gd	**0.009**	0.4	80	4000	Sr	**0.003**	0.002	0.04	10
Ge	**0.013**	0.5	0.6	1000	Tb	**0.002**	0.1	100	2000
Hf	—	10	680	1500	Te	**0.032**	15	0.08	300
Hg	**0.018**	1	0.8	500	Th	**0.001**	3	—	—
Ho	**0.002**	3	1.8	300	Ti	**0.011**	0.03	0.8	200
In	**0.002**	0.4	0.22	50	Tl	**0.003**	40	0.08	800
Ir	—	30	**3.4**	2000	Tm	**0.002**	0.2	0.2	—
Fe	0.58	0.09	**0.06**	5	U	**0.001**	1.5	20	—
K	—	30	**0.002**	5	V	**0.008**	0.06	0.8	40
La	**0.002**	0.1	24	2000	W	**0.007**	0.8	—	3000
Li	0.027	0.02	**0.002**	5	Y	**0.004**	0.04	8	300
Lu	**0.002**	0.1	80	3000	Yb	**0.005**	0.02	0.1	40
Mg	0.018	0.003	**0.001**	0.5	Zn	0.035	0.1	**0.006**	2
Mn	**0.006**	0.01	0.02	3	Zr	**0.005**	0.06	240	5000
Mo	**0.006**	0.2	0.24	100					

ICP-MS：質量分析器，ICP-AES：原子発光分析，GFAAS：グラファイト炉原子吸収分析，FLAAS：化学炎原子吸光分析．下線部は，最小の検出限界を示す．
(http://kccn.konan-u.ac.jp/chemistry/ia/contents_01/01.html より)

20

電気分析法

はじめに

電気分析法とは，電位差，電流，電量などを測定することを基礎とした分析法である．この分析法はイオンなどの定量，滴定終点の検出などに応用される．日本薬局方 16 局の一般試験法のなかで，**水分測定法（カールフィッシャー法）**，**滴定終点検出法**，**pH 測定法**，導電率測定法において電気分析法が用いられている．

20.1 電位差の測定

金属銀 Ag が，銀イオン Ag^+ を含む溶液に浸かっているとき，この電極系は $Ag|Ag^+$ と表され，この電極の**半反応**は $Ag^+ + e \rightleftarrows Ag$ である．この半反応の電位は**ネルンスト**（Nernst）**の式**により，

$$E = E° + \frac{2.303\,RT}{F} \log(Ag^+)$$

と表される．(Ag^+) は銀イオンの活量である．この電位は，単極の形のままでは知ることはできないが，他の電極と組み合わせて電池を形成することによって初めて測定される．このような電池において，目的とする化学反応が起こっている電極を**指示電極**（indicator electrode），また基準として用いる電極を**参照電極**（reference electrode）という（図 20.1）．半反応が $H^+ + e \rightleftarrows (1/2)H_2$ であるような**標準水素電極**（normal hydrogen electrode, NHE）（図 20.2）が参照電極として用いられる．この電位を 0 V として種々の電極の電位が求められる．しかしこの電極は水素ガスを使用するなど取扱いが不便であるのであまり使用されない．広く用いられる電極は**飽和カロメル電極**（saturated caromel electrode, SCE）（図 20.3）や**銀-塩化銀電極**（図 20.4）である．SCE の

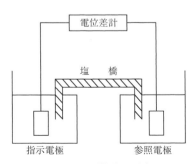

図 20.1　電位差の測定

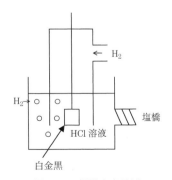

図 20.2　標準水素電極

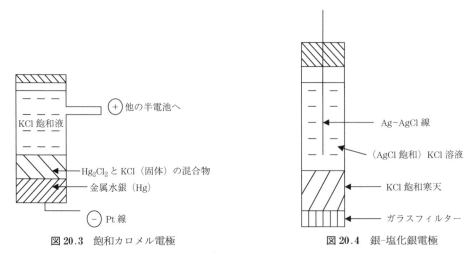

図20.3 飽和カロメル電極　　　　図20.4 銀-塩化銀電極

半反応は $Hg_2Cl_2+2e \rightleftarrows 2Hg+2Cl^-$ であり，NHE に対して+0.241 V の値をもっているので，SCE を参照電極としてある電極の電位を測定した場合，0.241 V を加えたものが NHE に対する電位すなわち標準電極電位となる．銀-塩化銀電極の半反応は $AgCl+e \rightleftarrows Ag+Cl^-$ であり，NHE に対して+0.210 V の値をもつ．SCE は安定性のよい電極であるが，毒性をもつ水銀を使用することから，最近は銀-塩化銀電極が多く使用されている．

20.2 pH 測定

pH 測定には簡便性から**ガラス電極**が用いられる．ガラス電極に用いられるガラス膜は水素イオンに選択的に感応し透過させる性質をもっている．このようなガラス膜の両側に水素イオン活量がそれぞれ $(H^+)_I$ と $(H^+)_{II}$ である溶液があると，$(2.303\,RT/F)\log\{(H^+)_I/(H^+)_{II}\}$ の大きさの膜電位（図20.5）が生じる．この半電池は濃淡電池である．この電位を測定することによって試料液の pH を求める．図20.6に，pH メーターにおける電極を示した．この装置は二つの半電池を組み合わせたものである．

$$Ag\,|\,AgCl\,|\,Cl^-\,|\,内部液(H^+)_I\,|\,ガラス膜\,|\,試料液(H^+)_{II}\,\|\,Cl^-\,|\,AgCl\,|\,Ag$$
（指示電極の半電池）　　　　　　　　　　　（参照電極の半電池）

この装置について測定される起電力（E）は

$$E = E_g - E_r + \frac{2.303\,RT}{F}\log\left\{\frac{(H^+)_I}{(H^+)_{II}}\right\} + E_j + E_a$$

となる．ここで，E_g, E_r はそれぞれガラス電極内部の電極電位，参照電極の電位である．E_j は参照電極の液絡を通して試料液と参照電極との間に生じる液間電位差である．E_a はガラス膜のひず

図20.5 ガラス膜における膜電位の発生

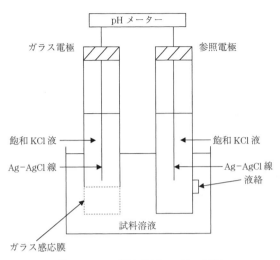

図 20.6 pH 測定装置における電極

みなどによって生じる**不斉**（asymmetry）**電位**である．E_g，E_r および $(H^+)_I$ は一定であり，E_j，E_a も一定と考えられる場合は

$$E = k - \frac{2.303\,RT}{F}\log(H^+)_{II} = \frac{2.303\,RT}{F} \times pH + k \tag{1}$$

となる．E は E_j および E_a を含むため，E を求めても pH を知ることはできない．

そこで，何らかの方法によって，すでに pH の値（pH_S）が求められている標準液の起電力を E_S とすると，

$$E_S = \frac{2.303\,RT}{F} \times pH_S + k \tag{2}$$

となる．式 (1) と式 (2) の差から，

$$pH = pH_S + \frac{E - E_S}{2.303\,RT/F} \tag{3}$$

となり，標準液を用いることにより試料液の pH を測定できる．

20.3 電位差滴定法

電位差滴定法とは滴定の終点検出方法の一つである．滴定の当量点の前後における電位差の大きな変化から終点を検出する．指示薬による終点検出法に比べ，主観的な判断による部分が少ないという利点をもつ．

20.3.1 指示電極

電位差の測定は図 20.1 に示したような，指示電極と参照電極をもつ電位差計によって電位差を検出する．日本薬局方において使用される指示電極は，滴定の種類によって定められている（表 20.1）．

表 20.1 日本薬局方 16 局において使用される指示電極

滴定の種類	指示電極
酸塩基滴定（中和滴定，pH 滴定）	ガラス電極
沈殿滴定（硝酸銀によるハロゲンイオンの滴定）	銀電極．ただし，参照電極は銀・塩化銀電極を用い，参照電極と被滴定溶液との間に飽和硝酸カリウム溶液の塩橋を挿入する．
酸化還元滴定（ジアゾ滴定など）	白金電極
錯滴定（キレート滴定）	水銀・塩化水銀（II）電極
非水滴定（過塩素酸滴定，テトラメチルアンモニウムヒドロキシド滴定）	ガラス電極

参照電極は，通例，銀-塩化銀電極を用いる．

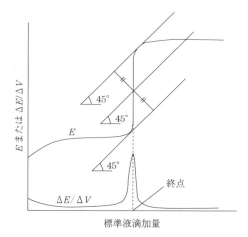

図 20.7　作図法による滴定終点の決定[4]

20.3.2　終点の決定

終点の決定は，図 20.7 に示したように，作図法によるか，あるいは滴定曲線の一次微分曲線から求める．また，二次微分曲線から求める方法もある．この場合は微分曲線と x 軸との交点から終点を求める．

20.3.3　電位差滴定の例
a.　硝酸銀液による塩化物イオンの滴定

用いられる電位差計において，指示電極は銀電極，参照電極は銀-塩化銀電極であり，塩橋としては KCl でなく KNO_3 を含むものを用いる．これは，滴定液中に塩橋からの塩化物イオンが混じらないようにするためである．図 20.8 のような装置を用いる．指示電極における半反応（半電池）は $Ag^+ + e \rightleftarrows Ag$ であり，その電位は

$$E = E° + \frac{2.303\,RT}{F} \log(Ag^+)$$

である．

$$(Ag^+)(Cl^-) = K_{sp} = 10^{-10}$$

より

$$-\log(Ag^+) + \{-\log(Cl^-)\} = -\log K_{sp} = 10$$

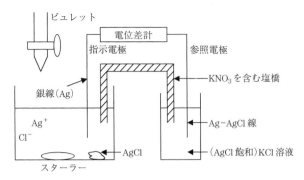

図 20.8 硝酸銀液による塩化物イオンの滴定に用いられる電位差計と電極

すなわち

$$\mathrm{pAg}^+ + \mathrm{pCl}^- = 10$$

であるから，

$$E = E° + \frac{2.303\,RT}{F}\log(\mathrm{Ag}^+) = E° + \frac{2.303\,RT}{F}(\mathrm{pCl}^- - 10)$$

$$= \frac{2.303\,RT}{F} \times \mathrm{pCl}^- + E° - \frac{2.303\,RT}{F} \times 10$$

となる．

表 20.2 には 0.1 mol/L NaCl 100 mL を 0.1 mol/L AgNO₃ で滴定したときの pCl⁻ の変化を示してある．当量点前後で pCl⁻ が大きく変化し，したがって起電力も当量点前後で大きく変化する．

表 20.2 0.1 mol/L NaCl 100 mL を 0.1 mol/L AgNO₃ で滴定したときの pCl⁻ および pAg⁺ の変化

加えられた AgNO₃ 液 (mL)	pCl⁻	pAg⁺
0	1.0	
90.0	2.3	7.7
99.0	3.3	6.7
99.9	4.3	5.7
100.0	5.0	5.0
100.1	5.7	4.3
101.0	6.7	3.3
110.0	7.7	2.3

b. 亜硝酸ナトリウムによる芳香族第一アミンの定量

芳香族第一アミンは次のような反応に従って，亜硝酸ナトリウム（亜硝酸）によって定量される．

$$\mathrm{RC_6H_4NH_2} + \mathrm{HNO_2} + \mathrm{H}^+ \longrightarrow \mathrm{RC_6H_4N_2^+} + 2\mathrm{H_2O}$$

当量点を過ぎ，過剰な亜硝酸が存在すると

$$\mathrm{NO_3^-} + 2\mathrm{H}^+ + 2e \rightleftharpoons \mathrm{NO_2^-} + \mathrm{H_2O}$$

の反応が起こる．図 20.1 の装置において，電極を白金（これは反応に対して不活性）とすると，上記の半反応に対応した電位が観測されるようになる．

20.4 電流滴定法

日本薬局方16局で終点検出法として**定電圧分極電流滴定法**が採用されている．この方法を行うための装置は図20.9に示したようなものである．反応液に2本の白金電極を入れ，この電極間に一定の電圧をかける．両極において，それぞれ電気的な反応が起こっているとき，回路に電流が流れるようになる．この電流によって終点を検出する．

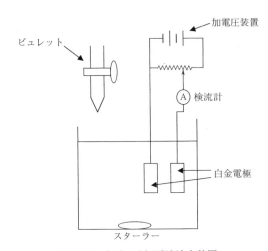

図20.9 定電圧分極電流滴定装置

水分測定法（カールフィッシャー法）における終点はこの方法によって検出される．カールフィッシャー法は，ピリジンおよびメタノールの存在下，水がヨウ素および二酸化イオウと定量的に反応することを利用した水分定量法である．以下に，消費した水分測定用試液の量から水分の量を求める容量滴定法について説明する．

$$H_2O + I_2 + SO_2 + 3C_5H_5N + CH_3OH \longrightarrow 2(C_5H_5N^+H)I^- + (C_5H_5N^+H)^-OSO_2OCH_3 \quad (4)$$

この測定法において，水分測定用試液（ヨウ素，二酸化イオウ，ピリジン，メタノールを含む液）におけるヨウ素は水分と反応すると還元されて，ヨウ化物イオンとなる．反応液中にI_2とI^-が同時に存在すると，陰極では，$I_2 + 2e^- \rightarrow 2I^-$の還元反応が起こり，陽極では$2I^- \rightarrow I_2 + 2e^-$の酸化反応が起こり，回路に電流が流れる．

水分を含む試料液に水分測定用試液を加える直接滴定法において，多くの水分が含まれる滴定の始めの段階では，加えた水分測定用試液中のヨウ素は水分と反応してただちになくなる．すなわち，検流計（マイクロアンメーター）の針はいったん振れた後，ただちにもとに戻る．当量点近くなって，水分が少なくなると，加えた水分測定用試液中のヨウ素は比較的長時間存在し，電流が流れ続ける（通例30秒間以上）．この状態になったときを終点とする．

水分を含む試料に対して過量の水分測定用試液を加え，この過量の水分測定用試液を水・メタノール標準液で滴定する逆滴定法においては，水分測定用試液が残っている間は，I_2とI^-が反応液中に同時に存在し電流が流れ続けるが，水分測定用試液がなくなると電流は流れなくなる．

また，類似の装置を用いて電位差を測定して，電位差の変化から終点を見いだす方法も行われる（定電流分極電位差滴定法）．

20.5 電量分析法

　一定電流 I を流して t 秒間電気分解をしたとすれば，その電気量 Q は $Q=I \times t$ クーロンであり，そのとき生成あるいは分解される物質の当量数は Q/F であり（F はファラデー定数），この関係からその重量などがわかる．上記の水分測定法はこのような**定電流電量分析法**（局方では電量滴定法）によっても行われる．図 20.10 にその装置を示した．

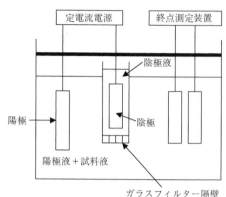

陽極液：イミダゾール＋二酸化イオウ＋ヨウ化物イオン＋メタノール
陰極液：塩酸ジエタノールアミン＋メタノール

図 20.10 電量滴定法による水分測定法

　陽極液中には多量のイミダゾール，二酸化イオウのほかに少量のヨウ化物イオンが含まれている．電流を流すことにより陽極でこのヨウ化物イオンをヨウ素にする．

$$2I^- \longrightarrow I_2 + 2e^-$$

生成したヨウ素と試料中の水分は，式 (4) と同様の反応をする．試料中の全水分と反応させるのに必要なヨウ素を生成させる電気量を測定することによって水分の重量を求めることができる．

20.6 電導度滴定

20.6.1 電導度

　電導度，すなわち電気の通りやすさは抵抗の逆数である．溶液の中に，断面積が $A\,\mathrm{cm}^2$ の電極が $l\,\mathrm{cm}$ 離れて向かい合っていたとする．このときの抵抗を $R\,\Omega$ とすると，$R = \rho(l/A)$ で与えられ，このときの比例係数 ρ を比抵抗という．また，ρ の逆数を比電導率 $\varkappa$ という．すなわち，

$$R = \left(\frac{1}{\varkappa}\right)\left(\frac{l}{A}\right)$$

より

$$\varkappa = \left(\frac{1}{R}\right)\left(\frac{l}{A}\right)$$

である．$\varkappa$ の単位は $\Omega^{-1}\mathrm{cm}^{-1}$ である．電導度を K とすると，

$$K = \frac{1}{R} = \varkappa\left(\frac{A}{l}\right)$$

である．

ある電解質の C_{eq}（当量/L）すなわち C_{eq}（当量/1000 cm^3）溶液の**当量電導度** Λ は次式のように定義される．

$$\Lambda = \frac{1000}{C_{eq}} \varkappa$$

当量電導度 Λ は，C が小さくなるにつれてイオン間の相互作用が弱くなるために大きくなる．無限希釈のときの当量電導度を Λ_0 で表す．

また，電解質の当量電導度 Λ はイオンの当量電導度 λ_+，λ_- の和であると考えられている．

$$\Lambda = \lambda_+ + \lambda_-, \qquad \Lambda_0 = {}_0\lambda_+ + {}_0\lambda_-$$

表 20.3 には，いくつかのイオンの無限希釈のときの当量電導度 ${}_0\lambda_+$，${}_0\lambda_-$ が示してある．H^+ と OH^- のみが大きく他のイオンは類似の大きさであることがわかる．

表 20.3 イオンの無限希釈のときの当量電導度
（単位：Ω^{-1} cm^2/g 当量）[2,7]

H^+	350	OH^-	198
Na^+	50	Cl^-	76
K^+	74	Br^-	78
NH_4^+	73	I^-	78
Ag^+	62	ClO_4^-	68
$(1/2)Cu^{2+}$	54	NO_3^-	71
$(1/2)Zn^{2+}$	53	CH_3COO^-	41
$(1/3)Fe^{3+}$	68	$(1/2)SO_4^{2-}$	80

20.6.2 電導度の測定

電導度は抵抗の測定によって求められる．電解質溶液の電導度測定には図 20.11 のようなホイーストン橋の原理によるコールラウシュの方法が用いられる．溶液の入ったセルの抵抗を R_c とすると，Gの検出器に電流が流れなくなるように他の抵抗を調整すると，A点とC点の電圧が等しくなることから，$R_c = R_2 R_4 / R_3$ となる．

なお，直流を用いると電極表面で電解などが起こるため交流によって測定される．

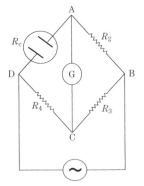

図 20.11 溶液の電導度測定装置

20.6.3 電導度滴定への応用

溶液の電導度を測定することによって滴定の終点を検出することができる．たとえば，塩酸を水酸化ナトリウムで滴定することを考える．反応は

$$\text{HCl} + \text{NaOH} \longrightarrow \text{NaCl} + \text{H}_2\text{O}$$

であるが，イオン反応は

$$\text{H}^+ + \text{Cl}^- + \text{Na}^+ + \text{OH}^- \longrightarrow \text{Na}^+ + \text{Cl}^- + \text{H}_2\text{O}$$

である．

滴定が進むにつれて当量点までは，溶液中のイオンは H^+ が Na^+ に置き換わる．表20.3にみるように，当量電導度は H^+ のほうが Na^+ よりずっと大きいので，溶液の電導度は減少する．当量点を過ぎると過剰の NaOH が増加していくが，OH^- イオンの当量電導度も大きいので，大きな傾きで直線的に増加する．図20.12の太線が，溶液の電導度であり，このグラフから終点を容易に見いだすことができる．

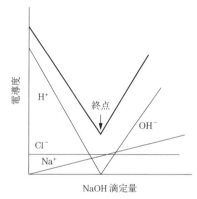

図 20.12 塩酸を NaOH 溶液で滴定したときの溶液の電導度の変化

演 習 問 題

20.1 次の各種滴定の終点を，電位差法によって検出するときに用いられる指示電極を一つあげよ．
　　1）中和滴定，2）沈殿滴定（硝酸銀によるハロゲンイオンの滴定），3）ジアゾ滴定，4）非水滴定
20.2 水分滴定法で用いる水分測定用試液の中で，水が直接反応する化合物を二つあげよ．

引用文献・参考図書

1) 黒田六郎ほか：分析化学，裳華房，1988．
2) 中村　洋編：基礎薬学 分析化学 II（第4版），廣川書店，2011．
3) 日本化学会編：化学便覧 基礎編 II（改訂4版），丸善，1993．
4) 日本薬局方解説書編集委員会編：第十六改正日本薬局方解説書，廣川書店，2011．
5) J. W. ロビンソン著，氏平祐輔訳：機器分析，講談社，1971．
6) 齋藤　寛，千熊正彦，山口政俊編：分析化学 I（改訂第5版），南江堂，2002．
7) 鈴木繁喬，吉森孝良：電気分析法，共立出版，1987．
8) 滝谷昭司ほか：機器分析，廣川書店，1980．
9) 土屋正彦ほか監訳：クリスチャン分析化学 II 機器分析，丸善，1989．
10) 宇野文二ほか：定量分析化学（第5版），丸善，2001．

21

熱 分 析 法

はじめに

熱分析法（thermal analysis）は物質の温度を一定の温度プログラムに従って変化させながら，その物理的性質を温度または時間の関数として測定する分析法の総称である．物質は加熱すると融解や沸騰などの物理化学的，あるいは分解や反応などの化学的な変化を受ける．加熱したときに生じるこれらの反応は物質固有のものであるので，その物質の物理化学的な特徴が得られる．

21.1 熱質量測定

21.1.1 原　理

熱質量測定（thermogravimetry，TG）は試料の温度を上げたとき，あるいは一定の高温に保ったときに生じる質量変化を，試料の温度または時間に対して熱天秤により連続的に検出記録するもので，熱分解の研究に有力な武器である．したがって，熱分解，各種ガス雰囲気での試料の安定性，水分などの蒸発，昇華，熱処理プロセスにおける質量変化などの定量的解析が可能である．「日局16」の一般試験法の乾燥減量試験法または水分測定法の別法として用いることができる．

21.1.2 装　置

TG装置の構成例を図21.1に示す．基本的に，天秤部，試料加熱炉部および記録部からなる．試料ホルダー（パン）に入れられた分析試料は，特定の雰囲気（窒素など）の中で加熱炉を用いて加熱される．その加熱に伴う質量変化が生じると天秤ビームが傾く．このビームの動きを光電子素

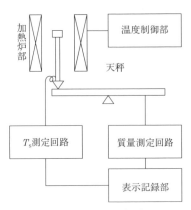

図 21.1　TG装置の概略図[1)]

子により検出して，その信号を増幅し，フィードバックコイルに電流が流れ，ビームをもとの位置に戻す．このために要した電流値を質量変化として記録する．この方法は**零位法**とよばれる．試料の温度は試料ホルダーに接した熱電対により検出，記録される．

21.1.3 測定法

試料を試料ホルダーに充填し，一定温度制御プログラムに従って，加熱炉部を加熱し，温度変化による質量変化を連続的に測定して記録する．乾燥減量試験法または水分測定法の別法としてTGを用いる場合，測定は室温から開始し，乾燥または水分の揮散による質量変化が終了するまでを測定温度範囲とする．加熱速度は，通例5°C/分を標準的速度とし，直線的に加熱するが，試料および測定範囲の広さにより適宜変更することができる．また，測定中，試料から発生する水やその他の揮発性成分を速やかに除去し，あるいは試料の酸化等による化学変化を防ぐため，通例乾燥空気または乾燥窒素を加熱炉に流す．得られたTG曲線の質量-温度または質量-時間曲線を解析し，乾燥に伴う質量変化の絶対値または採取量に対する相対値（％）を求める．質量変化を明瞭にするために温度に関して一次微分をとった**微分熱質量測定**（differential thermogravimetry, DTG）もよく用いられる．

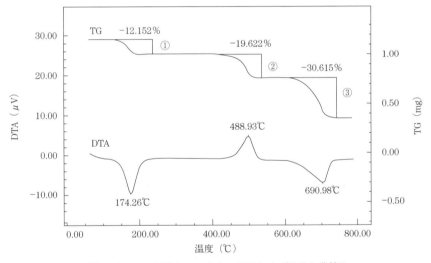

図 21.2 シュウ酸カルシウムの TG および DTA 曲線[1)]

21.1.4 応用

無機分野では無機物の結晶水の脱水過程を測定する場合に用いられる．たとえばシュウ酸カルシウム一水和物のTG測定を行うと，図21.2にみられるように，まず174.26°Cで1分子結晶水が脱離し，続いて488.93°Cで一酸化炭素が脱離して炭酸カルシウムとなり，最後に690.98°Cで二酸化炭素が脱離して酸化カルシウムになっていることがわかる．

そのほか，高分子化合物の分解温度などのキャラクタリゼーション，食品の含水量測定にも用いられる．生命科学分野では熱分解温度測定による医薬品の安定性評価に用いられる．また医薬品中の付着水，結晶水，および含水量の定量にも用いられる．さらにタンパク質と水和している結合水，自由水および中間水の水和状態の分析にも応用できる．

TGは，質量に変化のない現象（融解，結晶化，ガラス転移など）は検出しないので，示差熱分析（DTA）などよりも測定対象が限定されている．これらの特性を考慮して，TG-DTA，TG-DSCをはじめTG-GC，TG-FTIR，TG-MSなどの測定法と組み合わせて使用することが多い．

21.2 示差熱分析

21.2.1 原理

示差熱分析（differential thermal analysis, DTA）は試料の熱的挙動を温度変化として検出する方法で，試料の吸熱ならびに発熱現象や化学反応が確認できる．したがって，DTAは質量に変化のない融解，結晶化，ガラス転移などの現象を測定できる．

21.2.2 装置

DTA装置は一般に試料部，加熱炉部と測温部に分けられる（図21.3）．基準物質は測定温度範囲内で熱的変化を起こさない不活性物質であり，一般に α-アルミナ（α-Al_2O_3）を用いる．両物質間の温度差は，同じ極性どうし接続した2本の熱電対，すなわち示差熱電対にて検出され，その直流を増幅してコンピューターに記録される．

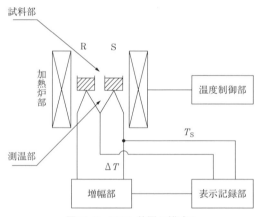

図21.3 DTA装置の構成[1]

21.2.3 操作法

DTA測定は，一般に静止空気中や，乾燥空気，窒素，アルゴンなどのガスを流しながら行う．減圧状態で測定を行うこともある．水分や以前に測定した分解物などが試料部に付着していることがあるので，試料測定の前に空試験を行い，ベースラインを必ず確認する．一般に加熱，冷却速度として，5～20℃/分が用いられるが，加熱，冷却の速度によって，試料に変化の起こる温度が変化するので注意する．

21.2.4 応用

DTAは反応熱を伴う変化のみならず，形状の変化に伴う熱伝達の相違もとらえることができる．たとえば，融解，ガラス転移，結晶化，相転移，気化，昇華，脱水，分解，酸化などのあらゆ

る変化の測定に有効である．一例として図 21.2 にシュウ酸カルシウムの DTA 曲線を示す．図中②の反応では，発生した CO がただちに酸化されるため，発熱ピークがみられる．窒素のような不活性ガス中では CO の酸化（発熱反応）は起こらず，CaC_2O_4 の熱分解反応そのもののみの吸熱反応として観測される．また生命科学分野では純度の測定，結晶多形，分子化合物および共融混合物の形成，薬物どうしの着色・融解などの配合適合性などの分析に利用される．

21.3 示差走査熱量測定

21.3.1 原　　理

示差走査熱量測定（differential scanning calorimetry, DSC）は試料と基準物質とが加熱あるいは冷却されているときの両物質間の熱量の入力差を測定するもので，特に放出あるいは吸収される反応のエンタルピーの定量的研究に適する．

DTA との違いは基準物質と試料を加熱する加熱炉に加えて，個別に加熱する補償ヒーターをもっていることである．加熱炉の温度を上昇させると DTA の場合と同様温度差を生じる．DTA ではこれを記録したのであるが，DSC ではこの温度差を打ち消すように補償ヒーターを駆動させ，試料が吸熱するときは試料側に，発熱するときは基準物質側に電力を加える．この電力の熱エネルギーを熱量として記録するものである．

DSC は，測定原理の異なる二つの方法がある．

a．入力補償示差熱量測定（入力補償 DSC）

加熱炉中に置かれた試料と基準物質を一定速度で加熱または冷却し，試料と基準物質との間に生じる温度差を白金抵抗温度計で検出し，その温度差をゼロに保つように補償回路を作動させる．両者に加えられた単位時間当たりの熱エネルギーの入力差を，時間または温度に対して連続的に測定し，記録するものである．

b．熱流束示差熱量測定（熱流束 DSC）

加熱炉中に置かれた試料と基準物質を一定速度で加熱し，試料と基準物質との間に生じる温度差を熱流束（加熱ヒーターから試料と基準物質に流れる熱量）の差としてモニターし，DSC 信号として記録する．入力補償 DSC および熱流束 DSC のいずれの測定においても，基準物質としては，通例，熱分析用の α-アルミナが用いられる．

21.3.2 装　　置

一般に構造上入力補償型 DSC と熱流束型 DSC があり，ここでは入力補償型 DSC を中心に述べる．試料と基準物質が加熱または冷却されているときに，試料の熱変化により両物質に温度差が生じると図 21.4 のように熱量補償回路を介したフィードバック機構により試料に電力が供給される．この温度差をゼロにするために要した電力が試料の反応熱量に対応する．電力は単位時間当たりの熱量（ジュール，J）で表す．DTA と比較して分解能が高く，高感度を有し，微量の試料（1～30 mg）でも十分である．

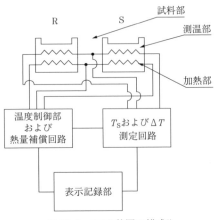

図 21.4 DSC 装置の構成[1]

21.3.3 操作法

測定は，一般に静止空気中や，乾燥空気，窒素，アルゴンなどのガスを流しながら行う．試料および基準物質を試料容器に充填した後，一定の温度制御プログラムに従って，加熱炉部を加熱または冷却し，この温度変化の過程で試料と基準物質間に発生する熱量変化を測定し記録する．融解または多形転移など，予想される物理的変化がどのような温度範囲にあるか予備的実験を行い，測定温度範囲を定める．次に，定められた温度範囲につき，穏やかな加熱速度（通例，約2℃/分）で試験を行う．

21.3.4 応用

DSC は DTA と同様に物質のガラス転移，固相転移，結晶化，融点測定などのキャラクタリゼーションの解析に利用され，特に高分子分野への発展がめざましい．生命科学分野では結晶多形や共有混合物の形成についての情報ばかりでなく，生体高分子であるタンパク質の熱安定性や生体膜の相転移が測定できる．図 21.5 にコラーゲンの DSC 曲線を示す．コラーゲンはタンパク質の一種で，結合組織の成分であり，骨，軟骨，靭帯，皮膚などに存在する．この繊維物質は水，酸，アルカリには溶けず，60〜70℃に熱すると膨潤していたものが急に収縮する．この DSC 曲線から

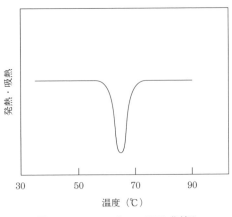

図 21.5 コラーゲンの DSC 曲線[2]

熱収縮変化が吸熱変化として観測されている．

図 21.6 の 60％ブドウ糖水溶液の DSC 曲線からわかるように，−89.07℃にガラス転移点があり，−36.8℃に低温結晶化（過冷却液体の結晶化）による発熱ピークが，−22.7℃に結晶の融解による吸熱ピークが観測される．結晶化の発熱ピークの面積と融解の吸熱ピークの面積がほぼ等しいことから，低温で保存された場合，ほとんど非晶質であることがわかる．

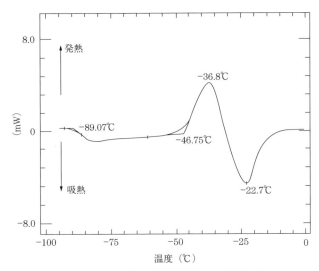

図 21.6　60％ブドウ糖水溶液の DSC 曲線[1]

演習問題

21.1 下図は，水和物をもつ有機化合物について，TG および DSC を行った結果である．これについて問に答えよ．
1) 温度 a では，本化合物がどのような状態になったのか．
2) 温度 b では，本化合物がどのような状態になったのか．
3) 温度 c では，本化合物がどのような状態になったのか．

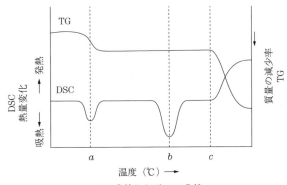

TG 曲線および DSC 曲線

21.2 熱分析に関する次の記述の正誤について，正しい組合せはどれか．
　a　有機化合物の熱分解温度を測定するには，熱質量測定法がよい．
　b　医薬品の純度が悪い場合は DTA 曲線のピークの立ち上がりの鋭さが失われる．
　c　DTA は DSC と原理は同じである．
　d　熱分析に用いられる熱中性体として，シリカゲルがよく用いられる．

	a	b	c	d
1	正	誤	誤	誤
2	誤	正	誤	誤
3	正	正	誤	正
4	正	誤	正	正
5	正	正	誤	誤

21.3 熱分析に関する次の記述の正誤について，正しい組合せはどれか．

a 熱重量測定（TG）では，温度に対する試料の重量変化を測定する．
b TG は，医薬品中の付着水や結晶水の定量に用いることができる．
c 示差熱分析（DTA）では，試料と基準物質を加熱あるいは冷却したときに生じる両者間の温度差（吸熱または発熱）を測定する．
d DTA は，医薬品の純度測定や結晶多形の確認に利用される．

	a	b	c	d
1	誤	誤	正	誤
2	正	正	誤	誤
3	正	正	正	正
4	正	誤	誤	正
5	誤	正	誤	誤

引 用 文 献

1) 日本薬局方解説書編集委員会編：第十六改正日本薬局方解説書，B-306，B-308，B-311，B-313，B-315，廣川書店，2011．
2) 中澤裕之監修：最新機器分析，p.356，南山堂，2000．

22

蛍光 X 線分析法

はじめに

蛍光 X 線は高エネルギーの **X 線**，**電子線**および高エネルギーの陽子，重陽子，α 粒子などの**荷電粒子**を物質に照射することによって生じる．図 22.1 に示すように高エネルギーの X 線，電子線および荷電粒子を物質に照射することによって，物質中の原子の内殻電子が励起され軌道から離脱して内殻電子軌道に空孔が生じる．この空孔に外殻の電子が遷移すると，内殻軌道と外殻軌道とのエネルギー差に相当するエネルギーをもった固有の電磁波が生じ外部に放出される．この電磁波は X 線領域のものであり，この電磁波を蛍光 X 線という．図 22.1 に示すように，空孔が最も内側の K 殻に生じた場合，それに起因する蛍光 X 線は KX 線とよばれ，これを**固有 X 線**とよぶ．K 殻の空孔に L 殻からの電子が遷移した場合には $K\alpha$，M 殻から遷移した場合には $K\beta$ などいくつかの X 線スペクトルを得ることになる．また，L 殻の空孔に起因する固有 X 線を LX 線，M 殻に起因する固有 X 線を MX 線とよぶ．これらにも外殻電子が遷移した場合に応じて $L\alpha, \beta, \cdots, M\alpha, \beta, \cdots$ などのいくつかの X 線スペクトルが得られる（図 22.2）．通常，蛍光 X 線の波長範囲は $0.1 \sim 20 \text{Å}$ であり，これより長波長の $20 \sim 100 \text{Å}$ の領域では，空気や X 線検出器の窓材による X 線の吸収が大きいため，検出には真空状態にしなければならない．

原子の内殻電子を励起し，その電子軌道に空孔を生じさせる高エネルギーの X 線，電子線そして荷電粒子を使用する方法によって分析法の命名法が異なる．X 線で励起して行う方法を一般に**蛍光 X 線分析法**（fluorescent X-ray analysis）といい，電子線で励起する方法を**電子ビーム励起 X 線分析法**（electron probe X-ray microanalyser）といい，荷電粒子で励起する方法を**イオンビーム衝撃 X 線法**（particle induced X-ray emission）という．荷電粒子で励起する方法は加速器などの大型の装置を必要とするので，X 線および電子線を用いた蛍光 X 線分析法が主に用いられている．

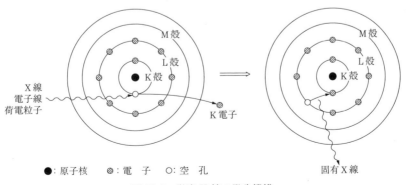

図 22.1 蛍光 X 線の発生機構

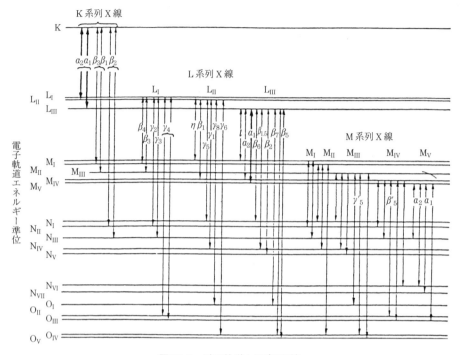

図 22.2 電子軌道と固有 X 線

22.1 X 線の基礎知識

　X 線は赤外線，可視光線，紫外線と同様に電磁波の一種であり，その波長は 10 pm（0.1Å）から 10 nm（100Å）の領域にあり，そのエネルギーは約 0.1〜100 keV と大きい．また X 線は他の電磁波と同様に波動性と粒子性との両方の性質をもつので，X 線が物質に照射されると大部分は透過し，一部は散乱や回折し，一部は吸収という現象がみられる．これらの現象を利用した分析法を X 線分析法という．

　X 線の表示法としては，m (meter) および Å (angstrom, 10^{-10} m) の波長単位，そして **keV** (kiloelectron volt，1個の電子が 1 kV の電位を得たときのエネルギーで，1.6×10^{-9} erg) のエネルギー単位があるが，もっぱら，Å 単位と keV 単位が使用される．Å 単位と keV 単位との関係は，E を keV 単位のエネルギー，h をプランク定数 (6.6×10^{-27} erg·s)，c を光速 (3×10^{10} cm/s)，ν を周波数，λ を Å 単位の波長とすると

$$E = h\nu = \frac{hc}{\lambda}$$

したがって，

$$E(\mathrm{keV}) = \frac{12.4}{\lambda}(\mathrm{Å})$$

となる．すなわち X 線を粒子とすれば，1Å の X 線は 12.4 keV のエネルギーを有することになる．

　蛍光 X 線の検出には，波長の Å 単位で表示される**波長分散方式**（wavelength dispersive X-ray spectroscopy）と，エネルギーのkeV単位で表示される**エネルギー分散方式**（energy dispersive X-ray spectroscopy）がある．

22.2 X線，電子線または荷電粒子による原子の励起

　高エネルギーのX線の発生には図22.3のような構造をもっているX線管球とよばれる真空管が用いられている．フィラメント（陰極）に電流を通して加熱し，熱電子を発生させる．この熱電子は，陰極と対陰極との間の印加電圧（V）によって加速され，eV電子ボルトエネルギーで対陰極にあるターゲットの元素に衝突する．そのとき元素から一般に図22.4に示すスペクトル分布をもつX線が発生する．スペクトルは元素に固有な線状の固有X線すなわち**特性X線**（characteristic X-ray）と元素に無関係な連続した**連続X線**（continuous X-ray）とからなる．

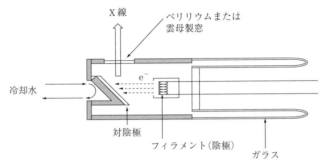

図22.3 X線管球の構造

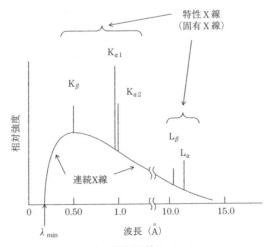

図22.4 蛍光X線スペクトル

　固有X線の発生は元素の原子における電子状態と密接な関係がある．これは蛍光X線と同じで原子の内殻電子軌道にある電子が加速した高エネルギーの熱電子によってたたき出され，生じた内殻電子軌道の空孔に外殻電子軌道にある電子が遷移し，その結果，内殻軌道と外殻軌道のエネルギー差に相当するX線が生じる．このX線を固有X線という．電子は原子内のK, L, M, …の記号（主量子数）の軌道に詰まっており，各軌道でのエネルギー準位は原子によって異なっている

ので，それらの軌道のエネルギー差に相当する X 線は原子によって規定される．X 線の波長は原子に固有で，波長（λ）と原子番号（Z）には次式の関係がある．ここで，a は比例定数，δ は各軌道によって決まる定数，c は光速度である．

$$\lambda = \frac{c}{a(Z-\delta)^2}$$

表 22.1 に X 線管に使用されている元素の固有 X 線と除去フィルターを示す．

表 22.1 X 線管に使用されている元素の固有 X 線と除去フィルター

元素	波長（Å）		Kβ 除去フィルター	K 吸収端（Å）
Cr	Kα_1	2.290	V	2.269
	Kβ	2.085		
	Lα	21.714		
Fe	Kα_1	1.936	Mn	1.896
	Kβ	1.757		
	Lα	17.602		
Co	Kα_1	1.789	Fe	1.743
	Kβ	1.621		
	Lα	16.000		
Cu	Kα_1	1.540	Ni	1.488
	Kβ	1.392		
	Lα	13.357		
Mo	Kα_1	0.709	Zr	0.689
	Kβ	0.632		
	Lα	5.406		
	Lβ_1	5.177		
	Lβ_2	4.923		

高エネルギーの熱電子が対陰極のターゲットに近づくとターゲットの電場により減速される．この減速によって失われるエネルギーの大部分は熱となるが，一部は eV 電子ボルトエネルギーから 0 までの連続した X 線となる．これが連続 X 線であり，連続 X 線の最短波長（λ_{min}）は eV 電子ボルトエネルギーの全エネルギーが X 線粒子となって放出するエネルギーに相当するので

$$eV = E = \frac{hc}{\lambda_{min}}$$

となる．さらにこれの変換により

$$\lambda_{min}(\text{Å}) = \frac{12.4}{V}(\text{kV})$$

となる．これは印加電圧により最短波長を変化させることにより，高エネルギーの X 線を得ることとなる．連続 X 線と固有 X 線の両方とも蛍光 X 線のエネルギーとして用いられている．

高エネルギーの電子線の発生には，図 22.5 に示す構造の一般に**電子銃**とよばれるものが使用され，タングステン線を V 字形に曲げた加熱型陰極を用い，生じた熱電子を 1～50 kV で加速している．ウェーネルト円筒付近にクロスオーバーができるので磁界レンズで縮小して，径 1 μm 以下の電子プローブを用いる．電子線を蛍光 X 線のエネルギーとして用いる場合，電子線は真空中でないと吸収されてしまうので，装置および試料とも超高真空（10^{-7} Pa 以下）中で使用しなければな

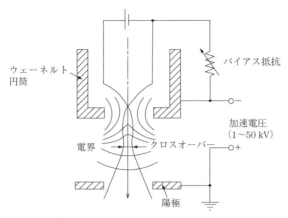

図 22.5 タングステン加熱型電子銃

表 22.2 各種電子源

	種類	輝度 (A/cm²sr, 20 kV)	温度 (K)	光源の大きさ	真空度 (Pa)	ビーム電流 (μA)	寿命 (h)
熱電子放射型	タングステンヘアピンフィラメント	1×10^5	2800	$20\mu m\phi$	10^{-3}	100	50
	タングステンポイントフィラメント	3×10^5	2800	$15\mu m\phi$	10^{-3}	10	10
	ランタンヘキサボライド	1×10^6	1800	$15\mu m\phi$	10^{-5}	50	500～1000
電界放射型	タングステン熱電界放射型	2×10^7	1800	20 nm	10^{-7}	50～100	500～1000
	タングステン電界放射型	2×10^7	300	5 nm	10^{-8}	5～20	1000

らないという不便さはある．表 22.2 に各種の電子源を示す．

　高エネルギーの荷電粒子の発生には，**加速器**，フォンデグラフや**サイクロトロン**などが用いられる．陽子を利用することが多いが，装置自身が大がかりになってしまう．

　日常的に使用されているのはエネルギー源として X 線を利用する方法である．

22.3　X 線の吸収，スペクトルの分光

　X 線は，電磁波であるので物質に照射すると，また物質から発生した蛍光 X 線も物質の成分によって一部吸収される．吸収される前の X 線の強度を I_0，吸収後の X 線の強度を I とすると，光の吸収におけるランベルト-ベールの法則に従い，次の式が成り立つ．ここで μ は質量吸収係数 (cm²/g)，ρ は試料の密度 (g/cm³)，d は試料の厚み (cm) である．

$$I = I_0 \exp(-\mu\rho d)$$

μ は X 線の波長，物質の成分元素の種類によって異なり，元素が X 線を吸収する場合，元素または原子が一時的にエネルギーの高い状態に励起されるときと，X 線が元素または原子に当たってそのまま散乱するときである．μ は見かけ上この二つの和であり，前者を光電吸収といい後者を散

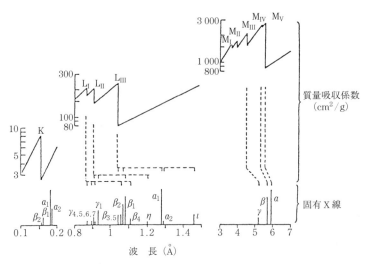

図22.6 固有X線と質量吸収係数

乱吸収という．一般的に光電吸収のほうが大きい．X線の波長（Å）と μ との関係は図22.6に示され，一般に μ は波長の減少とともに減少していくが，ある波長で急激に増大するところがあり，全体的に鋸歯状になる．この不連続部は吸収端といい，短波長側より電子軌道のエネルギー準位に応じてK吸収端（1個），L吸収端（L_I〜L_{III}の3個），M吸収端（M_I〜M_Vの5個）などとよばれる．これはK，L，Mの電子軌道にある電子が励起されるエネルギーの波長と等しく，それゆえ，その波長で各軌道の電子が解離し各吸収端ではX線の吸収が飛躍的に増大する．そして吸収端は固有X線より短波長である．これは，吸収端の波長は放出される電子の軌道エネルギーと，その電子が無限大に放出されたときのエネルギーとの差であるのに対して，固有X線は，生じた空孔より外側の殻から電子が遷移するときのエネルギー差に相当するからである．

　生じた蛍光X線を検出するためにおのおののX線を分光しなければならない．それにはフィルター方式と結晶の回折を利用した方法がある．

　フィルター方式は，目的のX線を通過させそれ以外のX線を吸収する物質からできている．それは，元素の吸収端を利用する．吸収端より短波長のX線は元素によって吸収されることを利用している．元素の薄膜のフィルターを組み合わせることによって単色化することができる．一般に用いられている除去フィルターを表22.1に示す．

　結晶の回折を利用した方法は結晶格子によってX線を分光する方法であり，ここで用いる結晶を分光結晶とよんでいる．分光可能な波長範囲は結晶格子面の面間隔 d とX線のある定まった入射角 θ により定まる．面間隔 d と波長 λ の関係は下記の**ブラッグ（Bragg）の式**に従い，これは特定の入射角 θ で特定の波長のX線のみ回折することになる．

$$n\lambda = 2d \sin \theta \quad (n=1, 2, 3, \cdots)$$

　図22.7に示すように入射X線は格子面で反射し，反射したX線は互いに干渉して入射角と面間隔によって目的のX線のみを得ることになる．表22.3に各種分光結晶と分光波長範囲を示した．ブラッグの式から，入射角 θ がわかれば波長 λ が求まるので，波長 λ の代わりに入射角 θ で表示することもある．

朝倉書店〈医学関連書〉ご案内

内科学（第10版）
矢崎義雄総編集
B5判 2548頁 定価(本体29000円+税) (32260-6)
B5判 (4分冊) 定価(本体29000円+税) (32261-3)

内科学の最も定評ある教科書，朝倉『内科学』が6年ぶりの大改訂。オールカラーで図・表もさらに見やすくエ夫。教科書としてのわかりやすさに重点をおき編集し，医師国家試験出題基準項目も網羅した。携帯に便利な分冊版あり。〔内容〕総論：遺伝・免疫・腫瘍・加齢・心身症／症候学／治療学：移植・救急／感染症・寄生虫／循環器／血圧／呼吸器／消化管・膵・腹膜／肝・胆道／リウマチ・アレルギー／腎／内分泌・代謝・栄養／血液／神経／環境・中毒・医原性疾患

内科学症例図説
杉本恒明・小俣政男総編集
B5判 660頁 定価(本体18000円+税) (32208-8)

症例を中心にその診断・治療の過程をストーリー性の中でわかりやすく，興味のもてるようにオールカラーで編集。典型的な症例を挙げ，その臨床所見と標準的な検査値を示し，超音波像・造影CT像・MRI像・血管造影像そして病理組織像などの画像診断をコンパクトに解説．〔内容〕感染症／循環器系疾患／呼吸器系疾患／消化器系疾患／肝疾患／胆・膵疾患／膠原病／腎・尿路系疾患／内分泌系疾患／代謝異常／血液疾患／神経疾患／眼底／救急医療

睡眠学
日本睡眠学会編
B5判 760頁 定価(本体28000円+税) (30090-1)

世界の最先端を行くわが国の睡眠学研究の全容を第一線の専門家140名が解説した決定版。〔内容〕睡眠科学（睡眠の動態／ヒトの正常睡眠他）／睡眠社会学（産業と睡眠／特殊環境／快眠技術他）／睡眠医薬学（不眠症／睡眠呼吸障害／過眠症他）

睡眠無呼吸症 ―広がるSASの診療―
塩見利明編
A5判 240頁 定価(本体3900円+税) (30113-7)

様々な病気の背後に潜む睡眠時無呼吸症候群に関する幅広い知識を収載した第一人者による成書。〔内容〕概念／疫学／臨床症状／分類と診断／循環動態変化／自律神経活動／診断／合併症・併発症／治療法／小児／合併睡眠障害／医療連携など

不眠の科学
井上雄一・岡島 義編
A5判 260頁 定価(本体3900円+税) (30112-0)

不眠の知識、対策、病態、治療法等について最新の知見を加え詳解。〔内容〕基礎／総論／各論（女性／小児期／高齢者／うつ病／糖尿病／高血圧・虚血性心疾患／悪性新生物／疼痛／夜間排尿／災害・ストレス等）／認知行動療法マニュアル付

眠気の科学 ―そのメカニズムと対応―
井上雄一・林 光緒著
A5判 244頁 定価(本体3600円+税) (30103-8)

これまで大きな問題にもかかわらず啓発が不十分だった日中の眠気や断眠（睡眠不足）について，最新の科学データを収載し，社会的影響だけでなく脳科学や医学的側面からそのメカニズムと対処法に言及する。関係者必読の初の学術専門書

感染症のはなし ―新興・再興感染症と戦う―
中島秀喜著
A5判 180頁 定価(本体2800円+税) (30110-6)

エボラ出血熱やマールブルク熱などの新興・再興感染症から，エイズ，新型インフルエンザ，プリオン病，バイオテロまで，その原因ウイルスの発見の歴史から，症状・治療・予防まで，社会との関わりを密接に交えながら解説する。

理学療法学生のための 続・症例レポートの書き方
宮原英夫監修
B5判 136頁 定価(本体3200円+税) (33504-0)

好評の『症例レポートの書き方』第二弾。新しい国際生活機能分類に基づき，治療の目標の立て方やレポート内容を再編成。狭義の理学療法の実践から，高齢者の健康管理，障害予防，増進へと大きく広がってきている理学療法士の役割に対応。

●医学一般

からだと水の事典
佐々木成・石橋賢一編
B5判 372頁 定価(本体14000円+税)(30094-9)

水分の適切な摂取・利用・排出は人体の恒常性の維持に欠かせないものであり、健康の基本といえる。本書は、分子・細胞・器官・臓器・個体の各レベルにおいて水を行き渡らせるしくみを解説。〔内容〕生命の誕生と水（体内の水、水輸送とアクアポリン、水と生物の進化、他）／ヒトの臓器での水輸送とその異常（脳、皮膚と汗腺、口腔と唾液腺、消化管、腎臓、運動器、他）／病気と水代謝（高血圧、糖尿病、心不全、肝硬変、老化、妊娠、熱中症、他）／水代謝異常の治療（輸液療法、利尿薬）

からだの年齢事典
鈴木隆雄・衞藤 隆編
B5判 528頁 定価(本体16000円+税)(30093-2)

人間の「発育・発達」「成熟・安定」「加齢・老化」の程度・様相を、人体の部位別に整理して解説することで、人間の身体および心を斬新な角度から見直した事典。「骨年齢」「血管年齢」などの、医学・健康科学やその関連領域で用いられている「年齢」概念およびその類似概念をなるべく取り入れて、生体機能の程度から推定される「生物学的年齢」と「暦年齢」を比較考量することにより、興味深く読み進めながら、ノーマル・エイジングの個体的・集団的諸相につき、必要な知識が得られる成書

からだと酸素の事典
酸素ダイナミクス研究会編
B5判 596頁 定価(本体19000円+税)(30098-7)

生体と酸素のかかわりを、物理学、化学、生物学、基礎医学、臨床医学、工学など、広範な分野に渡るテーマについて取り上げ、それぞれを第一人者が解説し、総合的にまとめた成書。医療、保健、保育、教育、看護、衛生、介護、リハビリテーション、福祉、健康科学、環境科学、生活科学、スポーツ科学、各種身体活動、心理学などの学生、研究者、実務家に有益。〔内容〕地球と酸素と生命の歴史／生体における酸素の計測／生体と酸素／酸素と病気／酸素の利用／酸素とextremity／他

からだと温度の事典
彼末一之監修
B5判 640頁 定価(本体20000円+税)(30102-1)

ヒトのからだと温度との関係を、基礎医学、臨床医学、予防医学、衣、食、住、労働、運動、気象と地理、など多様な側面から考察し、興味深く読み進めながら、総合的な理解が得られるようにまとめられたもの。気温・輻射熱などの温熱環境因子、性・年齢・既往歴・健康状態などの個体因子、衣服・運動・労働などの日常生活活動因子、病原性微生物・昆虫・植物・動物など生態系の因子、室内気候・空調・屋上緑化・地下街・街路などの建築・都市工学的因子、など幅広いテーマを収録

からだと光の事典
太陽紫外線防御研究委員会編
B5判 432頁 定価(本体15000円+税)(30104-5)

健康の維持・増進をはかるために、ヒトは光とどう付き合っていけばよいか、という観点からまとめられた事典。光がヒトに及ぼす影響・作用を網羅し、光の長所を活用し、弊害を回避するための知恵をわかりやすく解説する。ヒトをとりまく重要な環境要素としての光について、幅広い分野におけるテーマを考察し、学際的・総合的に理解できる成書。光と環境、光と基礎医学、光と皮膚、光と眼、紫外線防御、光による治療、生体時計、光とこころ、光と衣食住、光と子供の健康、など

再生医療叢書〈全8巻〉
臓器ごとに最先端の再生医療を世界的研究者たちが解説

1. 幹細胞
日本再生医療学会監修　山中伸弥・中内啓光編
A5判 212頁 定価（本体3500円+税）（36071-4）

移植などに頼ることなく疾病のある部位を根本から治療し再生させる再生医療にとり、幹細胞研究はその根幹をなしている。本書は、幹細胞研究の世界的な研究者たちにより編集・執筆され、今後の幹細胞研究に不可欠な最先端の成果を集めた。

2. 組織工学
日本再生医療学会監修　岡野光夫・大和雅之編
A5判 196頁 定価（本体3500円+税）（36072-1）

失われた組織を再生する際に、移植に必要となる新たな組織・臓器を、高分子や各種の細胞から培養し作り上げるための技術が必要となる。本書は移植手術で、数々の成功を収めている細胞シートの第一人者の編集により、その技術を紹介する。

3. 循環器
日本再生医療学会監修　澤　芳樹・清水達也編
A5判 184頁 定価（本体3500円+税）（36073-8）

かつては困難をきわめた心臓手術も、細胞シートなど、組織工学の驚異的発展により、目覚ましい進歩を遂げ、手術を成功させつつある。本書は、心臓や血管、弁などの循環器系臓器を再生する最先端の技術を、実績ある執筆者たちが紹介する。

4. 上皮・感覚器
日本再生医療学会監修　西田幸二・高橋政代編
A5判 232頁 定価（本体3500円+税）（36074-5）

ヒトに外部のさまざまな情報をもたらす視覚や聴覚などの感覚器、そして皮膚などの上皮の特異な構造を明らかにし、その疾患例と再生のための手法を、移植手術などで数多くの成功を収めてきた研究者たちの編集・執筆により紹介。

5. 代謝系臓器
日本再生医療学会監修　後藤満一・大橋一夫編
A5判 212頁 定価（本体3500円+税）（36075-2）

代謝系臓器（膵臓、肝臓、腎臓）のさまざまな疾病と、その臓器をES細胞やiPS細胞などを使って拒絶反応を起こさない方法で、根本から治療・再生する先端的な手法を、治療に携わる医師のみならず学生にもわかりやすく解説する。

6. 骨格系
日本再生医療学会監修　脇谷滋之・鄭　雄一編
A5判 200頁 定価（本体3500円+税）（36076-9）

軟骨や骨などの骨格系を再生するためには、医学のみならずさまざまな工学技術も要求される。本書は、軟骨・骨・骨格筋・半月板などの骨格系臓器を、多能性幹細胞などの最先端の技術を使って再生しようとする試みを紹介する。

7. 神経系
日本再生医療学会監修　岡野栄之・出澤真理編
A5判 208頁 定価（本体3500円+税）（36077-6）

事故で脊髄を損傷した場合、生涯、車椅子での生活を余儀なくされると思われてきた。しかし、神経や脳も幹細胞やニューロンの研究により、再生・回復への道が見えはじめてきている。本書は、神経系についての最先端の再生医療を紹介する。

8. 歯学系
日本再生医療学会監修　上田　実・朝比奈泉編
A5判 208頁 定価（本体3500円+税）（36078-3）

歯を中心とした口腔、顎骨や周りの神経などを、ES細胞やiPS細胞など、これまでの治療とは、まったく異なる手法で拒絶反応を起こすことなく再生する。その先端的な手法を、歯科医のみならず学生にもわかりやすく解説する。

口腔科学
戸塚靖則・髙戸　毅監修
B5判 1096頁 定価（本体27000円+税）（35001-2）

口腔領域における臨床―う蝕、歯周病、不正咬合、顎関節症をはじめとし骨折、口腔癌、口唇口蓋裂、顎変形症など、顎・顔面の様々な疾患、口腔の構造・機能、解剖・生理等の基礎、そして法医歯学まで、口腔科学のすべてを網羅した成書。写真や図表を豊富に用いて解説。オールカラー。〔内容〕口腔科学とは／口腔の基礎科学／口腔疾患の病因と病態／診察・検査・診断／口腔疾患治療学総論／口腔疾患各論／口腔領域における治療の展開／口腔科学の社会との関わり（法医歯学等）

●薬学

薬学テキストシリーズ 薬物治療学
小佐野博史・山田安彦・青山隆夫編著 中島宏昭他著
B5判 424頁 定価（本体6800円+税）（36264-0）

薬物治療を適正な医療への処方意図の解釈と位置づけ，実際的な理解を得られるよう解説した．各疾患ごとにその概略をまとめ，治療の目標，薬物治療の位置づけ，治療薬一般，おもな処方例，典型的な症例についてわかりやすく解説した．

薬学テキストシリーズ 分析化学Ⅰ —定量分析編—
中込和哉・秋澤俊史編著 神崎愷他著
B5判 152頁 定価（本体3500円+税）（36262-6）

モデルコアカリキュラムにも準拠し，定量分析を中心に学部学生のためにわかりやすく，ていねいに解説した教科書．[内容] 1部 化学平衡：酸と塩基／各種の化学平衡／2部 化学物質の検出と定量：定性試験／定量の基礎／容量分析

薬学テキストシリーズ 分析化学Ⅱ —機器分析編—
中込和哉・秋澤俊史編著 神崎愷他著
B5判 216頁 定価（本体4800円+税）（36263-3）

モデルコアカリキュラムにも準拠し，機器分析を中心にわかりやすく，ていねいに解説した教科書．[内容] 各種元素の分析／分析の準備／分析技術／薬毒物の分析／分光分析法／核磁気共鳴スペクトル／X線結晶解析

薬学テキストシリーズ 薬理学 —基礎から薬物治療学へ—
渡辺稔編著
B5判 392頁 定価（本体6800円+税）（36261-9）

基本から簡潔にわかりやすく，コアカリにも対応させて解説。[内容] 局所麻酔薬／末梢性筋弛緩薬／抗アレルギー薬／抗炎症薬／免疫抑制薬／神経系作用薬／循環器系作用薬／呼吸器系作用薬／血液関連疾患治療薬／消化器系作用薬／他

薬学テキストシリーズ 放射化学・放射性医薬品学
小島周二・大久保恭仁編著
B5判 264頁 定価（本体4800円+税）（36265-7）

コアカリに対応し基本事項を分かり易く解説した薬学部学生向けの教科書．[内容] 原子核と放射能／放射線／放射性同位体元素の利用／放射性医薬品／インビボ放射性医薬品／インビトロ放射性医薬品／放射性医薬品の開発／放射線安全管理／他

衛生薬学（第3版）
石井秀美・杉浦隆之編著
B5判 496頁 定価（本体7000円+税）（34030-3）

薬学教育モデル・コアカリキュラムに準拠し，丁寧に解説した．法律の改正に合わせ改訂し，最新の知見・データも盛り込んだ．[内容] 栄養素と健康／食品衛生／社会・集団と健康／化学物質の主体への影響／生活環境と健康

生物薬剤学 —薬の生体内運命—
山本昌編著
B5判 304頁 定価（本体5600円+税）（34027-3）

モデル・コアカリキュラムに準拠し，演習問題を豊富に掲載した学部学生のための教科書．[内容] 薬の生体内運命／薬物の臓器への到達と消失（吸収／分布／代謝／排泄／相互作用）／薬動学／治療的薬物モニタリング／薬物送達システム

薬学で学ぶ 病態生化学（第2版）
林秀徳・渡辺泰宏編著
B5判 280頁 定価（本体5000円+税）（34020-4）

コアカリに対応し基本事項を分かりやすく解説した薬学部学生向けの教科書．好評の前書をバイタルサインや臨床検査値などを充実させて改訂．[内容] バイタルサイン・症候と代表疾患／臓器関連および代謝疾患の生化学と機能検査

新しい 薬学事典
笠原忠・木津純子・諏訪俊男編
B5判 488頁 定価（本体14000円+税）（34029-7）

基礎薬学，臨床薬学全般，医療現場，医薬品開発など幅広い分野から，薬学生，薬学教育者，薬学研究者をはじめとして，薬の業務に携わるすべての人々のために役立つテーマをわかりやすく解説し，各テーマに関わる用語を豊富に収録したキーワード事典。単なる用語解説にとどまらず，筋道をたてて項目解説を読むことができるよう配慮され，薬学のテーマをその背景から系統的，論理的に理解するために最適。[内容] 基礎薬学／医療薬学／医薬品開発／薬事法規等／薬学教育と倫理

ISBN は 978-4-254- を省略　　　　　　　　　　　　　　　　　（表示価格は2014年 2月現在）

朝倉書店
〒162-8707 東京都新宿区新小川町6-29
電話　直通（03）3260-7631　FAX（03）3260-0180
http://www.asakura.co.jp　eigyo@asakura.co.jp

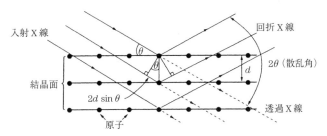

図 22.7 X 線の結晶による回折

表 22.3 分光結晶と分光波長範囲

分光結晶	面間隔（Å）	分光波長範囲（Å）
Lithium fluoride（LiF）	2.013	0.89〜3.5
Penta erythritol（PET）	4.375	1.93〜7.7
Ammonium dihydrogen phosphate（ADP）	5.321	2.35〜9.3
Rubidium acid phthalate（RAP）	13.06	5.8〜23
Myristate（MYR）	40	17.6〜70
Stearate（STE）	50	22〜88
Lignocerate（LiG）	65	29〜114

22.4 分析装置，試料調製

試料から生じた固有 X 線を分析する装置として**波長分散型蛍光 X 線分析装置**（wavelength dispersive X-ray spectrometer, WDS）と**エネルギー分散型蛍光 X 線分析装置**（energy dispersive X-ray spectrometer, EDS）がある．図 22.8 に蛍光 X 線分析装置の原理図を示す．いずれにしても，X 線管球から発生した一次 X 線を試料に照射して蛍光 X 線を発生させる．一次 X 線の波長は試料に含まれる元素の内殻電子を励起させるため，より短い波長が必要であり，試料に応じて対陰極を選ぶ．一般に対陰極の元素は重金属で短波長の X 線を発生するタングステン，金，白金，銀，モリブデン，クロム，ロジウムが使用される．X 線の取り出し窓は，X 線の吸収が少なく，高真空に耐えるベリリウムや雲母の薄板が用いられる．また発熱が高いので管球を冷却する必要がある．

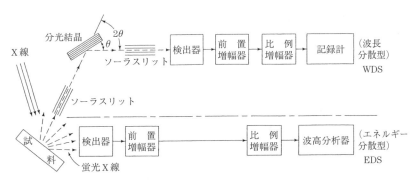

図 22.8 蛍光 X 線分析装置の原理図

試料は一般に固体または液体であり，X線管球の窓の近くに置き，一次X線の照射を上からするものと下からするものがある．試料ホルダーはX線を透過させるポリエステルのマイラーフィルムや，アルミニウムでできたホルダーも使用される．固体試料の場合，塊状のものは測定する面を研磨し，できるだけ平滑な面にして測定する．粉砕できるものはなるべく300メッシュ以下にして測定する．軽元素の場合には加圧成形し錠剤にして測定する．液体試料の場合，マイラーフィルムを張った液体用試料ホルダーに入れて測定を行う．

原子番号12から92までの元素は空気中でも測定できるが，原子番号5から11の元素は蛍光X線の波長が長波長なので空気によって吸収されるため，真空下またはヘリウム雰囲気下で行う必要がある．

WDSでは試料から生じた蛍光X線には，元素の固有X線のほかに試料による散乱X線が含まれているので，これらを分光する必要がある．通常，蛍光X線をソーラスリットに導いて平行X線束として分光結晶に当てて分光する．分光した蛍光X線は，分光結晶を軸にして回転できるソーラスリットと合体した検出器で強度が測定される．回転機構をもっている部分を分光計の**ゴニオメーター**という．

検出器は**電離箱，比例計数管，ガイガー-ミュラー計数管**の気体検出器と**シンチレーション計数管**そして**半導体検出器**がある．気体検出器はX線の入射窓をもつ金属製の円筒の陰極と，その中心軸に張られた細いタングステン線の陽極とからなり，その内部に気体（キセノン，アルゴン，窒素など）を充填し，電極間に高電圧を印加する．X線が入射すると気体がイオン化し電離電流が生じ，この電離電流は入射X線エネルギーに比例する．これを電圧パルスに変換して取り出す．印加電圧によって電離箱，比例計数管そしてガイガー-ミュラー計数管となる．シンチレーション計数管はヨウ化タリウムを約10％添加したヨウ化ナトリウム結晶やアントラセンの単結晶に取りつけた光電子増倍管からなり，結晶にX線を入射すると，それらの物質は励起され，再び安定状態に戻るとき蛍光パルスを放射する．この蛍光パルスを光電子増倍管で電気パルスとして計数するものである．半導体検出器はシリコン中にリチウムをドープした結晶を検出器として用いるp-i-n型シリコンダイオードで，ダイオードに逆電圧をかけておくとX線の入射によって電流パルスが生じる．生じた電流パルスを計数することによって，X線の強度を測定する．ドープしたリチウムが沈殿しないように，液体窒素で冷却しなければならない．しかし，エネルギー分解能が格段にすぐれているので，多重波高分析と組み合わせることによってEDSに使用されている．波高分析は出力パルスが入射したX線のエネルギーに比例することを利用する方法で，パルスを電気的に選別する．出力パルスの波高の上限と下限を選別し一定範囲の波高を取り出すことによって，ある範囲のX線を取り出すことになる．

22.5 応　　　用

定性分析，蛍光X線分析によって図22.9に示すように，WDSではスペクトルの横軸は2θ角，EDSではエネルギーで目盛られる．したがって，2θ角→波長→固有X線あるいはエネルギー→固有X線のような変換を行うことになる．このような変換を行う元素の固有X線のスペクトル表が市販されている．スペクトルの見方としては，X線管球からの固有X線を消去し，最強ピークの横軸の値を読み，スペクトル表と照合してピークを同定する．最強ピークに付随するX線を探

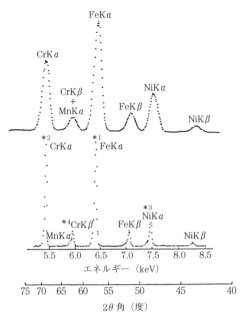

図22.9 蛍光X線分析により測定した蛍光X線スペクトル
上側：EDSによる測定，下側：WDSによる測定．

し出し元素の同定を行う．最近は，自動的にスペクトルを同定する装置も市販されている．

定量分析，各元素による固有X線の強度を測定することにより定量分析ができる．固有X線の絶対強度は測定できないので，標準試料を用いて検量線をつくり元素の濃度を定量する．標準試料は共存物質による誤差を少なくするために未知試料に近い成分比のものをつくる．他の分析法と同じく分析対象元素に近い元素を既知量入れて測定し，各固有X線強度の比から求める内部標準法と，分析対象元素と同じ元素を添加して固有X線の強度の増加から定量する添加法がある．検出限界はWDSで数ppm，EDSで数十ppm程度である．

参 考 図 書

1) 田中誠之，飯田芳男：機器分析，裳華房，1996．
2) 合志陽一，佐藤公隆編：エネルギー分散型X線分析，学会出版センター，1989．
3) 大野勝美，川瀬　晃，中村利広：X線分析法，共立出版，1987．
4) 庄野利之，脇田久伸編：入門機器分析化学，三共出版，1983．
5) 田村善蔵編：機器分析化学，南山堂，1977．

23

放射能を用いる分析法

はじめに

　原子は原子核とそれを取りまく電子（電子雲）からなっている．原子核は正電荷を帯びる**陽子**（proton, p）と電気的に中性である**中性子**（neutron, n）からなり，**電子**（electron, e）は負電荷をもっている．原子が電気的に中性のときは，原子核の陽子の数と電子雲の電子の数が同じである．原子の化学的性質は電子の数で決定されており，その電子の数または陽子の数を原子番号という．原子の質量数は陽子と中性子の数の合計である．原子核の陽子と中性子の数によって規定される原子種を**核種**（nuclide）という．原子番号が同じで質量数の異なる，すなわち陽子数が同じで，中性子の数が異なる核種を**同位体**（isotope）または**同位元素**といい，同じ元素記号で表示する．同位体で一番わかりやすい元素は水素原子であり，陽子 1 個のみの水素（$^{1}_{1}H$），1 個の陽子と 1 個の中性子を含む重水素（$^{2}_{1}H$），そして 1 個の陽子と 2 個の中性子を含むトリチウム（$^{3}_{1}H$）の 3 種類がある．このうち水素と重水素は安定な核種で，トリチウムは不安定な核種である．陽子と中性子の数の組合せが不安定なトリチウムは，原子核の中性子が陽子になるとき放射線を放射してより安定な 2 個の陽子と 1 個の中性子を含むヘリウム（$^{3}_{2}He$）になる．

　陽子数と中性子数の組合せが不安定な原子核から**放射線**を放射し別の元素となる元素を**放射性同位体**（radioisotope, RI），**放射性同位元素**または**放射性核種**といい，この現象を**放射性壊変**という．自然界に存在する放射性元素は原子番号の大きい元素で，原子番号の小さい放射性元素は原子炉や加速器によって人工的に製造される．自然界に存在するものを**天然放射性元素**といい，人工的に製造されるものを**人工放射性元素**とよぶ．

　日本薬局方では，放射線を利用して病気の診断や治療に用いる薬剤を**放射性医薬品**として収載しており，**放射性医薬品基準**も記載している．

23.1　放射性壊変と放射線

　放射性核種が放射線というエネルギーを放射して別の核種に変化する現象を放射性壊変という．このとき，変化した核種が放射性核種であるとまた放射性壊変を起こし，最終的に放射線を放射しない安定核種になる．放射性核種が放射する放射線としては，α 線，β 線そして γ 線があり，それらの種類に応じた放射性壊変を α 壊変，β 壊変そして γ 壊変という．

23.1.1　α 壊変（α-decay）

　ウラン（$^{238}_{92}U$），トリウム（$^{232}_{90}Th$），ラジウム（$^{226}_{88}Ra$）などの大きな原子核で生じる壊変で，電

子を所有しない陽子2個と中性子2個のヘリウム原子核（$^4_2\text{He}^{2+}$）が放出される．この核はα線またはα粒子ともいわれ，陽子と中性子が2個ずつ減少していく．すなわち，α線は大きな原子核から放出されるヘリウム原子核であり，もとの原子核より質量数は4を減じ，原子番号は2減少する．原子核の反応式で表せば次のようになる．

$$^{226}_{88}\text{Ra} \longrightarrow {}^{222}_{86}\text{Rn} + \alpha({}^4_2\text{He}^{2+})$$

23.1.2 β壊変（β-decay）

原子核の陽子（p）と中性子（n）の比が不均衡で不安定だと，それらが互いに変換しβ線と電荷ゼロ，質量もほとんどゼロの**中性微子**（neutrino, ν）を放出する．この現象をβ壊変といい原子核から**陰電子**（negatron, β^-）を放出する**β^-壊変**，**陽電子**（positron, β^+）を放出する**β^+壊変**，そして原子核が1個の電子を捕獲する**電子捕獲**（electron capture, EC）がある．

β^-壊変は陰電子壊変ともいわれ，原子核内で中性子が陽子に変換し，原子番号が1大きくなる．β^+壊変は陽電子壊変ともいわれ，原子核内で陽子が中性子に変換し，原子番号が1小さくなる．両壊変とも質量数は変化しない．これらを式で表せば次のようになる．

$$^3_1\text{H} \longrightarrow {}^3_2\text{He} + \beta^- + \nu \quad (n \longrightarrow p + \beta^- + \nu)$$
$$^{11}_{6}\text{C} \longrightarrow {}^{11}_{5}\text{B} + \beta^+ + \nu \quad (p \longrightarrow n + \beta^+ + \nu)$$

電子捕獲は原子核内の陽子が核に一番近いK軌道の電子を捕獲して中性子に変化する壊変をいい，質量数は変化しないで原子番号は1減少する．電子捕獲は次のようになる．

$$^{40}_{19}\text{K} + e^- \longrightarrow {}^{40}_{18}\text{Ar} + \nu \quad (p + e^- \longrightarrow n + \nu)$$

23.1.3 γ壊変（γ-decay）

核異性体転位壊変ともいわれγ線を放射する．原子核がα壊変やβ壊変などによりα線やβ線を放射した後も，原子核はまだエネルギーの高い励起状態にあることが多い．この励起状態の原子核は短時間内に余分のエネルギーを放出し，安定状態になる．このときのエネルギーはγ線として放射される．原子核の核種はγ線放射後も同じで，核の壊変はなく原子番号や質量数に変化はない．γ線は一般にα線やβ線とともに放射されるが，まれに原子核からα線やβ線が放射された後，原子核が短期間に**準安定状態**（metastable, m）で存在し，それからγ線が放射されることがある．$^{99m}_{43}\text{Tc}$は半減期6.01時間でγ線を放射して$^{99}_{43}\text{Tc}$になる．

以上述べたα, βおよびγ壊変の**壊変図式**の例を図23.1に示す．核種のエネルギー準位は縦の高さに目盛り，壊変は矢印で示す．原子番号の増える壊変（β^-）は右下がりの矢印で，原子番号の減る壊変（α, β^+, EC）は左下がりの矢印で，原子番号不変のγ壊変は垂直下向きの矢印で，半減期をy；年, d；日, h；時間, m；分で示す．

23.2 半減期と原子核反応

放射性壊変によって放射性核種が変化するとき，反応は一次反応速度式に従って進行する．放射性核種の原子核が最初N_0個あったとき，t時間後に残存する原子核数Nについては次の式が成り立つ．

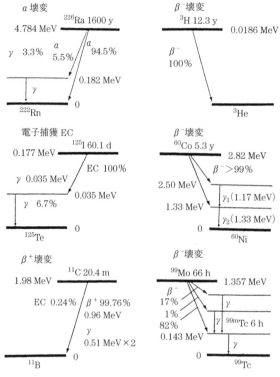

図 23.1 壊変図式

$$-\left(\frac{dN}{dt}\right) = \lambda N$$

λ は放射性核種に固有の定数で壊変定数という．$t=0$ のとき $N=N_0$ という初期条件を用いて上の式を解くと，$\ln(N/N_0) = -\lambda t$ となり，$N = N_0 e^{-\lambda t}$ となる．もとの原子核数が半分になるまでに要する時間を $t=T$ とすれば，$N = N_0/2$ となり，これを式 $N = N_0 e^{-\lambda t}$ に代入すると

$$T = \frac{\ln 2}{\lambda} = \frac{0.693}{\lambda}$$

となる．T は半減期とよばれ，エネルギーとともに放射性核種に固有の値である．表 23.1 に主な放射性同位元素と半減期を示す．

　原子核反応は放射性核種が自発的に，または宇宙線の照射を受けて放射性核種が生成し，それら

表 23.1 主な放射性同位元素と半減期

放射性同位元素	半減期	崩壊型
$^{3}_{1}\text{H}$	12.3 y	β^-
$^{14}_{6}\text{C}$	5730 y	β^-
$^{32}_{15}\text{P}$	14.28 d	β^-
$^{60}_{27}\text{Co}$	5.27 y	β^-, γ
$^{35}_{16}\text{S}$	87.5 d	β^-
$^{125}_{53}\text{I}$	60.14 d	EC
$^{131}_{53}\text{I}$	8.04 d	β^-
$^{198}_{79}\text{Au}$	2.70 d	β^-
$^{226}_{88}\text{Ra}$	1600 y	α

が異なる核種に変化することである．ウラン，トリウム，ラジウムなどが自発原子核反応を示す．宇宙線によって生じる放射性核種として ^3_1H, $^{14}_6C$, $^{26}_{13}Al$ などがあり，これらを誘導放射性核種とよび，この反応を誘起原子核反応という．自発および誘起の反応を天然原子核反応という．

原子核に人工的に高エネルギー粒子を衝突させて原子核を破壊，または壊変させて，原子核反応を行うことを人工的原子核反応という．高エネルギー粒子として重陽子（^2_1d），陽子（^1_1p），中性子（^1_0n），α 粒子（α, $^4_2He^{2+}$）などを用い原子炉や加速器によって照射されて製造される．生じた人工放射性核種も α，β および γ 壊変をする．原子炉内では核分裂反応の際に多量の中性子が発生するので，炉内に非放射性元素（ターゲット）を挿入すれば，多量の中性子によって放射性核種が産生する．リチウムに中性子を当てるとトリチウムと α 線が生じる．

$^6_3Li+n=^3_1H+\alpha$，これを簡略化して，$^6_3Li(n, \alpha)^3_1H$ のようにも表す．ターゲットの核種を前に，反応後の変換核種を後ろに，その間の（ ）内は照射粒子，発生粒子または放射線を示す．原子炉や加速器サイクロトロンで生じた中性子，陽子，重陽子，α 粒子などを使用して生じる反応には (n, α), (n, p), (n, γ), (n, f), (p, n), (d, n), (d, α), (α, n) などがあり，(n, f) は中性子による核分裂反応である．原子炉や加速器サイクロトロンを用いることにより人工放射性核種の製造は比較的容易となる．

23.3 放射線測定原理

放射線の検出および測定の方法は，放射線と物質との相互作用によって生じる種々の現象が利用され，放射線による物質の電離または励起に基づく現象が最も利用されている．物質の電離によって生成する電離電子およびイオンまたはイオン対を電気信号として取り出す放射線検出器，物質の励起状態から基底状態に戻る際に蛍光を発する現象を利用する放射線検出器などがある．

放射性核種からの放射線の放射による放射性壊変は，放射線の種類，原子核の壊変速度，放射線量，放射線エネルギーなどランダムな現象であり，計数値にはいつも統計的な誤差が含まれていることを考慮しなければならない．

23.3.1 電離作用による測定

電離作用を利用した検出器は，放射線による気体や固体の電離現象を利用している．

a．気体の利用

気体の電離現象は図 23.2 に示すように，約 1 気圧前後の気体（CO_2, Ar, CH_4 またはそれらの混合気体）を入れた円筒容器の内壁部分を陰極とし，中心部分の細い線を陽極として，両電極間に高電圧をかけ，容器中に放射線が入射すると気体が電離してイオン対が生じ，陽イオンは陰極に電子は陽極に引きつけられ電離電流が生じる．このとき回路の抵抗の両端に電位がパルスとして生じる．このパルスを計数する方法が電離作用を利用した計数管検出器である．パルスの大きさは図 23.3 に示すように電極間の印加電圧によって異なる．この印加電圧のかけ方によって生成したイオンの状態によって検出の方法も異なる．印加電圧の低い領域では生成したイオン対は電極に引きつけられず，お互いに再結合してしまうため電圧パルスの計数測定はできない．飽和領域では，電離した電子は再結合せずに，ほぼすべてが陽極に引きつけられ安定した電圧パルスが得られる．印加電圧をさらに高くした比例領域では，生じた電子が陽極に加速して引きつけられ，その間に他の

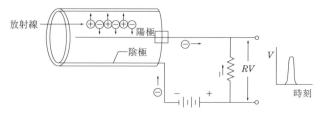

図 23.2 気体電離作用の原理

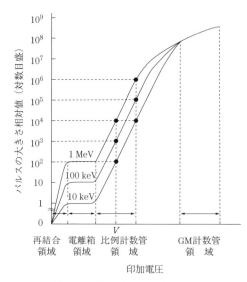

図 23.3 印加電圧と出力パルス

気体分子に衝突しイオン対を次々に生じる．このように二次的につくられたイオンを二次イオンといい，最初に生じたイオンを一次イオンという．この二次イオンの数は一次イオンの数に比例的であり，印加電圧を高めることは比例定数を大きくすることになる．さらに印加電圧を高くすると二次イオンの数は一次イオンの数に関係なくなりいつも一定となる．そのため，出力パルスは入射する放射線のエネルギーとは無関係に一定となる．この領域をガイガー–ミュラー（GM）領域といい，放射線エネルギーとは無関係に常に同じ電圧パルスが得られるので，放射線の計数だけが測定される．飽和，比例，GM 領域で生じる電圧パルスを検出する装置としておのおの電離箱，比例計数管そして GM 計数管検出器と分類される．

b．固体の利用

固体の電離現象を利用した方法は半導体を用いた検出で，原理は気体の電離現象とほとんど同じで，気体の代わりにケイ素やゲルマニウムなどの半導体を用いる方法である．図 23.4 に代表的な p-n 接合型半導体検出器の概略を示す．ケイ素半導体の n 型は，ケイ素に不純物としてリンまたはヒ素などを加えた結晶で，リンまたはヒ素の価電子 1 個が共有結合から離れてきわめて束縛のゆるい状態になっている．ケイ素半導体の p 型は，不純物としてホウ素またはアルミニウムを加えた結晶で，ケイ素とホウ素またはアルミニウムの共有結合は電子が 1 個足りない状態になっている．p-n 接合型半導体は p 半導体の表面に n 型の薄い層をコートしたもので，この両端に逆方向に電圧をかけると電流は流れない．これは接合部付近に空乏層とよばれる領域ができるからである．図 23.4 に示すように，この空乏層に放射線が入射されると，その通路に沿ってケイ素原子が電離す

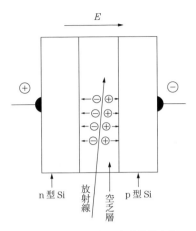

図 23.4 p-n 接合型半導体検出器

る．電離することによって電子と電子のなくなった場所ができる．この電子のなくなった場所を正孔といい，正の荷電をもつことになる．これらはそれぞれ陽極と陰極に運ばれ，放射線エネルギーに比例したパルスを生成する．高エネルギーのγ線を効率よく検出するために，空乏層を大きくする必要がある．そのためp型半導体にリチウムを拡散させたケイ素（リチウム）検出器やゲルマニウム（リチウム）検出器が用いられる．ゲルマニウム（リチウム）検出器はよい特性を得るために液体窒素で冷却する必要がある．

23.3.2 蛍光による測定

放射線により蛍光を発する現象を利用した検出器では，蛍光を出す物質をシンチレーターという．シンチレーターには無機結晶，有機結晶そして有機溶液などがあり，シンチレーターに密着した光電子増倍管によって生じた蛍光を電気的パルスとして出力し，計数装置によってカウントする．

結晶シンチレーターとしてα線の測定には銀活性化硫化亜鉛の無機結晶が，γ線の測定にはタリウム活性化ヨウ化ナトリウムの無機結晶が，β線の測定にはアントラセンの有機結晶がよく用いられている．液体シンチレーターは^{3}Hおよび^{14}Cのような低エネルギーのβ線を測定するために用いられている．弱いエネルギーを効率よく測定するために，β線の自己吸収が起きないようにシンチレーターを溶かした溶媒に試料を溶かす．溶媒に溶かすシンチレーターには一次蛍光物質と二次蛍光物質があり，放射線により一次蛍光物質を発光させ，その発光波長により二次蛍光物質を発光させて検出する．一次蛍光物質としてはPPO（2,5-diphenyloxazole），TP（p-terphenyl）が，二次蛍光物質としてはPOPOP〔2,2′-p-phenylene-bis-(5-phenyloxazole)〕，DMPOP〔2,2′-p-phenylene-bis-(4-methyl-5-phenyl oxazole)〕が使用されている．

シンチレーターには，すぐに蛍光を発しないで放射線のエネルギーを蓄積して，後から熱を加えることによって受けた放射線の線量に応じて蛍光を発する物質がある．これを利用したのが熱ルミネッセンス線量計である．その発光原理は図23.5に示すように，放射線によって励起された基底状態の電子が伝導帯に上がり，その後伝導帯よりわずかに低い準安定状態準位に捕獲される．この電子は熱により励起され，伝導帯で自由電子になり基底状態に戻り蛍光を発する．このときに吸収した放射線量に応じた蛍光を発するので，この蛍光を光電子増倍管で検出する．このような現象を

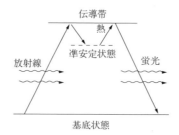

図 23.5 熱ルミネッセンス線量計の発光原理

熱ルミネッセンスといい，この性質をもつ物質には硫酸カルシウムに不純物としてツリウムまたはマンガンを加えた結晶，フッ化カルシウムにマンガンそしてフッ化リチウムにマグネシウムを加えた結晶がある．

23.3.3 その他の検出

放射線と物質との相互作用を直接肉眼で観察する方法として，写真感光と過飽和の蒸気を満たした霧箱がある．写真感光は写真乳剤に放射線が照射されると乳剤中のハロゲン化銀が銀原子となるので現像によって観察される．霧箱は放射線を通過させると蒸気分子がイオン化され，イオンはただちに核となり霧滴になる．イオンは放射線の飛跡に沿って生成するので，霧の筋道を肉眼で観察し写真撮影ができる．

演習問題

23.1 放射線に関する記述のうち，正しいものの組合せはどれか．
 a α 線は，磁場の影響を受けずに直進する．
 b γ 線は，正電荷の電子線である．
 c X 線の振動数は，可視光線の振動数よりも小さい．
 d β^- 線の空気中における透過性は，α 線の空気中における透過性よりも大きい．
 e $^{99m}_{45}$Tc が核異性体転位（IT）をするとき，γ 線が放出される．
 ① (a, b) ② (a, c) ③ (b, c) ④ (b, e) ⑤ (c, d) ⑥ (d, e)

参考図書

1) 久保敦司，木下文雄：核医学ノート，金原出版，1997．
2) 菅原　努監修：放射線基礎医学，金芳堂，1996．
3) 伊藤和夫ほか：放射性同位元素の科学—基礎と応用—，廣川書店，1985．
4) 森　五彦，田中千秋：新放射化学及放射線保健学，廣川書店，1986．

24

クロマトグラフィー

はじめに

クロマトグラフィー（chromatography）は，chroma（色の意味）と graphia（図の意味）とが組み合わされて語源となった言葉である．18世紀末から19世紀初頭にかけ，植物色素の混合物を，活性炭など適当な粉体を詰めた管〔カラム（column），柱の意味〕の一端に付着させた後，カラム内に液体を流し通すことで，種々の色素がカラムの中で移動しながら相互に分離して帯状に分布する実験が行われ，その分離の様子から，この名称が用いられるようになった．中国では，現在でも「色譜」という言葉がクロマトグラフィーを表す言葉として使われている．

クロマトグラフィーは，試料中の目的成分と他の夾雑成分とを分離することで目的成分の分析精度を向上させたり，混合物試料中の個々の成分を相互に分離して各成分化合物の同時分析を可能とする**分離分析法**の一つで，同じく分離分析法の一つである**電気泳動法**と並んで，医薬品分析，生体成分分析（臨床化学分析），環境分析，あるいは工業分析などの分野で定性・定量分析法として広く用いられている．

また，クロマトグラフィーは，物質の精製手段としても有用な手段であり，溶媒抽出，蒸留，沈殿生成，ろ過などの分離法などに比べ多くの利点を有している．こうした精製手段としてのクロマトグラフィーを前述の定性・定量分析法として用いられるクロマトグラフィーと区別して，特に分取クロマトグラフィーとよぶことがある．

クロマトグラフィーを**クロマトグラフ法**とよぶことがあるが，**クロマトグラフ**（chromatograph）は，クロマトグラフィーを行う装置または「クロマトグラフィーを行う」という動詞であり，クロマトグラフ法という表現は，クロマトグラフ装置を用いる分析法，あるいはクロマトグラフィーによる分析法，といった意味合いで使われる．また，クロマトグラフィーを実施して得られるデータのことを**クロマトグラム**（chromatogram）とよぶ．

24.1 クロマトグラフィーの基本原理

前述した活性炭を詰めたカラムを用いて色素混合物が分離されるのはなぜかを考えてみよう．各色素化合物には，活性炭表面に吸着される性質と，カラム内を流れる液体（溶媒）に溶け出す性質との両方が備わっている．この吸着される性質と溶媒に溶解する性質は，色素化合物の化学構造の違いによってもたらされる物理化学的性質の違いによりそれぞれ異なる．このため，種類の異なる各色素のうち，より活性炭に吸着されやすい性質を強く有している色素はカラム内をゆっくり移動し，逆に溶媒に溶けやすい性質が強い色素はカラム内を早く通過していくことになる．この結果，溶媒を流し始めてから一定時間後のカラムの中の様子を観察すると物理化学的性質の異なる色素が

異なったカラム内の位置に分離して帯状に分布しているように見えることになる．あるいは，さらに溶媒を流し続け，カラムの下端から出てくる溶媒を観察すれば，溶媒を流した時間経過に応じて異なる色素が溶出してくることがわかる．こういった現象を系統的に利用した分離法がクロマトグラフィーであり，活性炭のような立場のものを**固定相**，流す溶媒のような立場のものを**移動相**と区別してよび，移動相には気体を用いるクロマトグラフィーもある．

クロマトグラフィーでは，化学物質が，移動相である液体や気体の流れ（移動）によって運ばれ，固定相を形成する細かな粒子と粒子の間の間隙を通過する際，固定相と化学物質との間に何らかの引き合う相互作用（親和性）が存在する場合には，そういった相互作用が存在しない場合に比べ，その物質の移動（速度）が遅くなる．こういった移動速度は，化学物質の物理化学的性質（極性，揮発性，荷電状態など）の違いによって異なるため，化学構造が異なる物質であれば基本的にクロマトグラフィーで相互に分離することが可能であり，固定相や移動相を工夫することによって，移動速度の違いを増幅することができる．

分離目的の物質と，固定相および移動相との間の親和性の違いは，

$$k = \frac{\text{固定相に存在する物質の量}}{\text{移動相に存在する物質の量}}$$

のように定義され，この比率は**質量分布比** k' または**分配係数**などとよばれる．この値は物質固有の値で，この値により固定相を通過する移動速度に違いができる（k の値が大きい物質ほど固定相への親和性が高く，移動速度が遅い）（図 24.1）．

$K_A > K_B$　　K_A：物質Aの質量分布比，K_B：物質Bの質量分布比

図 24.1　クロマトグラフィーの概念図

複数の物質が同時に注入されても，固定相に寄り道をする要因がある物質は移動速度が相対的に遅くなる．寄り道をする要因とは，物質と固定相のそれぞれの物理化学的性質に基づく相互作用のことである．物質は止まっていたほうが熱力学的にはより安定であるため，本来，物質は固定相にとどまろうとするが，その程度が低い物質ほど移動相の流れに乗って速く移動する．

このようなクロマトグラフィーの原理は，同じく分離手法の一つである**液液抽出法**の基本原理（**分配の法則**）とほぼ同様に考えることができる．一般的な液液抽出では，分液ロート中で互いに混和しない液体（上下2層に分離する2種の溶媒）を振り混ぜ，物質をいずれかの液層に溶解させる操作を繰り返すことで，溶解性の異なる物質の分離・抽出を達成する．ここで，分液ロートの代わりに図24.2に示したような装置を工夫したとすると，液液抽出を連続的に行うことができる．この際，下層の止まっている液層を固定相，上層のゆっくり移動している液相を移動相と考えれば，クロマトグラフィーの概念と同じといえる．実際，互いに混和しない2種の液体を固定相および移動相の役割とした**向流クロマトグラフィー**が実用化されており，なかでも管内に詰めた液層の中をもう一つの液層を液滴として通過させることで物質を抽出分離させる**液滴向流クロマトグラフィー**（droplet countercurrent chromatography, DCCC）では，さまざまな工夫を加えられた装置が市販されている．本章では，分析法（計測法）としての様相の低い向流クロマトグラフィーに関する説明は割愛する．

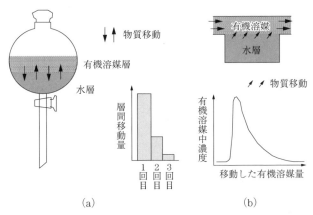

図 24.2 液液抽出法とクロマトグラフィー
(a) 分液ロートを用いて，ある物質を水層から有機溶媒層へ抽出する場合，新たな有機溶媒を加えて3回繰り返し抽出した際のその物質の移動量を棒グラフで表す．
(b) 連続的に新たな有機溶媒を供給したとすると，有機溶媒に移動する物質の濃度変化は曲線のようになることが予想される．(a)の棒グラフを外挿すると(b)の曲線グラフに近似することが理解できる．

24.2 クロマトグラフィーの種類

クロマトグラフィーには，目的成分を相互に分離する場の形状の違いにより，**平板（平面）クロマトグラフィー**と**カラムクロマトグラフィー**とに大別される．前者では，**ペーパー（ろ紙）クロマトグラフィー** (paper chromatography, PC) と**薄層クロマトグラフィー** (thin layer chromatography, TLC) とが，後者では，**ガスクロマトグラフィー** (gas chromatography, GC)，**液体クロマトグラフィー** (liquid chromatography, LC)，**超臨界流体クロマトグラフィー** (supercritical fluid chromatography, SFC) などが主な手法としてあげられる．PC および TLC の名称は，固定相の素材や形状に由来しており，GC，LC，SFC の名称は，移動相の物性がそれぞれ，気体（ガス），液体，超臨界流体であることに由来している．

PC，TLC，LC では，分離を目的とする成分分子と固定相との間に生じる相互作用（分離モード）の違いに基づいて，**吸着クロマトグラフィー**，**分配クロマトグラフィー**，**イオン交換クロマトグラフィー**などのような名称が使用されることが多い．これらについての詳細は後述する．

24.2.1 ペーパークロマトグラフィー

ペーパー（ろ紙）クロマトグラフィーは，短冊状（幅 2～3 cm，長さ 40 cm 程度）のろ紙の片端の一点（原点）に試料溶液をガラス毛細管やマイクロピペットなどを用いて**塗布**し，その原点側の端に移動相である**展開溶媒**を浸潤させることにより，移動相溶媒が毛細管現象によりろ紙中を展開する際，試料中の物質が移動相溶媒に溶解して運ばれ分離される．

PC では，**固定相はろ紙に含まれる水分**であり，この水と移動相溶媒との間で物質が分配・交換されながら分離が達成される．すなわち，親水性の高い（極性の高い）物質ほど固定相（水相）にとどまろうとするために移動距離が小さく，移動相溶媒に溶けやすい成分ほど移動度が大きくなる．

一定時間の移動相展開後に，ろ紙を取り出して分離の様子を主に肉眼で観察する（蛍光性成分は

紫外線ランプ照射下）。この分離の様子をスケッチ，写真，コピーなどで記録したものをクロマトグラムという．分離した成分が着色していない場合には，適当な検出法（発色法）を組み合わせる必要がある．分離した成分の各スポットについて原点からの移動距離を測定し，これを展開溶媒が展開した距離（溶媒先端）で割った値を **R_f値**（ratio of flow, R_f）として算出する．この R_f 値は物質固有の値であり，物質を同定する指標となる．通常の PC では，極性の低い化合物ほど大きな R_f 値を示す（図 24.3）．

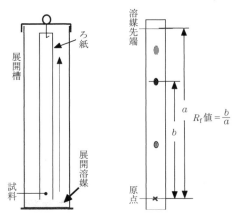

図 24.3　ろ紙クロマトグラフィーの概略と R_f 値の求め方

展開槽中には展開溶媒（移動相）の蒸気が上部まで飽和されている必要があるので，展開溶媒を入れた後一昼夜程度は放置してから使用する必要がある．分離したスポットの発色の最も濃い中心までの距離を測定する．R_f 値は 0〜1.0 をとる．

　PC は，後述する同じ平板クロマトグラフィーの一つである薄層クロマトグラフィーと比較して，R_f 値の再現性の点ではすぐれているが，展開時間が長い（1回の分析時間は数〜十数時間），組み合わすことが可能な検出法の適用範囲が狭い，などの特徴がある．また，短冊形のろ紙のほか，正方形のろ紙を用いて異なった2種類の展開溶媒の系でそれぞれ垂直2方向に展開する**二次元展開法**や，水平に置いた円形のろ紙の中心に試料を塗布し，その中心から円周に向かって展開させる円形ろ紙クロマトグラフィーなどもある．さらに，ろ紙にアルミナやケイ酸を保持させた吸着型やイオン交換ろ紙を用いたイオン交換型の PC が用いられることもある．

　PC は，主に，物質の同定の手段として汎用されるが，分離した後の各成分のスポット付近を切り取り，細分して試験管などの中で適当な溶媒に成分を抽出させ，その溶液を分光光度計などを用いて吸光度を測定することにより，半定量的な目的に使用することも可能である．

24.2.2　薄層クロマトグラフィー

　薄層クロマトグラフィーは，ガラス，プラスチックあるいはアルミ箔の板（平面）状支持体の片表面に，種々の固定相微粉体を 0.2〜0.3 mm 程度の薄層に均一塗付したものを用いることに由来している．支持体と固定相とが一体となったものを**薄層プレート**とよび，多くの組合せのものが市販されているが，TLC プレートを実験室などで自家調製することも比較的容易である．TLC プレートの大きさは，10×10 cm，5×20 cm，20×20 cm といったものがよく用いられるが，大きなサイズのものを必要な大きさに切り取って使用することもできる．特に支持体として，プラスチックシートやアルミニウム薄板を用いている場合には，ハサミなどで容易に切りとることも可能であ

る．

　固定相としては，**シリカゲル**が最も汎用されており，このほか**アルミナ，セルロース，ポリアミド，セファデックス，イオン交換体**，さらには**化学結合型シリカゲル**や**合成ポリマーゲル**なども用いられる．移動相としての展開溶媒としては，固定相にシリカゲルやアルミナなどの吸着剤を用いた場合には，比較的極性の低い有機溶媒（ヘキサン，ベンゼン，クロロホルムなど）をベースにして極性溶媒（酢酸エチル，メタノール，酢酸，ピリジンなど）を混合したものが，また化学結合型シリカゲルなど分配系の固定相を用いた場合には，水（緩衝液）と水と混和する有機溶媒との混合溶媒が主に用いられる．ただし，吸着剤を固定相として，比較的極性の高い化合物を分離しようとする場合に，吸着剤の吸着能を低下させる目的で水を含んだ有機溶媒を移動相とすることもある．

　最も汎用されるシリカゲル薄層クロマトグラフィーでは，固定相シリカゲル表面の**シラノール基**（≡Si-OH）と，目的物質（各成分）の分子構造中に存在する極性基（-OH，-SH，-COOH，>C=O，-NH-など）や不飽和結合との間に**水素結合**が形成されるため，極性の高い化合物ほどより保持される（R_f 値が小さい）．この場合，シリカゲル表面に水分が存在すると，水分子がシラノール基と水素結合を介して結合するため，シラノールの吸着力は低下する．したがって，シリカゲル薄層プレートは，乾燥剤の入ったデシケーターなどに保存したり，使用するに先立って，加熱乾燥器などで一定の時間**活性化**してから使用するのが望ましい．極性の高い化合物が分離の対象である場合には，逆にある程度水分を含む（活性の低い）シリカゲルプレートを使用したほうがよい結果が得られる場合もある．一方，展開溶媒も極性が高いものほどシラノール基と水素結合を生じやすいため，各成分分子とシラノール基を競合する極性溶媒を展開溶媒とした場合のほうが，一般に各成分の R_f 値は大きくなる傾向にある．このように，対象とする化合物の分子構造から極性の程度を判断し，展開溶媒の種類やシリカゲルプレートの活性の程度を組み合わせることで良好な結果を得ることができる．

　実際の操作は，ペーパークロマトグラフィーに類似しており，試料はマイクロピペットやガラス毛細管などで原線上にスポットするが，0.5～1 cm 間隔で複数の試料をスポットすることが可能である．したがって，1 枚のプレートで多検体を一斉分離することもできる．また，薄層クロマトグラフィーにおける R_f 値の再現性は，ペーパークロマトグラフィーのそれに比べて劣ることから，1 枚のプレート上に，未知試料，標準試料，さらにはその混合スポットを同時に展開して物質同定の精度を上げることも可能である．移動相の展開時間はペーパークロマトグラフィーに比べて圧倒的に短く，数分から数十分程度で終了する．展開はほとんどの場合上昇法によるが，ガラス板のように硬質の支持体を使用したプレートの場合には，プレートの設置勾配を小さくできるため，展開時間を短縮することができる．TLC においても，PC と同様，二次元展開法により分解能を高めることが可能である．

　検出は，色素のように物質自身が着色（発色）している場合は直接，蛍光物質であれば紫外線照射下で，それぞれ肉眼で観察する．肉眼で直接観察できない場合は，化学的，物理的，あるいは生物学的な方法を施す必要がある．固定相にシリカゲルやアルミナのような無機担体を使用する場合には，高温加熱や強酸の噴霧などを施すことができるため，広範な検出反応が適用できる．また，TLC 分離に先立ち，試料に対してあらかじめ発色団を導入する反応を施した後に，その反応液をプレートの原線上にスポットして展開分離する**プレ誘導体化法**も利用される．さらに，固定相担体

微粒子に適当な蛍光剤を混和して作成した蛍光剤入りプレートを使用することにより、紫外部吸収を有する広範な化合物の検出が可能である．この場合，展開分離後のプレートを紫外線照射下に置くことにより，バックグラウンドとしてプレート全体が発蛍光するなかで，分離された各成分の存在するところだけが無蛍光の黒いスポットとして観察される．なお，蛍光剤入り薄層プレートも広く市販されている．実際の分離の様子はコピー，写真，スケッチなどでクロマトグラムとして記録する．

TLCはペーパークロマトグラフィーと同様，定性的な目的（物質の確認や純度の試験）に汎用されるが，工夫をすれば定量の目的にも使用できる．たとえば，分離後の各成分物質のスポットを固定相担体ごとかきとり，溶媒抽出によって抽出回収した物質の量を分光光度計などの機器で測定することにより，おおよその定量が可能である．また，いくつかの方式の**走査型濃度計**（scanning densitometer）が市販されており，プレート上のスポットの発色の程度を直接数値化して定量することも可能になっている．さらに，最近では試料の濃縮ゾーンを付加した分解能のすぐれた高性能薄層プレートが市販されるようになり，これと走査型濃度計を組み合わせることにより定量の精度も飛躍的に向上している．

24.2.3 ガスクロマトグラフィー

ガスクロマトグラフィーは，移動相に気体（ガス）を用いるクロマトグラフィーの総称である．**キャリヤーガス**とよばれる移動相ガスとしては化学的に不活性なものが使われ，**窒素ガス**が最も汎用されるほか，**質量分析計**を検出器とする場合には**ヘリウムガス**が多用される．また，**アルゴン，水素**などのガスも使用されることがある．これらのキャリヤーガスは，通常各ガスの高圧ボンベから供給され，試料注入部を経由してカラム（固定相の存在している細管）中を一定の速度で移動する（図24.4）．

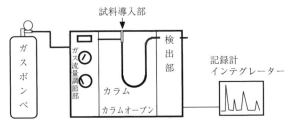

図 24.4 ガスクロマトグラフ装置の概略

実際には，移動相用のガスボンベは，別途高圧ボンベが管理可能な設備内に設置し，そこからガスクロマトグラフ装置のある実験室まで配管で引き込むような工夫が必要である．

GCのカラムは，**充填カラム**と**キャピラリーカラム**とに大別される．充填カラムは，内径数mm，長さ数mのガラスやステンレスの細管に吸着剤粒子や非揮発性の液体を塗布した不活性担体粒子を充填したものである．キャピラリーカラムは，内径0.3 mm前後の管の内壁に非揮発性の液体や不活性担体粒子を保持させたもので，長さは数十mと長い．一般に，キャピラリーカラムのほうが充填カラムよりも分離能は高い．また，カラム内の不揮発性液体が固定相の役割をもつ場合を特に**気–液クロマトグラフィー**（gas-liquid chromatography），不活性担体自体が固定相の役割をもつ場合を**気–固クロマトグラフィー**（gas-solid chromatography）と区別してよぶことがある．

GCでは，試料中の各成分物質も**気化**する必要があり，試料注入部およびカラムは一定の高温に保たれている必要がある．一般に，試料注入部は200〜300℃，カラムは百数十℃以上の一定温度に保たれている．したがって，GCで分析できるのは，こういった高温でも安定に気化する物質に限る．このため，揮発性の低い化合物は，GC分析に先立って揮発性物質に変換する**誘導体化**という手段がとられることが多い．たとえば，カルボン酸はエステル化，アミノ基や水酸基はアシル化やシリル化，カルボニル化合物はヒドラゾン（ヒドラゾノ化）やオキシム（ヒドロキシイミノ化）への変換などである（図24.5）．

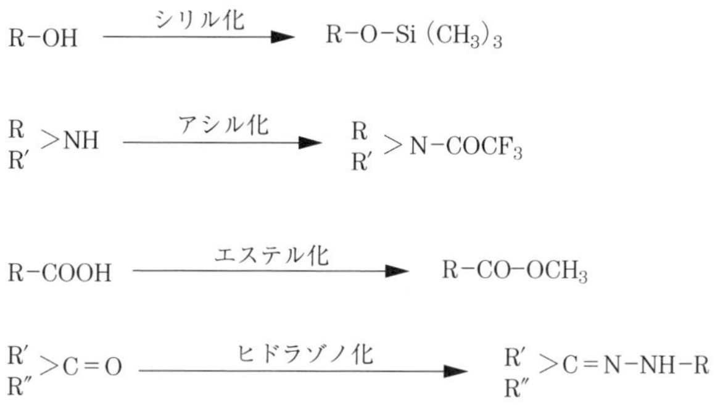

$$R-OH \xrightarrow{シリル化} R-O-Si(CH_3)_3$$

$$\begin{matrix}R\\R'\end{matrix}>NH \xrightarrow{アシル化} \begin{matrix}R\\R'\end{matrix}>N-COCF_3$$

$$R-COOH \xrightarrow{エステル化} R-CO-OCH_3$$

$$\begin{matrix}R'\\R''\end{matrix}>C=O \xrightarrow{ヒドラゾノ化} \begin{matrix}R'\\R''\end{matrix}>C=N-NH-R$$

図24.5 ガスクロマトグラフィーで汎用される誘導体化法
極性の高い化合物の極性を低下させ，揮発性を高める目的で施される．

カラムで分離された成分は，気化した状態で検出器とよばれる検知装置に導入され，検出器の特徴に応じて各成分のピークとして連続検出される（各検出器については後述）．その結果は，電気的信号の変化として記録計やデータ処理装置に送られ，時間軸（**保持時間**：t_R）と検出器に対する応答性との二次元のクロマトグラムとして表示される（図24.6）．この保持時間は物質の同定，検出器に対する応答性はピークの高さまたはピーク面積として各物質の定量の指標として利用される．保持時間 t_R と質量分布比 k' との間には，

$$t_R = (1+k')t_0$$

t_0：$k'=0$ の物質がクロマトグラフ装置に注入されて検出器に達するまでの時間（移動相のカラム通過時間）

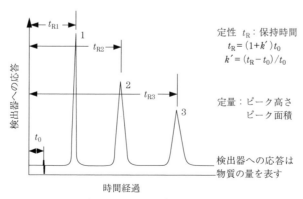

定性 t_R：保持時間
$t_R = (1+k')t_0$
$k' = (t_R - t_0)/t_0$

定量：ピーク高さ
ピーク面積

検出器への応答は
物質の量を表す

図24.6 カラムクロマトグラフィーにおけるクロマトグラム
ガスクロマトグラフィー，液体クロマトグラフィー，超臨界流体クロマトグラフィーなどに共通．

のような関係が成立しており，保持時間は同一条件下では物質固有の値である．

GCでは，物質の保持時間はその物質の揮発性（沸点の違い）に依存しており，揮発性の高い（沸点の低い）化合物ほど保持時間は短い．また試料中の各物質量は，各成分のピーク高さあるいはピーク面積と比例関係を示す．

一般的には，分析中のカラム温度は一定の高温に保たれることが保持時間の再現性を保つうえで重要な要因であるが，分析中に一定の温度幅の間で徐々にカラム温度を上昇させる手法がとられることがある．こういった手法を**昇温分析**とよぶが，広い範囲の沸点の異なる化合物を一度に分離しようとした場合，分析時間を大幅に短縮することが可能になる．これと同様の目的で，キャリヤーガスの流速を徐々に高める**昇圧分析**が採用されることもある．

液体あるいは固体試料を密栓できる容器にとり，密栓後定温で一定時間経て平衡状態になった気相を採取してGC分析を行う**ヘッドスペースガスクロマトグラフィー**とよばれる手法がある．この方法では，カラムを汚す可能性の高い成分を導入することなく揮発性成分の組成を知ることができるため，血液中や製剤中（チンキ剤など）のエタノールの分析に採用されている（日本薬局方一般試験法・**アルコール数測定法**）．

24.2.4 液体クロマトグラフィー

液体クロマトグラフィーは，移動相に液体を使用するクロマトグラフィーの総称であり，現在，医薬品や生体成分の分析に最も広く使用されている分離分析手法の一つである．従来，開放型のガラス管にシリカゲルなどを充塡して有機溶媒を流して合成有機化合物や天然物成分の分取に利用されていた**（オープン）カラムクロマトグラフィー**が発展した，**高性能液体クロマトグラフィー**（high performance liquid chromatography, HPLC）のことをLCとよぶことが一般的になっている．

LCの機器構成は，GCのそれとほとんど同じであるが，GCの移動相であるキャリヤーガスが高圧ボンベから直接供給されていたのに対し，LCでは，液体を高圧下でも一定流速で送液できる高圧送液ポンプとよばれるユニットを用いる．LCの場合，移動相に用いる溶媒に溶解する物質であれば分析の対象になりうるため，試料注入部やカラムを高温に設定する必要はない．むしろ熱に不安定な物質の分離にも適しているといえる．ただし，精度の高い分析を行うためには，カラムを一定温度に保つ工夫は必要になる（図 24.7）．

LCの分離では，固定相と移動相との組合せの違いにより，**吸着，分配，イオン交換，サイズ排**

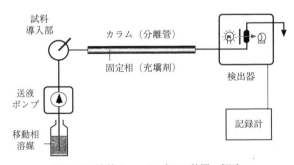

図 24.7 液体クロマトグラフ装置の概略

カラムは室温で操作することも可能であるが，保持時間の再現性を要求する場合には，カラム恒温槽（オーブン）内に置く必要がある．特に，逆相分離やイオン交換分離ではカラム温度の影響が大きい．

除，生物学的**アフィニティー**などの異なるモードがあり，これにより広範な化合物を分析できるが，分離モードの違いによって分離機構が異なるため，これらを理解しておく必要がある．

a．吸着モード

一般に極性の高い吸着能を有する固定相と，移動相として比較的極性の低い溶媒（ヘキサンやクロロホルムなど）とを組み合わせる分離系で，順相吸着クロマトグラフィーともよばれる（図24.8）．固定相としてシリカゲル，アルミナ，活性炭などが用いられる．シリカゲルは表面のシラノール基が水素結合能を有しているため，これに物質の極性基が水素結合を介して吸着する．この水素結合を移動相中の有機溶媒が競合することにより，物質をシリカゲルから脱離させカラムから溶出させる．したがって，このモードでは極性の高い化合物ほど保持時間が長い．また，極性の高い溶媒を移動相に加えることにより，各成分の溶出を早める（保持時間を短くする）ことができる．

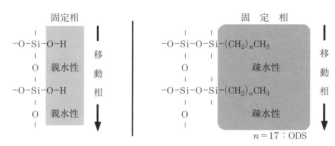

図24.8 吸着モード用シリカゲル（左）と逆相分配モード用化学結合型シリカゲル（右）

b．分配モード

一般に，極性の低い固定相と移動相として比較的極性の高い溶媒とを組み合わせる分離系で，**逆相分配クロマトグラフィー**とよばれる分離モードと，極性の高い固定相と，比較的極性の低い移動相との組み合わせによる**順相分配クロマトグラフィー**とがある．

逆相分配クロマトグラフィーは，現在最も広く用いられている分離系であり，固定相としてアルキル化学結合型シリカゲルが多用されている．なかでも，炭素数が18の**オクタデシルシリル（ODS）シリカゲル**が最もよく用いられており，移動相としては，水や緩衝液，メタノールやアセトニトリルなどの水と均一に混和する有機溶媒，およびこれらの混合溶媒が用いられる．この場合，極性の低い（疎水性の高い）化合物ほど保持時間が長く，移動相中の有機溶媒含量が高くなると各成分の保持時間は短くなる．また，極性が極端に高いイオン性化合物の分離には，**イオン対クロマトグラフィー**とよばれる手法がとられることがある．

順相分配クロマトグラフィーは，シリカゲルやアミノ基などを有する極性の高い結合相をもった固定相が用いられ，移動相としてはメタノールやアセトニトリルなどに水を添加した溶媒が使用される．この場合には，固定相中に含まれる水分や親水的な雰囲気に物質の親水的な構造が分配して保持されるため，親水性の高い（極性が高い）成分ほど保持時間が長く，移動相中の水分含量が高くなると各成分の保持時間が短くなる．糖類など親水性化合物の分離に活用されている．

c．イオン交換モード

アミノ酸やオキシ酸などのイオン性の生体成分の分析に威力を発揮する分離モードで，固定相には**イオン交換体**とよばれる正あるいは負の電荷を有する充填剤が用いられる．陽イオン性化合物の分離には，それ自身は負の電荷を有する陽イオン交換体，陰イオン性化合物の分離には，逆にそれ

自身は正の電荷を有する陰イオン交換体を充塡したカラムを使用する．移動相には，一般に陽イオンと陰イオンとからなる塩を含む水溶液が使用され，移動相中のイオンと各物質の電荷を有する構造とが，イオン交換体のイオン性の基とのイオン結合を競合することにより分離・溶出が達成される（図24.9）．たとえば，陽イオン交換体を用いる陽イオン交換クロマトグラフィーでアミノ酸の分離を行うときは，試料注入後，移動相の塩濃度を徐々に上昇させさらに移動相のpHを上昇させることにより，本来イオン吸着の強い塩基性アミノ酸の溶出を早めることで比較的早い時間でのアミノ酸一斉分離を達成する．

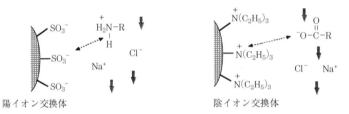

(a) 陽イオン交換クロマトグラフィー　(b) 陰イオン交換クロマトグラフィー

図24.9　イオン交換クロマトグラフィーの概念図

イオン交換クロマトグラフィーでは，イオン交換体の荷電部位を試料中のイオン性化合物と移動相中に含まれる電解質とが競合することにより分離が達成される．したがって，移動相に含まれる電解質の種類，濃度，pHを変化させることでイオン性化合物の溶出をコントロールする．

d．サイズ排除モード

タンパク質や合成高分子など，分子量の比較的大きな成分の分離に威力を発揮する分離モードで，**分子ふるいモード**，あるいは**ゲル浸透クロマトグラフィー**（GPC）とよばれることもある．サイズ排除モードでは，カラム充塡剤と各成分は直接相互作用しないことが前提となっているため，他の分離モードで用いる固定相という表現も適切ではない．この分離モードでは，充塡剤に細孔（ポア）とよばれる空洞が精密に設定されており，各成分がこの細孔の中に入り込むことでカラムからの溶出時間が遅れるが，この際，より小さな成分ほど細孔中に寄り道する時間が長くなり，細孔に入ることのできないほど大きな分子量の成分はまったく細孔に入ることなく排除されるため，カラム内を素通りすることになる．この結果，細孔の入り口の大きさ以上の大きな成分はほぼ一律に早く溶出し，細孔に入ることのできる成分はその分子サイズに応じて小さなものほど遅く溶出することになる．このモードを利用して標準的なタンパク質を分離して**校正曲線**を作成しておき，分子量未知の成分の保持時間からその分離量を推定することができる（図24.10）．

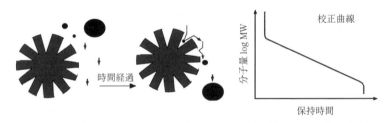

図24.10　サイズ排除モードクロマトグラフィーの概念図と試料分子量による校正曲線の例

e．生物学的アフィニティーモード

これまで述べてきた分離モード（サイズ排除を除く）では，各成分と固定相との間の物理化学的

なアフィニティー（親和性）を利用して分離を達成したが，酵素と基質，抗体と抗原のように生体内で発揮されているような生物学的なアフィニティーを利用して分離を達成するクロマトグラフィーがある．酵素と基質，抗体と抗原のような結合は，鍵と鍵穴の関係にたとえられるように，それらがもつ微細な構造を相互に認識して結合するといわれている．たとえば，クロマトグラフィーの充填剤表面に，ある酵素の基質となりうる構造を結合しておき，その酵素をはじめ多くの異なる酵素やタンパク質を含む試料を注入したとすると，充填剤表面には生物学的アフィニティーにより充填剤表面の構造を認識する酵素だけが結合する．カラムを洗浄した後，基質となる分子を含む移動相を流すか，塩濃度の高い移動相を流すことで，特定の酵素タンパク質だけを効率よく得ることができる（図24.11）．

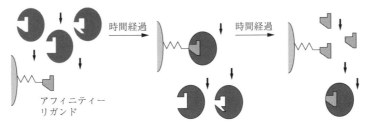

図 24.11　アフィニティークロマトグラフィーの概念図

24.2.5　超臨界流体クロマトグラフィー

これまで述べてきたように，クロマトグラフィーに用いられる移動相は，ほとんどの場合，液体または気体であるが，最近，**超臨界流体**（supercritical fluid）とよばれる特殊な移動相を使用するクロマトグラフィーが実用化されている．

高圧下で気体を臨界温度に近づけると，液体に近い性質と密度をもった状態になる．この気体-液体相変化の臨界温度よりわずかに高い温度領域の状態を臨界状態といい，その状態の物質を超臨界流体とよんでいる．このような状態の超臨界流体の密度は，液体のそれに近く，このことは超臨界流体が液体に近い溶解性を有していることを示している．一方，超臨界流体の粘度は液体のそれより小さく，拡散係数は液体のそれより大きいため，分配においてより迅速な平衡化が可能である（図24.12）．また，超臨界流体に溶け込んだ物質と超臨界流体自体との分離が容易であることもクロマトグラフィーの移動相としてすぐれているといえる．

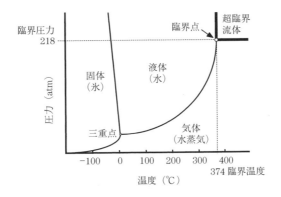

図 24.12　物質の三相図と超臨界流体

現在，SFCの移動相としては，二酸化炭素が最も広く使用されている．これは二酸化炭素の臨界温度が比較的低温で，毒性が低いこと，常圧常温で容易に気体に変化すること，高純度のものが低価格で入手できることなどの理由からである．しかしながら，超臨界二酸化炭素の溶解力は必ずしも高くないため，メタノールなどを添加して用いることが多い．

　SFCのカラムとしては，GCで用いられるキャピラリーカラムやLCの充塡カラムがそのまま流用されることが多い．SFCは，GCでは分析が困難な熱的に不安定な物質や不揮発性物質で比較的分子量の小さい物質の分析に適しており，オリゴマーや油脂成分の分離や分取に用いられている．

24.3　クロマトグラフィーで用いられる代表的な検出法と装置

24.3.1　平板クロマトグラフィーにおける検出法

　ペーパークロマトグラフィーや薄層クロマトグラフィーなどの平板クロマトグラフィーでは，分離する物質が着色していたり蛍光性を有していれば，分離後，直接あるいは紫外線照射下肉眼で観察することにより検出する．一方，分離する物質が無色であったり蛍光性も有していない場合には，分離に先立って適当な誘導体化試薬と反応させた後にクロマトグラフィー分離を実施する（**プレ誘導体化**）か，クロマトグラフィー分離した後のろ紙や薄層プレートを展開槽から取り出し，これに適当な検出試薬を霧状に噴霧して発色あるいは発蛍光させて検出する（**ポスト検出法**）．

　プレ誘導体化法の例としては，**アミノ酸をダンシルクロライド（1-ジメチルアミノナフタレン-8-スルホニルクロライド）**で蛍光標識化しておき，その反応溶液の一部を薄層クロマトグラフィーで分離後，紫外線照射下で観察する方法や，**アルデヒド，ケトン，α-ケト酸**などを2,4-ジニトロフェニルヒドラジンでヒドラゾン発色体に誘導体化後，分離・検出する方法などがある．ポスト検出法に関しては，腐食性の試薬の使用や加熱操作を伴う場合があるため，PCに適用することが困難な場合が多い．

　ポスト検出法の例としては，アミノ酸を直接分離しておき，**ニンヒドリン試薬**を噴霧して青色のスポットとして検出する方法，**ステロイド類**を分離後，**硫酸のメタノール溶液**（5%程度の濃度）を噴霧し，さらにプレートを加熱することによりステロイドを発色させる（ステロイドの種類によっては蛍光観察も可能）方法，植物成分である**アルカロイド類**を分離後，**ドラーゲンドルフ試薬**を噴霧して発色させる方法などがある．

　シリカゲル薄層クロマトグラフィーでは，シリカゲルに蛍光剤を均一に含ませた薄層プレートが市販されているが，これを使用すればクロマトグラフィー分離後のプレートに紫外線を照射すると，薄層プレート全体が蛍光を発しているなか，分離された物質のスポットだけが蛍光のない黒いスポットとして観察される．これは分離された物質が紫外線のエネルギーを吸収することで，その物質に隣接して存在する蛍光剤の発蛍光が抑制されるために生じる現象であり，紫外線を吸収する性質を有する広い範囲の化合物の検出に有効である．

24.3.2　ガスクロマトグラフィーにおける検出法

　GCでは，カラム分離された各成分は気体の状態でキャリヤーガスとともに検出器に導入されるため，基本的には気体状態の物質をキャリヤーガスの影響を受けないで検出できる検出装置が種々工夫されている．以下に，主な検出器とその特徴について記述する．

a. 熱伝導度検出器 (thermal conductivity detector, TCD)

ほとんど**すべての有機・無機成分**に応答性を示す．ヘリウムや水素のような熱伝導度の高いキャリヤーガスが流れているところに試料成分が含まれて入ってくると熱伝導度が低くなるため，この熱伝導度の差を増幅して記録する．熱伝導度は物質により異なるため，定量の目的にはピーク面積の補正が必要になる．後述する電子捕獲検出器とともに**濃度比例型検出器**であるが，検出感度は高くない．

b. 水素炎イオン化検出器 (flame ionization detector, FID)

炭素-水素 (C-H) 結合を有する化合物であれば高感度に検出できるため，有機化合物の検出に最も汎用されている．カラムからのキャリヤーガスに水素ガスを混合し，細いノズルの先で燃焼させて水素炎をつくっておき，カラムからの分離成分が炎中に達して燃焼するとイオン化が起こり，電極間にイオン化された成分の量に応じて（各成分物質の炭素の数にほぼ比例して）電流が流れる．この電流を増幅して記録する**質量比例型検出器**の一つで，検出感度は TCD の約 1000〜10000 倍程度と高感度である．

c. 電子捕獲検出器 (electron capture detector, ECD)

有機ハロゲン化合物の超微量分析に用いられる．通常のタイプのものは β 線源 (^{3}H, ^{63}Ni など) を必要とするため，放射性同位元素取扱者の免許や特別な設置場所を必要とする．最近では，放射線源を用いないタイプの ECD も市販されている．ECD は，ハロゲン化合物のほか，含酸素あるいは含イオウ化合物，縮合多環芳香族炭化水素などにも高い応答を示す．このため，残留農薬，PCB，ダイオキシン類，トリハロメタンなど各種**環境汚染物質**の分析に威力を発揮する．また，**有機水銀**なども塩化有機水銀に誘導体化することにより高感度に測定することができる．

d. 質量分析計 (mass spectrometer, MS)

本来，MS は，物質の質量数（分子量）を測定するための独立した分析機器として発展してきているが，これを GC の検出器として利用する複合的手法が汎用されている．本来 MS は高度真空下に物質をイオン化させて分析する方法であるため，GC からのキャリヤーガス成分をできるだけ除き，目的成分を濃縮させて MS のイオン源（イオン化する部分）に送る必要があり，このため，GC と MS とを結合する**インターフェース**部分にさまざまな工夫が施されている．このインターフェース部分では，キャリヤーガス成分が小さな分子のほうが効率よく除去できることから，GC-MS ではキャリヤーガスとしてヘリウムが汎用される．また，最近では，キャピラリーカラムを直接 MS のイオン源に導入する直接結合法が汎用されている．MS は，物質の構造に関する情報を与えてくれるため，未知物質の構造の同定にも威力を発揮する．MS を検出器とした場合，分離成分それぞれの構造に特有の異なったフラグメントイオンあるいは分子イオンのみを選択的にモニターしたり（**選択イオンモニタリング**），複数の分離成分に基づく異なった分子量イオンを同時に独立して表示することができる（**マスクロマトグラム**）ため，GC での分離が不十分な複数の成分物質についても良好に定量することができる．

その他，S（イオウ）や P（リン）を含む化合物に選択的な**炎光光度検出器** (FPD) や，N，P 含有化合物に高感度，選択的な**アルカリ熱イオン化検出器** (FTD) などが使用される．

24.3.3 液体クロマトグラフィーにおける検出法

LC では，カラムで分離された目的の成分が移動相溶媒に溶解した状態で検出部に導入されるた

め，従来から汎用されている分光学的あるいは電気化学的な一般的分析機器が液体クロマトグラフ用に工夫・転用されていることが多い．以下に，LCのための主な検出器について解説する．

a．紫外部検出器（UV detector）

LC用検出器としては最も汎用されている検出器で，一般に紫外部の光に吸収を示す多くの医薬品や化合物などの成分を直接検出する目的で利用される．光学的な構造は一般的な分析機器である分光光度計とほとんど同じ（光源，分光部，試料部，測光部という組合せ）であるが，試料部のセルが**フローセル**とよばれ，連続的に液体が流れていても吸光度の違いに応じて物質を検出できるようになっている．モル吸光係数（ε）の大きな物質ほど高感度に（微量でも）検出され，一般的な有機化合物であればng（10^{-9} g）程度の検出が可能である．光源には，重水素ランプが一般的に用いられており，回折格子により特定の波長に分光された光がセルに照射される仕組みが一般的であるが，回折格子の代わりに光学フィルターを用いて一定の波長範囲の光を照射させる仕組みを備えたものもある．

b．可視部検出器（VIS detector）

色素など着色した物質の直接検出や，プレカラムあるいはポストカラム誘導体化法により呈色物質に変換した物質の検出に利用される．検出器の原理や構造は，光源がタングステンランプあるいはハロゲンランプを用いている点を除けば紫外部検出器とまったく同じで，紫外部検出器の光源を取り替えるだけで可視部検出器として使用できる場合が多い．紫外部検出器と同様，モル吸光係数（ε）の大きな物質ほど高感度に検出され，誘導体化法を工夫すればpg（10^{-12} g）レベルの検出も可能であり，一般に紫外部検出よりも選択性が高い．

c．蛍光検出器（FL detector）

蛍光物質を直接，また，プレカラムあるいはポストカラム誘導体化法により蛍光物質に変換した成分を検出する際に利用される．検出器の構造は，一般的な分析機器としての蛍光分光光度計と同じであるが，セルがフローセルとなっている．紫外部・可視部検出器と同様，回折格子分光型とフィルター型とがあるが，励起波長と蛍光波長の両方を設定する必要がある．蛍光検出は，紫外部・可視部検出に比べると高感度である場合が多く，fg（10^{-15} g）レベルでの検出も可能であり，また，検出の選択性という点でも，紫外部・可視部検出に比べすぐれている場合が多い．

d．示差屈折率検出器（RI detector）

光吸収や蛍光性をもたない（非常に弱い）化合物を直接検出する際に利用されるが，検出感度は低い．一般的には移動相溶媒を対照として，これと屈折率の差が生じるすべての化合物に応答する検出器であるが，温度の影響や移動相溶媒の変化（組成や流速）の影響を受けやすい．食品中に含まれる糖類など，比較的濃度の高い糖含有試料の直接分析などに威力を発揮する．検出感度は，紫外・可視検出の100分の1程度である．

e．多波長検出器（マルチチャンネル検出器）

紫外部あるいは可視部の検出器では，特定の一つの波長についての光吸収を利用しているが，多波長検出器では連続した多波長における光吸収を同時に測定することにより，クロマトグラムと同時に各目的成分の吸収スペクトルを測定することにより，目的成分の同定を可能にしている．多波長検出器では，光源からの紫外部，可視部の光をすべてフローセルに照射し，フローセルからの透過光を分光してダイオードアレイ（多数の測光フォトダイオードを一列に集積化したもの）センサーに当て，センサーからの出力をコンピューターにより高速に走査することにより，時間軸と検

出応答との二次元に加え，波長軸のデータを加味した三次元のデータを表示することが可能である．この三次元のデータからは，吸収極大波長が大きく異なる成分の同時定量，各目的成分の同定，さらには各ピークの純度測定（他成分や不純物との重なりの程度を求める）などを実施することが容易になる．

f．電気化学検出器（EC detector）

電気化学検出器にはボルタンメトリー型とクーロメトリー型とがあるが，いずれも電極の電位を一定に保ち選択的に電気分解を行い（定電位電解），そのときに流れる電流を測定することで検出する．したがって，電極表面で酸化あるいは還元反応にあずかる（電解される）物質の比較的高感度な検出に利用される．クーロメトリー検出器は，電極表面面積の小さな作用電極を用いるため，目的成分の一部しか電解しないが，ボルタンメトリー検出器はフローセルの入口から出口までに至る間に目的成分のすべてを電解する．このため，ボルタンメトリー型の方がクーロメトリー型よりも感度が高い場合が多い．

g．質量分析計

ガスクロマトグラフの検出器としての質量分析計の場合と同様，LC カラムからの溶出液の一部またはすべてを MS に導入して MS でイオン化して各成分を検出する．GC-MS では GC 側の移動相，各分離成分ともに気体であるため，MS 部でのイオン化にはそれほど大きな制限はないが，LC-MS では，液体が MS のイオン化部に導入されるため，以下のようなさまざまな制限が生ずる．

(1) 移動相液体が気化した際に流量が多くなり，MS 側の排気系への負担が大きくなる．
(2) 対象成分が難揮発性であったり熱的に不安定なものが多い．
(3) 移動相中に含まれる塩（緩衝液などの）が MS でのイオン化を妨害する．

これらを克服するため，**大気圧イオン化法**（API），**エレクトロスプレーイオン化法**（ESI），**高速電子衝撃イオン化法**（FAB）などが開発されたり組み合わされ，実用的な測定法となっている．LC-MS の場合も，GC-MS と同様，選択イオンモニタリングやマスクロマトグラムの手法により測定の精度を高めることができる．また，最近では，複数の MS を結合したタンデム型 MS を LC の検出器として結合することにより，さらに選択性と精度を高めた測定が可能になっている．

その他，化学発光を利用したポストカラム誘導体化反応を組み合わせた**化学発光検出器**（CLD），さらには，**核磁気共鳴スペクトル**（NMR）**測定装置**や**誘導結合プラズマ**（ICP）**発光分析装置**，**ICP-MS** などを LC の検出器として結合した複合型の分析装置が工夫され，検出の多様性が拡大している．

24.3.4 誘導体化法

以上述べてきたように，LC にはさまざまな検出器が使用されているが，汎用される紫外・可視検出器および蛍光検出器に高い応答性を示すように目的物質を化学的に変換する誘導体化の手法も多く工夫されている．この場合，分離に先立って（試料を LC に注入する前に）試料に対して適当な試薬を加えて反応させ，反応液の一部または全量を LC に注入する**プレカラム誘導体化法**と，カラム分離後にオンライン（連続的に）で試薬と反応させ検出器に導く**ポストカラム誘導体化法**とがある（図 24.13）．この両者には，それぞれ特徴（長所・短所）があり，目的に応じて使い分ける（図 24.14）．

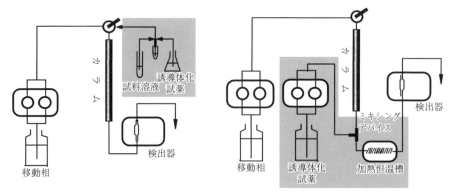

(a) プレカラム誘導体化法　　　　(b) ポストカラム誘導体化法

図 24.13 液体クロマトグラフィーの検出に用いるプレカラム誘導体化（左）とポストカラム誘導体化（右）の概念図

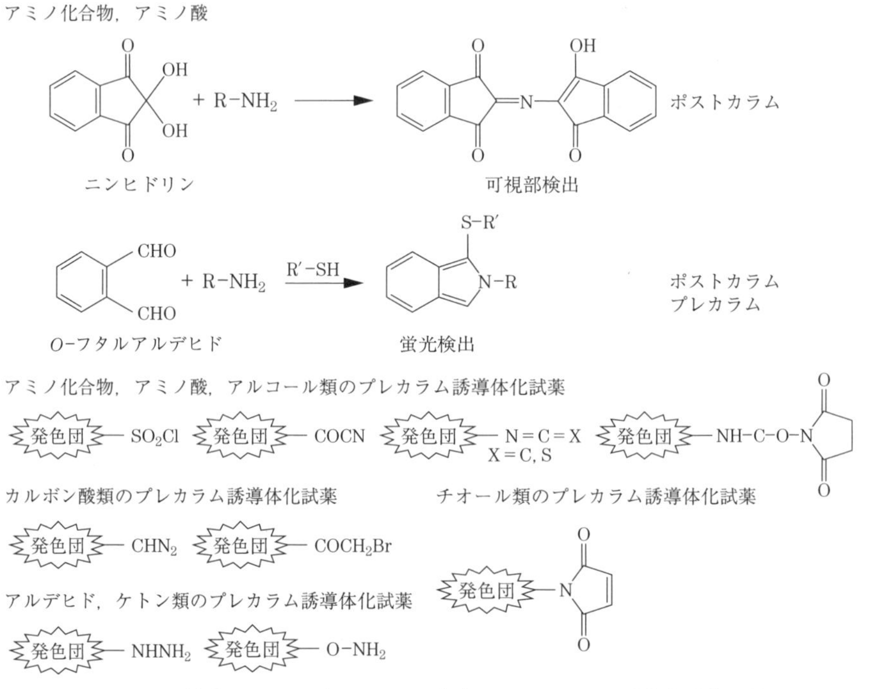

図 24.14 液体クロマトグラフィーの検出に用いられる誘導体化試薬の例

24.4　クロマトグラムの解釈と解析

カラムクロマトグラフィーでは，検出器からの信号を連続的に記録すると図24.15のようなクロマトグラムが得られる．このクロマトグラムから，以下に述べるような，各成分の定性・定量に関する情報，さらには分離系を評価するための情報を読みとることができる．

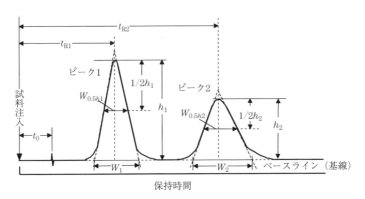

図 24.15　2 成分を含む試料のクロマトグラム

24.4.1　定性的指標

a．保持時間と質量分布比 k'

前項で述べたように，カラムクロマトグラフィーでは質量分布比 k' が，物質固有の値として物質を同定するための定性的な情報といえる．実際に k' を測定することは困難であるが，クロマトグラムのデータから次式のように計算することができる．

$$k' = \frac{t_R - t_0}{t_0}$$

ここで，t_R：ピークの保持時間，t_0：移動相のカラム通過時間（固定相に保持されない成分が試料注入部から検出器に達するまでの時間）．また，同一条件（装置や分析条件が同じ）では，保持時間が物質に固有の値となる．

b．分離係数 α

クロマトグラム上の分離されたピーク相互の保持時間の関係を示し，相互に分離された二つの物質の分配の熱力学的な差異を表す指標で，クロマトグラムから次式を使って求める．

$$\alpha = \frac{t_{R2} - t_0}{t_{R1} - t_0}$$

ここで，t_{R1}, t_{R2}：分離係数測定に用いる二つの物質の保持時間．ただし，$t_{R1} < t_{R2}$．α の値が 1.0 のとき，二つのピークは完全に重なっている．

c．分離度 R_s

クロマトグラム上のピーク相互の保持時間とピーク幅との関係を示し，相互に分離された二つのピークの分離の程度を表す指標で，クロマトグラムから次式を使って求められる．

$$R_s = 1.18 \times \frac{t_{R2} - t_{R1}}{W_{0.5h1} + W_{0.5h2}}$$

ここで，t_{R1}, t_{R2}：分離係数測定に用いる二つの物質の保持時間．ただし，$t_{R1} < t_{R2}$．$W_{0.5h1}$, $W_{0.5h2}$：それぞれのピークの高さの中点におけるピークの幅（半値幅）で，t_{R1}, t_{R2}, $W_{0.5h1}$, $W_{0.5h2}$ は同じ単位を用いる．分離度はカラムを中心とした分離系の分離性能を表し，大きな値を示すほどすぐれた分離系であると評価される．日本薬局方一般試験法では，R_s の値が 1.5 以上であれば二つのピークが**完全分離**している（最初のピークがベースラインに完全に復帰した後に次のピークが出現する）としている．

d．シンメトリー係数 S

クロマトグラム上のピーク（形状）の対称性の度合いを示し，次式を使って求められる．従来，

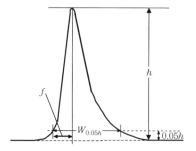

図 24.16　ピークの対称性（シンメトリー係数）

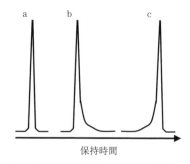

図 24.17　ピーク形状とシンメトリー係数
a：正常（良好）なピーク（$S=1.0$）
b：テーリングピーク（$S>1.0$）
c：リーディングピーク（$S<1.0$）

テーリング係数（T）とよばれる数値と同じ定義．

$$S = \frac{W_{0.05h}}{2f}$$

ここで，$W_{0.05h}$：ピークの基線（ベースライン）からピーク高さの1/20の高さにおけるピーク幅，f：$W_{0.05h}$のピーク幅をピークの頂点から記録紙の横軸へ下ろした垂線で2分割したときのピークの立ち上がり側の距離．ただし，$W_{0.05h}$，fは同じ単位を用いる．Sの値は，1.0のとき最もピークの対称性がすぐれており，1.0よりも大きな値のときにピークはテーリングしており，1.0よりも小さな値のときにはピークはリーディングしている（図24.17）．

e．理論段数 N

カラム中における物質のバンドの広がりの度合いを示し，クロマトグラム上の一つの成分ピークの保持時間とピーク幅から，次式を使って求められる．

$$N = 5.55 \times \frac{t_R^2}{W_{0.5h}^2}$$

ここで，t_R：分離係数測定に用いる二つの物質の保持時間，$W_{0.5h}$：ピークの高さの中点におけるピークの幅（半値幅）．ただし，t_R，$W_{0.5h}$は同じ単位を用いる．ピークがよりシャープで，かつ，より保持されるほど理論段数が大きな値を示し，より多くの成分を分離可能であることを示すことから，すぐれた分離系であると評価される．実際には，カラム内だけではなく，試料が注入されてからピークが検出器に達するまでの行程において物質のバンドが拡散した程度を反映している．

24.4.2　定量的指標

クロマトグラムの各ピークからそれぞれの物質の定量を行う際には，各ピークの大きさを測定・比較する必要がある．ピーク測定法には，ピーク高さ測定法とピーク面積測定法とがある．

a．ピーク高さ測定法

ピークの頂点から記録紙の横軸に下ろした垂線と，ピークの両すそを結んだ接線（ベースライン）との交点から頂点までの長さを測定する．データ処理装置を使用する場合は，検出器からの信号をピーク高さとして測定する．

b．ピーク面積測定法

ピークの中点におけるピーク幅にピーク高さを乗ずる**半値幅法**と，検出器からの電気的信号を

データ処理装置を使ってピーク面積として測定する**自動積分法**とがある．

演習問題

24.1 次のクロマトグラフ法に関する記述の正誤を，○×で答えよ．
a ろ紙クロマトグラフ法では固体試料を分析することはできない．
b ろ紙クロマトグラフィーでは，ろ紙の含む水分が固定相の役割を果たす．
c シリカゲル薄層クロマトグラフィーでは，シリカゲルと物質の間に生じる疎水結合の強さの違いによって分離が達成される．
d R_f 値の再現性の点では，ろ紙クロマトグラフィーが薄層クロマトグラフィーよりもすぐれている．
e ガスクロマトグラフィーでは，極性の高い化合物を分析することはできない．
f ガスクロマトグラフィーでは，カラムを室温で扱うことが多い．
g ガスクロマトグラフィーでは，高い分離能を得る目的でキャピラリーカラムを用いることがある．
h ガスクロマトグラフィーでは，メチル水銀を塩化メチル水銀に変換して電子捕獲型検出器を用いて高感度に測定することができる．
i ガスクロマトグラフィーでは，同じ化合物を同じカラムで分離する際，移動相に用いる気体の種類を変えると保持時間が大きく異なる．
j ガスクロマトグラフィーの水素炎イオン化検出器は，無機化合物および有機化合物のほとんどの化合物を高感度に検出できる．
k ガスクロマトグラフィーでは一般にメタノールよりもプロパノールのほうが保持時間が長い．
l 逆相液体クロマトグラフィーでは，極性の低い化合物ほど保持時間が長い．
m 液体クロマトグラフィーでは，紫外部検出器が最も汎用されている．
n 陽イオン交換クロマトグラフィーでアミノ酸を分離する場合，アミノ酸のカルボキシル基の解離の度合いの違いを利用している．
o 液体クロマトグラフィーでは，移動相の種類や組成が異なれば保持時間も変化する．
p クロマトグラム上の二つのピークの分離度の値が 1.5 以上であれば，その二つのピークは完全分離していると見なす．
q シンメトリー係数は，1.0 より小さな値を示すことはない．
r 同じ保持時間のピークでは，ピークの半値幅が小さくなるほど理論段数は大きな値を示す．
s クロマトグラフィーでは，移動相として用いられるものは液体または気体である．

参考図書

1) 日本分析化学会関東支部編：高速液体クロマトグラフィーハンドブック（改訂第2版），丸善，2000．
2) 日本分析化学会編：分離分析化学事典，朝倉書店，2001．
3) 日本薬局方解説書編集委員会編：第十六改正日本薬局方解説書，廣川書店，2011．

25

電気泳動法

はじめに

　正（＋）あるいは負（－）の電荷を有している物質を，直流電流による電場をかけた電解質溶液中に置くと，負電荷物質（陰イオン性物質）は陽極に，正電荷物質（陽イオン性物質）は陰極にそれぞれ移動する．このような物質の挙動を電気（的）泳動とよび，これを原理とした分離分析法が**電気泳動法**（electrophoresis）として普及している（図25.1）．

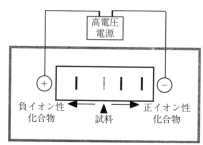

図25.1　電気泳動法の基本原理

あらかじめ支持電解質溶液に浸しておいたろ紙やゲルの1か所（原点）に試料溶液を載せ，泳動槽中に静かに入れる．ろ紙あるいはゲルの両端に印加されるように高圧電源を操作すると，その電解質溶液中で負に荷電した物質は陽極側に，正に荷電した物質は陰極側にそれぞれ移動する．移動する速度は，それぞれの物質の電荷の強さに応じているため，一定時間後に印加を止めると電荷の異なる物質は，原点から異なった距離にゾーンとして検出される．

　電気泳動の歴史はクロマトグラフィーのそれよりも約1世紀ほど古く，1807年に，電場をかけた粘土懸濁液中でコロイド粒子が移動することをロイス（Reuss）が発見したことに由来している．その後，1892年には，ピクトン（Picton）とリンダー（Linder）がタンパク質の電気泳動を初めて観察し（*J.Chem.Soc.*, 61, 148, 1892），1937年にはティセリウス（A.W.K. Tiselius）により，タンパク質分離のための電気泳動装置が考案されている（*Biochem. J.*, 31, 1464, 1937）．
　電気泳動法は，タンパク質や核酸などの生体高分子の分離に特にすぐれた性能を発揮する**分離分析法**であり，クロマトグラフィーと相補する分析手法として，今日，生化学方面に広く普及している．
　電気泳動法は，分離の場の形状の違いから，ろ紙や平板ゲルを支持体としてその両端に電極を設定する**平板電気泳動法**と，細長い中空管の両端を電極液に浸す**細管電気泳動法**とに分類される．また，分離機構の違いから，ゾーン電気泳動，等速電気泳動，等電点電気泳動，ミセル動電クロマトグラフィーなどに分類される．最近では，細管電気泳動法の一つであるキャピラリー電気泳動法

が，そのすぐれた分離能や適用範囲の広さなどの点から注目されている．

25.1 平板電気泳動およびディスク電気泳動

25.1.1 概　要

支持体を用いるゾーン電気泳動の典型的な手法であり，**ろ紙電気泳動法**と**ゲル電気泳動法**とがある．ろ紙電気泳動法は，市販されている電気泳動用のろ紙をそのまま支持体として使用する簡易な方法である．また，ろ紙セルロースをアセチル化したセルロースアセテート膜を支持体とする改良法もある．一方，ゲル電気泳動法では，一部市販されているゲルもあるが，ほとんどの場合，**支持体ゲル**を用時自家調製して実施する．支持体ゲルとしては，**寒天（アガロース）ゲル**やデンプン**（アミロース）ゲル**のような天然高分子ゲル，**ポリアクリルアミドゲル**のような合成ポリマーゲルなどがある．ゲルが平板状に作成されることが多く，**スラブ（slab）ゲル**とよばれる（図25.2(a)）．

また，ガラス管内にゲルを充填するか，ガラス管内でゲルを調製（重合）してそのまま用いる**ディスク電気泳動法**があるが（図25.2(b)），これは，電気泳動後のゲルを切りとってタンパク質などを分取（回収）したり，後に述べる二次元電気泳動法の一次元目の分離に用いられることが多い．いずれにしても，緩衝液のような電解質溶液を湿らせた支持体の一点（原点）に試料溶液を染みこませた後，支持体の両側に電場をかけることにより，試料中の荷電物質が支持体上をその荷電の強さに応じた速さで移動する．一定時間後に電場を解除すると，支持体上に異なる荷電物質が別々のゾーン（帯状の領域）として分離される．

以下に，平板電気泳動法およびディスク電気泳動のいくつかの具体的な例について述べる．

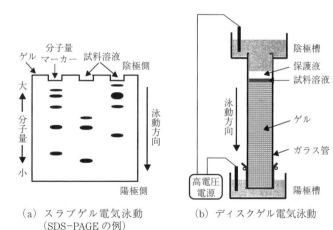

（a）スラブゲル電気泳動
（SDS-PAGE の例）

（b）ディスクゲル電気泳動

図 25.2 スラブゲル電気泳動(a)とディスクゲル電気泳動(b)の基本原理

スラブゲルは，2枚のガラスあるいはプラスチック板で挟まれた空隙に，天然高分子の温湯溶液あるいはゲル重合反応液を注ぎ込んで冷却する．この際，試料溶液を載せる空隙をサンプルコームとよばれる櫛状プラスチックをゲルの最上部に挟むことによって作成しておく．ディスクゲルは，ガラス管の片端をラップなどで塞いでおき，スラブゲルと同様のゲル作成溶液を流し込んで作成する．試料溶液を載せた後にゲルの両端を印加して泳動する．

25.1.2　核酸のアガロース（寒天）ゲル電気泳動

核酸は，ヌクレオチド単位（塩基＋糖＋リン酸）が重合して構成されており，電解質溶液中ではリン酸残基に由来する負の電荷を有している．重合度が大きくなれば核酸分子全体の電荷は大きくなるが，**電荷密度**（単位分子量当たりの電荷の大きさ）はほとんど変わらない．したがって，重合度（分子量）の異なる核酸の混合物試料を電気的に泳動したとすると，どの大きさの核酸もほぼ同じ速度で泳動されることになり，そのままでは相互に分離しない．

一方，アガロースは重合多糖類の植物繊維であり，デンプンなどと同様，冷水には溶解しないが，加熱することで容易に溶解し，再び冷却すると無色〜白色透明のゲルになる．ゲルは，長い糖鎖繊維状のアガロースが絡み合った網目構造をとっている．このアガロース（寒天）ゲルを支持体として，核酸を電気泳動すると，障害物競走のハシゴくぐりのごとく，重合度の低い核酸は比較的速く泳動され，重合度の高い核酸ほど移動度が小さくなる．すなわち，アガロース電気泳動法では，核酸が分子量の違いによって分離され，その結果，陽極側から分子量の小さな核酸が順に並ぶことになる．このようなアガロースゲルの機能を**分子ふるい効果**とよぶ（図25.3）．また，ゲルを調製する際のアガロースの濃度に応じ，その網目構造の大きさをコントロールすることができるため，分離したい核酸の分子量領域に応じてゲル調製法を変更する．

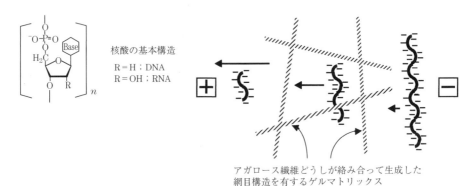

図 25.3　核酸のアガロースゲル電気泳動における分子ふるい効果
核酸の電荷密度は，ヌクレオチドの重合度（分子量）にかかわらずほぼ同じであるので，陽極側への電気泳動移動度はどの核酸でも同じであるが，高分子繊維からなるゲルでは，繊維が絡み合った網目構造をとっているため大きな核酸ほど泳動が妨げられ移動度は小さくなる．

分離した核酸は，**エチジウムブロマイド**のような核酸との間に**インターカレーション**により増蛍光するような色素を用いてゲルを染色し，過剰色素を洗浄（脱色）した後，紫外線ランプ照射下で観察記録する（図25.4）．

25.1.3　タンパク質のゲル電気泳動

タンパク質は，19〜20種類の異なったアミノ酸がペプチド結合を介して重合した高分子であるが，核酸と異なり，構成する異なる種類のアミノ酸のもつ電気化学的性質がそれぞれ異なっているため，タンパク質分子全体としての荷電状態もタンパク質ごとに大きく異なる（図25.5）．このため，タンパク質の電気泳動法の原理は少々複雑である．

タンパク質を構成するアミノ酸残基には，塩基性，中性，酸性をそれぞれ示すものがあり，その組成により，タンパク質も塩基性タンパク質，酸性タンパク質というように分類される．このため

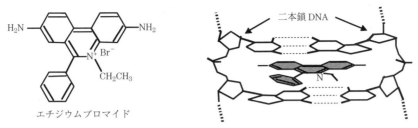

図 25.4 核酸（DNA）の蛍光検出（染色）に汎用されるエチジウムブロマイドの構造と，DNA と
エチジウムブロマイドとの間に生じるインターカレーションの原理

二重らせん構造をとっている DNA では，鎖間の特定の塩基対が水素結合を介して平行な面を形成している．エチジウムブロマイドも平面構造を有する蛍光色素であり，DNA の塩基対が形成する面と面の間隙に平衡に挿入され強固な複合体を形成する．このような分子間相互作用をインターカレーションとよぶ．この場合，エチジウムブロマイドの蛍光が増長されるため，高感度に検出することができる．エチジウムブロマイドのようなインターカレーションする化合物は全般に変異原性を有する（DNA の遺伝子情報の発現が抑制される）ため，取扱いや廃棄に際しては十分注意する必要がある．この目的には，通常 1 μg/mL 程度の濃度のエチジウムブロマイド水溶液が用いられる．

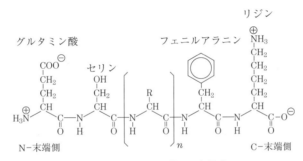

図 25.5 タンパク質の一次構造

タンパク質はアミノ酸のアミノ基とカルボキシル基とが分子間でアミド（ペプチド）結合して重合したポリペプチド鎖が基本骨格になっている．このペプチド鎖がさらにらせん構造（α-helix）や平面構造（β-sheet）をとり，また分子内のシステイン間のジスルフィド結合形成により立体構造（二次構造）を形成している．さらに，疎水性相互作用やイオン結合・水素結合などが分子内に形成され複雑な三次構造を維持している．その結果，タンパク質の表面には，正・負の電荷，疎水性・親水性基などが複雑に露出した構造をとり，その構造はその置かれた環境によって変化する．

タンパク質は，電解質溶液中ではその pH の違いにより，各アミノ酸残基の解離の状態が異なる．たとえば，塩基性アミノ酸を多く構成成分とする塩基性タンパク質では，酸性溶液中でイオン解離すると正の荷電を有することになり，逆に塩基性溶液中では負の荷電をもつようになる．また同じ塩基性タンパク質でも，ある特定の pH 条件下では，塩基性アミノ酸残基の解離（正電荷）と酸性アミノ酸残基の解離（負電荷）とがちょうど釣り合い，その結果タンパク質分子全体としてはほとんど電荷をもたない状態にもなりうる（このようなときの溶液の pH を，そのタンパク質の等電点 pI とよぶ）．

寒天ゲルを支持体として，タンパク質を電気泳動した場合，タンパク質が核酸に比べはるかに分子量が小さいためゲルによる分子ふるい効果は発揮されず，泳動時の泳動緩衝液の pH に依存して負電荷が勝っているタンパク質は陽極へ，正電荷が勝っているタンパク質は陰極へ向かってそれぞれ泳動される．泳動緩衝液の pH が等電点付近のタンパク質は電気的に中性であるため，ほとんど泳動されずに原点付近にとどまる．

こうしてタンパク質がゾーン分離されたゲルは，**クーマジーブリリアントブルー R-250**

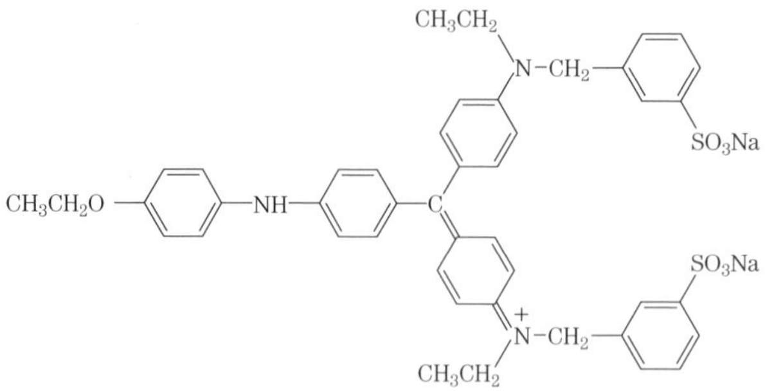

図 25.6 タンパク質の検出（染色）に汎用されるクーマジーブリリアントブルー R-250（CBB R-250）の構造

青色の色素で，タンパク質と結合（疎水結合やイオン結合などの非共有結合）して強固な複合体を形成する．この色素溶液に泳動後のゲルを浸すと，いったんゲル全体が青色に染まるが，その後ゲルを脱色液で処理することにより，タンパク質ゾーン以外のゲル部分は脱色され，タンパク質ゾーンの観察が可能になる．この目的には，通常，CBB R-250 が 0.03%濃度の 40%メタノール水溶液が用いられ，脱色液には 7.5%酢酸，5%メタノール水溶液が用いられる．

(CBB R-250)（図 25.6）などのタンパク質結合色素で染色した後，ゲル全体を十分洗浄することで，タンパク質の青いバンドが観察されるようになる．

25.1.4　タンパク質のポリアクリルアミドゲル電気泳動

　タンパク質に対しても分子ふるい効果が発揮されるような網目構造が小さなゲルとして，**ポリアクリルアミドゲル**が開発されている．このゲルは，アクリルアミドモノマーとビスアクリルアミド架橋剤とを重合させて作成する合成ポリマーゲルであり，重合開始時のアクリルアミドモノマーと

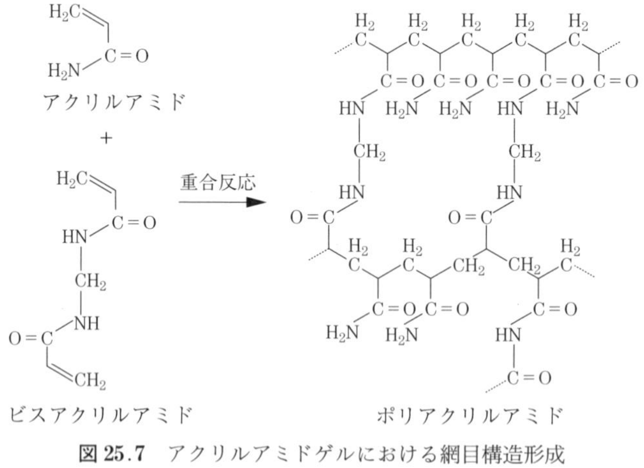

図 25.7 アクリルアミドゲルにおける網目構造形成

アクリル酸モノマーおよび架橋剤としてのビスアクリルアミドの水溶液に，重合剤としての過硫酸アンモニウム（APS）およびテトラメチルエチレンジアミン（TEMED）を加えると重合が始まりアクリルアミドゲルとなる．このゲルは，アクリルアミドポリマー鎖をビスアクリルアミドが三次元的に架橋した網目構造を形成しており，この三次元的網目構造が分子ふるい効果を発揮する．ポリマー鎖と架橋剤との量比が，ゲルの網目構造の大きさを支配するため，ゲル作成に用いたアクリルアミドとビスアクリルアミドのパーセント濃度を%T，両者の量に対するビスアクリルアミドの重量比を%C で表す．たとえば，9.64%アクリルアミドと 0.36%ビスアクリルアミドの水溶液から作成した場合，10%T，3.6%C と表す．

ビス-アクリルアミドとの濃度比を調整することにより、網目構造の大きさをコントロールできる（図 25.7）。このポリアクリルアミドゲルを支持体とした電気泳動法を **PAGE**（polyacrylamide gel electrophoresis，**ペイジ**と表現する）とよび、今日，タンパク質のゲル電気泳動法の主流となっている。PAGE は，核酸の電気泳動においても多用されるようになってきており，核酸の遺伝情報解析の分野では，比較的短い DNA 断片の 1 塩基の差を分離でき，塩基配列の解読に大きく貢献している。

25.1.5 タンパク質の SDS-PAGE

タンパク質の PAGE では，タンパク質の分子量と荷電状態とが複雑に関与した分離となるため，異なった種類のタンパク質の荷電状態を一律にして，分子量のみに依存する分子ふるい効果を際立たせた分離法が工夫されている。

タンパク質溶液に，界面活性剤（タンパク質可溶化剤）である**ドデシル硫酸ナトリウム**（sodium dodecylsulfate，SDS。ラウリル硫酸ナトリウムと同じ）を加えると，ドデシル硫酸負イオンがタンパク質に強固に吸着し，その吸着量はタンパク質の分子量におおよそ比例することが知られている（タンパク質のアミノ酸残基 2〜3 個に対し SDS が 1 個程度）。その結果，十分にドデシル硫酸負イオンが吸着したタンパク質は，分子量に比例した負電荷を有するようになる。そしてこの負電荷は，タンパク質自身が本来有している荷電量よりもはるかに大きい。したがって，こうして SDS 処理したタンパク質を PAGE で分析することにより，主にゲルの分子ふるい効果を発揮させ，タンパク質の分子量の違いによる分離を達成できる（図 25.8）。この際，分子量マーカーとよばれる分子量既知の標準タンパク質の混合物が市販されているので，これを同時に **SDS-PAGE** にかけることにより，分子量未知のタンパク質の分子量を推定できる。

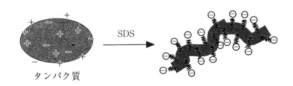

図 25.8 タンパク質のドデシル硫酸ナトリウム（SDS）よる変性処理

タンパク質は複雑な高次構造をとり，水溶液中では一般に，その表面にアミノ酸残基の親水性およびイオン性部分を露出し，内部には比較的疎水的な部分を埋胞させている。これに SDS を高濃度に加えると，SDS の疎水的なドデシル基と埋胞していたタンパク質の疎水性部分とが相互作用してタンパク質の立体構造が崩れ変性する。その結果，タンパク質の表面に飽和状態までドデシル硫酸負イオンが吸着し，タンパク質全体は負に荷電した状態となる。水に難溶性のタンパク質の場合にも，SDS を高濃度に加えると上記と同様な結合が進行して，タンパク質が可溶化する。こうして極限までドデシル硫酸負イオンが吸着したタンパク質は，タンパク質の分子量にほぼ比例して負に荷電する（電荷密度はどのタンパク質も同程度になる）ため，陽極側への電気泳動移動度は，どのタンパク質もほぼ同じになる。ここで，支持体として分子ふるい効果をもつアクリルアミドゲルなどを用いることにより，核酸のアガロースゲル電気泳動と同様に，タンパク質が分子量の違いにより分離されることになる。

SDS-PAGE において，タンパク質を SDS 処理する際に，メルカプトエタノール（ME）などの還元剤を添加することにより，タンパク質分子内のジスルフィド（S-S）結合を切断し，PAGE 後の分離パターンの違いからタンパク質分子内のジスルフィド結合の有無を推察することもできる。

25.1.6 タンパク質の等電点電気泳動

タンパク質の PAGE の手法の一つに，タンパク質をその等電点 pI の違いで分離する**等電点電気泳動** (<u>is</u>o<u>e</u>lectric <u>f</u>orcusing, IEF) がある．支持体ゲルを調製する際，**両性担体** (carrier ampholyte) とよばれるペプチド（タンパク質の部分加水分解物）混合物を混合させる．このペプチドは，広範な電荷を有する両性イオン化合物の混合物であり，生成したゲルを高電圧で印加することで，ゲル内部に水相の pH 勾配が形成される（図 25.9(a)）．

こうして調製されたゲルを支持体としてタンパク質の電気泳動を行うと，タンパク質が移動するに従って移動先の水相の pH が変化するため，これに応じてタンパク質の荷電が変化する．ある pH の位置まで移動すると，タンパク質の正負の荷電がちょうど釣り合った状態になり，分子全体としての荷電がゼロとなる．この時点でそのタンパク質は電気的中性であるため，その位置で静止しそれ以上は泳動されない．このようにして，タンパク質は本来もつ荷電に応じて移動を停止する位置が異なり，相互に分離されるが，この停止する位置のゲルの水相が示す pH が，それぞれのタンパク質の**等電点 pI** であることから，この手法が等電点電気泳動とよばれる（図 25.9(b)）．このタンパク質の IEF は，ガラス管内でゲルを生成させて用いるディスク電気泳動法で実施されることが多く，後述する二次元電気泳動法の一次元目の分離に汎用される．

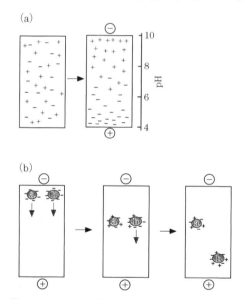

図 25.9 タンパク質の等電点電気泳動の基本原理

(a)あらかじめ，広範な等電点を有する種々の両性イオン電解質 (ampholyte) を含む支持体に高電圧を印加すると，それぞれの両性イオン電解質が自身の荷電に応じて移動し，結果として支持体全体に pH 勾配が形成される．(b)この pH 勾配をもつ支持体を用いて，タンパク質を電気的に泳動すると，原点付近の支持体が正に帯電しているため，タンパク質は表面が負に荷電して一斉に陽極に向かって移動を開始する．タンパク質が移動するに従い，まわりの pH が変化する（低くなる）ため，本来負電荷が少ない塩基性タンパク質はまわりの支持体の正電荷と電気的に中和しその時点で電気的な移動を停止する．もともと負電荷の多い酸性タンパク質は，さらに陽極側に移動し電気的に中和した時点で停止する．それぞれのタンパク質が停止する支持体の pH が，タンパク質の等電点に相当する．

25.1.7 二次元電気泳動法

異なる分離機構の電気泳動分離を連動させて組み合わせることで，より高い分離能を得るための

方法が**二次元電気泳動法**である．薄層クロマトグラフィーでも正方形のプレートを用い，異なる展開溶媒での分離を 90 度方向に 2 回展開させる二次元展開法があるが，これと類似した手法である．たとえば，IEF と SDS-PAGE とを組み合わせたタンパク質の二次元電気泳動では，菌体や細胞内に存在する可能性のある数千種類のタンパク質を分離した例もある．

先に述べたディスク電気泳動法でタンパク質の IEF 分離を行い（一次元電気泳動），泳動分離後のディスクゲルをガラス管から取り出した後，ディスクゲル全体を SDS 処理する．SDS-PAGE 用のスラブ（平板）ゲルを用意しておき，その一辺にスラブゲルの長さと同じ長さの凹状の切れ込みをつくり，そこに先の SDS 処理したディスクゲル（実際には長さ方向に縦に 2 分した半分）をのせ，二次元目の泳動を行う．これにより，IEF および SDS-PAGE 単独では分離しきれない構造が類似したタンパク質でも相互分離可能となり，分離能は飛躍的に向上する．

25.2　細管電気泳動法

25.2.1　概　　要

内径数 mm 以下の細いチューブの両端を，高電圧を印加した陰・陽両電極液に浸し，チューブ内で電気泳動を行う手法を**細管電気泳動法**とよぶ．従来，中空テフロン細管内で等速電気泳動を実施する**細管等速電気泳動法**が装置化されていたが，最近，内径が非常に細い溶融シリカキャピラリーを用いるキャピラリー電気泳動法が確立され，そのきわめて高い分離能が注目されている．

25.2.2　細管等速電気泳動法

等速電気泳動（isotachophoresis）は，**イソタコ**ともよばれ，通常のゾーン電気泳動のように物質の移動速度が異なるのではなく，すべてのゾーンが等速度で泳動される．このためには，泳動支持体を二つの異なる支持電解液で満たし，その境界面に試料を注入する．二つの電解質液の一つは，分析対象荷電物質よりも移動度が大きなイオン（**先行イオン**；**leading ion**）を含む電解液であり，もう一つは分析対象荷電物質よりも移動度が小さなイオン（**終末イオン**；**terminating ion**）を含む電解溶液である．

試料注入後，泳動槽の両端に定電流電圧をかけると，試料中の荷電物質の内先行イオンよりも大きな移動度を示す荷電物質は先行イオンを追い抜いてゾーンを形成し，最も移動度の小さい荷電物質は終末イオンに追い越されてゾーンを形成する．その結果，各荷電物質および先行イオン，終末

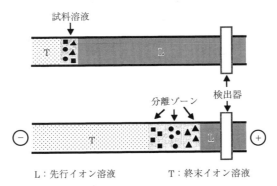

図 25.10　等速電気泳動の基本原理

イオンがそれぞれ固有の移動度の順に並び，定常状態となって分離が完了する．形成された各ゾーンはその幅を保ったまま等しい速度で泳動を続けるため，最終的にそれぞれが異なった時間に検出部に到達する（図25.10）．検出部には紫外部あるいは可視部の吸光度検出器が用いられる．イソタコは支持体を必要としないため，テフロンチューブのような中空細管に，先行イオン電解溶液と終末イオン電解溶液を充填し，両端をそれぞれ陰極，陽極の電極液に浸して泳動する．

25.2.3 キャピラリー電気泳動法

キャピラリー電気泳動法（capillary electrophoresis, CE）は，内径50〜100 μm程度の溶融シリカキャピラリーを用いるため物質の拡散を極力抑制することができるため，きわめて高い分離能を発揮する泳動法であり，**高性能キャピラリー電気泳動法**（high performance capillary electro-

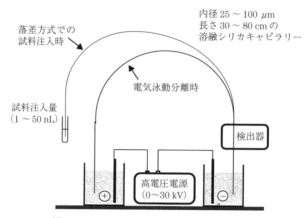

図25.11 キャピラリー電気泳動装置の概略

キャピラリー電気泳動では，キャピラリー内に支持電解質溶液を充填した後，わずかの試料溶液をキャピラリーの片端に注入する．図中では，落差法の一例を示すが，数秒間キャピラリー片端を試料溶液中に入れ，試料溶液容器を高い位置に移動させると，サイホンの原理により試料溶液がキャピラリー内に移行する．その直後，再びキャピラリー片端を電極槽に戻して印加する．キャピラリー内を移動して分離された物質は，吸光度検出器に導入されたキャピラリー内を通過する際にオンキャピラリーで検出される．

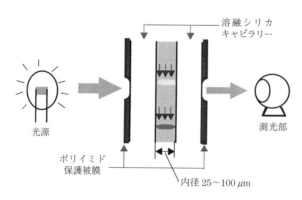

図25.12 キャピラリー電気泳動装置におけるオンキャピラリー検出の原理

検出器の光源からの光が当たるキャピラリー部分は，ポリイミド保護被膜が除去されており，ここを通過した光の強さが直接検出される．特別のフローセルを備えた液体クロマトグラフィー用の吸光度検出器とは異なる特徴である．

phoresis, HPCE) ともよばれる. 電気泳動法は本来, タンパク質などの生体高分子の分離を得意とする分離分析法であるが, CE では, 薬物をはじめとする低分子化合物や電気的中性物質の分離も可能となっている.

a. CE 装置

CE 装置は, 高電圧電源と検出器があれば自作することも可能であるが, 操作性が容易となる種々の工夫が施された装置が市販されている. 装置の基本構成は, 電極と電極槽, 高圧電源装置, 検出器, キャピラリーであるが, 試料を注入する方法により付随する装置構成が若干異なる. 内径 25〜100 μm のキャピラリー（長さ 30〜50 cm 程度）内に試料溶液を注入する方法としては, 落差法（サイホンの原理）, 加圧または減圧法, 電気的注入法などがあるが, いずれにしても注入試料量は nL（ナノリットル）レベルである. 電極は白金電極が汎用され, **印加電圧**は数〜30 kV 程度で実施される. 検出器は, 光吸収を利用するものが主流であるが, 光路長はわずかに 25〜100 μm ということになるため, 絶対的な感度は低くなる. このため, 光路長を長くする工夫や, レーザー励起蛍光検出器との組合せも検討されている.

b. CE の分離モード

CE では, 次にあげるような従来のゲル電気泳動などで実施されるのとほぼ同じ分離モードの分離が可能である.

1) キャピラリーゾーン電気泳動（capillary zone electrophoresis, CZE）　支持体を用いず, キャピラリー内自由溶液中で分離を行う. 最も多用される分離モード.

2) キャピラリーゲル電気泳動（capillary gel electrophoresis, CGE）　キャピラリー内に高分子ゲルや高分子ポリマーを充塡して分子ふるい効果などを加味させた分離モード. 核酸やタンパク質の分離.

3) キャピラリー等電点電気泳動（capillary isoelectric foucusing, CIEF）　キャピラリー内に, 両性担体とよばれる広範な電荷を有する両性イオン化合物の混合物溶液を充塡してキャピラリーの両端に印加することにより, キャピラリー内に pH 勾配を生成させ, この pH 勾配の中で分離目的物質が自身の等電点に応じて移動する.

4) キャピラリー等速電気泳動（capillary isotachophoresis, CITP）　キャピラリー内に充塡されたリーディングイオン溶液とターミナルイオン溶液とに挟まれた領域内で移動度の違いが生じることを利用.

5) ミセル動電クロマトグラフィー（micellar electrokinetic chromatography, MEKC）　界面活性剤をミセルが形成される程度の濃度に添加した電解質溶液をキャピラリーに充塡して, 目的物質とミセルとの間に生じる疎水性相互作用を利用し, 低分子化合物, 中性化合物の分離を可能にしている.

ここでは, このうち汎用される, CZE, CGE, MEKC についてもう少し詳しく解説する.

c. CZE

シリカキャピラリー自身は機械的強度が弱い素材であるが, ポリイミド被膜でコーティングすることによりフレキシブルに扱うことができる. このシリカキャピラリーの内壁には, シラノール基（≡Si-OH）が存在しており, 中性付近〜塩基性の電解質溶液を充塡すると, 解離したシラノール負イオン（≡Si-O⁻）に電解質溶液中の正イオンが吸着して内壁面に**電気的二重層**が形成される. この内壁面近傍には**ゼータ電位**とよばれる電位差が発生する. ここでキャピラリーの両端に高電圧

図 25.13 キャピラリー電気泳動における電気浸透流発生の原理

を印加すると，二重相を形成している正イオンが陰極に向かって引き寄せられ，この正イオンの動きに伴ってキャピラリー内溶液全体が陰極に向かう流れが生じる．この流れを**電気浸透流**（electro-osmotic flow, EOF）とよぶ（図 25.13）．この EOF は，キャピラリー内溶液の pH が 4〜5 以上であれば明確に発生するといわれており，それよりも低い pH 領域ではシラノール基の解離が抑制されるため発生しにくい．一方，中性から塩基性にかけては，pH が上昇するほど EOF の速度は大きくなる．EOF の移動速度 v_{EOF} は次式で表される．

$$v_{\mathrm{EOF}} = \mu_{\mathrm{EOF}} E = \left(\frac{\varepsilon \zeta}{\eta}\right) E$$

ここで，μ_{EOF}：EOF 移動度，ε：誘電率，ζ：ゼータ電位，η：溶液の粘度，E：電場の強さ．

一方，純粋な電気泳動で荷電物質（イオン）が移動する電気移動度 v は，次式で表される．

$$v = \mu_{\mathrm{e}} E = \left(\frac{q}{6\pi\eta r}\right) E$$

ここで，μ_{e}：イオン固有の CE 移動度，q：イオンの電荷，η：溶液の粘度，r：イオン半径．しかし，この電気移動度より EOF のほうがはるかに大きい．

したがって，キャピラリーの一端に注入された試料溶液中の荷電物質は，分析開始直後は一律に EOF の流れに乗って陰極側に移動を始める．このうち，正イオン物質の各ゾーンは EOF の移動

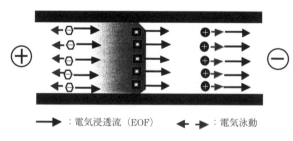

図 25.14 キャピラリーゾーン電気泳動による分離の様子

キャピラリーゾーン電気泳動では，電気浸透流の流れを利用して物質を検出器側に移動させながら分離を行う．陰極側への電気浸透流の速度は，陽極側への電気泳動速度よりもはるかに大きく，このため，陰極側のキャピラリー端に注入された試料は一斉に陰極側に向かう．その結果，正電荷物質は各イオンの電気泳動速度＋電気浸透流速度で移動し，負電荷物質は電気浸透流速度－各イオンの電気泳動速度で移動するため，相互に分離される．電気的に中性な物質は電気浸透流速度で一律に移動するため，相互には分離される可能性は低い．

度に各イオンの電気移動度が加算された速度でより速く陰極に向かう．一方，負イオン物質の各ゾーンは本来陽極側にそのイオンの電気移動度の大きさで引き戻されるため，EOFの移動度から電気移動度を差し引いた速度で遅れながらも陰極側に移動する．電気的中性物質は，一様にEOFの移動度と同じ速さで陰極側に一つのゾーンとして移動する（図25.14）．その結果，少なくとも荷電物質は，自身の荷電状態に応じて相互に分離されることになる．

ところで，EOFはHPLCにおいてポンプによって送液される流れとは様相を異にしている．EOFの特徴は，流れがきわめて均一で平面的である（栓流）ということであり，溶質ゾーンの拡散が極力抑制されることである．これはポンプなどで強制送液した場合に生ずる（管内壁面との摩擦が大きいため）放物面的な流れ（層流）とは対照的である．このことがCEでの分離がHPLCのそれよりもすぐれているゆえんである（図25.15）．

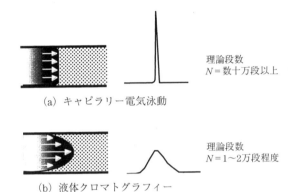

(a) キャピラリー電気泳動　理論段数　$N=$ 数十万段以上

(b) 液体クロマトグラフィー　理論段数　$N=1〜2$万段程度

図 25.15　キャピラリー電気泳動の電気浸透流と高速液体クロマトグラフィーの移動相送液との流れのプロフィールと物質拡散の比較

電気浸透流は細管内壁のイオンの流れが引き起こす溶液の流れであり，液体クロマトグラフィーのようにポンプによって強制的に送液される流れに比べると，きわめて均一な流れといえる．このため，この流れに乗って移動する物資の拡散もきわめて小さく，検出されるピークも液体クロマトグラフィーのそれに比べ非常にシャープである．このことが，キャピラリー電気泳動の分離能が液体クロマトグラフィーよりもはるかにすぐれている大きな要因である．

d. MEKC

前述したように，CZEでは電気的中性物質を相互に分離することは不可能である．そこで，キャピラリー内に充塡する支持電解溶液に界面活性剤を添加する方法により，中性物質の相互分離を可能にする **MEKC** が考案された．

たとえば，ドデシル硫酸ナトリウム（<u>s</u>odium <u>d</u>odecyl<u>s</u>ulfate, SDS）を臨界ミセル濃度（CMC）以上になるように支持電解質溶液に加えると，溶液中に疎水性の高いドデシル基を内側に，硫酸負イオンを外側に配向した**ミセル**が生成する．この状態で試料を注入して高電圧を印加すると，CZEと同様EOFの流れに従って一斉に陰極に移動を始める．SDSミセルはミセル全体として負電荷を有しているため，陽極側への引き付けと，相反するEOFのため徐々に濃縮されながらも，比較的大きなゾーンを形成しながらゆっくり陰極へ向かう．試料中の正イオン物質，負イオン物質，中性物質の基本的な移動の様子は，CZEの場合と同様であるが，それぞれの物質が疎水性の部分構造を有している場合には，その部分がSDSミセル内部の疎水域に包含される現象が発生する．疎水性の低い物質はミセルにあまり包含されないため，EOFに乗って速く陰極に向かうが，疎水性の高い物質はミセルとの接触が頻繁になるため陰極に向かう速度は遅くなる．こうして，電

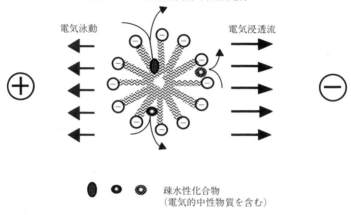

図 25.16 ミセル動電クロマトグラフィーにおけるミセルの移動と分離目的物質との相互作用の様子

キャピラリー電気泳動で支持電解質溶液中に，イオン性界面活性剤からなるミセルを形成させると，ミセルはキャピラリー内で濃縮されながら移動して大きなゾーンを形成する．このミセルのゾーンと目的物質のゾーンが接触するとき，物質が疎水性構造を有しているとミセルのもつ内部の疎水性部分に潜り込み相互作用する．その結果，たとえその物質が電荷をもたない中性物質であっても，疎水性の違い（ミセルへの取り込まれ方の違い）に基づいて相互に分離される．

気的にまったく中性の化合物であっても，その疎水性の違いに依存して相互に分離されるようになる（図 25.16）．

このような MEKC の手法においては，SDS とシクロデキストリンのような光学活性物質の組合せ，あるいは光学活性な界面活性剤を支持電解質溶液に添加することにより，光学異性体の分離が可能であることが示され，数多くの試みが行われている．

e．CGE

キャピラリー内に，先に述べたスラブあるいはディスクゲル電気泳動で利用したと同様のゲルを充填したり，キャピラリー内でゲル重合を行うことにより，キャピラリー電気泳動においても分子ふるい効果を発揮させ，核酸やタンパク質を効率よく分離する方法が開発されている．これらの手法を総称して CGE とよぶ．

この場合，アガロースゲルのような天然高分子ゲル，ポリアクリルアミドゲルのような合成高分子ゲルはもちろんのこと，最近では，ゲル化させていない鎖状高分子を一定濃度で添加するだけでも分子ふるい効果が発揮されることがわかり，その操作の手軽さからこの手法が発展した．CGE では，充填したゲルあるいは高分子が EOF で流れ出ないよう，EOF が発生しないような工夫が必要になる．このため，シリカキャピラリー内壁のシラノールを不活化（イオン化させない）させるよう，あらかじめ適当な物質によってコーティングするか，シリコン処理などが施されたキャピラリーを使用する必要がある．

CGE は特に核酸の分離にはすぐれた性能を示し，遺伝子配列の解析の領域では，その研究計画を前倒し的に促進させるのに大きく貢献している．この場合，96 穴のマイクロタイタープレート上の 96 サンプルを，96 本のキャピラリーで別々に一斉にサンプリングし同時に泳動させ，走査型

のダイオードアレイ検出器で96本のキャピラリーの分離を連続的にモニターしてコンピューター解析する方法も考案され，遺伝子解析に要する時間が飛躍的に短縮されている．

25.3 マイクロチップ電気泳動

前述のように，CEにおいてきわめて細い流路を利用して電気泳動分離が達成されていることから，1990年頃から，ガラス（あるいはプラスチック）チップ基盤上に流路を設定して，これにより電気泳動を行う試みがなされている．

チップ基盤は本来，コンピューターなど半導体電子部品（シリコンチップ）であり，きわめて微細な加工技術を駆使して作成されている．こういった超微細加工技術を用いて，ガラスやプラスチック板上に，従来からある理化学機器装置と同じ機能を集積化させ，手の平や指先に乗るようなマイクロマシンを実現する試みが，1970年頃から始まっていたが，このなかで，ガスクロマトグラフ装置や電気泳動装置のマイクロマシン化が推進されている．

電気泳動用の**マイクロチップ**は，フォトリトグラフィーとよばれる手法により，石英板やガラス板上に幅50μm，深さ20μm程度の溝を精密に掘り（エッチング），その上に石英あるいはガラス

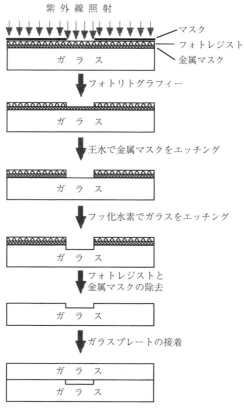

図 25.17 マイクロチップ電気泳動用チップの作成法の概要

電気泳動に利用されるマイクロチップの作成法の一例を示す．あらかじめ設計された流路をマスクに作成しておき，光照射によってフォトレジストに流路の型を形成する．次に金属マスクを王水などでエッチングし，引き続き想定した流路に露出したガラスをフッ化水素でエッチングすると，ガラス表面に流路が形成される．最後に，ガラスプレートを接着してマイクロチップが作成される．

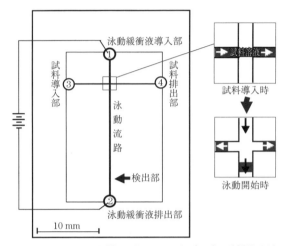

図 25.18 マイクロチップ電気泳動用チップの概要と試料注入法の原理

電気泳動用マイクロチップの流路は，基本的に電気泳動流路とそれと交差する試料流路から成り立っている．泳動流路は，直線である場合のほかに，蛇腹状に迂回させることで長さを稼ぐ工夫も行われている．試料注入は，あらかじめ試料溶液を試料注入部から試料排出部まで満たしておき，次に泳動流路の両端に印加することで発生する電気浸透流が，試料流路と泳動流路との交差部に存在していたわずかの試料溶液を泳動流路に導入する．

製のカバープレートを接着することで，溶液のマイクロ流路ができ上がる（図 25.17）．この際，少なくとも，後に泳動流路となる溝と，試料流路となる溝を交差させておく．実際の泳動分離時には，試料流路に試料溶液を満たしておき，泳動流路の両端に高電圧を印加して泳動を開始すると，泳動流路と交差している部分に存在するわずかな試料溶液が泳動流路に入り分離が開始される（図 25.18）．ガラス製のチップでは均一な電気浸透流が発生するので各物質ゾーンの拡散も最小限に抑えられ，高速で精密な分離が達成される．検出には，終点近く泳動流路に光を照射して，その裏側から光の強さをモニターすることで光吸収に基づく検出が可能となる．

現在，チップの素材，流路デザイン，エッチング技術，検出手法などに対する精力的な改良が継続されており，**DNA チップ**というように特定の目的に特化してデザインされた**マイクロマシン**が実用段階に入っている．

演習問題

25.1 次の電気泳動法に関する記述の正誤を，○×で答えよ．
 a 電気泳動法では，電荷をもたない化合物の電気移動度はゼロである．
 b 電気泳動法は，通常，直流電流を用いて行われる．
 c イオンの電気泳動速度は，電圧の平方根に比例する．
 d イオンの電気泳動速度は，イオンの電荷に影響される．
 e イオンの電気泳動速度は，イオンの大きさに影響されない．
 f イオンの電気泳動速度は，温度の影響を受けない．
 g 電気泳動移動度は，緩衝液の種類によらず一定である．
 h 安息香酸は，pH 7 では陽極方向に泳動される．
 i 中性での電気移動度は，亜硝酸イオンのほうが硝酸イオンより小さい．
 j ゾーン電気泳動の担体には，ろ紙，薄層などが用いられる．
 k ゲル電気泳動は，分子量の小さい薬物や生体成分の分離には使用できない．

l　pH 2.0 のギ酸緩衝液中では，アラニンは負極に泳動される．
m　アガロース電気泳動で DNA が分子サイズによって分離できるのは，DNA ごとに単位電荷当たりの質量が異なるからである．
n　タンパク質の SDS-ポリアクリルアミドゲル電気泳動では，タンパク質はその酸性基部分に SDS 分子が結合して変性した状態で泳動される．
o　ポリアクリルアミドゲルのもつ分子ふるい効果は，アクリルアミドとビスアクリルアミドの両者の量比を変えることでコントロールすることができる．
p　アガロースゲルのもつ分子ふるい効果は，アガロースの濃度を変えることでコントロールすることができる．
q　血液中や細胞中に含まれるタンパク質をできるだけ多く分離したいときは，二次元電気泳動が有効である．
r　ある程度精製されたタンパク質のおおよその分子量を知りたいときは，ポリアクリルアミドゲルを用いた等電点電気泳動が有効である．
s　ある程度精製された酵素タンパク質を，その酵素活性をできるだけ維持した状態でさらに精製したいときには，SDS-PAGE が有効である．
t　溶融シリカキャピラリーを用いるキャピラリーゾーン電気泳動では，電気浸透流を積極的に利用する．
u　溶融シリカキャピラリーに pH 7 の電解質溶液を満たしてキャピラリー電気泳動を行った場合，正極から負極へ向かう電気浸透流が発生する．
v　電気浸透流はキャピラリー電気泳動に特有のものであり，ろ紙電気泳動では発生しない．

参 考 図 書

1) 日本分析機器工業会編：分析機器の手引き（第 4 版），1992.
2) 分析化学ハンドブック編集委員会編：分析化学ハンドブック，朝倉書店，1992.
3) 本田　進，寺部　茂：キャピラリー電気泳動　基礎と実際，講談社サイエンティフィク，1995.
4) 多賀　淳，本田　進：マイクロチップ電気泳動―装置の作成，特徴，応用．*Chromatography*, **22**, 69-83, 2001.

26

生物学的分析法

はじめに

生物学的分析法（biological analysis）あるいは**広義のバイオアッセイ**（bioassay）は，化学的分析法（湿式化学分析）あるいは物理的分析法（機器分析）と対比される分析法である．生物学的分析法は，生物の起こす反応を利用して分析対象物質の検出と定量を行う方法であり，表26.1に示すようにさまざまなものがある．微量で生物機能に影響を与える生理活性物質においては，化学的あるいは物理化学的に測定された化合物の量と生理活性の程度が一致しない場合がある．このような場合，生理活性物質を生物（動物，植物，微生物）に与えてその効力を検定する方法がとられる．これは生物学的試験法あるいは狭義のバイオアッセイとよばれ，個体の全部あるいはその一部（器官，組織あるいは細胞）を用いて化合物の検定が行われる．この狭義のバイオアッセイに対して，生体内反応の一部を試験管内の反応系として発現し，応用・発展させた分析法に，生化学的分析法，酵素化学的分析法，バインディングアッセイ，イムノアッセイ，遺伝子解析法がある．これらは，生体内反応の一部である生化学反応，酵素と基質の反応，リガンドと受容体の結合反応，抗原と抗体の反応，あるいはDNAの相補的な複製反応を利用した分析法である．生物学的分析法の

表26.1　生物学的分析法（広義のバイオアッセイ）の分類

分類	応用例
1. 生物学的試験法（狭義のバイオアッセイ）	
動物：個体または個体の一部	ホルモン，薬物
培養細胞株（動物由来）	環境ホルモン，生理活性物質
植物：個体または個体の一部	植物ホルモン
微生物（微生物定量法）	ビタミン，抗生物質，発癌物質
2. 生化学的分析法	エンドトキシン，ヘパリン
3. 酵素化学的分析法	
酵素的分析法	糖，コレステロール，尿素
酵素活性分析法	消化酵素，細胞内酵素，逸脱酵素
4. バインディングアッセイ	
レセプターアッセイ	神経伝達物質，薬物，ホルモン
タンパク質結合法	薬物
5. イムノアッセイ	
非標識イムノアッセイ	ホルモン，リポタンパク
標識イムノアッセイ	ホルモン，薬物，抗生物質
ラジオイムノアッセイ	
エンザイムイムノアッセイ	
蛍光イムノアッセイ	
6. 遺伝子（DNA）解析法	遺伝子診断，一塩基多型（SNP）

特長の一つは，生物のもつ分子識別力，すなわちきわめて高い特異性を利用している点である．この特異性は，複雑な主成分のマトリックス中に微量に存在する分析対象物質を検出および定量するうえで非常に有用であり，生体試料を扱う臨床化学分析の分野では主要な分析法として汎用されている．また最近，環境分析の分野においても，多種類の環境汚染物質のスクリーニング法としての生物学的分析法の有用性が注目されている．

本章では，日本薬局方に収載されているバイオアッセイ（狭義），生化学的分析法および酵素化学的分析法の概要を述べる．

26.1 生物学的試験法（狭義のバイオアッセイ）

ある種の薬物，抗生物質，ビタミン，ホルモンなどは，微量で生物の機能に影響を及ぼす．このような場合，動物，植物，微生物の個体そのものあるいは動物体の一部である血管，腸管などを用いて，被検医薬品の投与に伴って惹起される生物反応からその効力を検定することができる．この方法を**生物学的試験法**あるいは**狭義のバイオアッセイ**という．生物学的試験法は，鋭敏で特異的な定量を可能とするが，試験動物の条件（種差，年齢差，性差など）や試験条件（試験技術，季節変動など）の影響を大きく受けるため，化学的あるいは物理的分析法に比べて，ばらつきが大きくなることは避けられない．このため，生物学的試験法による定量では，試験方法の設計と試験結果の処理を行ううえで統計学的な手法は不可欠である．また，生物学的試験法では，それぞれの医薬品に対する標準品（日本薬局方標準品あるいは国際標準品など）を定めて，一定の生物反応を起こすのに必要な標準品の一定用量をもって1単位とする生物学的単位が用いられている．この生物学的単位は医薬品の量と見なされ，標準品と単位は分析対象となる医薬品の種類によってそれぞれ異なる．

26.1.1 動物を用いる定量法

毒性試験，抗原性試験，発熱性物質試験では，それぞれシロハツカネズミ，モルモット，ウサギが使用される．これらの試験では，被検医薬品の一定用量を決められた数の動物に投与したときに，生物反応が起こったか，起こらなかったか，すなわち，死亡動物数や体温の上昇した動物数を計数処理して被検医薬品の適否が判定される．

局方収載の生物学的定量法では，表26.2に示すような試験動物が使用されている．定量に際しては，被検医薬品と対応する標準品を用い，投与用量の変化とそれぞれの生物反応の強さとの関係を統計処理して求められる．2-2用量法は，投与用量と生物反応の関係を統計的に処理するための試験方法として，最もよく使用されている．

2-2用量法は，高用量標準溶液（S_H）と低用量標準溶液（S_L）の2用量，高用量被検溶液（T_H）と低用量被検溶液（T_L）の2用量を検定に供する方法である．ただし，高用量と低用量の比は標準溶液と被検溶液で同じにする．この4種の試料溶液を無作為に割り当てた各群同数の4群の試験動物に投与して，それぞれの生物反応を測定する．この方法は，血清性性腺刺激ホルモン，絨毛性性腺刺激ホルモンおよびエルカトニンに適用されている．インスリン製剤では2-2用量の**交差試験法**で行われる．この方法は，動物の個体差や注射順序により生じる誤差を減少させる目的で行われ，1回目にS_Hを注射して血糖値を求めた群に対しては，2回目にはこの試料と最も離れた試料

表 26.2 局方収載医薬品の動物を用いた定量法

医薬品	使用動物	定量に用いる生物反応（検定法）
インスリン	ウサギ	血糖値の低下（2-2 用量の交差試験法）
		血糖定量：ハーゲドルン-イエンセン法
エルカトニン	雄ラット	血清カルシウムの低下（2-2 用量法）
		血清カルシウム定量：原子吸光光度法
オキシトシン[1]	雄ニワトリ	坐骨動脈における血圧降下（2-2 用量法）
バソプレシン	雄シロネズミ（脳髄破壊）	頸動脈における血圧上昇（2-2 用量法）
性腺刺激ホルモン		
血清性	雌シロネズミ	卵巣質量の増加（2-2 用量法）
絨毛性	雌シロネズミ	卵巣質量の増加（2-2 用量法）
ジギタリス[2]	ハト	心臓停止による死亡（1-1 用量法）

1) 第十五改正薬局方において，生物検定法から液体クロマトグラフィーに変更された．
2) 第十五改正薬局方において，削除された．

の T_L を注射して血糖値を求める．同様に，S_L 群には T_H を，T_H 群には S_L を，S_L 群には T_H を，T_L 群には S_H をそれぞれ注射して血糖値を求める．オキシトシン注射液とバソプレシン注射液では，同じ試験動物を用いた 2-2 用量法で行われ，注射順序を定めた 4 対（S_H-T_L，S_L-T_H，T_H-S_L，T_L-S_H）を無作為の順序に注射し，血圧の変化を連続的に測定する．この投与法によって，注射順序による誤差が取り除ける．いずれの試験結果も，統計学的な方法で定量計算される．

26.1.2 微生物を用いる定量法

特定の製剤や医薬品あるいは生薬では，増殖能力のある微生物（細菌または真菌）が「存在してはならない」，あるいは「存在してもある限度以下であること」，また，「特定の細菌（大腸菌，サルモネラ，緑膿菌および黄色ブドウ球菌）が存在するか否か」を検査して品質保証が行われる．これらは，**無菌試験法，微生物限度試験法**および**生薬の微生物限度試験法**とよばれ，混在する微生物を，規定の試験方法（サンプリング法，培地，対照用菌種など）を用いて定性・定量するものである．

抗生物質医薬品の定量には，抗生物質医薬品の抗菌活性の程度（力価）を，局方規定の試験菌，培地，標準品，試験法を用いる**抗生物質の微生物学的力価試験法**が適用される．抗菌活性の測定法には，菌の発育阻止円の大きさを指標とする円筒平板法および穿孔平板法，菌液の濁度を指標とする比濁法がある．通例，図 26.1 に示す円筒平板法が用いられる．5 枚のペトリ皿（内径 90 mm）を用い，各ペトリ皿にまず，基層用寒天培地約 20 mL を入れて固化する．次に，試験菌を混和した種層用培地約 4 mL を基層上に均等に広げて固化する．この上に 4 個の円筒（内径約 6 mm，外

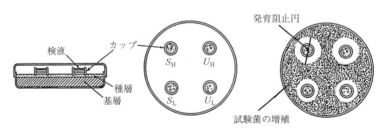

図 26.1 円筒平板法による抗菌活性の検定

径約 8 mm，高さ約 10 mm）を置き，円筒内に 4 種の異なる溶液（S_H, S_L, U_H, U_L）を入れ，32～37℃で 16～20 時間培養する．形成されたそれぞれの阻止円の直径を測り，次式から検液の力価を求める．

$$\log \frac{検液の力価}{標準溶液の力価} = \frac{(\sum U_H + \sum U_L) - (\sum S_H + \sum S_L)}{(\sum U_H + \sum S_H) - (\sum U_L + \sum S_L)} \times \log F$$

ただし，$\sum S_H$, $\sum S_L$, $\sum U_H$ および $\sum U_L$ は，それぞれ高濃度標準溶液（S_H），低濃度標準溶液（S_L），高濃度検液（U_H）および低濃度検液（U_L）の各阻止円の和である．F は高濃度標準溶液（または高濃度検液）から低濃度標準溶液（または低濃度検液）を希釈調製する際の希釈倍率で，通例 4 である．

微生物学的力価試験法に代えて，短時間で精度よく定量できる機器分析法を用いることもできるが，物理化学的に得られた物質量と抗菌活性が一致しない場合がある．したがって，抗菌活性を直接測定する微生物学的力価試験法が必要とされている．

26.2 生化学的分析法

生物の体内では，数多くの化学反応が生命維持に関与している．この生体内化学反応を試験管内で発現して，試料計測に応用した分析法を**生化学的分析法**という．後節（26.3 節）の酵素化学的分析法および 27 章，29 章で述べるイムノアッセイあるいは遺伝子解析法は，酵素，免疫あるいは遺伝子複製という生化学反応を，さらに特化・発展させた分析法といえる．

本節では，血液の凝固カスケード反応を応用した生化学的分析法について概説する．この分析法は，局方収載のエンドトキシン試験法，ヘパリンナトリウム（注射液），硫酸プロタミンおよびトロンビンの各定量法における基本原理として重要である．

26.2.1 カブトガニ血球抽出液を用いる定量法（エンドトキシン試験法）

発熱性物質試験法（pyrogen test）は，静注時に発熱を引き起こす原因となる発熱性物質（パイロジェン）の有無を，動物（ウサギ）を用いて試験する方法である．発熱性物質としては，グラム陰性菌由来の内毒素（エンドトキシン），グラム陽性菌などによって産生・分泌される外毒素（エキソトキシン），化学的発熱性物質などがあるが，注射液の製造過程で最も問題になるのは，強い耐熱性と強力な発熱活性を示すエンドトキシンである．**エンドトキシン試験法**は，グラム陰性菌由来のエンドトキシンを高感度・特異的に検出または定量できる方法として開発され，迅速性と簡便性にもすぐれていることから，発熱性物質試験法に代わる発熱性物質の検出法として汎用されている．

エンドトキシン試験法は，**カブトガニ血球抽出液**（limulus ameabocyte lysate, LAL）を用いた検出法で，一般には**リムルステスト**あるいは **LAL 試験法**とよばれる．これは，グラム陰性菌由来のエンドトキシン（細菌の外膜を構成するリポ多糖）の LAL 凝固作用を利用した分析法で，エンドトキシンが **C 因子**（Factor C）を活性化することで，カスケード反応が進行し，最終的に凝固する（図 26.2）．カスケード反応は，タンパク質分解酵素（プロテアーゼ）の連鎖活性化反応であり，増幅効果がある．LAL より調製されたライセート試薬が市販されており，この試薬に試料溶液または対照としてのエンドトキシン標準液を加えて反応を行う．結果の判定方法には，ゲル形

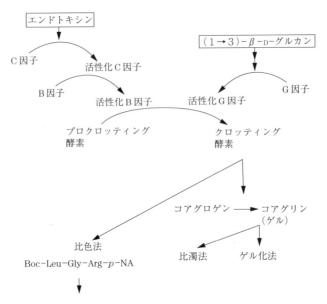

図26.2 ライセート試薬の凝固カスケード反応

成を目視判定するゲル化法，ゲル化に伴う濁度変化を光学的に測定する比濁法，合成基質を反応液中に加え，基質の水解により遊離される発色基を吸光度測定する比色法がある．

ライセート試薬には，グラム陰性菌由来のエンドトキシンによって活性化されるC因子のほかに，真菌（カビ，酵母）の細胞壁構成成分である$(1→3)$-$β$-D-グルカン（$β$-グルカン）によって活性化される**G因子**（Factor G）があり，特異性を欠く．G因子を除去あるいはG因子の活性化を阻害することで，エンドトキシンを特異的に検出・定量できる．逆に，C因子の活性を抑制して$β$-グルカンを特異的に検出・定量することもできる．

エンドトキシンおよび$β$-グルカンの測定は臨床化学的にも重要で，グラム陰性菌による各種感染症（菌血症，敗血症など）あるいは深在性真菌症，カリニ肺炎などの有用な診断指標となる．

26.2.2 血液凝固反応系を用いる定量法

血液凝固は，血漿中に存在する多数の凝固因子が複雑に関与するカスケード反応系によって起こる．組織の損傷（外因性）あるいは血管内皮の破損（内因性）が起きると，これらが引き金となって，凝固カスケード反応系が作動する．血漿中の不活性な凝固因子はプロテアーゼ前駆体であり，補助因子（カルシウムやリン脂質）の存在下で活性型プロテアーゼとなる．プロテアーゼ前駆体を連鎖的に活性化するカスケード反応が起こり，最終的には，プロトロンビンがトロンビンへと活性化される．トロンビンは血漿タンパク質のフィブリノーゲンを分解してフィブリンモノマーを生成する．フィブリンモノマーは重合・架橋化されて凝固する．一方，血漿中には数多くの生理的インヒビター（アンチトロンビンIII，$α_1$-アンチトリプシン，$α_2$-マクログロブリンなど）が存在し，活性型プロテアーゼを阻害することにより血液凝固を抑制している．最も強い阻害作用（抗凝固作用）を有するのがアンチトロンビンIII（AT III）であるが，その阻害反応は比較的緩徐である．ヘパリンナトリウムは，AT IIIの阻害反応を顕著に促進して血液凝固阻止作用を示す．一方，塩基性

ポリペプチドの硫酸プロタミンは，ヘパリンナトリウムと結合してヘパリンナトリウムの血液凝固阻止作用と拮抗する．

局方収載のヘパリンナトリウム（注射液），硫酸プロタミンおよびトロンビンの定量は，この血液凝固系およびその制御調節機構（図26.3）を利用して行われている．いずれも標準溶液の濃度と凝固時間の関係から未知試料の定量が行われる．なお，血液凝固時間を測定する試験法は，臨床検査法（プロトロンビン時間，トロンビン凝固時間，トロンボテストなど）としても用いられている．

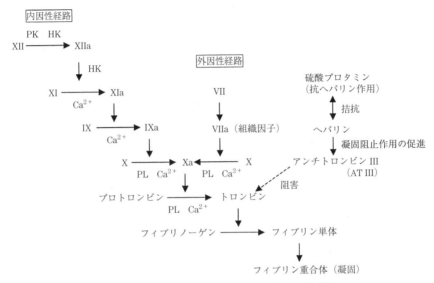

図26.3 血液凝固系およびその制御機構の模式図

■ **ヘパリンナトリウムの定量法**： ヘパリンとAT IIIの複合体は強い血液凝固阻止作用を示す．この作用を利用して，血液凝固時間の遅延から求める．本法は，高用量標準溶液（S_H）と低用量標準溶液（S_L）および高用量被検溶液（T_H）と低用量被検溶液（T_L）を用いた2-2用量法で行われる．清浄な共栓試験管（内径13 mm，長さ150 mm）に，S_H，S_L，T_HおよびT_Lを別々に1 mLずつ入れ，さらにそれぞれにあらかじめ一定の効力を示すように調整したトロンボキナーゼ（トロンボプラスチン）抽出液，硫酸ナトリウム（抗凝固剤）添加の新鮮なウシ血液1 mLずつを加え，栓をして穏やかに転倒混和する．各管を15秒ごとに穏やかに傾斜して観察し，管底の凝固物が落下しなくなるまでの時間を凝固時間とする．用量の対数と血液凝固時間の対数との間の直線的関係から定量する．

26.3 酵素化学的分析法

生体内触媒の酵素は，温和な条件で効率的に生化学反応を行う．反応相手となる物質（基質）の分子構造をかなり厳密に識別（基質特異性）するとともに，ある特定の反応（反応特異性）を触媒する．酵素の反応を試験管内で発現して，分析法として確立したのが，**酵素化学的分析法**（enzyme chemical analysis）である．分析するうえで酵素が関係することを意味するのではなく，酵素化学が基礎となることを意味する．

酵素化学の理論的基礎は酵素反応速度論であり，ミカエリス-メンテンの式は最も重要である．この酵素反応速度の理論のもとで，基質濃度，阻害剤濃度，活性化剤濃度あるいは酵素濃度を求めることができる．酵素化学的分析法は，酵素を試薬として用いて試料中の目的物質（基質）を定量する**酵素的分析法**（enzymatic analysis）と，酵素活性を測定してその活性の強弱から酵素それ自身の量を求める**酵素活性分析法**（enzyme activity analysis）に大別される．いずれも，ミカエリス-メンテンの式を基礎として定量される．

温度，pHおよび酵素濃度を一定にして，2種の基質濃度で酵素反応を行ったとき，反応生成物量の経時変化は，図26.4(a)のような典型的な反応曲線として得られる．反応の初期は一定の速さで生成物を生じるが，時間の経過とともに徐々に生成物量が少なくなる．酵素の反応速度は反応曲線の時間ゼロにおける接線を引いて得られる．この極限の速度を初速度といい，一般に酵素の反応速度といえば，この初速度を意味する．また，この図は基質濃度が高いほど反応速度は大きいことを示している．基質濃度を一定にして，活性化剤または阻害剤を反応系に加えたときの反応曲線を図26.4(b)に示す．活性化剤は反応速度を大きくし，阻害剤は反応速度を小さくする．基質濃度を一定にして酵素濃度を変化した場合，反応速度は酵素濃度の増加とともに大きくなる（図26.4(c))．この関係を利用して基質，阻害剤，酵素などが定量されている．

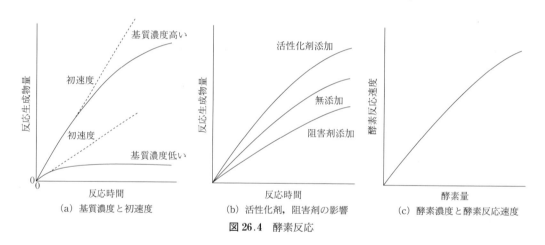

図 26.4　酵素反応

酵素反応の進行程度は，基質の減少，生成物の増加あるいは基質の変化と等しく連動する補酵素の変化のいずれかを測定することで確認できる．基質または生成物が紫外光あるいは可視光を吸収するときは，吸光度の減少または増加を吸光光度計を用いて容易に測定できる．基質または生成物がそれ自身に特異吸収をもたないときなどは，呈色反応あるいは発蛍光反応を用いる．補酵素のNAD(P)あるいはNAD(P)Hを必要とする酸化還元酵素反応系では，還元型（NADHあるいはNADPH）の紫外部における特異吸収（340 nm）の増減から，基質の変化量を求めることができる．

酵素化学的分析法は臨床検査における日常的な方法であり，数多くの応用例がある．本節では酵素化学的分析法が適用される局方医薬品の例について，以下に概説する．

26.3.1　ポビドン中のアルデヒドの定量（基質を定量する例）

製剤原料のポビドン（1-ビニル-2-ピロリドンの直鎖重合体）には，微量のアルデヒドが混在す

る可能性がある．したがって，許容限度量のアルデヒドを酵素的分析法により定量する．アルデヒド（基質）の定量にはアルデヒドデヒドロゲナーゼ（酵素）を用いるが，酵素反応には補酵素のβ-ニコチンアミドアデニンジヌクレオチド（NAD）を必要とする．

ポビドンの一定量を緩衝液に溶解して試料溶液を調製する．試料溶液の一定容量を恒温下の反応容器中に入れ，さらにNAD試液とアルデヒドデヒドロゲナーゼ試液のそれぞれ一定容量を順次添加して反応を行う．一定時間の反応後，アルデヒドのほぼすべては対応する酸に変換され，同時に等モルのNADHを生成する．NADHの生成量は吸光度（340 nm）の増加から求めることができる．一定濃度のアセトアルデヒド標準溶液を用いて同様の操作を行い，両者の吸光度変化の比から試料中のアルデヒド量（アセトアルデヒド量として）を算出する．

26.3.2 ウリナスタチンの定量（阻害剤を定量する例）

ウリナスタチンはヒト尿から分離精製された糖タンパク質で，トリプシンやα-キモトリプシンなどのプロテアーゼを強く阻害する．そのほか種々の膵酵素に対する阻害活性もあり，膵炎の治療に用いられる．定量はプロテアーゼ阻害活性より求める．

ウリナスタチンの一定量を緩衝液に溶解し，試料溶液とする．同様に，一定量のウリナスタチン標準品を量りとり，濃度の異なる4種の標準溶液を調製する．別個の試験管に標準溶液，試料溶液および水（空試験用）の一定容量を入れる．それぞれに反応用緩衝液およびトリプシン試液の各一定容量を混和して恒温槽に入れる．一定時間後，基質のN-α-ベンゾイル-L-アルギニン-4-ニトロアニリド試液を加えて，再び恒温槽に入れて反応を開始させる．一定時間の反応後，酸を加えて反応を停止して，水を対照に波長405 nmの吸光度を測定する．各標準溶液の濃度（単位）を横軸に，各標準溶液で得られた吸光度から空試験の吸光度を差し引いた値を縦軸にとり，検量線を作成する．検量線から試料溶液のウリナスタチンの濃度（単位）を求める．トリプシンはN-α-ベンゾイル-L-アルギニン-4-ニトロアニリド（基質）を加水分解して4-ニトロアニリンを遊離して黄色を呈する（図26.5）．ウリナスタチンはこの反応を阻害する．

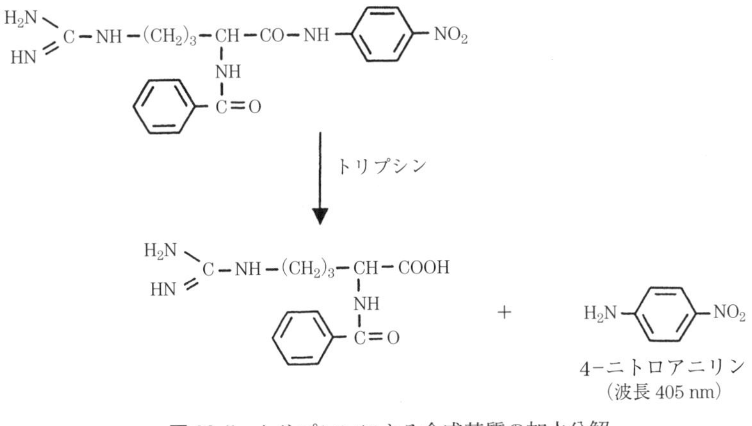

図 26.5 トリプシンによる合成基質の加水分解

26.3.3 カリジノゲナーゼの定量（酵素を定量する例）

カリジノゲナーゼ（カリクレイン）はセリンプロテアーゼの一種で，キニノーゲンを分解してキ

ニンを遊離する酵素である．キニンは血管平滑筋弛緩作用があり，血管を拡張して血圧を低下させる．カリジノゲナーゼには血漿性と組織性（腺性）があり，血漿性カリジノゲナーゼ（血漿カリクレイン）は大豆トリプシンインヒビターによって阻害される．酵素製剤としてのカリジノゲナーゼは健康なブタの膵臓から精製された組織由来で，その活性は酵素活性分析法によって定量される．

カリジノゲナーゼ（検体）の一定量を緩衝液に溶解して試料原液を得る．この原液の一定容量に，大豆トリプシンインヒビター試液を加え，さらに緩衝液を加えて試料溶液を調製する．別に，カリジノゲナーゼ標準品も同様に操作して，大豆トリプシンインヒビター試液と緩衝液を加え，標準溶液を調製する．なお，大豆トリプシンインヒビター試液は混在するトリプシンおよび血漿性カリジノゲナーゼの阻害のために加える．反応操作は次のように行われる．あらかじめ恒温槽で加温した H-D-バリル-L-ロイシル-L-アルギニン-4-ニトロアニリド試液（基質）の一定容量を層長1cmのセルに入れ，同様にあらかじめ恒温槽で加温した試料溶液の一定容量を加え反応を開始する．正確に2分および6分後の吸光度を波長405 nmで測定する．標準溶液およびカリジノゲナーゼを含まない空試験用溶液について，試料溶液と同様に測定する．反応の進行は基質の分解で生じる4-ニトロアニリンの吸光度増加から知ることができ，初速度は反応時間の2点の差から求まる．基質の非酵素的分解は空試験用溶液の吸光度変化から得ることができる．試料溶液および標準溶液のそれぞれの吸光度変化値から空試験の吸光度変化値を差し引き，差し引いた両者の比から試料中の酵素量を算出できる．

酵素化学的に定量される局方収載のその他の酵素製剤には，ウロキナーゼ，β-ガラクトシダーゼ（アスペルギルス），β-ガラクトシダーゼ（ペニシリウム），含糖ペプシン，ジアスターゼおよびパンクレアチンがある．

演習問題

26.1 酵素的分析法によって分析対象物質（基質）の試料溶液濃度を求める方法について説明せよ．

26.2 日本薬局方医薬品の生物学的定量法に関する次の記述のうち，正しいものはどれか．
a オキシトシン注射液の力価は，ニワトリに対するオキシトシンの血圧上昇作用を利用して定量する．
b ヘパリンナトリウム注射液の力価は，新鮮なウシの血液を用いて，血液凝固時間の短縮を指標として定量する．
c 生物学的試験法は試験動物の条件や試験条件の影響を大きく受けるので，この試験法を実施する場合は，局方記載の規定に従う試験方法を厳密に守る必要がある．
d 2-2用量法は，標準品と被検品のそれぞれに対して高濃度と低濃度の2用量（ただし，それぞれの濃度比は同じ）を用いて検定を行う方法である．
e 発熱性物質試験法とエンドトキシン試験法は，いずれも注射剤に含まれるエンドトキシン（内毒素）の有無を試験するものである．

参 考 図 書

1) 日本薬局方解説書編集委員会編：第十六改正日本薬局方解説書，廣川書店，2011．
2) 髙村喜代子編：薬学生のための分析化学（第2版），廣川書店，2002．

27

臨床化学分析法

はじめに

　臨床化学では，患者の病態を的確に診断することや，また病気の予防としての健康診断を行うため生体成分をより迅速にかつ正確に測定する必要がある．また，重症な患者，小児，高齢者などでは，試料の採取には制限があり，試料をできるだけ少量で測定できる高感度な方法が求められている．一方，分析対象物質は，通常生体試料という複雑なマトリックスの中に微量しか含まれない場合が多いため，分析法は，特異性の高い方法で行うことが必要とされる．したがって臨床分析で用いられる分析法は，化学分析，機器分析を中心に生化学，免疫学などを取り入れた多くの手法が用いられている．たとえば，イムノアッセイ（ラジオイムノアッセイ，酵素イムノアッセイなど），酵素分析，PCR や制限酵素を用いた分子生物学的技法，センサーなどである．ここでは，臨床化学分析において代表的な分析法を取り上げ，その方法について概説する．

27.1 比濁法と比ろう法

　懸濁試料に光を当てると，吸収，透過とともに光の散乱（チンダル現象）が起きる．比濁法とは，この光の散乱による透過光の度合い（透過率あるいは吸光度）を利用し，濁りの程度を測定する方法である．この方法は，コレステロールや日局 16 の塩化物および硫酸塩試験法に利用されている．一方，比ろう法（ネフェロメトリー）は，光の散乱光の強さを利用し，濁りの程度を測定する方法で，免疫グロブリンなどの抗原抗体反応などの検出に用いられている．なお，光散乱で用いる照射光は，短波長の光がよく散乱するため，通常，450 nm 付近の波長を主に用い，また着色試料では，600 nm 以上の波長の光を用いることが多い．

27.2 炎光分析法

　局方の炎色反応を利用した方法で，血清や尿中の Na や K の定量に利用されている．原理は，炎（フレーム）の中に，金属元素の試料溶液を噴霧すると元素は原子化し，その原子は熱エネルギーの一部を吸収して励起状態となる．励起状態となった原子は，吸収したエネルギーを光として放出しながら再び基底状態に戻る．この光は共鳴線とよばれ，各元素に固有の波長を有する．定量では，Li を内部標準として試料に加え，Li の共鳴線の比から Na，K 濃度を求めている．

27.3 原子吸光分析法

基底状態の原子蒸気層に光を照射すると，この原子はある特定波長の光を吸収する．吸収される光は，共鳴線の波長に等しく，原子固有のものであり，その強度は原子の数に比例する．この方法により，金属イオンの同定と定量が可能である．臨床分析では，マグネシウム，カルシウム，亜鉛，鉄，銅などの測定に利用されている．

27.4 イオンセンサー

特定イオンの濃度（活量）に応答する電極を，イオンセンサーまたはイオン選択性電極とよぶ．試料溶液にイオンセンサーを浸すと，電極は分析対象イオンに選択的に応答し，電極と試料溶液との間に電位差を生じる．この電位差とイオン濃度との間には，次のようなネルンストの式が成立する．

$$E = E° + \frac{0.059}{n} \log[M]$$

n：反応に関与する電子数，$[M]$：イオン濃度

この式は，電位はイオン濃度に比例することを示している．臨床化学では，pH，Na，K，Cl イオンなどの測定に利用されている．

27.5 バイオセンサー

特定の化学物質に応答する生体関連物質を化学センサーに組み込むことにより，特定物質に特異的に感応するセンサーをバイオセンサーとよぶ．バイオセンサーの原理は，測定物質を識別する識別素子（生体関連物質）と，その識別素子と被測定物質との反応によって生じる化学的信号を電気信号へ変換するデバイスからなる．識別素子としては，酵素，抗体，微生物を膜やゲルに固定したものが用いられる．また，デバイスは，pH 電極，酸素電極，アンモニア電極，過酸化水素電極など，そして基準となる参照電極からなる．臨床化学では，血糖測定用のグルコースセンサーや尿素センサーが利用されている．図 27.1 にバイオセンサーの模式図を示す．

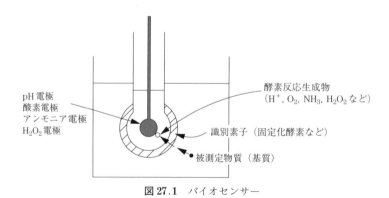

図 27.1 バイオセンサー

27.6 クロライドメーター

塩化物の定量用として開発されたクロライドメーターは図 27.2 に示すような電量分析装置からなる．測定原理は，Cl^- を含む試料溶液に，陽と陰の 2 本の銀電極と指示電極を浸し直流電圧をかけると，銀電極の陽極から Ag^+ が溶け出し，これが溶液中の Cl^- と反応し，塩化銀が沈殿する．

$$Ag^+ + Cl^- \longrightarrow AgCl \downarrow$$

試料溶液中の Cl^- がすべて AgCl として沈殿すると，Ag^+ は増加し，溶液中の電位は変化する．この変化量から Cl^- を求めることができる．

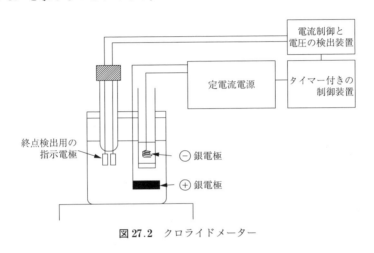

図 27.2 クロライドメーター

27.7 電気泳動

電荷のある物質を含む溶液に，陽と陰の電極を入れ，これに直流電圧を印加すると，陰性の物質は陽極に，陽性の物質は陰極に移動する．この現象を電気泳動という．電気泳動では，泳動速度が物質の電荷の違いや構造に影響されることから，クロマトグラフィーとは異なった分離を示す．臨床分析では，血清タンパク質，リポタンパク質，乳酸脱水素酵素のアイソザイム分画，DNA 解析などの多くの分析に利用されている．なお，電気泳動の分離機構ならびに分離モードに関しては，25 章に詳しく記載されているので参照されたい．

27.8 酵素分析法

酵素分析法とは，酵素反応における基質や酵素を分析試薬として用い，酵素量（酵素活性）や基質濃度を測定する分析法をいう．

$$基質 + 酵素 \longrightarrow 生成物 + 酵素$$

すなわち，酵素量を分析する場合には，基質濃度を一定とし，反応進行により生じる反応生成物量を吸光度法や蛍光法などの何らかの方法で測定することで行われる．同様に基質濃度測定の場合は，酵素量を一定にして分析される．一般に，酵素反応は基質などに対する特異性が高いため，血

液などの複雑な構成成分（マトリックス）中においても，分析対象物質を正確に測定することができる．したがって，病気の診断や予防における生化学診断の多くに酵素分析法が利用されている．ここでは，酵素反応の分類，酵素反応の基礎，酵素分析の種類ならびに臨床検査における代表的な酵素分析について概説する．

27.8.1 酵素反応の分類

酵素は，その触媒反応の形式によって，次のように分類される．

(1) オキシドレダクターゼ（oxidoreductase）

　　EC 1 クラス，酸化還元酵素：dehydrogenase, reductase, oxidase, oxygenase, peroxidase

(2) トランスフェラーゼ（transferase）

　　EC 2 クラス，転移酵素：methyltransferase, aminotransferase, kinase

(3) ヒドラーゼ（hydrase）

　　EC 3 クラス，加水分解酵素：esterase, glycosidase, proteinase

(4) リアーゼ（lyase）

　　EC 4 クラス，脱離酵素：decarboxylase, aldolase, dehydratase, synthase

(5) イソメラーゼ（isomerase）

　　EC 5 クラス，異性化酵素：racemase, epimerase, mutase, isomerase, mutarotase

(6) リガーゼ（ligase）

　　EC 6 クラス，合成酵素：synthetase, carboxylase

酵素の分類は国際生化学分子生物学連合により，酸化還元酵素，転移酵素，加水分解酵素，脱離酵素，異性化酵素，合成酵素の大きく六つに分類されている．個々の酵素にはさらに酵素が作用する物質の化学名と反応機構から系統的に分類，命名され，頭にECを付した四つの要素からなる番号，たとえば，EC 1.1.1.1（アルコールデヒドロゲナーゼ），EC 2.7.1.1（ヘキソキナーゼ）などがついている．

27.8.2 酵素反応の基礎知識

ここでは，酵素反応における基本的な項目である，ミカエリス定数や酵素単位，ならびに酵素分析の種類とその分析法について述べる．

酵素基質が一つである酵素反応（1 基質反応）は次式のように示される．

$$E + S \underset{k_{-1}}{\overset{k_1}{\rightleftharpoons}} ES \xrightarrow{k_2} E + P$$

E：酵素，S：基質，ES：酵素・基質複合体，P：生成物

この酵素反応の反応速度 v は単位時間当たりの P の生成量であるから，

$$v = k_2[ES] \tag{1}$$

で表される．しかし，ES の濃度や速度定数 k_2 単独を正確に求めることは困難である．そこで，この酵素反応が定常状態の場合を考え，ES の濃度を近似する式を導く．定常状態では ES 濃度が一定であるため，酵素・基質複合体 ES の生成速度と分解速度は等しくなる．

$$k_1[E] \cdot [S] = k_2[ES] + k_{-1}[ES] \tag{2}$$

これより，
$$\frac{k_{-1}+k_2}{k_1} = \frac{[E][S]}{[ES]} \tag{3}$$
となる．$(k_{-1}+k_2)/k_1$ を K_m（ミカエリス定数，mol/L）と定義すると式 (3) は
$$[ES] = \frac{[E][S]}{K_m} \tag{4}$$
となる．この酵素反応で用いる全酵素量を Et とすると $[Et]=[E]+[ES]$ であり，$[E]=[Et]-[ES]$ を式 (4) に代入すると
$$[ES] = ([Et]-[ES]) \cdot \frac{[S]}{K_m} = \frac{[Et][S]}{K_m} - \frac{[ES][S]}{K_m}$$
$$[ES] + \frac{[ES][S]}{K_m} = \frac{[Et][S]}{K_m}$$
$$\frac{[ES](K_m+[S])}{K_m} = \frac{[Et][S]}{K_m}$$
より
$$[ES] = \frac{[Et][S]}{K_m+[S]} \tag{5}$$
となり，式 (1) の反応速度式に代入すると
$$v = \frac{k_2[Et][S]}{K_m+[S]} \tag{6}$$
が導かれる．ここで，反応速度 v が最大（V_{max}）になるのは，すべての酵素（Et）が酵素・基質複合体（ES）に変換されたとき，すなわち $[ES]=[Et]$ のときであるので，式 (1) は $V_{max}=k_2[Et]$ となる．これを式 (6) に代入すると，**ミカエリス-メンテン**（Michaelis-Menten）**の式**とよばれる式 (7) に誘導される．
$$v = \frac{V_{max}[S]}{K_m+[S]} \tag{7}$$
v：反応速度，V_{max}：最大反応速度，K_m：ミカエリス定数

ミカエリス-メンテンの式をプロットしたものを図 27.3 に示す．酵素量が一定のとき，基質濃度の増加に従って反応速度が増すが，さらに濃度を高めていくと反応速度は最大値を示し一定となる．このときの速度が最大速度（V_{max}）である．K_m と V_{max} はいずれも定数であり，酵素と基質の反

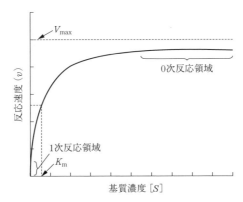

図 27.3 ミカエリス-メンテンの式のプロット

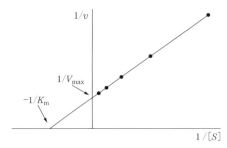

図 27.4 ラインウィーバー–バークの式のプロット

応の特性を表す指標としてよく用いられる．

27.8.3 ラインウィーバー–バークの式

K_m と V_{max} を求める際に，ラインウィーバー–バーク（Linewever-Burk）の式のプロット（図27.4）がよく利用される．ミカエリス–メンテンの式 (7) の両辺の逆数をとり変形すると $1/v$ と $1/[S]$ の一次式であるラインウィーバー–バークの式 (8) が得られる．

$$\frac{1}{v}=\frac{K_m}{V_{max}}\cdot\frac{1}{[S]}+\frac{1}{V_{max}} \tag{8}$$

したがって，種々の基質の濃度 $[S]$ における v（単位時間当たりの生成物の量）を測定すれば，K_m と V_{max} を実験的に求められる．

27.8.4 ミカエリス定数

ミカエリス定数 K_m が $[S]$ と等しいとき，ミカエリス–メンテンの式 (7) は $v=V_{max}/2$ となる．したがって K_m とは最大反応速度の $1/2$ の速度を与える基質濃度に相当する．

K_m が小さい酵素と基質の反応では，式 (3) が

$$K_m=\frac{[E][S]}{[ES]}$$

であることより，ES を形成しやすく，低い基質濃度（$[S]$）で酵素と基質の反応が進むことになる．これは酵素と基質の親和性が大ということになり，式 (1) に示すように反応速度は $[ES]$ に比例するため大きい反応速度が得られることになる．

一方，基質濃度と酵素反応速度の関係が $K_m \ll [S]$ のとき，K_m は無視できるので，ミカエリス–メンテンの式は $v=V_{max}$ となり，酵素反応速度は最大反応速度で一定となる．この領域は 0 次反応領域とよばれ，基質濃度は K_m 値の 10 倍以上である．このとき，$V_{max}=k_2[Et]$ であるので，反応速度 v（単位時間当たりの P の濃度）は酵素量に比例することになる．この領域は主に酵素の測定に用いられる．

また，$K_m \gg [S]$ のとき，ミカエリス–メンテンの式の分母の $[S]$ が無視できるので

$$v=\frac{V_{max}}{K_m}\cdot[S]$$

となり，v は基質濃度 $[S]$ に比例する一次反応となる．この一次反応の領域は，$[S] \leq 0.05\,K_m$ 程度でみられる．

27.8.5 終点分析法と初速度分析法

酵素の分析法には終点分析法（end-point assay），初速度測定法（rate assay）が知られている．一般的に終点分析法はミカエリス定数 K_m の小さい酵素を用いるとき利用され，酵素反応を進行，完了させた後，基質，生成物，補酵素などの変化を測定するものである．

一方，初速度測定法は測定対象物に作用する酵素の K_m 値が基質濃度に比べ，著しく大きい場合に成立し，ミカエリス定数 K_m が大きい酵素を用いるとき利用される．

グルコースの定量の際に用いられるヘキソキナーゼ（$K_m=1.0\times10^{-4}$ mol/L）やコレステロールの定量の際に用いられるコレステロールオキシダーゼ（$K_m=2.5\times10^{-4}$ mol/L）や尿酸の定量の際に用いられるウリカーゼ（$K_m=5.9\times10^{-6}$ mol/L）など，一般的に K_m が小さく V_{max} が大きな酵素反応は終点分析法が利用される．

また尿素の定量の際用いられるウレアーゼ（$K_m=1.0\times10^{-2}$ mol/L）やグルコースの定量の際用いられるグルコースオキシダーゼ（$K_m=3.3\times10^{-2}$ mol/L）などは K_m の大きな酵素反応であり，酵素反応が一次反応で進行するので初速度分析測定が利用される．

27.8.6 酵素活性の単位

一般的に酵素活性は「至適条件下で毎分 1 μmol の基質を変化せしめることができる酵素量」と定義されるものを1単位（国際単位）として表される．測定温度は通常30℃であり，臨床検査においては測定試料 1 mL 当たりの濃度で示し，その表現方法は，mU/mL あるいは U/L が用いられる．

27.8.7 臨床検査における酵素測定法の例

■ アスパラギン酸アミノトランスフェラーゼ，AST（旧称グルタミン酸オキサロ酢酸トランスアミナーゼ，GOT）：EC 2.6.1.1

■ アラニンアミノトランスフェラーゼ，ALT（旧称グルタミン酸ピルビン酸トランスアミナーゼ，GPT）：EC 2.6.1.2

〔臨床意義〕 AST と ALT はともにピリドキサールリン酸（PALP，VB$_6$）を補酵素とする代表的なアミノ基転移酵素である．ほとんどの臓器組織細胞中に分布しており，肝胆道疾患，心疾患，筋疾患，溶血性疾患などの障害の程度，臨床経過などを知るために最も一般的に用いられている検査である．AST は特に心筋，肝，骨格筋，腎に，ALT は肝，ついで腎の細胞内に多く局在し，GOT は肝，心筋，筋肉，血球が障害された際，血中に逸脱して増加する．ALT は AST に比べて肝障害に特異性が高い．

〔測定法〕

AST：AST によって L-アスパラギン酸と 2-オキソグルタル酸から生成したオキサロ酢酸をリンゴ酸デヒドロゲナーゼ（MDH）によってリンゴ酸に導く．このとき，共存させた補因子 NADH が NAD$^+$ に変換される量を測定する（図 27.5）．

ALT：ALT によって L-アラニンと 2-オキソグルタル酸から生成したピルビン酸を乳酸デヒドロゲナーゼ（LDH）によって乳酸に導く．このとき，共存させた補因子 NADH が NAD$^+$ に変換される量を測定する（図 27.6）．

■ 乳酸デヒドロゲナーゼ，LDH：EC 1.1.1.27

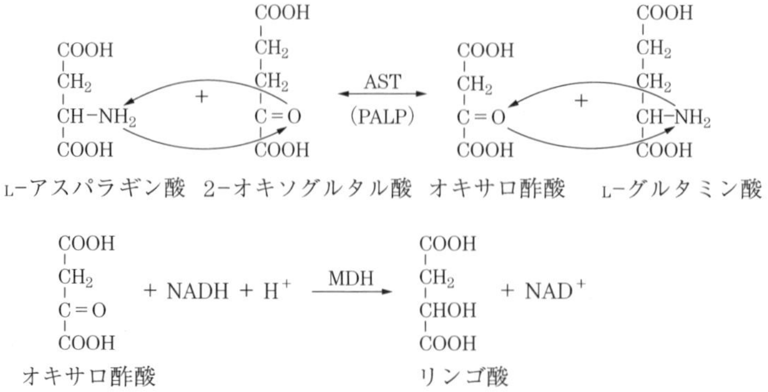

$$\text{L-アスパラギン酸} + \text{2-オキソグルタル酸} \xrightleftharpoons[\text{(PALP)}]{\text{AST}} \text{オキサロ酢酸} + \text{L-グルタミン酸}$$

$$\text{オキサロ酢酸} + \text{NADH} + \text{H}^+ \xrightarrow{\text{MDH}} \text{リンゴ酸} + \text{NAD}^+$$

図 27.5　AST 活性測定法の原理

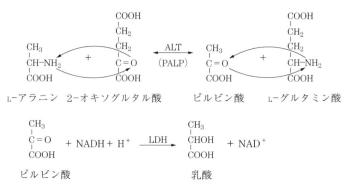

図 27.6　ALT 活性測定法の原理

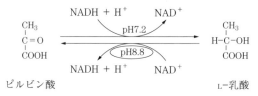

図 27.7　乳酸デヒドロゲナーゼの反応

〔臨床意義〕　LDH はあらゆる組織に広く分布し，細胞の可溶性画分に存在する．LDH 活性が血清中に増加するのは，いずれかの臓器で組織の損傷が存在し，LDH が血清へ逸脱していることを意味し，スクリーニングに位置づけられる重要な酵素である．

〔測定法〕　LDH は pH 8.8 の条件で L-乳酸をピルビン酸に導く．このとき，共存させた補因子 NAD^+ が NADH に還元される量を測定する（図 27.7）．

■　コレステロール

〔臨床意義〕　コレステロールは，細胞膜の構造脂質として重要な物質であり，またステロイドホルモン産生の原料などとなる．健常人では LDL 中に最も多く含有され，一部は末梢から肝へのコレステロール逆転送に関与する HDL 中に存在している．コレステロールの測定は，肝臓での合成・分泌の状態，胆管閉塞，腸管での吸収や栄養状態の一つの指標となり，また各種脂質代謝の異常の解明や動脈硬化の危険性の予知にも有用である．

〔測定法〕　コレステロールの測定はコレステロールエステラーゼとコレステロールオキシダーゼ

により生成した過酸化水素を測定する方法が用いられる．生成した過酸化水素はペルオキシダーゼ存在下4-アミノアンチピリン，フェノールなどを用いて赤色のキノン色素に導きその発色を測定する．コレステロールの測定原理を以下に示す．

$$\text{コレステロールエステル} \xrightarrow{\text{コレステロールエステラーゼ}} \text{コレステロール} + \text{脂肪酸}$$

$$\text{コレステロール} + O_2 + H_2O \xrightarrow{\text{コレステロール酸化酵素}} \text{コレステノン} + H_2O_2$$

$$2H_2O_2 + 4\text{-アミノアンチピリン} + \text{フェノール} \xrightarrow{\text{ペルオキシダーゼ}} \text{キノン色素} + 4H_2O$$

■ グルコース

〔臨床意義〕 血中のグルコース量は「血糖値」とよばれ，糖尿病の基本的な検査である．健常人の血糖値はおよそ60〜140 mg/dLの間に調節されているが，糖尿病では高血糖を引き起こす．インスリンの絶対的欠乏に基づくインスリン依存性糖尿病（1型糖尿病，IDDM）と，インスリン非依存性糖尿病（2型糖尿病，NIDDM）などに分類される．

〔測定法〕 グルコースデヒドロゲナーゼはグルコースのβアノマー特異的に反応する酵素であるので，ムタロターゼを添加しグルコースのβ-D-グルコースへ変換を促進させる．グルコースデヒドロゲナーゼはグルコースを酸化すると同時に共存させた補因子$NAD(P)^+$が$NAD(P)H$に還

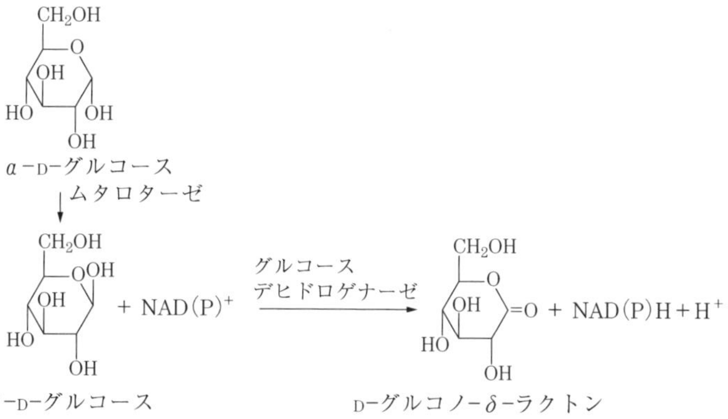

図27.8 グルコースデヒドロゲナーゼを用いるグルコースの測定原理

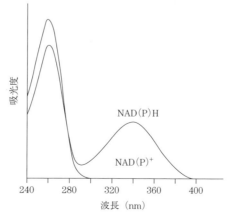

図27.9 $NAD(P)^+$，$NAD(P)H$の吸収スペクトル

元する酵素である．測定はその変化量をモニターする（図27.8）．

以上の酵素測定法で用いられる補因子NAD(P)$^+$は酵素反応により還元型のNAD(P)Hとなると340 nmの吸光度が出現する（図27.9）．したがって340 nmでの吸光度値からNADH量を測定し，酵素量や基質の測定を行っている．この方法はNAD(P)$^+$やNAD(P)Hを補酵素とする酸化還元酵素の分析法に広く用いられている．

27.9 イムノアッセイ

イムノアッセイは抗原・抗体反応を用いているため，特異性が高く複雑な生体試料中の微量の物質の測定に適している．1958年バーソン（S.A. Berson）とヤロー（R.S. Yalow）はインスリンを定量するラジオイムノアッセイ（RIA）を開発した．またRIAは高感度に測定ができるため血中のホルモンの測定や薬物などの分析にも用いられてきた．しかし，RIAは^{125}Iなどのラジオアイソトープを用いるため，取扱いの規制が厳しく，また使用後の放射性物質の廃棄が問題である．現在ではラジオアイソトープの代わりに酵素を用いる酵素イムノアッセイ（EIA）はじめ種々の非放射性イムノアッセイ法が開発され，TDMや臨床診断の分野で利用されている．

27.9.1 イムノアッセイのシステム

イムノアッセイは現在まで多くの種類の測定システムが開発されている．標識物質の種類により，放射性イムノアッセイ（ラジオイムノアッセイ）と非放射性イムノアッセイに大別される．ラジオイムノアッセイの標識体には，低分子抗原の場合，その分子中の水素または炭素原子を^{3}Hや^{14}Cに置換した放射性化合物が用いられることが多い．またタンパク質，ペプチドなどの抗原や抗体の場合は^{125}Iや^{131}Iの標識体の調製が容易であるため多く使用される．

非放射性イムノアッセイは，ラジオイムノアッセイに比べ試薬の安定性にすぐれ，廃棄や使用の制限がなく，かつ感度も高いなどの多くの利点を有する．標識物質としては，表27.1に示すように蛍光物質，化学発光物質や酵素など種々のものが用いられ，また用いた標識物質により，それぞれのイムノアッセイ法に分類されている．このうち，標識に酵素を用いる酵素イムノアッセイ（エ

表27.1 イムノアッセイのシステム

方法	標識物質	検出法
ラジオイムノアッセイ	放射性同位元素 ^{3}H，^{14}C，^{125}Iなど	放射活性
酵素イムノアッセイ	酵素 西洋ワサビペルオキシダーゼ，アルカリ性ホスファターゼなど	酵素活性
蛍光イムノアッセイ	蛍光物質 フルオレセインなど	蛍光強度，蛍光偏光度
発光イムノアッセイ	化学発光物質 アクリジニウムエステルなど	発光強度
メタロイムノアッセイ	金属原子，金属イオン Eu^{3+}キレートなど	原子吸光，時間分解蛍光強度
粒子イムノアッセイ	金コロイド，ラテックス	原子吸光，濁度，粒子の計数

ンザイムイムノアッセイ，またはELISAともいう）が臨床分析において広く利用されている．

27.9.2 均一性（ホモジニアス）イムノアッセイと不均一性（ヘテロジニアス）イムノアッセイ

イムノアッセイには大きく分けてホモジニアスイムノアッセイとヘテロジニアスイムノアッセイの2種類がある．すなわちB (bound) 画分とよばれる抗体と結合した標識抗原，F (free) 画分とよばれる抗体と結合していない標識抗原を何らかの方法によって分離することをB/F分離という．このB/F分離を行い測定するイムノアッセイは不均一性（ヘテロジニアス）イムノアッセイとよばれ，現在最も広く使われている方法である．

一般にB/F分離を伴わない方法を均一性（ホモジニアス）イムノアッセイとよぶ．均一性イムノアッセイは蛍光偏光を利用したもの（図27.10）やグルコース-6-リン酸脱水素酵素を利用したEMIT法（図27.11）などがある．これらの方法は低分子化合物の測定に限られるが，手順がシンプルなのでテオフィリンなど血中薬物の測定に利用されている．

一方，B/F分離を伴う不均一性イムノアッセイには大きく分けて競合法と非競合（サンドイッ

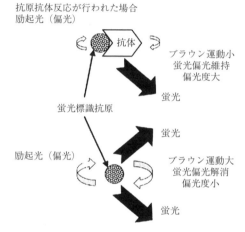

図27.10 蛍光偏光イムノアッセイの原理
蛍光色素でラベルされた抗原を偏光で励起する．蛍光標識抗原が抗体と結合することにより分子サイズが大きくなり，回転運動が減少しているので偏光によって励起されると同一平面に偏向を維持される（偏光度大）．蛍光標識抗原単体はブラウン運動による回転が激しいので偏光が解消される（偏光度小）．

図27.11 EMIT法の原理
特異抗体に対して，酵素（グルコース-6-リン酸脱水素酵素，G 6 PDH）と抗原の結合体と非標識抗原を競合反応させる．非標識抗原が少ないと抗体が抗原-酵素結合体に結合し，酵素活性を失う．非標識抗原が多いと抗体は抗原-酵素結合体に結合せず，酵素活性が得られる．

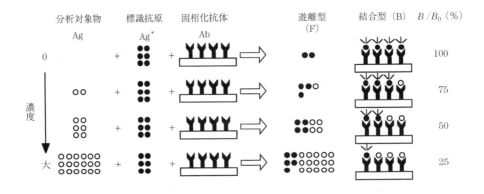

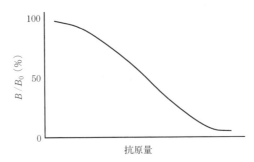

図 27.12 競合法イムノアッセイの模式図と検量線の例

チ）法がある．そのうち競合法イムノアッセイの原理を模式化したものおよびその検量線の例を図 27.12 に示す．

一定量の抗体（Ab）に一定量の標識抗原（Ag*）を加えると抗原抗体反応物（Ag*-Ab）が生成する．この系に分析対象物である抗原（Ag）があると抗体（Ab）に対し Ag* と Ag が競合的に反応する．したがって加えられる Ag の量が多くなるにつれ，抗体に結合する標識抗原（Ag*-Ab）の量が減少することになる．

次に B/F 分離を行った後，結合型の標識体のシグナルを測定する．なお B/F 分離は抗体をプラスチック製のビーズやマイクロタイタープレートなどに固定化した固相化抗体を用い，洗浄などの操作によって行われる．

一般に競合法では，分析対象物である抗原を含まないときの結合型標識体のシグナル B_0 値と分析対象物の標準品各濃度を添加したときの結合型標識体のシグナル B 値を測定し，算出した値 B/B_0% を縦軸に，抗原濃度を横軸にプロットした右下がりのシグモイド曲線の検量線がよく利用されている．測定試料についても同様に B/B_0% を算出し，検量線から分析対象物質の量を求める．競合法は主としてステロイドホルモンや薬物などの低分子化合物の測定に用いられる免疫化学的方法である．

非競合法（サンドイッチ法）はタンパク質やペプチドホルモン，アレルギーの抗体など 2 分子以上の抗体と反応できる高分子化合物（多価抗原）の測定に汎用されている．その原理は，最初にマイクロタイタープレートやビーズなどの固相担体の表面に固定化した抗体と測定対象物である抗原を反応させ，続いて固相化抗体とは異なった抗原の部分を認識する抗体に酵素やラジオアイソトープなどの適当な標識をした標識抗体を加える．ついで B/F 分離後，固相に結合した標識体の活性

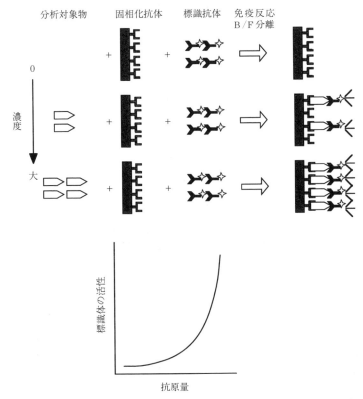

図 27.13 非競合（サンドイッチ）法イムノアッセイの模式図と検量線の例

を測定することにより，抗原量を求める方法である．一般的にこの方法で求めた検量線は右上がりの検量線が得られる（図 27.13）．この方法は免疫反応した測定対象物の全量が測定されるので，競合法に比較すると測定感度がよい方法である．

27.9.3 競合法イムノアッセイの測定例

■ 全血液中の 17α-ヒドロキシプロゲステロンの測定

17α-ヒドロキシプロゲステロン（17-OHP）はステロイドホルモンであるエストロゲン，テストステロン，コルチゾールなどの中間生成物として知られている．先天性副腎皮質過形成症では血中の 17-OHP が高値を示すため，新生児の血中 17-OHP 測定が先天性副腎皮質過形成の診断に有用である．

〔測定原理〕 競合法による酵素イムノアッセイ（Enzyme-Linked Immunosorbent Assay, ELISA）である．

第二抗体固相化プレートに標準 17-OHP または検体をとり，酵素標識 17-OHP および 17-OHP 抗体を加え反応させる．反応後，洗浄により B/F 分離し，基質液を加えて酵素反応させ，マイクロプレート用分光光度計を用いて吸光度を測定する．標準曲線を作成し検体中の 17-OHP 濃度を求める（図 27.14）．

17-OHP の検量域：1～100 ng/mL

17-OHP の参考正常値：2.13±1.25 ng/mL

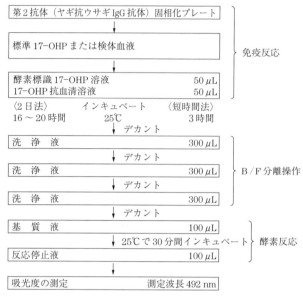

図 27.14 17-OHP の ELISA の手順

27.9.4 サンドイッチ法イムノアッセイの測定例

■ 甲状腺刺激ホルモンの測定

先天性甲状腺機能低下症（クレチン症）により先天的に甲状腺ホルモンが不足している新生児では、血中の甲状腺刺激ホルモン（TSH）の濃度が著しく上昇する。クレチン症は、新生児期での早期発見によって治療ができる疾患であり、新生児の血中 TSH 測定がクレチン症の診断に有用である。

〔測定原理〕 1 ステップサンドイッチ法による ELISA である。

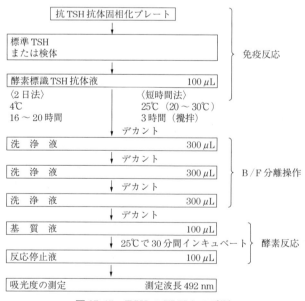

図 27.15 TSH の ELISA の手順

抗 TSH 抗体固相化プレートに標準 TSH または検体を入れ，酵素標識 TSH 抗体溶液を加えて反応させる．このとき，固相化抗体と標識抗体による TSH 抗原のサンドイッチが形成される．反応後，洗浄により B/F 分離し，基質液を加えて酵素反応を行うと，TSH 抗原量に応じた発色が認められる．この吸光度をマイクロプレート用分光光度計により測定し，得られた吸光度をもとに標準曲線を作成し，検体中の TSH 濃度を求める（図 27.15）．

TSH の検量域：$0.5 \sim 80\ \mu\text{IU/mL}$

28

物理的診断法

はじめに

物理的診断法は，外部から何らかの電磁波エネルギーを被験者に与えて体内臓器の構造や機能を画像として表現する非破壊的な診断法である．本章では，代表的な画像診断技術（X線検査，CTスキャン，MRI，超音波診断，核医学検査など）の原理と使用する装置について概説する．また，鮮明な画像が得られるように被験者に使用する画像診断薬（造影剤，放射性医薬品など）についても概説する．

ヒトの健康状態を診断する方法には様々な方法があるが，生物学的診断法，化学的診断法，物理的診断法の3つに大別することができる．生物学的診断法は，体調や症状を質問して返答から判断する問診，人体の各部を触ったり押したりして異常を探る触診などであり，最も古くから行われてきた．化学的診断法は，被験者に診断薬を投与し，血液や尿などの成分を検査したり薬物の体内分布を調べたりすることにより，肝臓，膵臓などの機能情報を得る診断法である．これに対して，物理的診断法は被験者に何らかの電磁波を照射して，その吸収・反射などから体内情報を画像情報として得る診断法である．血圧計なども広義の物理的診断法といえるが，狭義の物理的診断法は一般には大掛かりで高価な装置を用いるのが特徴であり，画像診断技術に使用されるX線検査，CTスキャン，MRI，超音波診断，核医学検査などが含まれる．

画像診断法において，鮮明な画像を得るために使用される医薬品は**画像診断薬**（image diagnostic drug）と呼ばれる．画像診断薬のうち，X線診断法，核磁気共鳴診断法造影剤，超音波診断法に使用されるものは**造影剤**（contrast medium），核医学診断法に使用されるものは**放射性医薬品**（radiopharmaceutical）と呼ばれる．

28.1 X線診断法

X線診断法は，元素ごとにX線の吸収率が異なることを利用して，画像化することが原理である．すなわち，X線診断法では原子番号が大きな元素ほど，X線を吸収する率が高いことに基づいて画像が形成される．一般的なX線診断装置は，X線管を含むX線発生装置，検出器，画像処理装置から構成される．X線管の内部は高真空下に陰極（タングステン）と陽極（タングステンなど）が含まれており，両極間に高電圧を印加することにより，陰極から発生した熱電子を加速して陽極に衝突させてX線を発生させる仕組みとなっている．代表的なX線診断法は，X線単純撮影法（X線検査法）とX線コンピューター断層撮影法（X-ray computed tomography, X線CT, CT）である．

28.1.1 X線単純撮影法（X線検査法）

図 28.1 に診断用 X 線装置の例を示す．X 線単純撮影法は，人体を透過してきた X 線を検出する方式により，X 線フィルム法，蛍光法，デジタルラジオグラフィーの 3 つに大別される．X 線フィルム法は，X 線が写真フィルムを感光する性質を利用して透過 X 線をフィルムに記録するものである．蛍光法は，透過 X 線を X 線蛍光増倍管で検出してモニター画面に表示するものであり，リアルタイムでの観察が可能である．デジタルラジオグラフィー法は，透過 X 線のアナログ信号をデジタル信号に変換してコンピューターに保存し，CRT，ブラウン管などのテレビモニターやイメージングプレートに表示するものである．いずれの検出方法によっても，臓器や組織の X 線吸収率の差が濃淡となって画像に現れる．通例，X 線吸収率は大きい順に骨≫血液，肝臓，腎臓，心臓，腸＞脂肪≫肺の序列となる．

X 線単純撮影法は，一般診断，消化器診断，循環器診断，泌尿器診断，乳房診断などに使用されており，消化器診断，循環器診断，泌尿器診断には造影剤を併用する場合が多い．一般診断は，造影剤を使用せずに骨や胸部などを X 線撮影するものであるが，臓器診断などには造影剤を使用することが多い．例えば，硫酸バリウムを用いた大腸（図 28.2）とヨード造影剤を用いた肝臓の血管（図 28.3）の X 線撮影像を示す．

28.1.2 X線コンピューター断層撮影法（X線CT）

X 線単純撮影法は人体情報を二次元平面に投影するものであり，深さ方向の情報は取得できな

図 28.1　診断用 X 線装置の外観（(株)日立メディコ提供）

図 28.2　大腸の X 線画像（(株)日立メディコ提供）

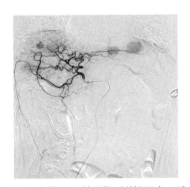

図 28.3　肝臓の血管の X 線画像（(株)日立メディコ提供）

い．これに対して，X線コンピューター断層撮影法（X線CT，またはCT）は，人体の深さ方向の情報が取得できるX線診断法であり，体軸横断断層面の情報を得ることができる．X線CTの原理は，X線管球とX線検出器が常に対向する位置にあるように保ちながら，人体のまわりを360度回転させて透過X線量を測定し，様々な位置における体軸横断断層面のX線吸収値（X線吸収係数）の違いを濃淡の画像として得るものである．図28.4にX線CT装置の例を示す．X線CTでは，体軸に垂直な方向で重なり合った臓器や組織の情報を個別に取得できるので，脳梗塞部位と出血部位，血管や臓器の病変，腫瘍の存在など，全身の形態診断に広範に使用されている．胸部断面像を図28.5に示す．白い部分は骨，脂肪，筋肉など，黒い部分は肺である．図28.6（口絵1）は大動脈の画像である．中央の上下に位置するものが大動脈であり，左右の赤く映っている器官は肝臓と腎臓である．なお，この画像では心臓は表示されない設定となっている．図28.7は腹部断面像で，大きく映っている器官は肝臓である．

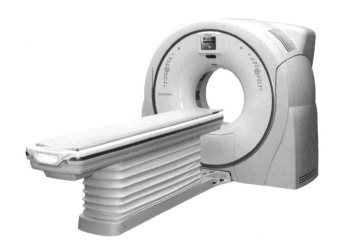

図 28.4 X線CT装置の例（(株)日立メディコ提供）

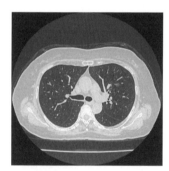

図 28.5 胸部断面のX線CT画像（(株)日立メディコ提供）

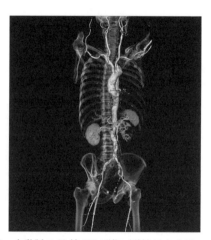

図 28.6 大動脈のX線CT画像（(株)日立メディコ提供）

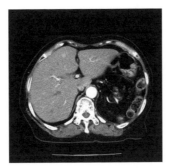

図 28.7　腹部断面の X 線 CT 画像（(株)日立メディコ提供）

28.1.3　X 線造影剤

X 線診断法において，臓器，組織，病変部位などを周囲と明確に区別するために投与する薬物を X 線造影剤という．X 線造影剤に求められる要件には，以下に示すものなどがある．

- 周囲の組織と X 線吸収率が大きく異なり，目的部位をコントラストの高い画像として得ることができる
- 人体に無害で化学的に安定である
- 検査が終了したら，速やかに排泄される

X 線造影剤は，X 線吸収率の大小に従って，陽性造影剤と陰性造影剤に分類される．陽性造影剤は X 線吸収率が大きいことが必要である．ここで，物質の X 線吸収量は密度と原子番号の 3 乗に比例することから，硫酸バリウムとヨード化合物が汎用されている．一方，陰性造影剤は X 線吸収率が小さいことが条件になり，空気や二酸化炭素が該当する．

28.2　磁気共鳴画像（MRI）診断法

　磁気共鳴画像（magnetic resonance imaging, MRI）診断法は，核磁気共鳴（nuclear magnetic resonance, NMR）を生体に応用した診断法である．NMR は，核スピンが 0 ではなく，磁性をもつ原子核，すなわち陽子，中性子のいずれかまたは両方が奇数の原子核が磁場中で特定のラジオ波を照射したときに起こす共鳴現象である．原子核はラジオ波が遮断されると吸収したエネルギーを放出する．MRI はこの放出エネルギーを磁気共鳴（MR）信号として検出し，コンピューターで処理して断層像を得る手法である．MRI は強い MR 信号を与える水素原子核（プロトン）を対象として，生体内の水や脂肪酸などの分布や存在環境を知る目的で使用されている．

28.2.1　MRI 装置

　一般的な MRI 装置は，磁石，ラジオ波（RF）照射装置，勾配磁場コイル，RF コイル，画像処理装置から構成される（図 28.8）．勾配磁場コイルは断面で位置を特定するため，また RF コイルは MR 信号を検出するためにそれぞれ必要である．磁石の性能としては，磁場強度 0.2〜3 T（テスラ）の均一な静磁場を作り出し，身長の長さに対応したものが求められる．臨床現場で実際に使用されている MRI 装置の一例を図 28.9 に示す．

　さて，生体内の磁性をもつ原子核のスピンは様々な方向を向いているが，人体を MRI 装置の中

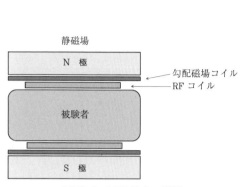

図 28.8 MRI 検査の模様

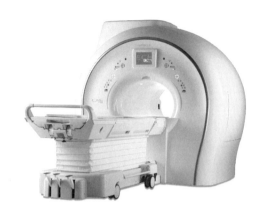

図 28.9 市販 MRI 装置の一例（(株)日立メディコ提供）

に入れて強力な静磁場に置くと，原子核のスピンの軸は静磁場方向にそろい，歳差運動（コマが設置点を固定して首を振るような回転運動）を始める．その場合，歳差運動の周波数 ν_0 は式(1)によって表される．ここで，γ は原子核の種類に固有な磁気回転比，B_0 は静磁場強度である．

$$\nu_0 = \frac{\gamma B_0}{2\pi} \tag{1}$$

原子核が歳差運動をしているときに，歳差運動の周波数 ν_0 と同じ共鳴周波数のラジオ波を外部から与えると，原子核は外部エネルギーを吸収して励起状態となり，歳差運動の向きを変える．この時点でラジオ波の照射を中断すると，吸収したエネルギーを電磁波として放出しながらゆっくりと元の安定な状態（熱平衡状態）に戻る．このプロセスが**緩和現象**（relaxation phenomenon）と呼ばれるもので，熱平衡状態に戻るまでの時間を**緩和時間**（relaxation time）という．緩和現象には，静磁場の方向に緩和する縦緩和と静磁場に垂直な面内で緩和する横緩和とがある．縦緩和に要する時間は**縦緩和時間**（longitudinal relaxation time）T_1，横緩和に要する時間は**横緩和時間**（transeverse relaxation time）T_2 と名付けられており，T_1 は NMR 信号の回復能力，T_2 は NMR 信号の持続能力のそれぞれ指標となる．

MRI ではラジオ波を短時間に繰り返し照射して MRI 信号（エコー信号）を得るが，ラジオ波照射から MRI 信号を取り出すまでの時間をエコー時間 T_E，ラジオ波照射の繰り返しの時間を繰り返し時間 T_R といい，これらのパラメーターを調節することにより目的に合った画像を得ることができる．たとえば，T_E，T_R をいずれも短く設定すると T_1 の信号強度が強調された T_1 強調画像となり，T_E，T_R をいずれも長く設定すると T_2 の信号強度が強調された T_2 強調画像となる．さらに，T_E を短く，T_R を長く設定すると，元々のプロトンの存在量を反映したプロトン密度強調画像が得られる．

健常男性の頭部（図 28.10），腰椎（図 28.11）および頭部脳動脈（図 28.12）の MRI 画像を示す．上記の頭部については，T_1 強調画像である．

28.2.2 MRI 診断法の特徴

MRI 診断法には，以下にあげるような長所がある．

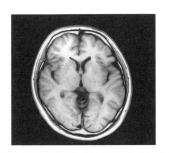
図 28.10 健常男性の頭部 MRI 画像（(株)日立メディコ提供）

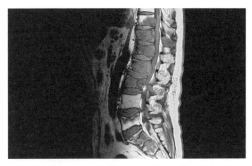
図 28.11 健常男性の腰椎 MRI 画像（(株)日立メディコ提供）

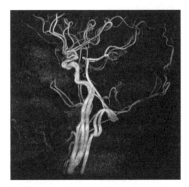
図 28.12 頭部脳動脈の MRI 画像（(株)日立メディコ提供）

- 放射線被曝がないため，X 線診断法や核医学診断法と異なり，生体安全性が高い
- 水が測定対象であるため，柔らかい組織を高いコントラストで画像化できる
- 身体の任意の場所について，断層画像が体位を変えず得られる

一方，MRI 診断法の短所としては，以下の事項などがあげられる．

- 石灰巣，骨皮質など水がほとんどない部位の情報が得られない
- 撮像時間が X 線 CT よりも長い
- 強磁性である鉄系の物品や電子機器を持ち込めない

28.2.3 MRI 造影剤

MRI 診断法において，コントラストが高い画像を得る目的で，縦緩和時間 T_1，横緩和時間 T_2 の信号強度を強調させる薬剤は MRI 造影剤（MRI contrast medium）と呼ばれている．X 線造影剤の場合と同じく，MRI 造影剤にも陽性造影剤と陰性造影剤とがある．陽性造影剤は，周りのプロトンの T_1 を短縮し，T_1 強調画像でターゲットが強い信号となる効果を示すもので，3 価のガドリニウム（Gd^{3+}）を錯体とした製剤が用いられる．Gd の電子配置は $(4f)^7 (5d)^1 (6s)^2$ であり，7 つの不対電子をもつ Gd^{3+} は金属イオンの中で最大の常磁性を示す．したがって，Gd^{3+} の常磁性効果により周囲の水分子の緩和が促進されることになる．しかし，遊離した状態の Gd^{3+} は毒性が強いため，毒性が少なく安定な金属キレートとして使用されている．

これに対して，陰性造影剤は T_2 を短縮し，T_2 強調画像で弱い信号となる効果を示すものであり，この目的には超常磁性酸化鉄製剤が使用される．たとえば，フェルモキシデス $[(Fe_2O_3)_m$

(FeO)$_n$］は酸化鉄を微粒子化してデキストランなどで被覆してコロイド粒子化したものであり，静脈投与により肝腫瘍の画像化に使用される．

28.3 超音波診断法

超音波（ultrasound）は，ヒトの可聴周波数（20～20000 Hz）よりも高い周波数を有する音波である．超音波診断法（ultrasonography）は超音波を生体に照射し，反射波（エコー）が戻ってくるまでの時間から距離を，また反射波の振幅の大きさから密度を計算し，生体内の臓器や組織の構造や血液の分布などを画像化して診断する方法である．体内に照射された超音波が反射波となって戻ってくる割合は，部位によって異なる．音波の伝わりやすさを表す指標に音響インピーダンス（acoustic impedance）（音速×物質密度）があるが，生体内では大きい方から骨≫筋肉＞肝臓，腎臓，血液＞水＞脂肪≫空気の順番である．そこで，音響インピーダンスが異なる部位の境界面で一部の超音波が反射されるため，これを測定して画像化することができる．臨床現場では，音響インピーダンスと体表面からの深さを勘案して超音波の周波数が選択されており，表在臓器では7.5～10 MHz，中間部臓器では5～7.5 MHz，深部臓器では2～5 MHz程度の周波数域が使用されている．体の奥ほど低い周波数が選択されているのは，周波数が高いと解像度が向上する反面，体組織に吸収されやすく深部に到達し難くなるためである．

超音波診断法には大別して，断層法，ドップラー法，カラードップラー法の3つの手法がある．断層法は最も普通に使用されている手法であり，心臓，肝臓，胆管，腎臓，膀胱，子宮，卵巣，乳腺，胎児などの断層像や断層面での情報を得るために用いられる．ドップラー法は脈管内の血流測定に使用される．ドップラー法の原理は，血管内を流れる血球成分の反射波の周波数が，プローブに近づくと大きくなり，プローブから遠ざかると小さくなるドップラー効果に基づいている．これを観察することにより，血流の方向や速度を知ることができる．カラードップラー法は断層法とドップラー法を併用し，断層像に脈管の血流を重ねて表示する手法であり，主に心臓や血管内の血流観察のために使用される．一般には，プローブに近づく反射波は赤，遠ざかる反射波を青で画像表示し，血流の速度を輝度で表示する．

28.3.1 超音波診断法の特徴

超音波診断法には，次のような長所がある．
- X線などを用いる診断法と違い，被曝する心配がない
- 必要があれば，何度でも安心して繰り返し検査が実施できる
- 検査時の状態をリアルタイムで表示できる
- X線CTなどの透過法と異なり反射法であるため，音響インピーダンスが違えばどんなに薄い境界面でも識別できること
- 装置がコンパクトで安価である

一方，超音波診断法の短所としては，以下の事項などがあげられる．
- 肺，消化管など気体を含む器官に適用しにくい．これは，気体が超音波を伝えにくく表面で反射するためである
- 骨や石灰化部位に適用しにくい．これも，骨や石灰化部位が超音波を反射して内部にほとんど

入らないためである
・体表面から深い部位にある臓器は診断しにくい

28.3.2 超音波診断装置

超音波診断装置の主要なパーツは，プローブ (probe, 探触子) (図 28.13) と超音波画像化装置である．プローブの接触部位には圧電素子 (piezoelectric element) が取り付けられており，電圧を印加すると高速で振動し超音波を発生する．また，圧電素子には超音波に反応して電圧を生じる特性があるので，体内からの反射波を受信する機能がある．通例，プローブを体表面に密着させた状態で走査させ (図 28.14)，プローブで捉えた電気信号を画像化装置でコンピューター処理し，反射波の強度分布がテレビモニターでリアルタイムに観察できるようになっている．実際に使用されている超音波診断装置の外観を図 28.15 に示す．図 28.16 に大腸の超音波診断画像の一例を示す．画像上部に左右に見える黒い部分が大腸である．

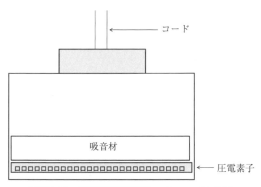

図 28.13 超音波診断装置のプローブの構造

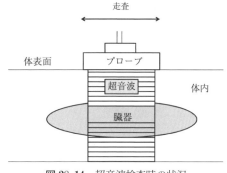

図 28.14 超音波検査時の状況

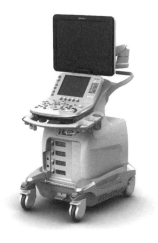

図 28.15 超音波診断装置の例（日立アロカメディカル（株）提供）

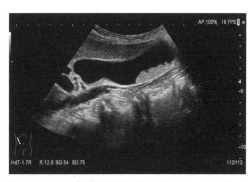

図 28.16 大腸の超音波診断画像（日立アロカメディカル（株）提供）

28.3.3 超音波診断用造影剤

超音波診断では,音響インピーダンスが周辺組織と著しく違う部位があると,そこが超音波を強く反射してコントラストが強い画像を表示できる.空気は音響インピーダンスがきわめて小さいため,空気のマイクロバブル（micro bubble,微小気胞）が超音波造影剤として利用されている.たとえば,ガラクトース・パルミチン酸（999：1）混合物の微粒子を検査直前に注射用水に溶解して血液に投与する方法がある.ガラクトースの結晶を注射用水に溶かすと,結晶空隙に保持されていた空気が微小な気泡となって放出されるので,これをパルミチン酸で安定化し,白色懸濁液として投与する.しかし,この方法では気泡は投与後,速やかに消滅してしまうので,造影効果は一過性である.そこで,この点を改良する方法として,水に難溶性のパーフルオロブタン（C_4F_{10}）ガスをリン脂質の皮膜で安定化させたマイクロバブルが開発されている.この場合には,超音波照射によっても気泡の大部分は破壊されずに血液中に残る利点がある.

28.4 核医学診断法

核医学診断法は,放射性医薬品を体内に投与後,放射線を検出して体内における放射性医薬品の空間分布と時間分布を画像化する手法である.そのため,核医学画像診断法とも言われる.核医学診断法に用いる画像手法はシンチグラフィー（scintigraphy）と呼ばれ,得られる画像をシンチグラム（scintigram）という.

28.4.1 核医学（画像）診断法の特徴

核医学（画像）診断法［nuclear (image) diagnosis］の特徴は,X線診断法,MRI診断法,超音波診断法が主として体の形態学的な情報を与える形態診断法であるのに対して,機能に関する情報を与える機能診断法である点である.すなわち,シンチグラムは投与された放射性医薬品と生体との相互作用を反映した結果である.その反面,核医学診断法は放射性医薬品を使用しなければならないため,放射線被曝の危険性や特別な施設が必要となるなどの欠点もある.

28.4.2 核医学診断法で使用する装置

核医学診断法では放射性薬品から放出されるγ線やX線を測定するために,シンチカメラ（scintillation camera）またはガンマカメラ（gamma camera）,単光子放出（コンピューター）断層撮影（single photon emission computed tomography, SPECT）装置,陽電子放出断層撮影（positron emission tomography, PET）装置が主に使用される.

a．シンチカメラ

シンチカメラは,人体から放射されるγ線やX線をNaI（Tl）などのシンチレーター（scintillator）で捉えて発光させ,その光を光電子増倍管で検出する装置であり（図28.17）,シンチレーション検出器の一種である.ここで,シンチレーション（scintillation）とは放射線と発光物質との衝突で起こる発光現象のことであり,発光物質をシンチレーターという.また,NaI（Tl）は少量のタリウムをドープしたNaIの結晶であり,放射線を照射すると発光する.

さて,シンチカメラではNaI（Tl）結晶の底部にコリメーター（collimator；鉛やタングステンの板に多数の穴を開けたもの）を設置し,斜めから入射するγ線（X線）は遮蔽し,真正面の人

体から放射される γ 線（X 線）だけを検出できるように工夫されている．

b．単光子放出断層撮影（SPECT）装置

SPECT 装置は，複数個のシンチカメラを被験者のまわりにリング状に配置して回転させながら，単光子放出核種である ^{67}Ga，^{99m}Tc，^{111}In，^{123}I，^{201}Tl などから放出される γ 線や X 線を検出し，コンピューター処理することにより体内の放射能分布を体軸横断断層像として表示する装置である．SPECT 装置は 1 方向から撮像すれば，シンチカメラとなる．

c．陽電子放出断層撮影（PET）装置

図 28.18 に市販の PET 装置の外観を示す．PET 装置は，多数の γ 線（X 線）検出器を被験者のまわりにリング状に配置して回転させながら，陽電子放出核種である ^{11}C，^{13}N，^{15}O，^{18}F などから放出される陽電子に基づく消滅放射線を検出し，コンピューター処理することにより体内の放射能分布を体軸横断断層像として表示する装置である．

ここで，消滅放射線とは陽電子放出核種から β^+ 壊変によって生成した陽電子が近傍の自由電子と結合して消滅する際に正反対の方向に放出される 1 対の電磁波（放出エネルギー：511 keV）のことである．PET 装置では，誤信号を排除するため，リング状に配置された検出器のうち，対向する 1 対の検出器で同時に検出された時だけに計測する同時計数回路が使用されており，SPECT 装置よりも定量性に優れる．

図 28.19（口絵 2）には健常者の脳の PET によるスライス画像を X 線 CT 画像，MRI 画像と比較して示す．図 28.20（口絵 3）は健常者脳における薬剤別 PET 画像である．PET 画像は，い

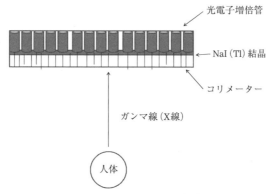

図 28.17 シンチカメラの概念図

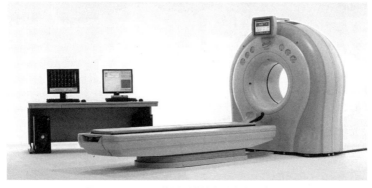

図 28.18 PET 装置（(株)島津製作所提供）

わゆる機能画像と呼ばれ，カラー表示の場合は黒→青→緑→黄→赤の順に放射性薬剤の集積が多くなり，赤い部分が最も放射能濃度が高い．^{11}C-3 NMPB はムスカリン受容体のアンタゴニストである（＋）N-メチル 3-ピペリジルベンジレート（3 NMPB）の N-メチル基を^{11}CH$_3$基で標識したものであり，ムスカリン受容体に親和性を示す．

　図 28.21（口絵 4）は胃癌患者に^{18}F-FDG を投与して PET で腫瘍を検出した例を示す．この画像では，脳は常に糖をエネルギーとして使っているため，FDG が集積し真っ赤に見える．体幹中央の心臓も常に動いているので FDG が集積し，リング状ないし半リング状に赤く見える．腹部あたりの赤いポツポツは，元の胃癌と腸管等への転移巣である．腹部以外に首にも赤い集積があるが，これはリンパ節転移と考えられる．画像の最下段にある楕円の赤い集積は膀胱である．通常，

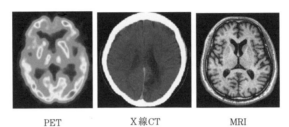

図 28.19　健常者脳の PET，X 線 CT，MRI 比較画像（秋田県立脳血管研究センター提供）

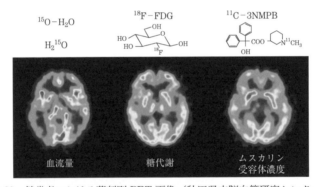

図 28.20　健常者における薬剤別 PET 画像（秋田県立脳血管研究センター提供）

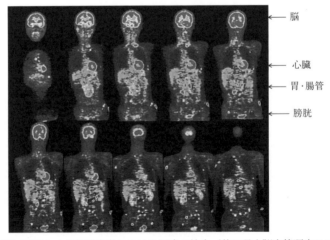

図 28.21　^{18}F-FDG による胃癌患者における腫瘍の検出（秋田県立脳血管研究センター提供）

被験者には検査前にトイレに行ってもらってできるだけ尿の集積を減らすが，この程度は残ってしまう．

d．その他

近年は，核医学診断装置を X 線 CT 装置や MRI 装置など形態診断能がある装置と複合化して使用する診断法の開発が進められている．たとえば，SPECT/CT や PET/CT は汎用される方法になりつつあり，最近では SPECT/MRI や PET/MRI も開発されている．市販されている PET/CT 装置の例を図 28.22 に示す．

28.4.3 放射性医薬品

核医学診断法で使用する放射性薬品には，γ 線（X 線）を放出することに加えて，SPECT には 100〜200 keV のエネルギーをもつ γ 線（X 線），PET には 511 keV の消滅放射線を同時に 2 本放出することが条件となる．さらに，被験者の放射線被曝ができるだけ抑えられるよう，細胞に障害を与える α 線や β^- 線を放出しないこと，半減期が長くないこと（長くても 2〜3 日）などが必要である．これらの要件を備え現在汎用されている放射性核種を表 28.1 に掲げる．これらの放射性核種を分子内に取り込んで有機合成医薬品とするためには，薬理効果，生体障害性などから以下に

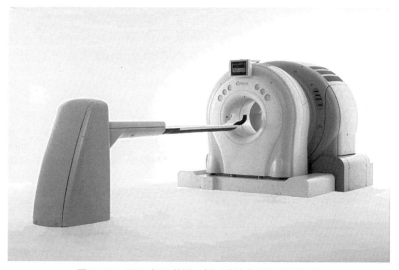

図 28.22 PET/CT 装置の例（(株)島津製作所提供）

表 28.1 放射性医薬品に利用されている主要な放射性核種と物理的性質

核種	半減期	壊変形式	主要な光子のエネルギー（keV）	用途
^{11}C	20.4 分	β^+ 壊変	511（消滅放射線）	PET
^{13}N	9.96 分	β^+ 壊変	511（消滅放射線）	PET
^{15}O	122 秒	β^+ 壊変	511（消滅放射線）	PET
^{18}F	110 分	β^+ 壊変	511（消滅放射線）	PET
^{67}Ga	3.26 日	軌道電子捕獲	93, 185, 300	SPECT
^{99m}Tc	6.01 時間	核異性体転移	141	SPECT
^{111}In	2.81 日	軌道電子捕獲	172, 247	SPECT
^{123}I	13.22 時間	軌道電子捕獲	159	SPECT
^{201}Tl	3.04 日	軌道電子捕獲	135, 167	SPECT

あげる事項などが必要である．
- 合成法が簡単で収率が高い
- 注射剤を合成する場合は，発熱物質や細菌の混入なしに合成できる
- 副作用を含め，毒性が少なく安全である
- 薬剤投与後，安定で速やかに目的部位に送達できる剤形である
- 体内の標的器官・分子と選択的に結合・相互作用する
- 標的器官以外の組織に出来る限り分布しない

現在，臨床で使用されている主な核医学検査とそこで使用されている放射性医薬品などを表28.2に示す．

28.5 その他の画像診断法

その他の画像診断法で，比較的よく利用されているものとしては，以下のものなどがある．

a．マンモグラフィー (mammography)

乳房X線撮影法ともいわれ，低エネルギーX線を用いて行う乳房検査である．乳房を物理的に圧迫して平たくした状態で撮影するため，多少の苦痛を伴う．乳癌の疑いがある場合は，超音波診断で再検査する場合が多い．

b．サーモグラフィー (thermography)

赤外線カメラなどを利用して体表面の温度分布を画像化する手法である．空港出口での，発熱者チェックなどにも使用されている．

c．内視鏡 (endoscope) 検査

胃や十二指腸などの消化管の内部を観察するためのものであり，主にファイバースコープ (fiberscope) または電子内視鏡 (electronic endoscope) を用いて行われている．ファイバースコープは胃カメラなどに採用されており，光ファイバーが収納されたチューブの先端から光を照射し，反射光をチューブの先端にある対物レンズで集光してビデオシステムに送り返すことにより，

表 28.2 代表的な核医学検査と使用される主な放射性医薬品

検査名	放射性医薬品*	主な検査疾患
脳血流シンチグラフィー	^{123}I-IMP，^{99m}Tc-HMPAO	脳梗塞，脳虚血，脳腫瘍
心筋血流シンチグラフィー	塩化タリウム (^{201}Tl)，^{99m}Tc-MIBI	虚血性心疾患，拡張型心筋症
腎シンチグラフィー	^{99m}Tc-MAG 3，^{99m}Tc-DTPA	腎血管性高血圧症，移植腎，腎腫瘍
腫瘍・炎症シンチグラフィー	クエン酸ガリウム (^{67}Ga)	悪性腫瘍，炎症性疾患
肺血流・肺換気シンチグラフィー	^{99m}Tc-MAA，^{99m}Tc-ガス	肺癌，肺閉塞症，間質性肺炎
甲状腺シンチグラフィー	ヨウ化ナトリウム (^{123}I)	甲状腺機能亢進症，甲状腺機能低下症，甲状腺腫瘍
骨シンチグラフィー	^{99m}Tc-MDP，^{99m}Tc-HMDP	転移性骨腫瘍，原発性骨腫瘍
腫瘍・脳・心筋シンチグラフィー	^{18}F-FDG	悪性腫瘍，てんかん

*^{123}I-IMP：塩酸 N-イソプロピル 4-ヨードアンフェタミン (^{123}I)，^{99m}Tc-HMPAO：エキサメタジムテクネチウム (^{99m}Tc)，^{99m}Tc-MIBI：ヘキサキス (2-メトキシイソブチルイソニトリル) テクネチウム (^{99m}Tc)，^{99m}Tc-MAG 3：メルカプトアセチルグリシルグリシルグリシンテクネチウム (^{99m}Tc)，^{99m}Tc-DTPA：ジエチレントリアミン五酢酸テクネチウム (^{99m}Tc)，^{99m}Tc-MAA：テクネチウム大凝集人血清アルブミン (^{99m}Tc)，^{99m}Tc-MDP：メチレンジホスホン酸テクネチウム (^{99m}Tc)，^{99m}Tc-HMDP：ヒドロキシメチレンジホスホン酸テクネチウム (^{99m}Tc)，^{18}F-FDG：^{18}F-フルオロデオキシグルコース．

映像を直接観察することができる．電子内視鏡では，内視鏡先端部の対物レンズ近傍に取り付けられた超小型高性能カメラ（CCD）の映像素子から得た画像情報をビデオシステムに送り，消化管内部の局部が映像として観察できる．

演習問題

28.1 次にあげる電磁波をエネルギーが高い順に並べよ．
可視光線，X線，赤外線，紫外線，電波，マイクロ波，γ線
28.2 次にあげる元素をX線吸収率が大きい順に並べよ．
プラチナ (Pt)，鉄 (Fe)，銅 (Cu)，銀 (Ag)，金 (Au)，ウラン (U)
28.3 超音波診断時，検査部位の体表面にゼリー状のものを塗布する理由は何か．

遺伝子解析法

はじめに

近年，ゲノム解析やトランスクリプトーム解析など，遺伝子の解析が注目されている．ゲノム解析とは，ある生物がもつ遺伝子の塩基配列をすべて明らかにし，遺伝子の総体を網羅的・包括的に解析しようとするもので，遺伝子の全体的骨組み（構造），機能的成り立ち，進化的位置づけなどといった全体像を解析するものである．この解析は，従来行われてきた個々の遺伝子の構造や性質の解析を基盤にしながら，染色体 DNA 全体像を把握することによって新しい生命観を次々に明らかにしている．また，トランスクリプトーム解析とは，特定の組織細胞内で転写され発現している全 mRNA を対象にして，その時間的・空間的な変化を含めて包括的に解析しようというものであり，これによって実際に活動している遺伝子の全体像をとらえることができる．

医学・薬学の立場からは，これらの解析により，疾患に関連した遺伝子群の相互の関連が明らかになり，生活習慣病やがんなど，複雑な原因や病態を伴う疾患の発症メカニズムの解明が大きく進歩すると考えられる．その結果，疾患の診断，治療や予防法の開発が進歩すると期待されている．また，個々人のゲノムの違いが詳細に解析できるようになり，疾患にかかりやすい遺伝子の実態が明らかにされたり，薬剤感受性に関わる遺伝子が解析されて個々人に対応したテーラーメード医療が確立されると期待されている．

本章では，これらの遺伝子解析の基礎となる分析法について，その概略と特徴，応用などについて概説する．

29.1 遺伝子の分離

遺伝子（DNA や RNA）の分離分析は，電気泳動法で行われるのが一般的である．特に，アガロースゲルやポリアクリルアミドゲルを用いたゲル電気泳動法がよく用いられる（25 章参照）．直鎖の二本鎖 DNA の場合，塩基部分の荷電は相補鎖間の水素結合によって打ち消されており，分子全体の荷電はほぼリン酸基の荷電のみに依存している．したがって，全体の荷電量は DNA の長さ（ヌクレオチドの数）にほぼ比例することになる．電気泳動において，移動度 μ は，Q/r（Q はイオンの電荷量，r はイオン半径）に比例するが，r はイオンの長さに対応すると考えると，直鎖二本鎖 DNA の場合 Q/r の値はほぼ一定の値をとると考えられる．つまり，直鎖二本鎖 DNA は，緩衝液中では大きさにあまり影響されずにほぼ同じ速度で泳動される．一方，ゲルの内部には，ゲルの濃度に依存した大きさの穴（マイクロボア，数〜数百 nm）があり，小さい DNA 分子は大きい分子よりもこの穴を少ない抵抗で通過すると考えられる．すなわち，直鎖二本鎖 DNA をゲル内で電気泳動すると，**分子ふるい効果**によって主にその大きさに依存して分離されるわけである（図

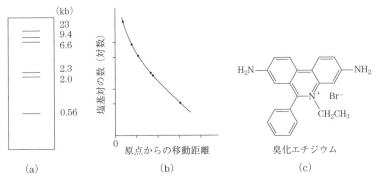

図 29.1 ゲル電気泳動法による直鎖二本鎖 DNA の分離
直鎖の二本鎖 DNA は，ゲル電気泳動によりその大きさによって分離される (a)．標準品の移動度とその大きさ（対数とする）から検量線を作成し，未知の試料の移動度から大きさを予測する (b)．試料 DNA の大きさ（長さ）に応じて，アガロースゲルやポリアクリルアミドゲルを使い分ける．臭化エチジウム (c) は，DNA の染色試薬．

29.1(a))．したがって，大きさのすでにわかった標準品を用いて検量線を作成すれば，未知の試料の大きさが簡便に予測できる（図 29.1(b)）．

　分離された遺伝子は，染色して検出されることが多い．よく使われる臭化エチジウム（図 29.1(c)）は平面構造をとる蛍光物質で，二本鎖の塩基対が形成する面と面の間に挿入されて蛍光が強まるため，これを用いると DNA を感度よく検出できる．また，あらかじめ放射性物質や蛍光色素で標識しておいて検出することもある．

　二本鎖 DNA でも，直鎖ではなく開環状や閉環状の DNA は，高次構造が異なるため同じ大きさ（長さ）でも異なった移動度を示す．また，一本鎖の RNA や DNA は，分子内の水素結合のために複雑な高次構造をとり，分離に影響を与える．尿素やホルムアルデヒドなどの核酸変性剤はこのような構造を解消するため，泳動の際に加えておくと影響が抑えられ，長さに依存した分離が達成される．

29.2 ブロッティングとハイブリダイゼーション

　前節では，遺伝子の検出に臭化エチジウムを用いる方法を述べた．これは，ほぼすべての遺伝子を検出する方法であるが，ある遺伝子を特異的に検出する方法が開発されている．まず，試料となる直鎖の二本鎖 DNA を電気泳動により長さに応じて分離する．分離された DNA を，そのまま膜（ニトロセルロース膜やナイロン膜など）に写し取ることができる．これを**ブロッティング**（blotting）という．そのためにまず，分離された DNA を含むゲルをアルカリ性溶液に浸す．pH の変化によって塩基の間の水素結合が切断され，ゲル中の二本鎖 DNA が変性（二本鎖 DNA が一本鎖 DNA に分かれること）する．このゲルを，図 29.2 のような配置にセットして，一晩放置する．この間に，水槽内の緩衝液は毛細管現象によりろ紙に吸い取られ，ゲル内を通過してさらに膜，ろ紙，紙へと吸い取られていく．この緩衝液の流れにのって，ゲル中の DNA はゲルを出て膜へと運ばれる．ブロッティングに用いる膜には DNA 分子を吸着する性質があるため，ゲルでの DNA の分離パターンがそのまま膜へ写し取られることになる．このようにして得られた膜を高温で乾燥させたり，紫外線を当てたりすると DNA 分子が膜に固定される．

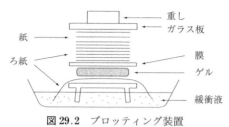

図 29.2 ブロッティング装置
緩衝液を入れた水槽にろ紙を浸し適当な台に乗せる．ろ紙の上に気泡が入らないようにゲルを乗せ，その上にブロッティング用の膜，ろ紙，紙を順番に重ねて重しを乗せて固定する．

　膜上のさまざまな DNA 分子の中から，特定の DNA を検出するためには，**ハイブリダイゼーション**（hybridization）という方法が用いられる．図 29.3 に示すように，検出しようとする DNA と相補的な配列をもつ一本鎖 DNA（または RNA）を含む緩衝液中に，DNA が固定された膜を浸す．緩衝液に加える DNA（または RNA）を**プローブ**（probe）という．緩衝液中では，プローブが，相補的な配列をもつ膜上の DNA 部分に結合して安定な二本鎖 DNA を形成する．それ以外の部分では，配列が相補的ではないため安定な二本鎖は形成されない．プローブをあらかじめ標識しておくと，結合した部分を特異的に検出することができる（図 29.3）．ここまでの操作を**サザンハイブリダイゼーション**（Southern hybridization）という．プローブの標識には，放射性物質（図 29.3）や蛍光物質（図 29.4）などが用いられるほか，低分子ハプテンを用いて免疫反応を利用する検出法も用いられている（図 29.4）．

　試料として，RNA を用いて一連の操作を行うこともでき，**ノーザンハイブリダイゼーション**（Northern hybridization）とよばれる．特異的な検出を行ってゲル電気泳動での移動度を測定すると，測定対象の RNA（または DNA）の大きさが推定できる（29.1 節参照）．また，十分な量のプローブを用いてハイブリダイゼーションを行えば，結合したプローブの量が測定対象の RNA（または DNA）の量を反映することになり，定量することもできる（正確な定量ではなく，「半定量」というべきものである）．

　ハイブリダイゼーションの方法は，ゲル内の DNA や RNA の検出以外にも用いられている．適

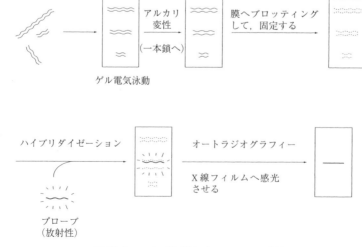

図 29.3 ハイブリダイゼーションの手順

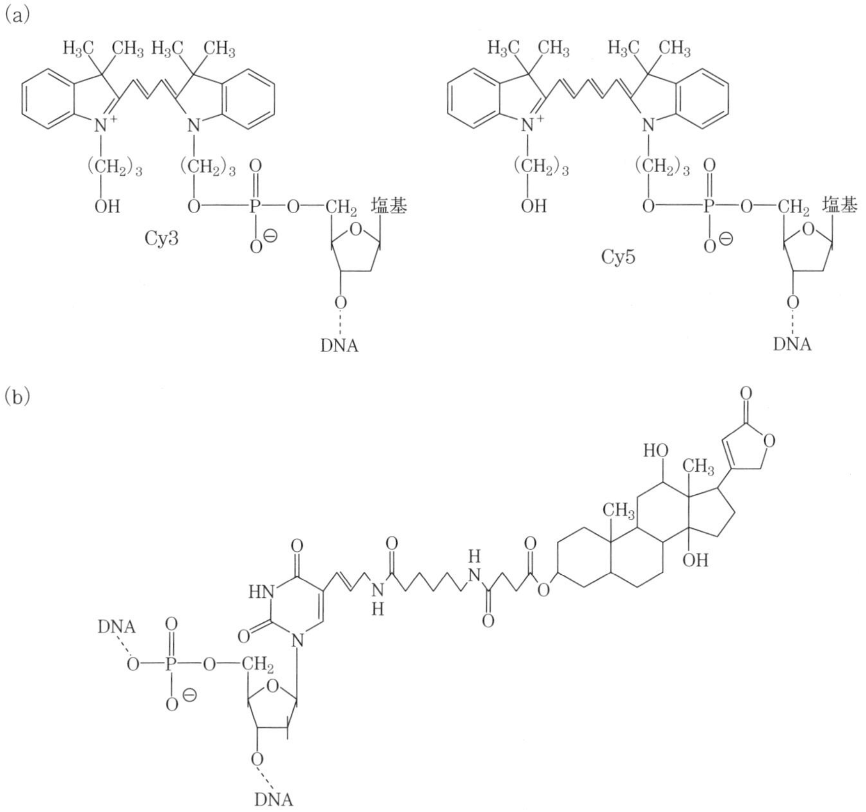

図 29.4　ハイブリダイゼーションプローブの標識
プローブの標識には，放射性物質のほか，蛍光物質（(a)は Cy 3 または Cy 5 が 5′末端に結合した例）や低分子の抗原（(b)はその一例）などが用いられる．(b)はジゴキシゲニンというステロイドハプテンを塩基（ウラシル）に結合させたもので，その抗体を結合させた後，酵素標識された二次抗体を用いて検出することができる．酵素標識抗体と高感度な検出法（たとえば発光法など）とを組み合わせると，微量の DNA 分子を特異的に検出できる．

切なプローブを用いて，組織切片中の RNA とハイブリダイゼーションを行い検出すれば，目的の RNA が組織中のどの部分にどの程度存在するかを調べることができる．また，染色体中の DNA とのハイブリダイゼーションを行うと，何番の染色体のどの部分に遺伝子が存在するかを知ることができる．これらは，本来の存在場所（*in situ*）で行われるので，*in situ* ハイブリダイゼーションとよばれる．

29.3　ポリメラーゼ連鎖反応

ポリメラーゼ連鎖反応（polymerase chain reaction，PCR）は，DNA の特定の部分を増幅する方法である．この方法を行うためには，増幅しようとする DNA 部分の両端の塩基配列があらかじめわかっている必要がある．その配列に相補的な配列をもつ短い DNA 分子〔**プライマー**（primer）という〕を化学合成などによって調製する必要がある．PCR の概略を図 29.5 に示す．最初に，増幅しようとする二本鎖 DNA の試料を熱処理して相補的水素結合を切断し，一本鎖に変性させる（図 29.5 ①）．そこに一対のプライマーを過剰量加えて温度を下げると，相補的な配列に

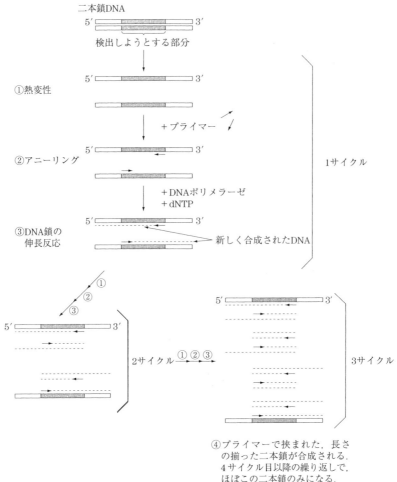

図 29.5　ポリメラーゼ連鎖反応（PCR）の手順

従ってプライマーと試料 DNA とで安定な二本鎖部分が形成される（図②）〔これは，前節のハイブリダイゼーションに相当するが，特にアニーリング（annealing）という〕．次に，DNA ポリメラーゼが，デオキシヌクレオチド-三リン酸（dNTP：dATP, dGTP, dCTP, dTTP）を材料に用いて，試料 DNA の塩基配列に相補的な塩基をプライマーの末端（3′末端）に順次つないで新しい DNA 鎖を合成していく（図③）．これらの操作によって，DNA 分子は部分的に 2 倍に増える．この一連の操作を繰り返し行うと，プライマーで挟まれた部分が増幅される（図④）．n 回繰り返すと，理想的には 2^n 倍になり，驚異的な増幅能をもつことがわかる．

現在汎用されている PCR では，**耐熱性 DNA ポリメラーゼ**が用いられている．耐熱性の酵素を用いることには，以下の点で大きな利点がある．

(1) DNA ポリメラーゼの熱による失活がほとんどない．PCR の各サイクルには熱変性のステップ（図①）があるが，その操作によってポリメラーゼが失活しないので，最初に加えればその後の各ステップごとに新たに加える必要がない．開発された初期の PCR では，熱に弱い大腸菌の DNA ポリメラーゼが用いられていたため，ステップごとに新たに加えられていた．現在は，必要な試薬と酵素・試料となる鋳型 DNA を最初に加えたら，後は温度を一定の条件で変化させるだけ

でPCRを行うことができる．

(2) アニーリングとDNA鎖の伸長反応の操作を高温で行うことができる．そのため，プライマーが正確な場所にアニールし，望んだ領域を正確に増幅できる．温度が低いと，塩基配列が似た場所にアニールしてしまい誤った領域を増幅してしまう可能性がある．現在，温度を自動的に変化させるプログラム機能をもった装置が市販され，自動でPCRが行えるようになっている．

PCRは，検出対象物自身を増やして検出するというユニークな性質を有する．対象物が発する信号を増幅して検出するという通常の検出法とは大きく異なっている．また，増幅能が大きいので高感度な検出法でもある．さらに，試料の純度が低くても特異的に対象物質を増幅し検出できるという特徴を有している．つまり，試料DNAが不純物DNAを含んでいても，プライマーが正確な部分に結合しさえすれば，対象部分を特異的に増幅して検出できるということである．しかし，似た（あるいは同じ）配列をもったDNAが混入していると，誤った部分を増幅する危険性がある．

PCRは，微量にしか得られない胎児のDNAを用いる遺伝病の出生前診断や，抗体が生成される前のウイルス感染初期の診断（感染後期には抗体があるか否かで感染を診断できる），刑事事件の遺留品である体液中のDNAを用いた被疑者の特定，化石中の古生物の遺伝子の検出などに利用されており，いずれも微量のDNAを特異的に増幅して検出するというPCRの特徴を利用している．また，試料がRNA（mRNAやウイルスゲノムRNAなど）の場合には，逆転写酵素

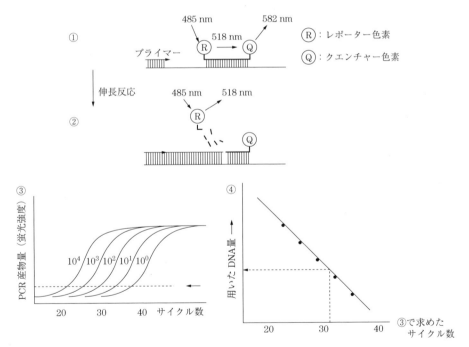

図29.6 リアルタイムPCRの原理
①では，レポーター色素とクエンチャー色素との間で蛍光共鳴エネルギー移動（FRET）が起こり，レポーター色素の蛍光（518 nm）は弱い（かわりにクエンチャー色素の蛍光（582 nm）が生じている）．しかし，DNA鎖の伸長が進むとオリゴヌクレオチドの分解が起こり，レポーター色素がクエンチャー色素から離れるため蛍光（518 nm）が強まる（②）．蛍光強度をリアルタイムで追跡して，PCR産物が生成される様子を測定すると，③のようにシグモイド状の反応曲線になる．さまざまな量の標準品DNA（10^0〜10^4倍希釈）を用いてPCRを行い，指数関数的に増加している領域で一定の量に達するサイクル数を求め（③の矢印点線部分），用いたDNA量との間で検量線を作成する（④）．試料についても同様にサイクル数を求め，検量線から定量する．

(reverse transcriptase) で DNA (cDNA など) に変換してから，PCR を行うこともでき (RT-PCR とよばれる)，微量の RNA 検出にも用いられている．

PCR はこのように画期的な検出法であるが，その定量性には欠点がある．すなわち，DNA は反応サイクルがある範囲内では指数関数的に増幅されるが，それを超えると増幅が頭打ちになってしまう．これは，たとえ耐熱性であっても一部の酵素の失活が起こること，材料の dNTP が枯渇すること，プライマーが減少することなどのためと考えられている．また，用いる試料 DNA (鋳型 DNA) の量と生成する DNA 量には，ある範囲で比例関係があるが，それ以上の試料量では生成量が頭打ちになってしまう．したがって，正確な定量を行うためには，試料 DNA 量とサイクル数を厳密に管理する必要がある．近年，PCR 生成物を簡便に定量するための方法が用いられている．図 29.6 に，その代表的な方法を記す．

この方法では，増幅しようとする DNA 部分に相補的に結合するオリゴヌクレオチドを準備する．これはプライマーとは別のもので，両端にレポーターおよびクエンチャーとよばれる 2 種類の蛍光物質を結合している (図 29.6①)．このオリゴヌクレオチドが試料 DNA に結合した状態では，蛍光物質間の距離が近いため蛍光共鳴エネルギー移動 (fluorescence resonance energy transfer, FRET) が起こり，レポーター色素からの蛍光が減衰している．しかし，プライマーからの伸長反応が進むと，用いる DNA ポリメラーゼがもっている 5′-3′ エキソヌクレアーゼ活性のため，このオリゴヌクレオチドが分解され，レポーター色素がクエンチャー色素から離れてその蛍光強度が増加する (図②)．この蛍光を測定するために，PCR 装置と蛍光分光光度計を組み合わせた機能をもつ装置が開発され，これを用いて上記の反応経過をリアルタイムに追跡できるようになった (図③) (リアルタイム PCR とよばれる)．この反応曲線から，図 29.6 に記すように標準品の DNA から検量線を作成し，未知試料の定量を行うことができる．

29.4 遺伝子の塩基配列決定法

遺伝子の塩基配列は，**ジデオキシ法** (別名サンガー法) によって決めるのが一般的である．まず，配列を決めたい部分の近傍に結合するプライマーを準備する．試料の一本鎖 DNA に (二本鎖 DNA の場合には変性させて)，このプライマーをアニーリングさせる (図 29.7①)．これに，4 種類のデオキシヌクレオチド-三リン酸 (dATP, dCTP, dGTP, dTTP) を加える．このうちの 1 種類は，標識するために放射性同位元素である ^{32}P を α 位に含んだものを用いる (ここでは $[\alpha$-^{32}P]-dCTP とする (図 29.7 では d*CTP))．この混合液を 4 等分して別々のチューブへ移す (図②)．次に，ジデオキシヌクレオチド-三リン酸 (ddATP, ddCTP, ddGTP, ddTTP) のうちの 1 種類を別々のチューブへ加える (図③)．デオキシヌクレオチド-三リン酸 (dNTP) とジデオキシヌクレオチド-三リン酸 (ddNTP) は，糖の 3′ の部分の水酸基の有無に違いがある (図 29.8)．また，加える ddNTP の量は，dNTP の量よりも少量である．次に，すべてのチューブに DNA ポリメラーゼを加え，dNTP を材料に用いて試料 DNA の塩基配列に相補的な塩基をプライマーの末端 (3′ 末端) に順次つないで新しい DNA 鎖を合成させる (図 29.7④)．

ddATP を少量加えたチューブでは，相補鎖の T に対応して ddATP が新しい DNA 鎖に取り込まれると，その糖部分の 3′ に水酸基がないためそれ以降に塩基がつながらなくなり，鎖の伸長が途切れる．一方，その他の大部分の新しい DNA 鎖では，dATP が取り込まれているのでそのま

29.4 遺伝子の塩基配列決定法

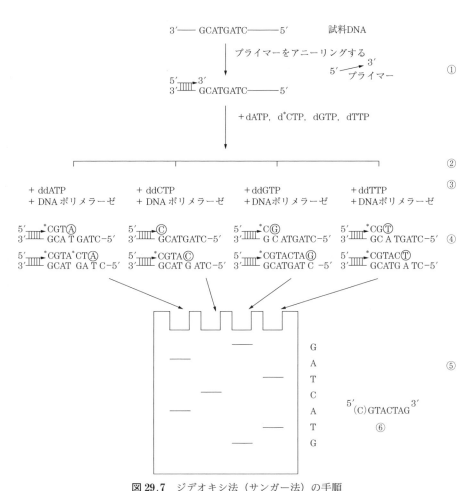

図 29.7 ジデオキシ法（サンガー法）の手順
⑥の塩基配列のうち，最初のCに対応するDNA鎖にはddCTPが取り込まれており，放射性のd*CTPが取り込まれていないため，オートラジオグラフィーでは検出できない．

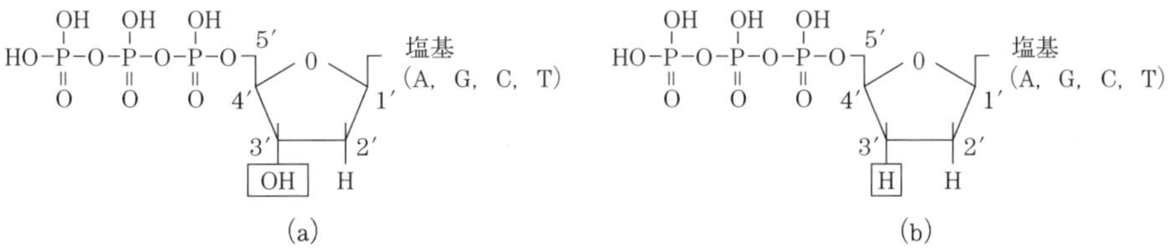

図 29.8 デオキシヌクレオチド-三リン酸 (dNTP)(a)とジデオキシヌクレオチド-三リン酸 (ddNTP)(b)

ま伸長反応が続く．したがって，反応を続けるとこのチューブ内には，試料DNAのTに対応した部分にddATPを取り込んで伸長が止まったいろいろな長さのDNA鎖が蓄積することになる（図④）．他のチューブでも同様に，ddCTPではGのところで，ddGTPではCのところで，ddTTPではAのところで止まったDNA鎖が蓄積する（図④）．新しいDNA鎖は，[α-^{32}P]-dCTPを取り込んでいるので放射性^{32}Pで標識されている．核酸変性剤（尿素など）を加えて新しいDNA鎖を一本鎖にして，これをポリアクリルアミドゲル電気泳動で長さに応じて分離する（図⑤）．このゲル電気泳動では，塩基一つ分の長さの違いが区別できる．電気泳動後にゲル内のバン

ドをオートラジオグラフィーで検出し，短いバンドから順次取り込まれた塩基を読んで，塩基配列を決める（図⑥）．

　上記の方法では，標識のために放射性物質を用いているが，被爆の危険性や廃棄物処理の問題などから，最近は蛍光物質で標識する方法が用いられている．なかでも，A, G, C, T ごとに異なる蛍光物質を結合した ddNTP を用いる方法は，さまざまな生物の遺伝子配列を決めるゲノムプロジェクトに利用された．この方法では，伸長が止まった DNA 鎖は，A, G, C, T ごとに異なった蛍光を発する．したがって，上記の方法のように四つに分けて電気泳動するのではなく，一つのレーンで分離し蛍光の波長を検出して塩基を識別することができる．さらに，多数のキャピラリーを並べてキャピラリー電気泳動法を行うと，一度に多数の試料の塩基配列を迅速に解析することができる．この方法を用いた自動の塩基配列決定機（シークエンサー）が開発され利用された．

29.5　DNA マイクロアレイ

　遺伝子解析の効率化を図るために，試料を集積化する技術が開発されている．DNA マイクロアレイは，スライドガラス程度の大きさの基板上に，数千〜数万の異なる遺伝子（DNA）を整列化したものであり，これを用いるとハイブリダイゼーション（29.2 節参照）を効率よく行うことができる．この方法では，一度に多数の遺伝子を解析できるので，ゲノム中の多数の遺伝子を網羅的に解析し全体像を知ることができる．

　DNA マイクロアレイには，オリゴヌクレオチド（25 mer 程度）を基板上に直接化学合成したものと，オリゴヌクレオチドや長鎖 DNA をスポットしたものが用いられている．図 29.9 には，DNA マイクロアレイを用いて遺伝子発現の変化を解析した例を示す．まず，組織または細胞に発現しているすべて（あるいは大多数）の cDNA（mRNA を DNA に逆転写したもの）を別々にスポットした DNA マイクロアレイを準備する（図 29.9 ①）．DNA マイクロアレイの各スポットは

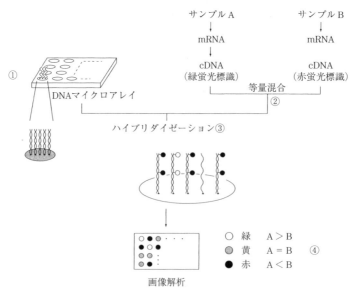

図 29.9　DNA マイクロアレイを用いた遺伝子発現の解析例

発現している個々の遺伝子に対応している．一方で，発現の変化を比較する2種類の試料（AとB）を用意し（たとえば，ある化学物質で処理をする前後の試料や，健常者と疾病に罹患した者の試料など），そのmRNAからcDNAを調製する．片方（A）を緑色の蛍光物質で，もう片方（B）を赤色の蛍光物質で標識して等量ずつ混合する（図②）．これを先に用意したDNAマイクロアレイとハイブリダイゼーションさせ（図③），スポットを画像解析する．スポットが緑色の蛍光を発していると，そのスポットに対応する遺伝子がBよりもAで発現量が多いことを示し，反対に赤色の蛍光の場合は，AよりもBでその遺伝子の発現が強いことを示している．黄色の場合はAとBとで同程度ということになる（図④）．

この方法では，遺伝子を網羅的に解析しているので，変化のふるまいが似たものどうしの遺伝子を分類するといった遺伝子の全体像を解析することができる．たとえば，化学物質の処理で発現が増加したり減少したりする遺伝子を分類したり，病気で発現が変化する遺伝子を分類でき，遺伝子どうしの相関関係を知ることができる．また，ある遺伝子について，可能なすべての塩基配列を網羅したDNAマイクロアレイを用意してハイブリダイゼーションを行えば，遺伝子の変異や多型を知ることもできる．

演習問題

29.1 下記の文章のうち，誤っているものはどれか．
a ゲル電気泳動において，直鎖の二本鎖DNAは分子ふるい効果によって，その大きさに基づいて分離される．
b ハイブリダイゼーションにおいて，DNAを膜へブロッティングする（写し取る）理由は，ゲル中よりも膜上のほうがハイブリダイゼーションの効率が良いからである．
c ゲル電気泳動において，閉環状二本鎖DNAは直鎖二本鎖DNAよりも速く泳動される．
d PCRの自動化が可能になった理由の一つには，耐熱性DNAポリメラーゼの利用があげられる．
e DNAポリメラーゼによる伸長反応において，デオキシヌクレオチド-三リン酸が取り込まれると，伸長がそこで止まってしまう．
f DNAマイクロアレイを用いる実験では，DNAを基板上に再現性よく一定量スポットすることが，結果の精度に大きな影響を与える．

29.2 下記の文章は，リアルタイムPCRに関するものである．[ ]に入る適切な語句を答えよ．
[ア]色素とクエンチャー色素が両端に結合したオリゴヌクレオチドが鋳型DNAに結合していると，色素どうしで[イ]が起こり，[ア]色素からの[ウ]が減衰している．しかし，加えたDNAポリメラーゼによるDNAの伸長反応が起こり，DNAポリメラーゼがオリゴヌクレオチドにぶつかると，伸長反応を続けながら同時にオリゴヌクレオチドを分解する．そのため，[ア]色素がクエンチャー色素から離れ[イ]が解消するために，[ア]色素からの[ウ]が生じるようになる．この現象は，PCR反応の1サイクルおよび1分子あたりに1回起こるので，[ウ]の強さはDNAの生成量にほぼ[エ]することになる．

参考図書

1) 中村 洋編：基礎薬学 分析化学（第4版），廣川書店，2011．

30

プロテオーム解析法

はじめに

プロテオーム（proteome）とは**プロテイン**（protein）と**ゲノム**（genome）を合成した造語であり，科学誌に初めてその名前が登場したのは1995年のことである．生物あるいは細胞がもつ全遺伝子の集合をゲノムとよぶのにならって，細胞がもつ全タンパク質の集合をプロテオームとし，細胞や組織に含まれるすべてのタンパク質の動態をできるだけ網羅的かつ系統的に解析しようというのがプロテオーム解析，プロテオミクスである．ゲノムが1生物に1セットしか存在しないのに対し，プロテオームはゲノムの支配下にありながら，受精から発生，成熟，死に至るまで時間的にも空間的にも多様な変化を示し異なった様相で存在する．プロテオームの動態を指標にゲノムの発現情報を把握し，生命現象を解析する方法論がプロテオーム研究の基本戦略である．

種々のゲノムプロジェクトが進展し，微生物をはじめとして，出芽酵母や線虫，シロイヌナズナ，ショウジョウバエ，マウス，ヒトなど，代表的なモデル生物についてはすでにその全塩基配列が決定され，DNAの塩基配列に関する情報が飛躍的に増大している．しかしDNAの塩基配列をみるだけでは，遺伝子のどの部分がタンパク質をコードし，その発現は時間的，空間的にどのように制御されているのか，さらに合成されたタンパク質が翻訳後修飾によりどのような機能調節を受けているのか，これらの情報をすべて読みとることができない．一方で近年のタンパク質の質量分析を中心とした解析技術がめざましく発展し，それがゲノム解析により充実したタンパク質アミノ酸配列データベースとうまく結びつくことにより，細胞に含まれる数千個のタンパク質を一挙に同定・解析するプロテオーム解析，プロテオミクスが可能となってきたのである．

表30.1 遺伝子機能解析のレベル

解析のレベル	定義	主な解析法	対象の変動要因
ゲノム DNA（遺伝子全体）	生物あるいは細胞がもつ全遺伝子の集合	塩基配列決定法など	不変
トランスクリプトーム	細胞，組織，器官がもつ全mRNAの集合	マイクロアレイ SAGE など	発現，分解，選択的スプライシングなどにより変動
プロテオーム	細胞，組織，器官がもつ全タンパク質の集合	高速液体クロマトグラフィー，二次元電気泳動法，質量分析法など	発現，分解，翻訳後修飾，タンパク質間相互作用などにより変動
メタボローム	細胞，組織，器官がもつ全代謝産物（中間代謝物）の集合	NMR, IR, 質量分析法 など	吸収，排出，代謝，分子間相互作用などにより変動

いまやプロテオーム研究により，組織・生育時期特異的に発現しているタンパク質のデータベースをつくりあげ，病気の治療や医薬品の開発，有用生物の作出などによる環境問題や食糧問題の克服などに活用することが現実のものとなってきている．

30.1 プロテオーム解析の方法

プロテオーム解析は，まずタンパク質の分離精製から始まる．分離精製には**二次元電気泳動法**（two-dimensional electrophoresis, 2-DE）や高速液体クロマトグラフィーが用いられることが多い．分離精製されたタンパク質を質量分析計や気相プロテインシークエンサーにかけて，その分子量やアミノ酸配列を解析する．得られたデータをもとにデータベース検索を行い，タンパク質をコードする遺伝子の同定を行う．データベース検索により，すでに機能が明らかにされているタンパク質であるかどうかがわかる．機能未知のタンパク質であっても，既知のタンパク質とアミノ酸配列に相同性があれば，タンパク質の機能をある程度類推することも可能である．次に，タンパク質の発現量，発現時期，局在性，タンパク質間相互作用，翻訳後修飾，立体構造，酵素活性などの解析を行う．プロテオーム解析では，同時に多数のタンパク質の機能を効率のよい（ハイスループットな）分析法により解析することを目的としている．

30.2 タンパク質の分離精製

プロテオーム解析において，いかに多種類のタンパク質をハイスループットに分離精製するかが重要なカギとなる．オファーレル（P.H. O'Farrell）によって開発された 2-DE〔一次元目に等電点電気泳動，二次元目に SDS ポリアクリルアミドゲル電気泳動（PAGE）を用いる〕はきわめて高い分解能をもっており，そのためプロテオーム解析におけるタンパク質の分離精製によく用いられる．しかし，従来のオファーレルの 2-DE は電気浸透による pH 勾配のドリフトが起こることがあり，その再現性に問題があった．近年開発された固定化 pH 勾配（immobilized pH gradient, IPG）等電点電気泳動法は，ポリアクリルアミドゲルマトリックスに緩衝能があるアクリルアミド誘導体を結合させることにより，固定化 pH 勾配を形成させ電気泳動を行う．この方法では，電気泳動中に pH 勾配が変動することがないので，再現性の高い泳動パターンを得ることができる．

また，多次元の高速液体クロマトグラフィーも，プロテオーム解析におけるタンパク質の分離精製によく用いられる．スイッチングバルブを介して分離様式の異なる複数のカラムを連結し，バルブを制御することにより分離を多次元化する．可溶化の困難な膜タンパク質などへの適用はむずかしいが，試料容量が大きく分離の再現性や定量性が高い自動化システムとして期待される．

30.3 タンパク質・ペプチドの質量分析

タンパク質やペプチドの質量分析は，プロテオーム解析において最も重要な分析技術である．質量分析装置（mass spectrometer, MS）は，主にイオン化部および質量分析部からなり，現在さまざまなタイプの装置が開発されている．なかでも，タンパク質・ペプチド分析によく用いられているのは，**マトリックス支援レーザー脱離イオン化飛行時間型質量分析装置**（MALDI-TOF

MS) と**エレクトロスプレーイオン化質量分析装置**（ESI-MS）である．

30.3.1　マトリックス支援レーザー脱離イオン化飛行時間型質量分析装置（図30.1）
a．　マトリックス支援レーザー脱離イオン化法（MALDI）（16章参照）

　MALDI（matrix-assisted laser desorption ionization）法は，試料分子をマトリックス剤によって分散させ微細結晶としたのち，その表面にレーザー光をパルス照射することにより，試料分子をほとんど分解することなくイオン化（**ソフトイオン化**）する方法である．MALDI法により生じた分子量関連イオンをTOF MSを用いて分析するMALDI-TOF MS法は，分子量が数十万にも及ぶタンパク質などの高分子についても比較的簡単な操作で高精度に解析できる．

　MALDI法は，溶媒に可溶でかつ不揮発性の化合物であれば，タンパク質，糖質，オリゴヌクレオチド，脂質，およびこれらの複合体をはじめとするさまざまな生体物質から合成高分子まで非常に幅広い範囲の化合物をイオン化することができる．また，他のイオン化法と比べてイオン化可能な質量範囲が広く，不純物や緩衝液に含まれる無機塩類などの影響を受けにくいという特徴をもっている．このイオン化法では，おもに1価のイオンが生成することが特徴であり，測定結果の解析が容易である．

　イオン化は，次のような原理で起きると考えられている（図30.1）．まず，試料に対して，通常モル比で100〜10000倍程度の大過剰のマトリックス剤を加えた混合溶液を調製し，これを試料プレート上に滴下し，乾燥させることによって微小な混合結晶を調製する．この混合結晶の表面に，レーザー光を数ナノ秒程度の時間幅でパルス照射すると，マトリックス剤分子が光エネルギーを共鳴吸収して，イオン化するとともに急速に加熱されて気化する．このとき，レーザー照射による試料分子の直接的な励起および気化はほとんど起こらないが，試料分子を取り囲んでいたマトリックス剤分子が瞬時に気化することによって，結果として試料分子もほぼ同時に気相に放出されること

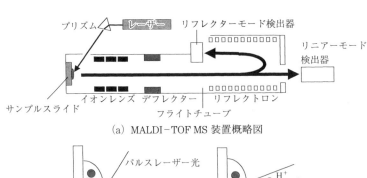

(a) MALDI-TOF MS 装置概略図

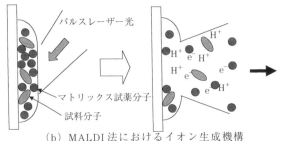

(b) MALDI 法におけるイオン生成機構

図 30.1　MALDI-TOF MS 装置および MALDI イオン化法の原理
マトリックス分子がレーザー光を共鳴吸収（光イオン化，急速加熱による気化）し，試料分子の脱離，電荷移動によるイオン化が生じる．発生したイオンはサンプルスライドへの印加電圧により図の右方向に引き出される．イオンレンズ電圧を印加することにより，各イオンが平行飛行できるようになる．

になる．続いて，イオン化したマトリックス剤分子と試料分子との間でプロトンや電子などの授受が起こることによって，主にプロトン化分子$[M+H]^+$や脱プロトン化分子$[M-H]^-$などのイオンが生じる（固相中でイオン化してから脱離するという説もある）．一方，ナトリウムやカリウムなどのイオン化しやすい金属元素が混合結晶中にごく微量でも混在していると，これらの金属陽イオンが試料分子に付加したイオンもある程度形成される．したがって，こうしたイオンの生成を抑制するために，タンパク質やペプチド，オリゴヌクレオチドなどの測定では，しばしば脱塩処理などが必要となる．ただし，糖質や合成高分子などのようにプロトン化イオンが生成しにくい試料の場合には，陽イオン化剤として意図的に塩化ナトリウムなどのアルカリ金属塩が微量添加される．

b．飛行時間型（TOF）質量分析装置（16章参照）

TOF（time of flight）は，イオンがイオン化部から検出器まで飛行するのに要した時間を測定することにより質量電荷比（m/z）を決める分析法である．TOF型の特徴は，測定可能な質量範囲に限界がない点にある．一方，飛行開始時間をあわせるためにパルス状にイオンを発生させなくてはならないので，イオン化部に工夫が必要となる．MALDIではパルスレーザーを用いてイオン化を行うので，TOF型質量分析計とは相性がよい．レーザー光のパルス照射によって生じた試料分子イオンはサンプルスライドの印加電圧により，フライトチューブ方向に引き出される．さらにイオンは，高真空（約$10^{-6} \sim 10^{-8}$ Torr）のフライトチューブ内を一定速度で飛行し，質量電荷比（m/z）の小さなイオンから順に検出器に到達する（図30.1）．

TOF MSにおける測定方法（モード）には，イオンを直線的に飛行させるリニアーモードと，イオンが検出器に到達する前に静電界ミラー（リフレクトロン）を用いて反転させるリフレクターモードがある．リニアーモードでは，フライトチューブ内で分解や中性化したイオンも，もとのイオンと同じ速度で飛行し検出器に到達するので，高感度であるが分解能が低い．一方，リフレクターモードでは，リフレクトロンを用いてイオンの進行方向を反転させることにより，分解能の低下の原因である初期運動エネルギーのばらつきを収束させることができる．これは振り子の原理を応用したもので，大きな初期運動エネルギーをもつイオンほど深部に進入し反転するため，同じ質量電荷比をもつイオンはほぼ同時に検出器に到達するため分解能が向上する．しかし，リニアーモードに比べ感度は減少する．なお，リフレクターモードでは，**ポストソース分解**（post-source decay, PSD）を利用したMS/MS測定を行うことができる（30.4.2項参照）．

30.3.2 エレクトロスプレーイオン化質量分析装置（ESI-MS）（図30.2）

ESI（electro spray ionization）法は，適当な溶媒に溶解した試料を高電圧に印加された金属キャピラリーなどの細管に送液し，静電噴霧現象を利用して大気圧下に噴霧した後，噴霧された微細な液滴から溶媒を蒸発させることにより試料分子をイオン化する方法である．本方法には多価イオンが生成しやすいという特徴がある．多価イオンにすることにより，タンパク質などの分子量が大きな物質の質量電荷比を低くすることができるので，通常の（測定範囲に限界がある）質量分析計を用いても高精度な測定が可能となる．また，連続的なイオン化法であるため，HPLCと連結させたLC-MSのインターフェースとして有用である．

ESI法は，イオン性化合物とともに生体高分子や難揮発性化合物，特に，ペプチドやタンパク質，核酸，糖，脂質などに有効で，タンパク質では150 kDa程度まで測定可能であると考えられている．外部から過剰なエネルギーを与えない非常にソフトなイオン化方法であり，分子間相互作

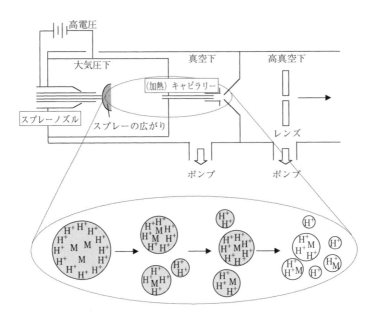

図 30.2 ESI イオン化装置および ESI イオン化法の原理
試料は適当な測定溶媒とともに HPLC ポンプやシリンジポンプなどによりスプレー部に送液される．金属キャピラリーなどからなるスプレイヤーは 3～5 kV の高電圧が印加されており，試料は測定溶媒とともに帯電して，大気圧下霧状に噴霧される．液滴表面に多数のプロトンが存在する試料溶液イオンが生成し，液滴の破断，霧化，溶媒の蒸発による液滴中の電荷密度の増加が生じる．電荷密度がレイリーリミットに達すると，イオンどうしのクーロン斥力によって液滴が分裂し，気相イオン化が起こり，気相多価イオンが生成する．

用などの研究にも有用であると考えられている（16 章参照）．

a．質量スペクトルの解析

ESI では，タンパク質やペプチドのシグナルは，多価イオン $(M+nH^+)^{n+}$ や $(M-nH^+)^{n-}$ の形で検出される．この多価イオンのシグナルから分子量を計算できる．たとえば，隣接した二つのシグナルの質量電荷比の値が 1626.1 と 1447.3 である場合，それらの価数，すなわち付加したプロトン（分子量 1.0079）の個数 n と試料の分子量 M の関係は次式で表される．

$$1626.1 \times n - 1.0079 \times n = M \tag{1}$$
$$1447.3 \times (n+1) - 1.0079 \times (n+1) = M \tag{2}$$

式 (1) と式 (2) から $n=8$ となる．すべての隣接シグナルに関して M を計算し，それらの平均値を算出すれば試料分子量を求めることができる．

なお，質量分析計の分解能が各イオンの同位体ピークを識別できるほど高い場合には，同位体ピークからもイオンの価数および試料分子量を計算できる．たとえば，図 30.3 のような同位体ピークが得られれば，各ピークの質量差が 0.25 Da であることから，4 価のイオンであることがわかり，これから試料分子量を計算できる．

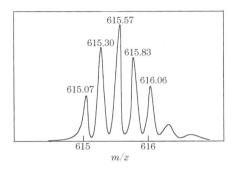

図 30.3 [M−4H]$^{4-}$ イオンピークの拡大図

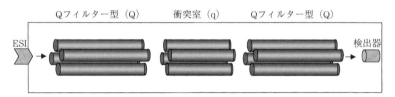

(a) トリプルステージ Q フィルター型 MS/MS システム (QqQ)

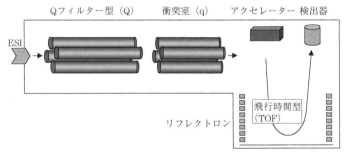

(b) Q-Tof 型 MS/MS ハイブリッドシステム (QqTof)

図 30.4 汎用されるタンデム型 MS/MS 装置

タンデム型質量分析計 (MS/MS) とは，質量分析部を 2 台直列に結合した装置である．1 台目と 2 台目の間に衝突室が設けてあり，1 台目でイオンを選択し（プリカーサーイオンという），衝突室でアルゴンなどの不活性ガスと衝突誘起解離 (CID) させた後，得られるイオン群（プロダクトイオンという）を 2 台目の装置で測定する．現在，薬物動態研究などで，定性および定量分析を目的としてよく用いられている装置がトリプルステージ Q フィルター型質量分析計 (QqQ) であり，2 台の Q フィルター型質量分析計 (Q) と衝突室用の Q フィルター (q) が連結されている．また，定性を主目的にする装置としては，1 台目および衝突室に Q フィルター型を，2 台目に TOF MS を用いたハイブリッド型質量分析計 (QqTof) が汎用されている．

b．質量分析部の構成（図 30.4）

ESI をイオン化部とする質量分析計では，質量分析部として MS/MS 測定が可能なタンデム型質量分析システムやイオントラップ型の四重極型装置を用いるのが一般的である．ESI イオン化法は，高い真空度を必要としない Q フィルター型質量分析計と相性がよい．高分解能が要求されるプロテオーム解析においては，Q フィルター型と飛行時間型のタンデム質量分析システム (QqTof 型) や，1 台で何回でもタンデム質量分析ができるイオントラップ型の四重極型の装置が用いられることが多い．最近では，フーリエ変換イオンサイクロトロン型も採用されている．

c. Qフィルター型質量分析計（図30.5）

Qフィルター型質量分析計は4本の柱状の電極から構成され，相対する電極は電気的につながれている．この2組の電極には，隣り合う電極の極性が交互に反対になるように直流電圧とラジオ周波数の交流電圧が同時にかけられており，そのため電極の一端から導入されたイオンは，電場との相互作用により電極間を振動しながら進む．このとき，ある条件に適した質量電荷比をもつイオンだけが安定に振動し空間を通り抜けて検出器に入る．この方式は装置が小型であり，安価で操作性にすぐれているが，1質量単位の違いを区別できる程度の測定精度しかないのが一般的である．

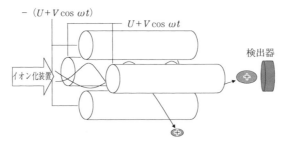

図30.5　Qフィルター型質量分析計の模式図

d. イオントラップ型質量分析計（ITMS）（図30.6）

ITMS（ion trap mass spectrometer）は，イオンをイオントラップというセル内に捕捉しながら質量分析を行う装置である．イオントラップは，中央のリング電極とその両側にある一対のエンドキャップ電極から構成される．エンドキャップ電極は，イオンの導入・排出時以外は通常接地されており，リング電極に高周波電圧が印加される．トラップ内で安定な軌道を描いて運動できるイオンの質量電荷比は，印加される高周波電圧に依存しており，電圧が高くなるにつれ，質量電荷比の小さなイオンから順にトラップから飛び出し検出器に導入される．ITMSは，解析対象となる特定のイオンを選択的に捕捉しておくことができるので，その衝突誘起解離（collision-induced dissociation, CID）を起こすことによって多段階の質量分析測定，すなわちMS^n測定を行うことが可能となる（30.4.2項参照）．それほど高真空を必要としないため，ESIなどのイオン化法と相性がよい．分解能が比較的低く，定量のダイナミックレンジがあまり広くない反面，他の質量分析計と比較して装置がかなり小型であるため，ベンチトップ型のLC/MS/MSによって定性定量分析をルーチンで行うには適している．

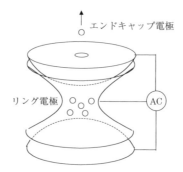

図30.6　イオントラップ型質量分析計の模式図

30.4 タンパク質をコードする遺伝子の同定

30.4.1 ペプチドマスフィンガープリント法（PMF 法）（図 30.7）

タンパク質を二次元電気泳動などの手段でスポットに分離した後，それぞれのスポットを切り出し，ゲル片のままアミノ酸部位特異的にタンパク質を切断するプロテアーゼ（トリプシンなど）で処理し，ゲル片中のタンパク質をペプチドに断片化する．特異性がはっきりしたプロテアーゼで切断すれば，アミノ酸配列に応じた特徴的な分子量をもつペプチド断片の組合せができる．これらペプチド断片の混合物を質量分析装置により解析し，**ペプチドの質量スペクトル**（peptide mass fingerprint, PMF）を測定する．データベース検索を用いて，データベース上のタンパク質について同様のプロテアーゼ処理により得られる理論上の質量スペクトルと実際に測定したスペクトルとを比較し，スポット中のタンパク質を同定する．

質量分析計の発達により微量のペプチドを高精度で測定できるようになったことや，ゲノム解析や cDNA クローニングなどによりタンパク質のデータベースが充実したため，この PMF 法により微量の試料を簡単な操作で処理することで，配列が既知のタンパク質であれば迅速かつ確実に同定することができるようになった．ネット上で検索できるデータベース（ペプチドマスデータベース）が欧米を中心に整備されており，熟練すれば 1 週間で数百スポットの同定が可能である．

30.4.2 アミノ酸配列分析

部分的なアミノ酸配列が決定できれば，これをデータベース検索にかけることによりタンパク質の同定が可能である．質量分析計を用いたペプチドのアミノ酸配列分析法にはいくつかの方法がある．一つは，イオン化部が ESI であるタンデム型質量分析計を用いる方法である．第一の質量分析計で選択したイオン化ペプチドを，衝突室でアルゴンなどの不活性ガスを衝突させてフラグメントイオンに分解し（**衝突誘起解離，CID**），それを第二の質量分析計で測定することによりアミノ酸配列を決定する方法である．CID によってペプチド結合が主に開裂するため（図 30.8），質量スペクトルからアミノ酸の配列情報が得られる．また，MALDI-TOF MS のイオン化部で生成され

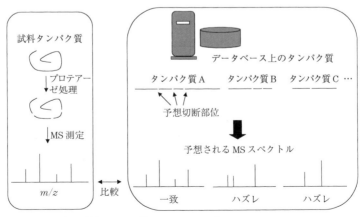

図 30.7 ペプチドマスフィンガープリント法

たイオン（プリカーサーイオンという）がそれ自体の内部エネルギーでさらに分解され生成するイオン〔ポストソース分解（PSD）という〕を測定してアミノ酸配列を決定することもできる．

プロテインラダーシークエンス法（図30.9）では，フェニルイソチオシアネート（PITC）とフェニルイソシアネート（PIC）をカップリング試薬としてエドマン分解することによりN末端側が1残基ずつ欠失したペプチド混合物（プロテインラダー）を作製する．この混合物をMALDI-TOF MSで解析し，得られる複数のピークの質量の差から該当するアミノ酸を割り出し，アミノ酸配列を決定する．また，タンパク質のC末端ペプチドをC末端カルボキシペプチダーゼYや化学的処理で切断し，さまざまな部位で切断されたペプチド混合物を調製する．この混合物を同様に

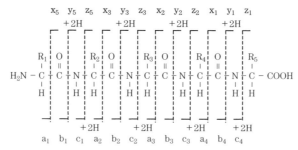

図30.8　CID-MS/MSで観察されるペプチド分解イオン
N末端を含むイオンをa-，b-，c-シリーズ，C末端を含むイオンをx-，y-，z-シリーズとよぶ．低エネルギーCIDの場合は，ペプチド結合が開裂しやすいために，主にb-シリーズとy-シリーズのイオンが検出される．

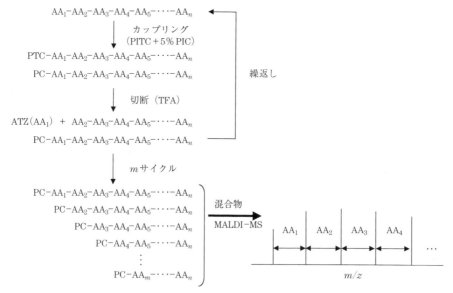

図30.9　プロテインラダーシークエンス法
5%のフェニルイソシアネート（PIC）と95%のフェニルイソチオシアネート（PITC）をカップリング試薬としてペプチドをエドマン分解（図30.10参照）することにより，ペプチドの一部をフェニルカルバモイル（PC）ペプチドに，残りの大半をフェニルチオカルバモイル（PTC）ペプチドとする．これにトリクロロ酢酸（TFA）を作用させてPTCペプチドのN末端ペプチド結合を切断し，N末端アミノ酸を除去する．一方，PCペプチドではこの処理によりペプチド結合は切断されない．新たに生じたペプチドに再び5%PIC＋95%PITCの試薬を反応させ，PCペプチドとPTCペプチドを生成させる．この反応を繰り返し行い，N末端から1残基ずつ欠失したペプチド混合物（プロテインラダー）を作製し，これを質量分析にかけることによりアミノ酸配列を決定する．

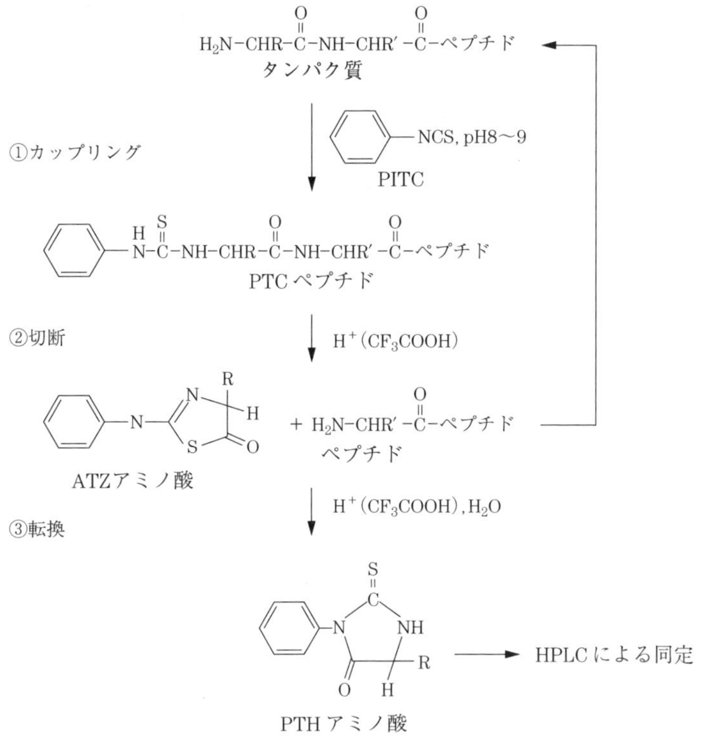

図30.10 エドマン分解法

タンパク質のN末端にエドマン試薬フェニルイソチオシアネート（PITC）をカップリングさせる．得られたフェニルチオカルバモイル（PTC）ペプチドに強酸を作用させ，N末端ペプチド結合を特異的に切断する．遊離されたN末端アミノ酸のアニリノチアゾリノン（ATZ）誘導体を安定なフェニルチオヒダントイン（PTH）アミノ酸誘導体に転換し，HPLCなどで同定する．新たに生じるペプチドを同様に繰り返し処理し，アミノ酸配列を決定する．

質量分析計で解析することにより，C末端からのアミノ酸配列を決定できる．

質量分析計を用いないアミノ酸配列決定法としては，エドマン法が一般的に用いられている（図30.10）．エドマン法による気相シークエンサーを用いてのN末端アミノ酸配列決定法は必ずしもハイスループットではないが，感度は比較的高く，1 pmol 程度のタンパク質で数アミノ酸残基の配列を決定できる．しかし，N末端がアセチル化，ホルミル化，ミリストイル化，メチル化などの修飾を受けている場合は，この方法では決定できない．このようなタンパク質の場合は，酵素や化学的処理で修飾基を脱離させてからアミノ酸配列を分析する方法も開発されている．

30.4.3 アミノ酸組成分析

タンパク質を 2-DE で分離した後加水分解し，クロロギ酸 9-フルオレニルメチル（Fmoc）や AminoMate などのプレカラム誘導体化法を用いてアミノ酸組成を分析する．得られた結果を，データベース上のタンパク質のアミノ酸組成と比較することにより，対応するタンパク質をコードする遺伝子がいくつか同定されている．この方法では，多数のタンパク質を感度よく 10 pmol レベルで分析することができる．

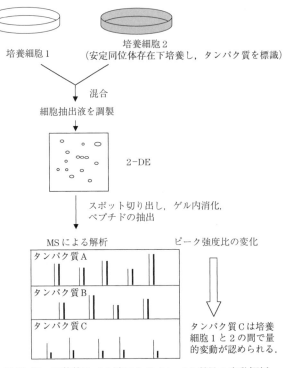

図 30.11 同位体ラベル法によるタンパク質量の変動解析

30.5 タンパク質の機能解析

30.5.1 タンパク質の動態

　タンパク質の発現量，発現時期，組織特異性，細胞内局在，寿命や特定条件下での発現などに関する解析は，いずれも 2-DE を用いた分析によりある程度の情報が得られる．異なる細胞間で発現しているタンパク質の相対量を，安定同位体を用いて比較する方法が開発されている（図 30.11）．この方法では，2 種類の異なる細胞のうち，一方のみを ^2H や ^{15}N で標識し両細胞のタンパク質を等量混ぜ合わせる．これを 2-DE などで分離した後質量分析計で質量の違う同位体ピークの強度を比較して，タンパク質の相対的な発現量の差を検出する方法である．同じタンパク質であれば同位体で標識した後も物理的な性質にほとんど差がないため，ペプチドのイオン化の効率にも両細胞間ではほとんど差が生じない．

　蛍光ディファレンシャルゲル電気泳動では，二つの細胞から抽出したタンパク質を異なる蛍光試薬で標識した後，混合して 2-DE を行う．それぞれの蛍光試薬を異なる波長で検出すれば，両細胞間におけるタンパク質発現量の差を 1 枚のゲル上で解析できる．2 種類の蛍光のパターンを画像解析することにより，タンパク質の変動について解析することが可能である．

30.5.2 翻訳後修飾

　タンパク質はさまざまな翻訳後修飾を受けて本来の機能を獲得することが多い．タンパク質の翻訳後修飾は，DNA や RNA レベルの解析では解明できないので，プロテオーム解析における重要

な解析対象の一つである．タンパク質をプロテアーゼなどにより部位特異的に切断した後に質量分析を行って得られる質量スペクトルを，DNA配列から予想される理論上の質量スペクトルと比較する．翻訳後修飾を受けたペプチドは，理論上の質量数とは違った値を示すのでこれを同定することができる．また，その質量の増加分から修飾基が何であるかについての情報も得られる．

糖タンパク質，リン酸化タンパク質，金属結合タンパク質などの検出は，電気泳動後に，ゲルマトリックス中や膜フィルター（ニトロセルロース膜やPVDF膜など）にタンパク質を転写した後の膜フィルター上でも行うことができる．糖に対して特異的な結合活性をもつタンパク質であるレクチンや，リン酸化アミノ酸あるいはリン酸化ペプチドに対する抗体，金属の放射性同位体を用いて検出することができる．

30.5.3 タンパク質間相互作用

タンパク質間の相互作用を明らかにすることは，タンパク質の機能上のネットワークを明らかにすることであり，プロテオーム解析の大きな目標となっている．タンパク質-リガンド，タンパク質-タンパク質相互作用をハイスループットで網羅的に解析する方法はきわめて重要である．アフィニティークロマトグラフィーや特定のクロマトグラフィーで同時に溶出されてくるタンパク質は，特異的な相互作用をしている可能性がある．また，あるタンパク質に対する抗体でそのタンパク質を沈降させる際に（免疫沈降法という），同時に沈降してくるタンパク質は，特異的な相互作用によって複合体を形成している可能性が考えられる．溶出画分や免疫沈降物を質量分析計により解析すれば，タンパク質間相互作用や複合体形成を明らかにすることができる．また，表面プラズモン共鳴装置（図30.12）やプロテインチップを質量分析法と組み合わせると，同様にタンパク質-リガンドおよびタンパク質間相互作用を明らかにすることができる．一方，酵母を用いたタンパク質間相互作用のハイスループットな解析法としてyeast two-hybrid系（図30.13）が開発され，それを用いてタンパク質間相互作用の大規模な解析が行われている．

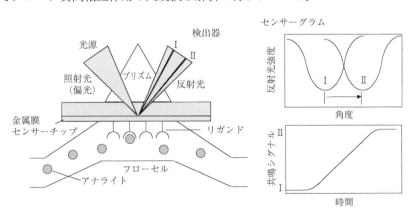

図30.12 表面プラズモン共鳴測定

金属膜に760 nmの偏光を全反射条件下で照射すると，金属膜表面にエバネセント波とよばれる反射光が生じる．その波数と金属表面振動自由電子（表面プラズモン）の波数が一致すると，入射した偏光のエネルギーが共鳴し，反射光の強度の減衰した光の谷（I）が生じる（表面プラズモン共鳴）．表面プラズモンの波数は，その表面に吸着した物質の誘電率や量に依存して変動し，その結果，光の谷が移動する．この変化を経時的に表したものがセンサーグラムである．センサーチップ表面にリガンドを結合させ，それと特異的に結合するアナライトを流してリガンドと結合させると，表面プラズモンの波数が変化する．これを利用して生体物質の相互作用をリアルタイムで分析する方法が，表面プラズモン共鳴測定である．

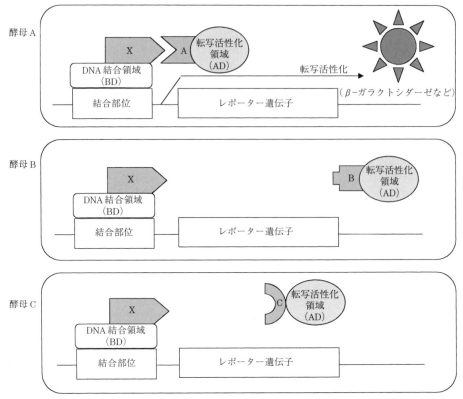

図 30.13 yeast two-hybrid 法
タンパク質 X と相互作用するタンパク質を検索するために，酵母内で X と転写因子 GAL 4 の DNA 結合ドメイン（BD）をもつキメラタンパク質 BD-X と，さまざまなタンパク質（A, B, C, …）と GAL 4 の転写活性化領域（AD）をもつキメラタンパク質 AD-A, B, C, …を発現させる．X と相互作用するタンパク質と AD のキメラタンパク質（ここでは AD-A）を発現させた酵母 A では，X と A が結合し，その結果 AD が，BD が結合する遺伝子部位の下流に存在するレポーター遺伝子の発現を活性化する．レポーター遺伝子として，たとえば β-ガラクトシダーゼが発現すると，特殊な基質を用いて酵母のコロニーを青く発色させることができるため，相互作用するタンパク質を検索できる．その他の酵母 B, C では，レポーター遺伝子の発現は起こらない．

30.5.4 タンパク質の高次構造

　タンパク質の立体構造解析には大量のタンパク質が必要である．そのため，発現ベクターに遺伝子を組み込み，大腸菌などにタンパク質を大量に発現させる方法が有用である．得られたタンパク質を用いて X 線結晶構造解析や核磁気共鳴（NMR）法などにより高次構造が解析できる．また，X 線結晶構造解析などによってすでに立体構造が明らかにされているタンパク質に対して高い相同性があるタンパク質は，コンピューターを用いた解析によりその立体構造を予測することができる．また，部位特異的変異導入法により，タンパク質の特定のアミノ酸残基を変異させたタンパク質を作成し，その性質を解析すると特定領域の構造と機能との相関を解析することができる．

　なお，ゲノム DNA に対応するすべてのタンパク質の立体構造と機能の関係を解析する学問領域が生まれており，構造ゲノム科学とよばれている．構造ゲノム科学は，プロテオミクスの一分野と位置づけることもできる．

30.6 データベース化

タンパク質の 2-DE のパターンや，アミノ酸配列，立体構造，機能に関する情報をデータベース化し，常時どこででも利用できるよう公表することが重要である．最近，データベース化に必要なソフトウェアが充実してきており，いずれプロテオーム解析の結果を既存のデータベースに入力できるようなシステムが開発されると考えられる．

演習問題

30.1 タンパク質，ペプチドの質量分析を行う際に広く用いられている代表的なソフトイオン化法を二つあげよ．

30.2 タンパク質，ペプチドの質量分析に関する次の記述について，正誤を述べよ．
   a MALDI 法では，タンパク質，糖質，オリゴヌクレオチド，脂質，およびこれらの複合体をはじめとするさまざまな生体物質をイオン化することができる．
   b TOF は，イオンがイオン源から検出器まで飛行するのに要した時間を測定することにより質量電荷比（m/z）を決める分析法である．
   c ESI 法では，タンパク質などの高分子化合物であっても多価イオンにすることにより質量電荷比を低くできるので，質量分析計を大型にして測定範囲を広げることなく高精度な測定が可能である．
   d ITMS は，解析対象となる特定のイオンを選択的に捕捉しておくことができるので，多段階の質量分析測定，すなわち MS^n を行うことができる．
   e 生体から抽出したタンパク質をプロテアーゼなどにより部位特異的に切断した後に質量分析を行い，その測定値を理論上のペプチド質量スペクトルと比較することにより，翻訳後修飾を受けたペプチドを同定し，また，その質量増加から修飾基に関する情報が得られる．

30.3 ペプチドマスフィンガープリント法について簡単に説明せよ．

参考図書

1) 礒辺俊明，高橋信弘編：プロテオーム解析法―タンパク質発現・機能解析の先端技術とゲノム医学・創薬研究ポストゲノム時代の実験講座，羊土社，2000.
2) 小田吉哉，夏目 徹：できマス！プロテオミクス―質量分析によるタンパク質解析のコツ，中山書店，2004.
3) Sali, A.: Functional links between proteins. *Nature*, **402**(6757), 25-26, 1999.
4) 志田保夫ほか：これならわかるマススペクトロメトリー，化学同人，2001.
5) 谷口寿章：最新プロテオミクス実験プロトコール 実験プロトコールシリーズ，秀潤社，2003.
6) 丹羽利充編：ポストゲノム・マススペクトロメトリー―生化学のための生体高分子解析 化学フロンティア，化学同人，2003.
7) 原田健一ほか編：生命科学のための最新マススペクトロメトリー―ゲノム創薬をめざして KS 化学専門書，講談社，2002.
8) 平野 久：プロテオーム解析―理論と方法，東京化学同人，2001.

31

糖 鎖 解 析

はじめに

生体内の糖鎖は，通常その還元末端がペプチド，タンパク質あるいは脂質とグリコシド結合した，いわゆる複合糖質として見いだされるものが多い．これらは非糖質部分（アグリコン）や糖鎖の構造的な特徴により，①糖タンパク質，②糖脂質，③プロテオグリカンの3種に大別される（図 31.1）．複合糖質に含まれる糖鎖の分析法に関しては，ここ数年来糖鎖のもつ生理的な意義への関心が高まるにつれ，急速な発展をとげた．特に，コンピューターも含めた最近の大型の機器を

(a) 糖タンパク質の結合部位の構造

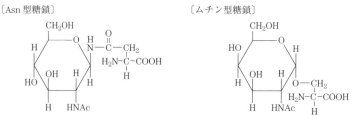

〔Asn 型糖鎖〕　　　　〔ムチン型糖鎖〕

N-アセチル-β-D-グルコサミニルアスパラギン　　N-アセチル-α-D-ガラクトサミニルセリン/スレオニン

(b) スフィンゴ糖脂質（ガングリオシド）の構造

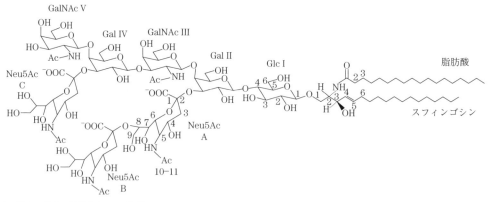

(c) グリコサミノグリカンの構造

コンドロイチン硫酸・デルマタン硫酸
→4GlcA(2R)β/IdoA(2R)α1→3GalNAc(4R/6R)β1→4GlcAβ1→3Gal(4R/6R)β1→3Gal(6R)β1→4Xyl(2R″)β1→O-Ser

ヘパリン・ヘパラン硫酸
→4IdoA(2R)α/GlcA(2R)β1→4GlcNR′α1→4GlcAβ1→3Galβ1→3Galβ1→4Xyl(2R″)β1→O-Ser

図 31.1 生体内に見いだされる複合糖質の種類と構造

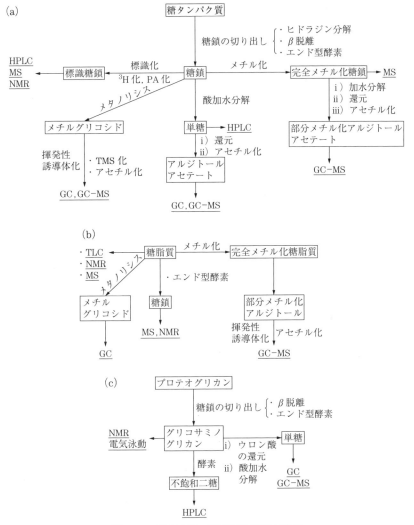

図 31.2 複合糖質の糖鎖解析手順の概要

用いた分析法の著しい進歩に伴い，糖鎖の構造解析法も発展をとげ，新しい分析法が開発されている．

本章では，それらのうち汎用性の高い分析法を中心に解説する．また，各複合糖質糖鎖の構造解析手順の概要を図式化して図 31.2 に示した．

31.1 糖鎖の検出・定量

分離精製された試料中に糖がどの程度含まれているかを調べるためには，簡便な化学的な検出方法が利用される．糖タンパク質あるいは糖脂質中に含まれる中性糖の検出・定量にはオルシノール-硫酸法，フェノール-硫酸法やアンスロン-硫酸法などが用いられる．この反応は古くから研究され，硫酸酸性下糖から生成するフルフラール（図 31.3）またはその誘導体と試薬との縮合体の呈色反応といわれているが，実際には複雑な色素の混合物である．

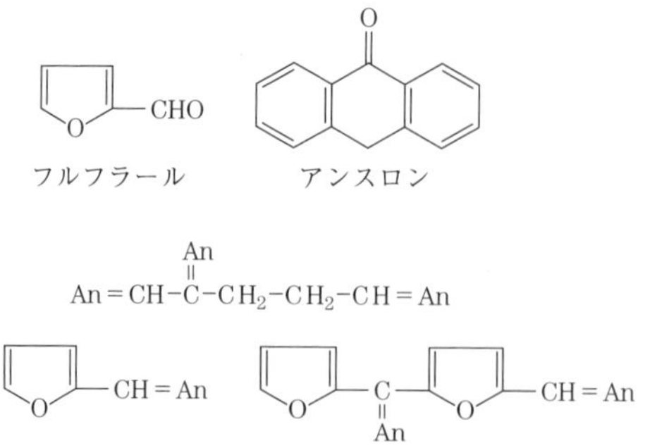

フルフラール　アンスロン

An=CH-C(=An)-CH₂-CH₂-CH=An

An=アンスロニリデン残基（アンスロン中央環のメチレンからH₂を除いたもの）

図31.3　アンスロン硫酸法

　また，試料を酸で加水分解（たとえば2Mトリフルオロ酢酸中100℃，4〜8時間），あるいはメタノリシス（たとえば1M HCl/乾燥メタノール中80℃，16〜24時間）して至適条件下で単糖にまで分解し，ガスクロマトグラフィー（GC）や高速液体クロマトグラフィー（HPLC）で分析すれば，試料中に含まれる構成糖の種類，存在量が確定できる．しかし，糖鎖の酸加水分解反応に及ぼす非糖質部分，特にタンパク質などの影響は避けることができず，単糖類の分解が起こるので，厳密に定量する場合には適当な標準試料を基準に補正することが必要である．

　その他，試料中に含まれるアミノ糖，ウロン酸およびシアル酸（図31.1参照）などを確認・定量する場合には，適当な蛍光試薬でプレラベル化後，あるいはポストカラムHPLCを用いた感度のよい方法が確立されている．また，複合糖質に含まれる硫酸，リン酸エステルの確認には各種の呈色反応が用いられるが，試料量が十分得られれば赤外吸収スペクトルが試料を破壊することなく測定できるので便利である．これら無機陰イオンを定量する場合には微量の試料を加水分解後，イオンクロマトグラフィーによって分析されている．

31.2　複合糖質中糖鎖の切り出し

　複合糖質に含まれる糖鎖の正確な構造解析は，非糖質部分から糖鎖をできるだけそのままの状態で遊離させ，精製することから開始される．糖タンパク質の場合，タンパク質と糖鎖の結合様式にはアスパラギン型結合型（Asn型，N結合型）とムチン型（Ser/Thr型，O結合型）の2種類があり（図31.1参照），糖鎖の切り出しにはそれぞれ異なった方法が用いられ，化学的な方法と酵素的な方法が開発されている．アスパラギン型糖鎖を切り出すために汎用されている化学的な方法として，ヒドラジン分解法が知られている．その分解反応を図31.4に示す．また，GlcNAc-Asnの糖鎖タンパク質結合部位を特異的に切断する酵素も用いられており，N-グリカナーゼ，グリコペプチダーゼの名称で市販されている．これらを用いて，生体内アスパラギン型結合糖鎖の構造解析は，後述する2-アミノピリジン（PA）を用いた蛍光標識法と組み合わせて飛躍的に進んだ．

　一方，糖タンパク質中に含まれるムチン型糖鎖を切り出すには0.05M NaOH中，45℃で，1時間撹拌する，いわゆるβ脱離法が用いられる（図31.5）．この方法では糖鎖還元末端の分解を伴うので，アルデヒド基による副反応を防ぐ意味で，還元剤であるNaBH₄を共存させて行われている．また，ムチン型糖鎖のGalNAc-Ser/Thr間の結合を切断する酵素も市販されているが，基質特異性が狭く汎用性に乏しい．最近糖タンパク質のアスパラギン型とムチン型の両者をヒドラジン

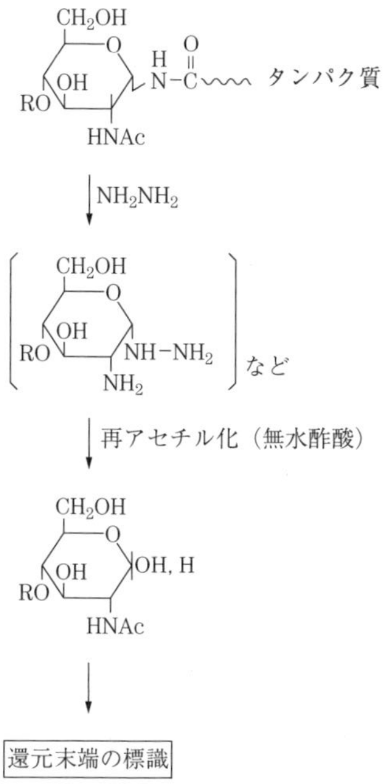

図 31.4 ヒドラジン分解法による Asn 型糖鎖の単離 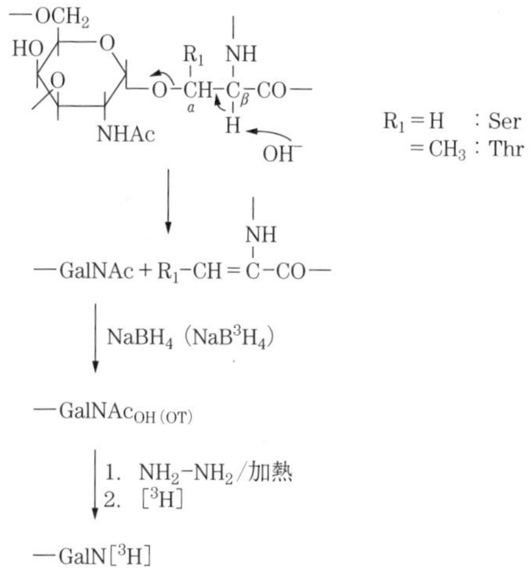　　**図 31.5** β脱離反応によるムチン型糖鎖の単離

分解で切り出す反応条件が見いだされ，アスパラギン型結合糖鎖，ムチン型結合糖鎖の同時分析に用いられている（図 31.4）．

またスフィンゴ糖脂質（図 31.1 参照）を分析する場合，糖脂質として均一な糖鎖をもつ試料が順相系 HPLC により容易に分離精製できる．そのため糖鎖を特異的に切り出す酵素，エンドグリコセラミダーゼが市販され，これを利用して切り出した糖鎖を PA 誘導体として分析している．

プロテオグリカンからいわゆるグリコサミノグリカン（GAG）を切り出す場合，タンパク質と GAG の橋渡し部分は Xyl-Ser/Thr が O-グリコシド結合しているため，前述したβ脱離反応により GAG 鎖が得られる．通常，0.5 M NaOH 中還元剤として 5%NaBH$_4$ を加えて 4°C，24 時間の条件で行われる場合が多い（図 31.5）．

以上，糖鎖のアグリコンからの切断法を述べたが，タンパク質あるいは脂質に結合している糖鎖は多様で，単に切り出しただけでは均一な糖鎖を得ることはできない．したがって糖鎖の構造解析に先立ち，個々の糖鎖を HPLC などにより分離精製することが重要となる．

31.3　糖鎖の蛍光標識化とパターン分析

糖タンパク質から切り出した糖鎖の精製過程で，微量の糖鎖を含む画分を追跡するために感度のよい検出法が必要となる．そこで化学的あるいは酵素的な切り出しによって得られた糖鎖の還元末端を，NaB^{3}H$_4$ で還元して放射性のトリチウムで標識する，あるいは還元的アミノ化により 2-アミノピリジン（PA）で蛍光標識することが行われている（図 31.6）．特に PA で標識した糖鎖は蛍光検出 HPLC を用いてピコモルレベルの微量分析が可能なため，特殊な施設を要するトリチウム標識法に比べて手軽に利用でき，幅広い分野で応用されている．またピリジルアミノ（PA）化糖鎖は 200 種以上のアスパラギン型糖鎖の標準品が入手可能である．購入すると ^{1}H-NMR などの

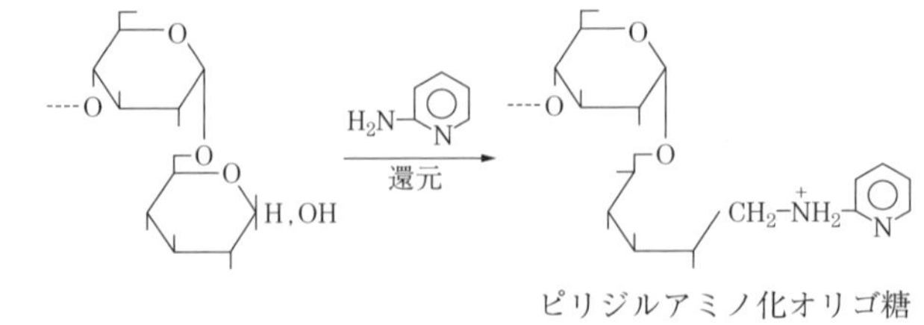

図31.6 2-アミノピリジンによる糖鎖還元末端の標識

スペクトルデータが添付されているので，これを比較することによって未知の糖鎖の構造を推定することも容易である．さらにこれらPA化糖鎖標準品の，2種類以上のHPLCカラム（たとえばODSシリカカラムおよびアミドシリカカラム）における溶出位置が詳細に調べられ，グルコースの重合したオリゴマーに換算して数値化されたデータをもとに糖鎖構造が推定できる，いわゆる二次元マッピング法が確立された．このマッピング法だけで糖鎖構造を推定するのはもちろん大きな危険を伴うが，このマッピング法から得られた情報は，他の分析法を行う場合に参考となることは

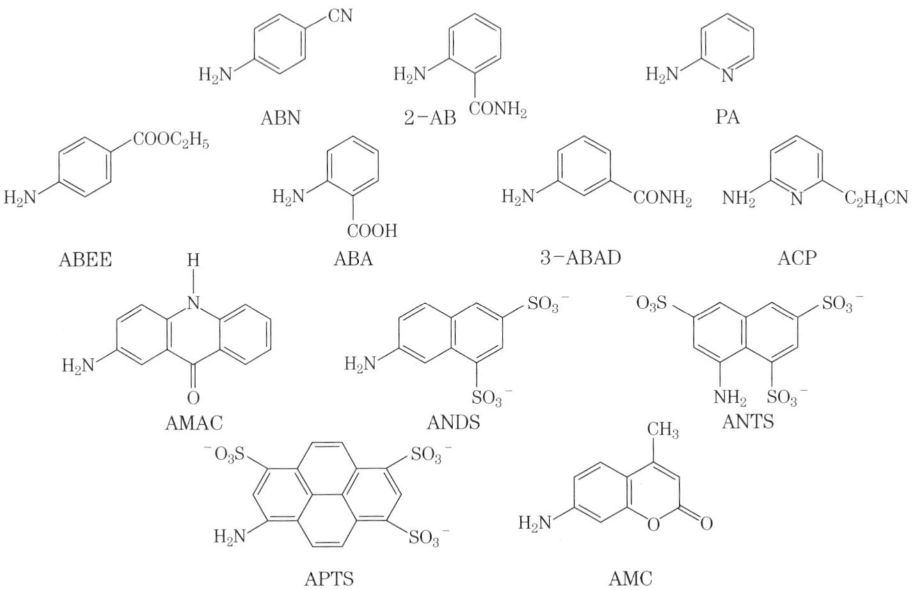

図31.7 糖鎖還元末端蛍光標識試薬の構造

ABA:2-アミノ安息香酸，2-ABAD:2-アミノベンツアミド，3-ABAD:3-アミノベンツアミド，ABEE:エチルパラアミノベンゾエート，ABN:パラアミノベンゾニトリル，ACP:2-アミノ-6-シアノエチルピリジン，AMAC:2-アミノアクリドン，AMC:7-アミノ-4-メチルクマリン，ANTS:8-アミノナフタレン-1,3,6-トリスルホン酸，ANDS:7-アミノナフタレン-1,3-ジスルホン酸，PA:2-アミノピリジン，APTS:8-アミノピレン-1,3,6-トリスルホン酸．

確かである．PA以外にもさまざまな蛍光標識試薬が利用されている（図31.7）．

糖タンパク質糖鎖に比べて糖脂質に含まれる糖鎖を系統的にパターン分析した例は少ないが，特にガングリオシド（シアル酸含有スフィンゴ糖脂質の総称，図31.1参照）については，ガングリオシドマッピングと命名された，陰イオン交換樹脂を充填したカラムを用いたイオン交換クロマトグラフィーと，薄層クロマトグラフィー（TLC）を用いたパターン分析法が汎用されている．TLC上でアンスロン硫酸試薬を噴霧し，プレート上でTLCを直接加熱すると，中性，酸性すべ

ての糖脂質が検出できる．またレゾルシノール–塩酸試薬を噴霧することでシアル酸を含むガングリオシドが検出できる．

一方，プロテオグリカンに関しては，ポリアクリルアミドゲルを用いて電気泳動により分離後，アルシアンブルーなどの陽イオン性試薬により検出する方法が古くから行われているが，グリコサミノグリカン鎖の構造多様性により，個々のプロテオグリカンの完全な分離条件が得られず，パターン分析法として確立されていない．通常，プロテオグリカンからβ脱離反応によってグリコサミノグリカンを調製し，グリコサミノグリカン糖鎖をセルロースアセテート膜を用いた電気泳動法によりパターン分析している．現在では，各種グリコサミノグリカンを特異的に分解する酵素が

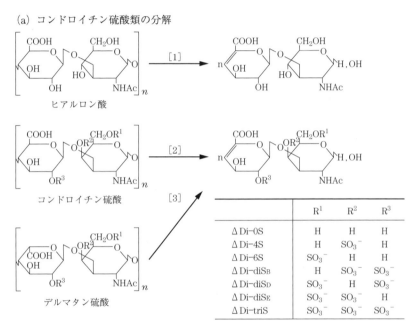

[1] Chondroitinase ABC or Chondroitinase ACII or hyaluronidase SD
[2] Chondroitinase ABC or Chondroitinase ACII
[3] Chondroitinase ABC

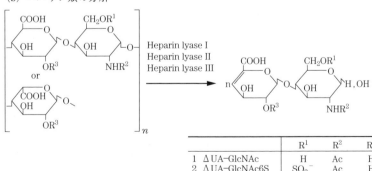

図 31.8 酵素によるグリコサミノグリカンの不飽和二糖への分解

市販されるようになり，これらの酵素を利用したパターン分析がより一般的である．すなわち，酵素によって切り出される生成物（不飽和二糖類，図 31.8）は，各グリコサミノグリカンの硫酸化度および硫酸エステルの結合位置に関する情報を保持しているので，これらの不飽和二糖を HPLC によって分析することにより，組成分析も兼ねた広い意味におけるパターン分析が可能である．

31.4 糖鎖の組成分析

糖鎖の構造解析を行う場合，最初に構成糖組成を知ることが必須である．糖タンパク質の場合，マンノースが検出されれば Asn 型，ガラクトサミンが検出されればムチン型糖鎖である可能性が高い．通常，生体試料などから分離精製される糖鎖は微量である場合が多く，感度の高い分析法が要求される．

これまで汎用されてきた方法は，試料をメタノリシスし，遊離したメチルグリコシドをトリメチルシリル（TMS）化して GC により定性・定量する方法である．本法は 1 μg 以下の単糖も定量可能であり，メタノリシス条件を適当に調節することにより，中性糖，アミノ糖，ウロン酸およびシアル酸まで同時に定量できる．たとえば 1 M HCl/乾燥メタノール中，80°C，24 時間の条件でメタ

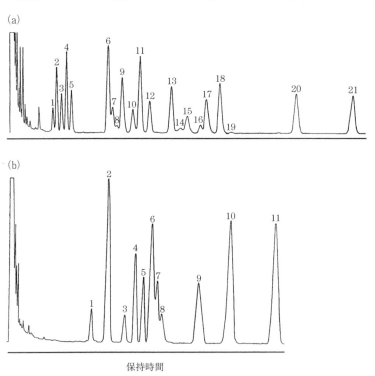

図 31.9 中性糖，アミノ糖，シアル酸，ウロン酸のメチルグリコシドトリメチルシリル誘導体のガスクロマトグラム
(a) 中性糖，アミノ糖，シアル酸の分離パターン：フコース 1,2,3，キシロース 4,5，マンノース 6,8，ガラクトース 7,9,10，グルコース 11,12，マンニトール（内標準）13，N-アセチルグルコサミン 14,16,18,19，N-アセチルガラクトサミン 15,17，パーセイトール 20，N-アセチルノイラミン酸 21．
(b) ウロン酸の分離パターン：グロン酸 1,3,7，イズロン酸 2，グルクロン酸 4,10，ガラクツロン酸 5,8,9，マンヌロン酸 6，マンニトール（内標準）11．

ノリシスし，TMS誘導体としてシリコン系の極性の比較的小さいキャピラリーカラムで分析する場合，中性糖，アミノ糖，シアル酸およびウロン酸が一斉に分析できる（図31.9）．しかしこの方法は1種類の単糖から複数のピークを生じ，定性には都合がよいものの定量性に若干の問題を残している．より定量性の高い方法として糖鎖を4 M HCl中，100℃，18〜24時間加水分解後，遊離する単糖を糖アルコールに還元，アセチル化してアルジトールアセテートとしてGCにより分析する方法が用いられている．従来の充填カラムでは分離条件の設定にむずかしさがあったが，最近はキャピラリーカラムの普及によって簡単に分離定量できるようになった．

一方，単糖類の分析法としてHPLCが用いられる機会が増加している．糖鎖から遊離した単糖類を直接HPLCに注入し，示差屈折計を用いて分析することもできるが，感度が低い，グラジエント溶出が適用できない，検出器が温度に敏感で安定性に欠けるなど問題も多く，生体試料中糖鎖の構成糖分析に適した方法とはいいがたい．糖鎖をトリチウム誘導体やPA誘導体に変換してHPLCで分離・同定する方法も用いられているが，それぞれラジオフローメーターなどの特殊な検出器が必要であったり，誘導体化操作が煩雑であったりするため，構成糖の分析だけを目的にする場合は実用性に欠けるといえよう．

一方，強塩基性条件で使用できるカラムが開発され，単糖を分離後，アルコール性水酸基の酸化還元反応を利用するパルスアンペロメトリー検出器（PAD）によって，高感度にかつ簡便に定量する方法が報告されている．本法はアルジトールのような還元基をもたない糖アルコールも検出できるなど，汎用性にすぐれている反面，特異性に欠け，用いる場合は不純物の混入に細心の注意を払わねばならない．

従来から高感度で簡便なポストカラムHPLC法による単糖類の分析のために，数多くの発蛍光試薬が開発されてきた．たとえば2-シアノアセトアミド，アルギニン，ベンズアミジンなどは緩和な条件で還元糖と反応し，感度および精度の点ですぐれた単糖類の分析法が確立されている．

また糖鎖の組成分析では，得られた糖鎖の構造を推定するうえで加水分解後に得られたアミノ糖，あるいはシアル酸の定量が重要になる場合が多い．いずれも蛍光プレカラムHPLCにより超高感度分析が達成されている．すなわち，アミノ糖は糖アルコールに還元後，加水分解によって脱アセチル化されたアミノ基を，7-フルオロ-4-ニトロベンゾ-2-オキサ-1,3-ジアゾール（NBD-F）を用いて蛍光標識する．一方シアル酸は，α-ケト酸の蛍光誘導体化試薬である1,2-ジアミノ-4,5-メチレンジオキシベンゼンジヒドロクロリド（DMB）により標識する．各糖はそれぞれ数pg前後の範囲で十分定量可能である（図31.10）．

単糖相互のグリコシド結合位置の決定には，メチル化分析が欠かせない方法である．この方法は，①糖鎖OH基の完全メチル化，②単糖への分解と誘導体化，③GCまたはGC-MSによる分析の3段階の操作より成り立つ．すなわち，グリコシド結合の位置や還元末端単糖の決定，硫酸基など置換基の有無の確認のために，単離した糖鎖上の遊離のOH基を，まず化学的に安定なメチルエーテル誘導体とした後，酸性条件下単糖に分解する．この段階で生成する単糖は，他の糖あるいは置換基が結合していた位置のみに遊離のOH基を有する．さらに還元を行い部分メチル化アルジトールアセテートあるいはトリメチルシリル誘導体などの揮発性誘導体として，GCやGC-MSで分析する．操作の概要を図31.11に示す．得られた部分メチル化アルジトールアセテートは，質量分析計を装着したGC-MSで分析されるのが一般的である．

プロテオグリカンに含まれるグリコサミノグリカンの定量には糖鎖のパターン分析の項でもふれ

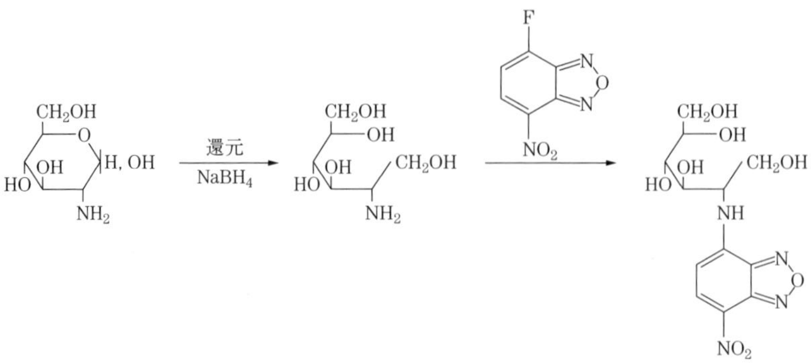

(a) アミノ糖のNBD誘導体化

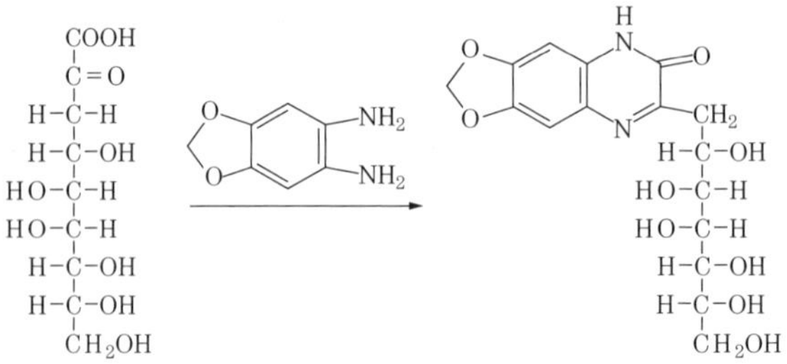

(b) シアル酸のDMB誘導体化

図 31.10 アミノ糖，シアル酸の蛍光誘導体化反応

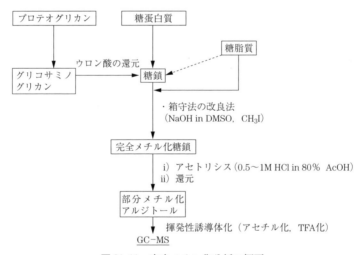

図 31.11 完全メチル化分析の概要

たが，酵素を用いた不飽和二糖分析が一般的である．すなわち，市販されているコンドロイチナーゼ類，またヘパリチナーゼ類など，基質特異性の異なるリアーゼを用い，生体試料より精製したグリコサミノグリカンを処理することによって，ウロン酸の4，5部分に二重結合を有する不飽和二糖が生成する．得られた不飽和二糖は232 nm に特異的な吸収を有し，適当な分離系と紫外部検出器を組み合わせるだけで，簡単にその組成を知ることができる．また2-シアノアセトアミドなどの発蛍光試薬をポストカラム HPLC の検出系に用いると，さらに高感度の定量が可能になる（図31.12）．

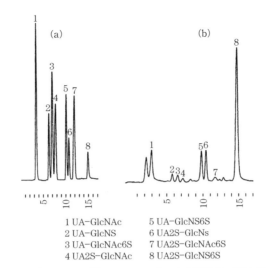

1 UA-GlcNAc	5 UA-GlcNS6S
2 UA-GlcNS	6 UA2S-GlcNs
3 UA-GlcNAc6S	7 UA2S-GlcNAc6S
4 UA2S-GlcNAc	8 UA2S-GlcNS6S

図 31.12　酵素分解によって得られたヘパリン由来不飽和二糖の分離パターン
(a) 標準品不飽和二糖，(b) ウシ肺由来ヘパリンから得られた不飽和二糖類．分離系，逆相イオンペアクロマトグラフィー；分離カラム，ODS；対イオン，テトラブチルアンモニウム；溶離系，アセトニトリル-NaCl グラジェント；検出系，ポストカラム蛍光検出（0.1% 2-シアノアセトアミドと 0.1 mol/L 水酸化ナトリウム，反応温度，110℃）．

31.5　NMR による糖鎖分析

　糖タンパク質糖鎖のプロトン核磁気共鳴（^{1}H-NMR）スペクトルは，アノメリックプロトンを除いて糖環プロトン由来シグナルが狭い共鳴領域に集中し（3.5〜4.5 ppm），一次元スペクトルだけですべてのシグナルを完全に解析することは困難であった．しかしながら，強力な超伝導磁石と高速のデータ処理能をもつ高分解能 NMR 装置が開発され，それに伴って各種多次元測定法なども工夫されるようになり，いまや糖タンパク質糖鎖にかぎらず，糖脂質あるいはグリコサミノグリカン由来オリゴ糖の糖鎖の構造研究に，^{1}H-NMR は欠かすのできない分析手段となった．

　現在さらに大型の超伝導磁石が開発され，1 GHz の観測周波数をもつ NMR 装置も実用段階に入ってきており，磁場勾配型検出器や高速のデータ処理用コンピューターの導入とともに，さらに迅速で強力な糖鎖構造解析法となる可能性を秘めている．すでに 1980 年代より蓄積されたアスパラギン結合型糖鎖の測定データがデータベース化されている．これを利用すると，化学シフト，スピン結合定数，シグナルの線幅から未知の糖鎖であっても一次元スペクトルを測定するのみでその一次構造が決定可能である．現在この方法は，一般的な糖鎖の一次構造解析法として幅広い分野で認められ，利用されている．

　データベースをもとにして，未知の糖鎖の ^{1}H-NMR スペクトルから一次構造を決定するためには，糖タンパク質から切り出された糖鎖の混合物から，均一性の高い糖鎖を分離精製することが不可欠である．前述したようにヒドラジン分解により糖鎖を切り出し，PA 化糖鎖を精製すれば容易に ^{1}H-NMR スペクトルが測定可能である．数多くの PA 化糖鎖も ^{1}H-NMR スペクトルデータとともに入手可能であり，またこれらの PA 化糖鎖は，標識していない糖鎖と比較して，還元末端側の 3 残基（GlcNAc-1，GlcNAc-2，Man-3）に関する NMR データが異なるものの，前述した

データベースにあるシグナルについての情報を利用することができる．

　特殊な場合を除いて糖鎖の NMR スペクトルは重水中で測定される．試料濃度は 0.1〜0.5 mM で測定すれば簡単な二次元スペクトルも含めて測定することができるが，プロトン専用検出器あるいは高分解能の装置を用い，十分な積算時間が確保できれば，さらに低濃度（10 μM 以下）でも解析可能な一次元スペクトルを得ることができる．ただし，糖のアノメリックプロトンのシグナルが重水中に含まれる HOD のシグナルの近傍に観測されるため，解析不可能な場合がある．すなわち低濃度の試料を測定する場合，感度を得るためにホモデカップリング法などで HOD を照射する．そのため，場合によると HOD 近傍のシグナルも消失する可能性がある．このような場合は測定温度を変えて測定する．HOD の化学シフトは検出器の温度を 10°C 上昇させると約 0.1 ppm 高磁場側にシフトするが，糖鎖プロトンに由来するシグナルの化学シフトはほとんど測定温度に影響されない．さらに試料が十分ある場合には多次元 NMR を用いた解析も有効である．各種の多次元 NMR スペクトルから得られる情報に関する詳細については，15 章および成書を参照されたい．

31.6 糖鎖の質量分析

　糖鎖の分析に質量分析計を用いるために，初期の段階では揮発性の誘導体に導き EI 法（電子衝撃法）や CI 法（化学イオン化法）が実施された．糖鎖の完全メチル化分析においても，この手法は現在も GC と連結した GC-MS として糖鎖分析に大いに貢献している．すなわち部分メチル化アルジトールアセテートの分析には，GC クロマトグラム上の保持時間だけでの同定は危険を伴い，いまや質量分析による確認は欠かすことができない．比較的分子量の小さなオリゴ糖鎖（2〜8 糖程度）も完全メチル化することによって直接質量分析可能で，分子量，糖鎖配列に関する情報を得ることができる．

　糖鎖を何ら修飾せず，すなわち水酸基が遊離なままの糖鎖を質量分析するためには，ソフトイオン化法といわれる種々のイオン化法が有用である．分子量が 2000 を超える高分糖鎖については ESI（エレクトロスプレーイオン化）法，MALDI（マトリックス支援レーザーイオン化）法が有力である．特に ESI 法は HPLC，CE（キャピラリー電気泳動）クロマトグラフィーと質量分析計を結ぶインターフェースとしての実用化が進んでおり，汎用されている．

　質量分析法はいずれのイオン化法を用いても，各構成糖のアノマーに関する情報はいまのところ得られないが，そのほかの有用な構造を得るための解析手段として質量分析が重要になってきた．MALDI と組み合わせた**飛行時間型**（time of flight, TOF）**質量分析計**は，磁場型あるいは四重極質量分析計に比べて低分子量領域での精度で劣ることから，限られた範囲で使用されているにすぎなかった．しかしながら最近，その簡便性，高分子領域での優位性が再認識されはじめ，検出器感度の上昇，イオン化法などの工夫などによってすぐれた装置が市販されている．糖鎖に関する応用も増加傾向にあり，今後糖鎖解析法の主力となるに違いない．詳細については 16 章を参照されたい．

演習問題

31.1　生体内に見いだされる複合糖鎖を，非糖質部分で分類し，構造的特徴を示せ．
31.2　中性糖，アミノ糖，酸性糖の分離分析法について説明せよ．

31.3 生体内に見いだされる糖鎖を，非糖質部分から切り出す方法について説明せよ．

参 考 図 書

1) A. Varki, J. Esko, G. Hart, R. Cummings and H. Freeze 編，鈴木康夫訳：コールドスプリングハーバー 糖鎖生物学，丸善, 2003.
2) 日本化学会編：先端化学シリーズ 糖鎖/バイオマテリアル/分子認識/バイオインフォマティクス，丸善, 2003.
3) 小林一清，正田晋一郎編：糖鎖化学の最先端技術バイオテクノロジーシリーズ，シーエムシー出版, 2005.

32

薬毒物分析法

はじめに

　薬毒物とは，薬物の場合は大麻，ヘロイン，向精神薬などを医療目的から逸脱した用法や用量で用いることにより，また毒物の場合は，その少量を生体に接触または生体に摂取することにより生活機能を著しく害して疾病の原因となる物質をいう．薬毒物によって引き起こされる障害を**中毒**（toxication）という．中毒には外来毒物による場合と自己体内産物による場合があるが，ここでは単に中毒とは前者の場合を示す．薬物中毒の証明は，通常臨床的な症状や病理的解剖方法および化学的方法により行われる．特に原因物質を迅速に特定し，その量を正確に分析することは，裁判化学や薬毒物治療において重要である．

32.1　薬物中毒における生体試料の取扱い

　毒物の種類が予測できない場合は，できるだけ多くの試料を入手する必要があるが，特に重要な部分は，血液，尿，消化管内容物および臓器である．1種類の検体で中毒原因が明らかにできる場合でも，他の毒物の同時摂取との関連が問題となることがある．以下各試料の一般的な特徴と取扱いについて述べる．

32.1.1　血　　液

　血液は，薬毒物の分析には最も有用な試料である．一般的な有機薬品は，毒性発現と血中濃度が相関性を示すので，重要な役割を有している．しかしながら，血液を採取した部位によって，薬物の濃度が著しく異なることがある．一般的な血液採取の部位は心室内，頸部静脈，大腿部静脈などである．血液試料を保存する場合には，容器としてテフロンかシリコン栓のついたガラス管を用い，防腐剤としてフッ化ナトリウムを最終濃度として1%となるように添加して低温保存（－20℃以下で凍結保存）する．

32.1.2　尿

　尿中に毒物が検出された場合には，その毒物が体内を循環したことを意味しており，排泄量から摂取量を推定するためのきわめて重要な試料である．特に生体の場合には，苦痛なく採取できる利点がある．しかし尿中濃度と血中濃度との関係は，水分摂取量，尿中成分の変化によって一様ではない．特に尿のpHの差によってイオン性毒物の排泄量は大きな影響を受ける．一般に酸性毒物はアルカリ尿のとき，塩基性毒物は酸性尿のときにより排泄される．尿を試料とする際に最も大切なのは，代謝産物の検出である．代謝物は通常は水溶性が増加するが，抱合体を形成していることも

あるので，分析法もそれに応じた工夫が必要である．たとえば，グルクロン酸抱合体ではβ-グルクロニダーゼなどにより加水分解を行う必要がある．

尿試料の保存は凍結保存がよく，場合によっては最終濃度が1%となるようにアジ化ナトリウムやフッ化ナトリウムを添加する．

32.1.3 消化管内容物，吐瀉物

薬毒物が経口摂取された場合，胃に高濃度に残存している確率が高い．また救急病院などで胃洗浄が行われているときは，洗浄液を全量集める．吐瀉物がある場合にも試料とする．

試料の取扱いとしては，胃内容物，胃壁を精査することにより，投与された薬毒物を判断できることがある．胃内容物の臭気に注意し，液性はできるだけ速やかに測定し，密閉容器に入れて冷凍保存する．なお，必要に応じてアルコールを加え，アルコール濃度が50%以上になるようにして冷凍保存する．

32.1.4 臓　　器

a．肝　臓

経口的に摂取した毒物が最初に到達する臓器は肝臓であり，血液や他の臓器よりもはるかに高濃度に濃縮されて存在することがある．ヒ素，バルビツール酸系催眠薬などがその例である．肝臓の保存も冷凍がよく，場合によっては数倍量のアルコール中で細切し，予備的な抽出を行っておく．

b．腎　臓

金属毒の検出に適した臓器であり，組織学的な検査の結果を化学分析で証明することが必要となることがある．

c．脳

中性の脂溶性毒物（クロロホルム，エーテル，吸入麻酔薬など）は脳の脂質中に取り込まれやすいため，脳は薬物の中毒解明のための重要な試料となる．試料は共栓付のガラス容器にアルコールなどの有機溶媒の添加は避け，凍結して保存する．

32.1.5 毛髪，爪，唾液

分析技術の発展に伴い毛髪，爪や唾液などに代謝される微量物質の分析が可能となった．毛髪や爪はポリエチレン容器または袋に保存する．唾液は尿と同様に凍結保存する．

32.2　中毒原因物質のスクリーニング（予試験）

薬毒物の種類は天然物や合成化合物をあわせると莫大な数である．この中から検体に含まれていると思われる薬毒物を一つずつ検査，同定することは，制限された時間内では不可能に近い．試験法としては従来の呈色反応，沈殿反応，**薄層クロマトグラフィー**（thin-layer chromatography, TLC）のほかに，分析技術の発展に伴い**ガスクロマトグラフィー–質量分析法**（gas chromatography-mass spectrometry, GC-MS），**液体クロマトグラフィー–質量分析法**（high performance liquid chiromatography-mass spectrometry, LC-MS）およびイムノアッセイを用いたキットが評価されている．表32.1に代表的な予試験法，表32.2にその他イムノアッセイなどの試験法の例

表32.1 代表的な呈色反応による予試験

方法	対象薬毒物	原理	対象試料	備考
シェーンバイン-パーゲンステッヘル法	青酸化合物	酒石酸酸性にした試料を加温し，発生するシアン化水素がグアヤク試験紙に湿してある硫酸銅と反応しオゾン生成．これがグアヤク脂を酸化し青変する	血液，消化管内容物	酸化性ガス（硝酸，塩素など）も反応する．鋭敏な反応である．用時調整
シェーレル法	黄リン	酒石酸酸性にした試料を加温し，発生する蒸気が硝酸銀紙と反応し黒変する	消化管内容物	硫化水素，ホルマリン，ギ酸などの還元物質も黒変する
ラインシュ法	重金属（ヒ素，水銀，アンチモン，ビスマス）	塩酸酸性にした試料に，磨いた銅片を加え加温すると銅片の表面に灰色ないし黒色の被覆物ができる	消化管内容物	陽性の判断には経験が必要である
コリンエステラーゼ活性阻害試験	有機リン酸系，カルバメート系農薬	2本の試験管にそれぞれDTNB溶液およびヨウ化アセチルチオコリン溶液をとり，正常試料と汚染試料を加えると，色調に差がでる	消化管内容物，血液，脳	
EPN試薬試験	フェノチアジン系薬物	5%塩化第二鉄溶液-20%過塩素酸-50%硝酸（1:9:10）混液により赤-橙-紫-青色を呈する	尿，消化管内容物	退色が早い
Forrest（ホレスト）反応	イミプラミン，デスメチルイミプラミン	0.2%重クロム酸カリウム-30%硫酸-20%過塩素酸-50%硝酸の等量混合液で黄緑→緑→青色になる	尿，消化管内容物	フェノチアジン類も陽性
ハイドロサルファイトによる反応	パラコート，ジクワット	試料にハイドロサルファイト・水酸化ナトリウム溶液を加えると呈色する	尿，消化管内容物	パラコート（青），ジクワット（緑）
分光学的方法による一酸化炭素ヘモグロビン（CO-Hb）の測定	一酸化炭素	試料を0.1%炭酸ナトリウムで希釈し吸収スペクトルを測定する．この溶液にハイドロサルファイトを加え再び吸収スペクトルを測定する．CO-Hbは539 nmと569 nmに極大吸収が残り，濃度に比例する	血液	正常血液と比較する．COを含まなければ，ハイドロサルファイトでヘモグロビンは還元されて双峰性の吸収曲線は消えて一つの山となる

（中村 洋ほか編：基礎薬学 分析化学II，p.376，廣川書店，1997より）

を示す．

32.3 薬毒物の前処理法

32.3.1 低沸点の揮発性薬毒物

試料が臓器などの場合はその一部を冷却下で細切し，また血液，尿の場合はその一定量を直接バイアルに入れる．一定条件で一定時間放置した後，その気相の一部をガスシリンジで採取する．この方法をヘッドスペース法という．得られた試料をGCなどに導入して分析する．

32.3.2 高沸点の揮発性薬毒物

酸性の揮発成分の場合，臓器は冷却化で細切し，また血液や尿などはその一定量を共通すり合わせのフラスコに入れる．これに塩化ナトリウム（塩析法），冷水を加え酒石酸または希硫酸で酸性

表 32.2 その他の分析法による予試験

方 法	対象薬毒物	原 理	対象試料	備 考
Triage（トライエージ）	ベンゾジアゼピン類，コカイン代謝物，覚せい剤，大麻代謝物，バルビツール酸，オピエイト，フェンシクリジン，三環系抗うつ剤の8種	金コロイド粒子標識物を用いる競合的免疫化学的方法	尿，血液（サリチル酸除タンパクした上清）	定性的に迅速に検出できる
Toxi Lab（トキシラボ）	約140種類の薬毒物とその代謝物	薄層クロマトグラフ法	尿，血液，吐瀉物	ホルマリン蒸気，DPC試薬，ドラーゲンドルフ試薬，UV吸収で検出
EMIT	薬毒物とその代謝物	酵素免疫測定法	尿	検査項目にあわせて抗薬物抗体を選定
TDx	フェノバルビタール，フェニトイン，リドカインその他36種類の薬物	抗原抗体反応を利用した蛍光偏光免疫測定法	尿，血清，吐瀉物	検査項目にあわせて抗薬物抗体を選定
REMEDi-HS	400種類以上の薬毒物	高速液体クロマトグラフ法	尿，血清，吐瀉物	紫外部に吸収のない薬毒物は測定できない．酸性薬物の同定は困難
PaPID Assay Kits	残留農薬	酵素免疫測定法	水，尿，血液	ポリクローナル抗体を用いる．農薬にあわせてキットを選択する
Visualine（ビスアライン）	メタンフェタミン，マリファナ，ベンゾジアゼピン	イムノクロマトグラフ法	尿	1枚のキットで，1薬物の検査
吸収チップ法	覚せい剤	シモン反応（呈色反応）	尿	二級アミンは呈色する．フェノチアジン系も陽性を示すことがある

（中村　洋ほか編：基礎薬学 分析化学II，p.376，廣川書店，1997より）

にした後，ワグナー蒸留管をつけて水蒸気蒸留を行う．その留出液を冷却した容器に集めて試験溶液とする．一方，アルカリ性の揮発成分の場合，同様に共通すり合わせフラスコに入れ，これに酸化マグネシウムまたは水酸化ナトリウム溶液を加えてアルカリ性とし水蒸気蒸留を行い，その留出液を集めて試験溶液とする．この操作を水蒸気蒸留法という．これらの試験溶液はそれぞれ液性を調整した後，エーテルで抽出して，得られた抽出物につきGCなどに導入して測定する．

32.3.3　不揮発性薬毒物

不揮発性薬毒物を含む試料は除タンパク後，図32.1のような液液抽出を行い，それぞれの画分を得る．

32.4　薬毒物の分析法

32.4.1　揮発性薬毒物

a．一酸化炭素

一酸化炭素（CO）は無臭の気体で，空気に対する比重は0.967である．COは血液中のヘモグロビン（Hb）と親和力が強く，CO-Hbを生じHbの酸素運搬能が失われ，死に至らしめる．

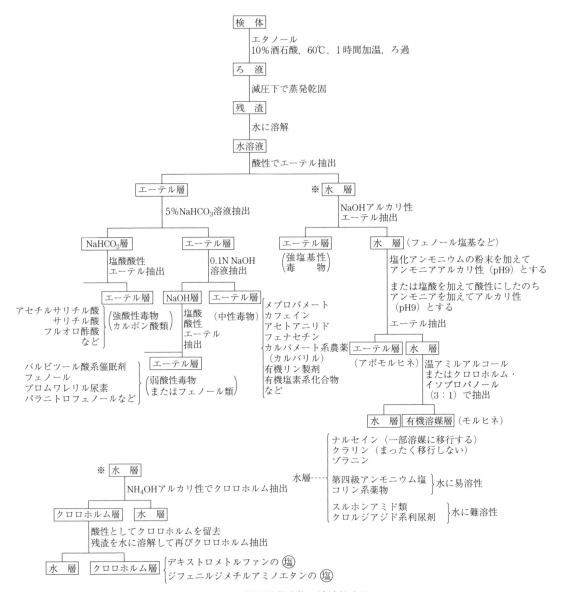

図 32.1 不揮発性薬毒物の液液抽出法
(沢村良二, 鈴木康男: 裁判化学, p.22, 廣川書店, 2004 より)

COの定量は, 主に検知管法とGCがある. 検知管法はCOの還元性を利用したものである. すなわち血液中のHbを硫酸で変性させた後に, 硫酸パラジウムとモリブデン酸アンモニウムをシリカゲルに吸着させた検知管に導入する. CO-Hbから遊離したCOは硫酸パラジウムを還元し, パラジウムの金属を生成するため黒褐色に変色する. 検知管の黒化した部分の長さを測定してCO濃度を求める (図 32.2). この方法により, 20〜1000 ppmが測定可能である.

GCは, 血液中のCO-Hbとフェリシアン化カリウムを反応させるとCOが遊離され, これを熱伝導型付GCで分析する.

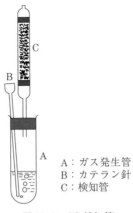

A：ガス発生管
B：カテラン針
C：検知管

図 32.2　CO 検知管

b．硫化水素

硫化水素（H_2S）は無色の気体で，空気に対する比重は 1.191 であり，卵の腐ったような異臭を有し，1～2 ppm でその臭気を感じる．硫化水素は中枢神経に作用して呼吸麻痺を引き起こす．

H_2S の分析法は，酢酸鉛試験法，メチレンブルー（比色）法および GC がある．酢酸鉛試験法は，試料をアルカリ性で硫酸亜鉛を入れた吸収瓶に入れ，硫化亜鉛とした後，その溶液を酸性にすることにより H_2S が発生し，酢酸鉛試験紙を黒変する．メチレンブルー法は，試料溶液に p-アミノジメチルアニリン溶液と塩化第二鉄溶液を加えるとメチレンブルーの青色色素が生成し，この色素を 670 nm の吸光度で測定する．GC は試料溶液を塩酸酸性下でアセトン抽出し，イオウに特異的な炎光光度型検出器（flame photometric detector, FPD）で高感度に分析する．この場合の検出限界は $0.1\ \mu g/mL$ である．

c．シアン化水素

シアン化水素（青酸）は，無色の液体で比重 0.699，沸点 26.5℃で，水，エタノールによく溶ける．シアン化ナトリウムを経口すると，胃液中の酸によってシアン化水素を遊離し，細胞呼吸を停止させ，死に至らしめる．

シアン化水素の分析法は，ピリジン・ピラゾロン法（比色法）と GC がある．比色法は，蒸留法で得られた留液にクロラミン T 溶液を加えた後，ピリジン・ピラゾロン試液を加えると淡紅色から青色に呈色し，630 nm で測定する．この方法は 0.1～10 ppm の範囲で測定できる．GC では，試料の採取はヘッドスペース法，検出器は高感度な窒素・リン検出器（nitrogen・phosphine detector, NPD）を用いて分析する．

32.4.2　不揮発性薬毒物

a．催眠薬

わが国の催眠薬の乱用による急性中毒は多く，薬毒物中毒事故の上位を占めている．催眠薬は大きく分けてブロム尿素系，バルビツール酸系，非バルビツール酸系がある．

ブロム尿素系の代表化合物は，ブロムワレリル尿素で，その分析法はニトロベンジルピリジン（NBP）法などがある．これは，試料に NBP 試薬を加えて加熱し，さらにテトラエチレンペンタミンを加えて，エーテル抽出後，紫色の吸光度を測定する．

バルビツール酸系の代表的な薬物はバルビタールやフェノバルビタールであり，その分析法は比色法などがある．非バルビツール酸系薬物としてメタカロンがあるが，この分析法は，試料を水酸化ナトリウムで加水分解することにより芳香族第一アミンを生成させ，さらに N-(1-ナフチル)-エチレンジアミンとの反応により赤紫色のアゾ色素を生成させ比色定量するものである．

b. アルカロイド系薬物

アルカロイドは一般に植物中に含まれる含窒素化合物で塩基性を示す．通常微量で強い生理作用を示すため医薬品として使用されているが，毒性も大きいため劇薬や毒薬に指定されている．アルカロイドの分析は沈殿反応，呈色反応，TLC や GC を用いることが多い．表 32.3 にアルカロイドの呈色をまとめた．

表 32.3 アルカロイドの呈色

試薬	モルヒネ	コデイン	ストリキニーネ	キニーネ	アトロピン	プロカイン	エフェドリン	ニコチン	コカイン	カフェイン
マルキス (Marquis)	青紫-青	青紫-青	―	―	茶橙	―	茶かっ	―	―	―
フリヨーデ (Fröhde)	青紫-緑	緑-青	―	―	―	―	―	―	―	―
マンデリン (Mandelin)	かっ緑	緑	紫-赤 (青-紫-赤)	―	赤	赤	赤	―	―	―
エルドマン (Erdman)	黄かっ	黄かっ	―	―	―	―	―	―	―	―
メッケ (Mecke)	緑-茶かっ	緑	―	―	―	―	―	―	―	―
カロ (Caro)	茶緑	黄茶	―	黄	汚緑かっ	―	黒緑-かっ	―	―	―
塩素水・アンモニア	黄・赤かっ	黄・赤かっ	―	・緑	―	黄・橙かっ	―	―	―	―
ビタリー (Vitali)	―	―	青紫-茶かっ	―	青紫	―	―	―	―	―

―：色調のゆるやかな変化
・：第一試薬のみの色調，次の試薬を加えた場合の色調
（　）：水浴上に加熱した場合
（沢村良二，鈴木康男：裁判化学，p.166，廣川書店，2004 より）

アコニチンはトリカブト属の植物で，その中毒事例も多い．分析法は試料を TMS 誘導体化して，GC-MS で測定する．

アヘンは依存性薬物であり，連用により精神的，身体的依存が形成されて，社会的にも大きな問題を引き起こす．アヘンはモルヒネやコデインを含んでおり，表 32.3 に示すような比色定量により分析を行う．

c. 農　薬

農薬はヒトの生活環境のなかで生物的環境を制御するための薬剤で，殺虫剤，殺菌剤，除草剤，殺鼠剤などと肥料や成長調整剤など現在約 6000 種に及ぶ．化学構造により分類すると有機リン系農薬，カルバメート系農薬，有機塩素系農薬，有機フッ素系農薬および第四級ピリジン系農薬などがある．

有機リン系農薬はコリンエステラーゼ阻害作用があり，コリン作動性の症状が現れる．有機リン系農薬であるフェニトロチオン，パラチオンなどは代謝を受けて尿中では 4-ニトロフェノール誘導体の抱合体として排泄される．その分析法には TLC, GC および HPLC がある．GC による分

析では，検出器として熱イオン放射型検出器（flame thermoionic detector, FTD），FPD, NPDおよびMSなどの検出器が用いられる．HPLCによる分析では，カラムには逆送系ODSカラムを用い，207 nmで測定する．LC-MSでは，インターフェースとしてエレクトロスプレーイオン化法が用いられる．

カルバメート系農薬は有機リン系と同様にコリンエステラーゼ阻害作用があり，代表的な薬剤としてはカルバリル，メソミル，フェノカルブなどがある．これらの分析法として，TLC, GCおよびHPLC法がある．TLCでは，スポット確認のためにp-ニトロベンゼンジアゾニウムフルオロボレート試薬を噴霧すると特異的に検出できる．GCでは，カルバメート系農薬は熱分解されやすいので，NPD検出器やFTD検出器を用いる．HPLCによる分析では，カラムには逆送系ODSカラムを用い，254 nmで測定する．

有機塩素系農薬はDDT, BHC, アルドリン，ペンタクロロフェノール（PCP）などがある．これらの分析法として，GCが最もよく用いられ，その検出器としては電子捕獲型検出器（electron capture detector, ECD）あるいはMSが用いられる．

第四級ピリジン系農薬の代表的なものにパラコートやジクワットがあり，いずれも光合成阻害剤型の除草剤である．これらの分析法としてTLCやHPLCがある．TLCは検出試薬としてはドラーゲンドルフ試薬を用いて，橙色スポットで確認できる．HPLCでは，逆相系カラムを用いて，検出器は吸光度検出器（290 nm）あるいは蛍光検出器（励起波長350 nm，蛍光波長460 nm）を用いて測定する．

32.4.3 有害性金属

中毒で問題となる有害元素はヒ素，水銀，鉛，銅およびカドミウムなどがあり，なかでもヒ素，水銀，鉛は毒性が強く社会的に問題となるケースが多い．金属類の分析法は一般に原子吸光分析法（atomic absorption spectrometer, AAS），誘導結合プラズマ発光分析法（inductively coupled plasma emission spectrometry, ICP），蛍光X線法やイオンクロマトグラフィー（ion chromatography, IC）である．

カドミウム化合物のAASによる方法として，測定波長として222.8 nmで直接導入する方法とジエチルジチオカルバミン酸ナトリウム（DDTC）とキレートをつくり，メチルイソブチルケトン（MIBK）で溶媒抽出して分析を行う方法がある．無機ヒ素化合物は水素化物発生させて，AASにより測定する．無機鉛化合物のAASは測定波長217.0 nmにて測定する．無機水銀化合物は過マンガン酸カリウムを用いて分解し，AASの還元気化法を用いて253.7 nmで測定する．

ICPはAASと異なり多元素同時分析が可能であるため，近年非常に金属元素の分析に汎用されており，IC-質量分析法（ICP-MS）はICP-発光分析法（ICP-AES）と比較して高感度で分析できる．ICによる無機陽イオン分析は，オートサプレッサー方式で，電気伝導度および電気化学検出器（electron chemical detector, ED）を用いて測定できる．

演習問題

32.1 アルカロイドとその検出に用いる呈色試薬との関係について，正しい組合せはどれか．

	アルカロイド	試薬
a	キニーネ	フリョーデ
b	モルヒネ	マルキス
c	アトロピン	メッケ
d	コデイン	ビタリー
e	エフェドリン	マンデリン

32.2 尿を試料として薬毒物の分析を行う場合に注意すべき事項に関する記述について，正しいものはどれか．

　　a 尿検体にはタンパク質は含まれていないので除タンパクを行う必要がない．
　　b 薬毒物がグルクロン酸抱合体として排泄される場合には，有機溶媒による抽出に先立ち，β-グルクロニダーゼなどにより加水分解を行うことが必要である．
　　c 薬毒物の代謝産物は一般に脂溶性が高くなるので，n-ヘキサンなどの無極性溶媒で抽出を行う．
　　d 尿を採取した場合は，検体尿の保管は冷蔵庫でよい．
　　e 検体尿中の揮発性薬毒物の前処理には，ヘッドスペース法や水蒸気蒸留法がよく用いられる．

32.3 薬毒分析法の機器分析に関する記述について，正しいものはどれか．

　　a 薬毒分析に質量分析と組み合わせた GC-MS，LC-MS，ICP-MS などが多く使用されるようになった理由は，試料が微量で分子量が決定できるため同定にすぐれているからである．
　　b 有機塩素系の農薬の分析には，電子捕獲型検出器付きガスクロマトグラフィーが適している．
　　c 原子吸光光度法や誘導結合プラズマ発光分析は有害金属の高感度分析に適している．
　　d 一酸化炭素の分析には，水素炎イオン化検出器付きガスクロマトグラフィーが適している．
　　e 高速液体クロマトグラフィーは試料の前処理が必要なく，揮発性化合物の分析に適している．

演習問題解答

■1章

1.1 固相抽出法の長所は，溶媒抽出法が比較的大量の有機溶媒を使用するのに対し，使用する有機溶媒が少量ですむ点である．一般に，有機溶媒は環境負荷となるため，廃棄するにも制限がある．また，固相抽出法ではカートリッジやミニカラムを使用するため，分液ロートなどを用いる有機溶媒抽出法と比べて取扱いが簡単であり，通例，回収率も溶媒抽出法と同等以上である．

1.2 誘導体化法は，主にクロマトグラフィー分析の前処理に使用され，カラム分離前に行うプレカラム誘導体化とカラム分離後に行うポストカラム誘導体化に大別される．プレカラム誘導体化は，蛍光誘導体化に代表されるように，主に分析種を感度良く検出するためや，カラム分離を改善するために実施される前処理である．すなわち，前処理としての誘導体化はカラム分離前に行うから意味があると考えるのが一般的である．しかし，「一次試料を，測定にかけられる最終試料にまで調製する」という前処理の意味をしっかり考えてみると，カラム分離後に行うポストカラム誘導体化も広義の前処理とみなすことができる．たとえば，アミノ酸を未修飾のまま陽イオン交換カラムで分離し，ポストカラム試薬としてニンヒドリンを送液し，反応コイル中で加熱して赤紫色に発色させて検出する操作においては，ニンヒドリンによるポストカラム誘導体化はアミノ酸の吸光度検出には不可欠である．このように，前処理としてはプレカラム誘導体化が一般的であるが，ポストカラム誘導体化も本質的には前処理法とみなすことができる．

1.3 SN 比とは，signal to noise ratio のことであり，クロマトグラム上のベースラインのノイズ（noise, N）の大きさに対する成分ピークの信号（signal, S）の大きさの比の値である．通例，検出下限は SN 比 3，定量下限は SN 比 10 とされる．

■2章

2.1 ① $1\,\mu\text{mol}$, ② $1\,\text{pm}$, ③ $1\,\text{g}$, ④ $1\,\text{nm}$

2.2 単純に計算すると，$34.26+2.3=36.56$ であるが，2.3 の小数点以下第一位の 3 に誤差が含まれているため，計算結果の小数点以下第二位の数字 6 は無意味である．したがって，計算結果の小数点以下第二位を四捨五入した 36.6 が計算結果となる．

2.3 単純に計算すると，$35.6\times2.345=83.482$ である．有効数字の乗除算では，計算結果の桁数は計算に用いた数値のうちで，桁数が最も少ないものに合わせる必要がある．そこで，計算結果の小数点以下第二位を四捨五入して 83.5 とする．

■3章

3.1 ③ (a, d)

3.2 ⑤ (b, d)

■4章

4.1 2.88

4.2 4.58

4.3 8.34

4.4　3.7×10^{-6} mol

■5章

5.1　アルカリ性水溶液を加えると，安息香酸（pK_a=4.20）は水に溶解して，水層に移行する．ベンゼン層にトルエンは溶解している．水層を取り，液性を酸性にして，エーテル抽出する．エーテル層を回収して，窒素を吹き付けて溶媒を蒸発させると，安息香酸が得られる．固相抽出法（逆相型，イオン交換型）を用いても，同様に分離できる．

5.2　a　5.1の問題と関連させて考える．カルボン酸はイオン型で水に溶解する．カルボン酸を分子型にすることで，有機溶媒層に移行させることができる．
　　　b　溶媒抽出では，水と混じり合わない有機溶媒（エーテル，ベンゼン，クロロホルムなど）が用いられる．アセトンは水とよく混ざり，不適である．
　　　c　正しい．固相に抽出された分析対象物質を少量の有機溶媒で溶出でき，濃縮する効果もある．
　　　d　本文中の「除タンパク」を再度読み返す．酸変性では，ある程度かさ（嵩）の大きな陰イオンが必要とされる．
　　　e　有機溶媒変性では，タンパク質内部の疎水結合が破壊され，疎水領域が水中に露出されることで変性沈殿する．

5.3　① 平均値：測定値全部を加算して測定値の個数で割った算術平均
　　　　　答：258.8
　　　② 偏差：個々の測定値と平均値の差
　　　　　答：$-12.5, -0.4, 0.9, -3.0, 2.4, -17.2, 13.8, 5.2, 14.4, -4.0$
　　　③ 標準偏差：偏差の二乗の和を($n-1$)で割ったものの平方根（測定値のばらつきの程度で，「精度」を表す）
　　　　　答：10.0
　　　④ 相対標準偏差：標準偏差の平均値に対する百分率
　　　　　答：3.9%
　　　⑤ 絶対誤差：測定値と真の値の差（符号をつけて表示）
　　　　　答：$-3.7, 8.4, 9.7, 5.8, 11.2, -8.4, 22.6, 14.0, 23.2, 4.8$
　　　⑥ 平均誤差：平均値と真の値の差（絶対誤差の平均と一致し，真度を表す）
　　　　　答：8.8
　　　⑦ 相対誤差，相対平均誤差：絶対誤差あるいは平均誤差の真の値に対する百分率
　　　　　答：$-1.5\%, 3.4\%, 3.9\%, 2.3\%, 4.5\%, -3.4\%, 9.0\%, 5.6\%, 9.3\%, 1.9\%$
　　　　　　　相対平均誤差（3.5%）

■8章

8.1　$f = 1.006$
8.2　0.89（w/v%）
8.3　1）塩化カルシウム，2）45.3 mg
8.4　1）3 mol，2）98.9%

■9章

9.1　99.5%
9.2　28.89%，4.00 mol

10章

10.1 1) $\log I_0/I$
2) 混在するサリチル酸の 278 nm における吸光度を x とすると，$A_4 : A_3 = A_2 : x$ より　答　$x = A_2 \times A_3 / A_4$

10.2 $E_{1cm}^{1\%} = \dfrac{0.700}{\dfrac{0.03}{100} \times 100 \times 1} = 23.3$

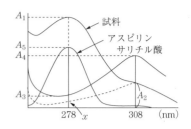

12章

12.1 c

12.2 塩基配列を決めようとしている鋳型 DNA に DNA ポリメラーゼと，あるデオキシヌクレオチド-三リン酸（たとえば，デオキシアデノシン-三リン酸）を加えて塩基が取り込まれると，ピロリン酸が生成する．これを ATP-スルフリラーゼ（＋アデニリル硫酸）により ATP にしてルシフェリン-ルシフェラーゼ系で検出する．取り込まれないデオキシヌクレオチド-三リン酸の場合は，ATP は検出されないので，取り込まれた塩基（対応する鋳型では相補的な塩基）がわかる．

16章

16.1 題意により，$[M+H]^+ = 506$，$[M-H]^- = 504$ である．したがって，$M = 505$，すなわち化合物 A の分子量は 505 である．

16.2 正答は③ ESI-LC/MS である．問題の選択肢にあげられているクロマトグラフィーのうち，タンパク質を溶かすことができるのは移動相に液体を用いる LC のみである．タンパク質は誘導体化しても気体とならないため GC は適用できず，SFC の汎用的な移動相の主成分である二酸化炭素の超臨界流体にも溶解しないからである．次に LC/MS のうち，タンパク質の分子量測定にはフラグメンテーションを起こしにくいソフトなイオン化法が適しており，また，より極性物質のイオン化に適した ESI が適しているため，③ ESI-LC/MS が正答となる．

16.3 正答は④ LC/ICP-MS である．形態別分析とは，Cr (III)/Cr (VI)，Hg (I)/Hg (II) など原子価が異なる分子種を識別して分析する手法であり，相互変換が起こりにくい緩和な分析法が求められる．また，試料のマトリックスが複雑であることが多いため，できるだけ選択性が高い分析法であることが望ましい．この意味で，高温が必要な① GC/MS は適していない．残りの選択肢のうち，② LC/MS と③ SFC/MS も不可能ではないが，金属を高感度で選択的に検出できる特性を有する④ LC/ICP-MS が最適である．

20章

20.1 1) ガラス電極，2) 銀電極，3) 白金電極，4) ガラス電極

20.2 ヨウ素 (I_2)，二酸化イオウ (SO_2)

21章

21.1 1) 温度 a では TG および DSC の変化があるため，有機化合物が脱水したことがわかる．
2) 温度 b では，TG に変化がなく，DSC に変化し，融解エンタルピーがあることから融点を示す．
3) 温度 c では，TG および DSC 曲線に大きな変化がみられ，しかも DSC が発熱していることから，熱分解が起きていることがわかる．

21.2 5
a　正しい．
b　正しい．
c　DTA は温度上昇に伴う温度差を直接測定するのに対して，DSC はこの温度差を打ち消すように補償ヒーターにより熱エネルギーを加えてその熱量を記録するものである．
d　熱分析法の熱中性体としては，α-アルミナが最もよく用いられる．

21.3 3
- a 正しい．熱質量測定は，熱天秤のより加熱したときの試料の質量変化を連続的に測定するものである．
- b 正しい．
- c 正しい．DTA は，結晶などの固相/液相転移（融解，凝固）または多型転移などの相変化，熱分解または化学反応などに伴う発熱または吸熱の熱的挙動を観測するものである．
- d 正しい．

23 章
23.1 ⑥

24 章
24.1 ○：b, d, g, h, k, l, m, o, r
×：a, c, e, f, i, j, n, p, q, s
- a 固体試料も適当な溶媒に溶解することで分析可能．
- b 正しい．
- c シリカゲルのシラノール基と物質の間に生じる水素結合，イオン結合，ファンデルワールス力などの相互作用の強さの違いによって分離が達成される．
- d 正しい．
- e 極性の高い物質でも誘導体化により極性の低い化合物に変換することで分析可能．
- f 試料物質が気化し続ける必要があるため，試料注入部およびカラム恒温槽は高温に保たれる必要がある．
- g 正しい．一般に，充填カラムよりキャピラリーカラムの方が分離能がすぐれている．
- h 正しい．電子捕獲型検出器はハロゲン化合物の高感度検出が可能．
- i ガスクロマトグラフィーでは，移動相ガスの種類を変えても物質の保持時間にはほとんど影響しない．
- j 水素炎イオン化検出器は，C–H 結合を有するほとんどの有機化合物を高感度に検出できるが，無機化合物は検出できない．
- k 正しい．アルコール類では，アルキル鎖の長いものほど揮発性が低い（沸点が高い）．
- l 正しい．逆相分離系では，極性の低い（疎水性の高い）物質ほど強く保持される．
- m 正しい．
- n 陽イオン交換クロマトグラフィーでは，アミノ基のような塩基性置換基の解離（正電荷）の度合いに依存して分離が達成される．
- o 正しい．この他，カラム温度やカラムサイズ，移動相の流速などにより保持時間が変化する．
- p 対称性がよくシャープなピークであれば，分離度が 1.2 程度であっても完全分離（先に出現するピークが完全にベースラインに戻った後に次のピークが立ち上がる）するが，日本薬局方では分離度が 1.5 以上であれば完全分離しているとみなす．
- q シンメトリー係数が 1.0 のときのピークの対称性が最もすぐれており，1.0 以上のではテーリング，1.0 以下のではリーディングしている．
- r 正しい．ピークの保持時間が長くなるほど，半値幅が小さくなるほど理論段数は大きな値を示す．
- s 移動相としては，液体，気体のほか，超臨界流体が用いられる超臨界クロマトグラフィーがある．

25 章
25.1 ○：a, b, d, h, j, l, o, p, q, t, u
×：c, e, f, g, i, k, m, n, r, s, v

a 正しい．電気浸透流などにより移動することと区別する．
b 正しい．
c 電圧の強さに比例する．
d 正しい．イオンの電荷に比例する．
e イオンの大きさに反比例する．
f 温度の違いは，イオンの解離や電解質溶液（電気泳動緩衝液）の粘度に影響を与えることにより電気泳動速度に影響を与える．
g 緩衝液の種類により含まれる電解質イオンが異なれば，それら電解質イオンの電気的移動が分析対象イオンの泳動速度に影響を与える．
h 正しい．pH 7 では，安息香酸のカルボキシル基が解離し負電荷をもつため陽極側に泳動される．
i 亜硝酸イオンと硝酸イオンとでは，亜硝酸イオンのほうがイオン半径が小さいため，移動速度は大きい．
j 正しい．ろ紙，ゲル薄層（スラブゲル），ディスクゲルなどが用いられる．
k ゲル電気泳動は，タンパク質や核酸など高分子の分離にすぐれた性能を示すが，低分子化合物の分析にも適用できる．
l 正しい．アミノ酸であるアラニンは，pH 2.0 ではアミノ基が解離し正電荷を有しているため負極側に泳動される．
m どのような DNA でも，単位電荷当たりの分子量はほとんど変わらないため，DNA 自身の電気泳動移動度は分子量の大きさには依存しない．アガロースゲルのもつ分子ふるい効果により分子量の違いで分離される．
n タンパク質が SDS で変性するのは，SDS のもつ疎水性アルキル鎖がタンパク質の疎水性部分に相互作用して分子内疎水結合を切断するため．
o 正しい．
p 正しい．
q 正しい．一次元目に等電点電気泳動，二次元目に SDS-PAGE を実施することで分離能を飛躍的に向上させることができる．
r タンパク質を分子量の違いで分離するのは SDS-PAGE．
s SDS-PAGE では試料タンパク質が変性し酵素活性が失活する可能性が高い．等電点電気泳動ではタンパク質変性はほとんど起きない．
t 正しい．
u 正しい．pH 5 以上では電解質溶液中の陽イオンが正極から負極へ向かうため，その方向への電気浸透流が発生する．
v ろ紙電気泳動やゲル電気泳動においても発生する．この場合には，出来るだけ抑制する工夫が施される．

26 章

26.1 酵素を試薬として用いて基質濃度を定量する方法には，初速度法と終点法がある．初速度法は酵素反応の初速度を測定して基質濃度を定量する方法で，動力学的測定法ともよばれる．基質濃度が $[S] \ll K_m$ の条件下では，初速度が基質濃度に比例するので反応速度から基質濃度が定量できる．一方，基質濃度に対して十分量の酵素を存在させて平衡に達するまで酵素反応を行うと，基質のほぼすべてが生成物に変換される．終点法は反応平衡における生成物量を測定して基質濃度を定量する方法で，平衡法あるいは全変化量測定法ともよばれる．

26.2 a 誤り．血圧降下作用．
b 誤り．血液凝固時間遅延．
c 誤り．生物学的試験法は化学的分析法に比べて複雑である．日本薬局方通則には，「生物学的な試験法の規定は，試験の本質に影響のない限り試験方法の細部については変更することができ

d 正しい．最もよく検定に用いられる方法である．
e 誤り．エンドトキシン試験法は，エンドトキシン（内毒素）の有無を試験する．発熱性物質試験法は，発熱を引き起こすすべての物質（エンドトキシン，外毒素，ウイルス，化学的発熱性物質など）を検出できる．ただし，発熱を起こす主な原因物質がエンドトキシンであることから，発熱性物質試験法に代えてエンドトキシン試験法が汎用されている．

■ 28 章

28.1 電磁波は波長が短いものほどエネルギーが高いため，以下の序列となる．
γ 線 > X 線 > 紫外線 > 可視光線 > 赤外線 > マイクロ波 > 電波

28.2 X 線吸収率は原子番号が大きな元素ほど大きいので，大きいものから以下の順番となる．
$_{92}U > _{79}Au > _{78}Pt > _{47}Ag > _{29}Cu > _{26}Fe$

28.3 超音波診断は，吸盤が付いたプローブを体表面に密着させて行われる．その際，プローブと体表面の間に空気があると超音波が伝わりにくい．そこで，ゼリー状のものを塗るのは，体表面に吸盤がしっかりと密着できるようにするためである．なお，空気は音響インピーダンスが小さいため，体に照射する超音波も体の内部からの反射波（エコー）のいずれも伝えにくい．

■ 29 章

29.1 e

29.2 ［ア］レポーター，［イ］蛍光共鳴エネルギー移動（FRET），［ウ］蛍光，［エ］比例

■ 30 章

30.1 MALDI（matrix-assisted laser desorption ionization）法および ESI（electro spray ionization）法

30.2 全部正しい

30.3 精製したタンパク質を切断部位特異的プロテアーゼにより分解し得られたペプチド混合物の質量スペクトルと，データベース上のタンパク質のアミノ酸配列から予想される質量スペクトルを比較することにより，タンパク質を同定する方法．

■ 31 章

31.1 略

31.2 略

31.3 略

■ 32 章

32.1 b, e

32.2 b, e

32.3 a, b

索　引

A～Z

APCI法　161
APPI法　161
CW法　145
DNAチップ　250
d軌道　16
ECD　229
ESI法　160
FID　229
FPD　229
FTD　229
f軌道　17
ICP原子発光分析　181
MRI　152
MRI造影剤　281
MRI装置　279
MS　229
MS/MS　161
n電子　24
p軌道　16
Qフィルター型質量分析計　306
RIA　270
SI単位　8
sp混成軌道　24
sp^2混成軌道　24
sp^3混成軌道　23
s軌道　16
TCD　229
X線CT　277
X線管球　169
X線検査法　277
Xコンピューター断層撮影法　277
X線診断法　276
X線造影剤　279
X線単純撮影法　277

π軌道　22
π^*軌道　22
π錯体　29
π電子　22
π-π電子相互作用　29
σ軌道　21
σ^*軌道　21
σ電子　22

あ 行

アガロースゲル　290
アクリジニウム誘導体　128
アクリジン誘導体　125, 127
アクリルアミドモノマー　240
アジ化ナトリウム　327
アスパラギン酸アミノトランスフェラーゼ　267
アッベ屈折計　164
アニーリング　294, 295, 296
アフィニティー　225, 227
アフィニティークロマトグラフィー　311
アミド　69
アミノ酸組成分析　309
アミノ酸配列分析　307
アミン類　69
アラニンアミノトランスフェラーゼ　267
アルカリ熱イオン化検出器　229
アルカロイド系薬物　332
アルカロイド反応　70
アルコール性水酸基　65
アルジトールアセテート　321
アルデヒド　67
アルミナ　225
アンモニウム試験法　72

イオン化エネルギー　19
イオン化法　159
イオンクロマトグラフィー　333
イオン形　37
イオン結合　20, 25
イオン結晶　25
イオン交換　224
イオン交換体　225
イオン交換平衡定数　44
イオン交換モード　225
イオン対クロマトグラフィー　225
イオン電離箱　172
イオントラップ型質量分析計　306
イオンビーム衝撃X線法　201
異性化酵素　264
位相差　166
イソルミノール誘導体　128, 129
遺伝病の出生前診断　295

移動相　218
陰イオン　25
インターカレーション　238
インターフェログラム　140
インドールの呈色反応　70

ウリナスタチンの定量　259

液液抽出　47
液体クロマトグラフィー　224
液体クロマトグラフィー-質量分析法　327
エステル類　68
エチジウムブロマイド　238
エドマン分解　308
エドマン法　309
エネルギー分散型蛍光X線分析装置　207
エバネッセント波　140
エレクトロスプレーイオン化　160
エレクトロスプレーイオン化質量分析装置　303
エレクトロスプレーイオン化法　231
塩化物試験法　72
塩基解離定数　31
炎光光度検出器　229
炎光分析法　261
エンドトキシン試験法　255
円偏光二色性　165, 168

オキシダーゼ　127
オキシム生成　67
音響インピーダンス　282

か 行

ガイガー-ミュラー管　172
ガイガー-ミュラー計数管　208
ガイガー-ミュラー領域　214
回折格子　109, 134
化学イオン化　160
化学結合　15
化学発光　123
化学発光イムノアッセイ　127
化学発光酵素イムノアッセイ　127
化学発光酵素イムノアッセイ法　128

索　引

化学発光量子収率　123
化学平衡　30
核医学診断法　284
核オーバーハウザー効果　150
核酸の測定　114
確認試験　57
可視部検出器　230
過シュウ酸エステル化学発光　123
加水分解酵素　264
ガスクロマトグラフィー　222
ガスクロマトグラフィー-質量分析法　327
カブトガニ血球抽出液　255
カープラスの式　150
空試験　54, 89
ガラス電極　186
カラムクロマトグラフィー　232
カラムスイッチング　51
カリジノゲナーゼの定量　259
カルバメート系農薬　333
カールフィッシャー法　190
カルボン酸　68
ガングリオシドマッピング　318
還元気化原子吸光法　179
還元剤　41
頑健性　79
緩衝液　36
緩衝作用　36
乾燥減量試験法　101, 195
官能基　65
緩和現象　280
緩和時間　144, 280

気-液クロマトグラフィー　222
機器分析　2
気-固クロマトグラフィー　222
キサンチン骨格　71
基準振動　137
基準ピーク　158
キセノンランプ　119
基底状態　106, 116, 117
キノリン誘導体　71
揮発重量法　101
ギブズ反応　66
基本単位　8
逆相分配クロマトグラフィー　225
逆滴定法　88
逆転写酵素　295
キャピラリーカラム　222
キャピラリーゲル電気泳動　245
キャピラリーゾーン電気泳動　245
キャピラリー電気泳動法　236, 244, 298

キャピラリー等速電気泳動　245
キャピラリー等電点電気泳動　245
キャリヤーガス　222
吸着　224
吸着モード　225
狭義のバイオアッセイ　253
共通イオン効果　40
強熱減量試験法　101
強熱残分試験法　101
共有結合　20
供与体-受容体結合　27
キレート　38
キレート生成定数　38
キレート滴定　80
銀-塩化銀電極　185
銀鏡反応　67
金属結合　20, 27
金属錯体　38
金属指示薬　92
銀滴定法　89

偶然誤差　11, 54, 76
屈折率　162
組立単位　8
グリース反応　68
クリーンアップ　46
グルクロン酸抱合体　327
グルコース　269
クレチン症　274
クロマトグラフ　217
クロマトグラフィー　217
クロマトグラム　217, 220
クーロン力　25

蛍光X線　201
蛍光X線分析法　201
蛍光X線法　333
蛍光強度　119
蛍光共鳴エネルギー移動　296
蛍光検出器　230
蛍光スペクトル　120
蛍光ディファレンシャルゲル電気泳動　310
蛍光プローブ　122
蛍光分析法　116
蛍光偏光イムノアッセイ　271
蛍光ラベル化剤　122
系統誤差　11, 54, 76
血液凝固反応系を用いる定量法　256
結合性軌道　117
結合性分子軌道　21
結晶構造解析　171

血糖値　269
ケトン類　67
ゲノム　300
ゲル浸透クロマトグラフィー　226
ゲル電気泳動　238
ゲル電気泳動法　237
原子価軌道　20
原子価結合法　21
原子価電子　20
原子軌道関数　16
原子吸光分析法　333
原子吸光法　176
原子の構造　15
原子分析法　2
検出　221
検出限界　6, 78
検出法　228
検知管法　330
顕微熱レンズ法　133
顕微ラマン分光法　142
検量線　13
検量線法　111

光学活性物質　166
項間交差　132
広義のバイオアッセイ　252
交差試験法　253
校正曲線　226
合成酵素　264
高性能液体クロマトグラフィー　224
抗生物質の微生物学的力価試験法　254
構造ゲノム科学　312
酵素化学的分析法　257
酵素活性の測定　112
酵素活性の単位　267
酵素活性分析法　258
高速電子衝撃イオン化法　231
酵素的分析法　258
光電子増倍管　110, 124
高分子化合物　272
固液抽出　46
誤差　11, 76
固相抽出法　47
固体NMR　152
コットン効果　168
固定相　218
ゴニオメーター　208
固有X線　201
コラーゲン　198
コレステロール　268
混成軌道　23

コンタミネーション 54
コンドロイチナーゼ類 321

さ 行

細管電気泳動法 236, 243
細管等速電気泳動法 243
サイズ排除 224
サイズ排除モード 226
坂口反応 70
錯イオン 27
酢酸鉛 67
酢酸鉛試験法 331
錯体 27
サザンハイブリダイゼーション 292
サーモグラフィー 288
酸塩基指示薬 84
酸塩基滴定法 83
酸解離定数 31
酸化還元酵素 264
酸化還元滴定 80
酸化還元滴定法 93
酸化剤 41
酸化鉄(III)反応 65
サンガー法 296, 297
参照電極 185
サンプリング 3, 45
散乱光 125

ジアゾカップリング反応 69
ジアゾ化滴定法 98
ジオキセタン誘導体 125, 127
紫外可視吸光度分析法 106
紫外部検出器 230
磁気回転比 143
磁気共鳴画像(MRI)診断法 279
ジギタリス配糖体 71
磁気モーメント 143
試験法の分類 6
ジゴキシン 111
示差屈折率検出器 230
示差走査熱量測定 197
示差熱分析 196
指示電極 185
室間再現精度 6
室内再現精度 6
質量均衡則 33
質量作用の法則 30
質量百分率 10
質量分析計 158, 229, 231
質量分析法 157
質量分布比 218, 223, 233
質量分離部 159

ジデオキシ法 296, 297
自動積分法 235
試薬 10
遮蔽 147
臭化エチジウム 291
重金属試験法 74
シュウ酸カルシウム一水和物 195
シュウ酸誘導体 125, 127, 128, 129
重水素化溶媒 146
重水素放電管 109
終点 82
充塡カラム 222
終点分析法 267
終末イオン 243
自由誘導減衰信号 145
重量分析法 79
重量モル濃度 9
準安定状態 211
順相分配クロマトグラフィー 225
純度試験 57
昇圧分析 224
昇温分析 224
常温リン光法 122
状態分析 1
衝突誘起解離 307
助色団 107
初速度分析法 267
除タンパク 49
シラノール基 221
シリカゲル 221, 225
試料加熱炉部 194
シンクロトロン放射光 171
人工放射性元素 210
伸縮振動 139
深色移動 107
親水性 29
シンチカメラ 284
シンチレーション計数管 208
真度 5, 54, 78
振動準位 136
シンメトリー係数 233

水素炎イオン化検出器 229
水素化物原子吸光法 179
水素結合 20
水分測定法 190, 195
水平化効果 37
数値の丸め方 12
スクリーニング 327
ステロイド 70
ストークス線 137
ストークスの法則 118
スピン角運動量 143

スピン結合定数 148
スピン-スピン結合 148
スルホン酸 67

生化学的分析法 255
正確さ 76
正規分布 77
製剤均一性試験法 101
静電相互作用 25
精度 5, 54, 78
制動X線 169
正八面体型構造 27
生物学的アフィニティーモード 226
生物学的試験法 253
生物学的定量法 81
生物学的分析法 252
生物発光 123
精密さ 76
ゼータ電位 245
絶対吸収法 112
絶対屈折率 162
絶対検量線法 13, 181
絶対誤差 54
遷移金属錯体 28
先行イオン 243
旋光度 166
旋光分散 168
浅色移動 107
先天性甲状腺機能低下症 274
先天性副腎皮質過形成症 273
全反射赤外分光法 140

双極子-双極子相互作用 28
双極子モーメント 28
相対屈折率 162
相対誤差 54
相対標準偏差 12, 77
疎水結合 20, 29
疎水性 29
ゾーン電気泳動 236

た 行

対応量 88
大気圧イオン化 160
大気圧イオン化法 231
大気圧化学イオン化 160
体心立方構造 27
体積百分率 10
耐熱性DNAポリメラーゼ 294
第四級ピリジン系農薬 333
多核NMR 152
多座配位子 38

脱離酵素 264
多電子原子の構造 18
多波長検出器 230
タングステンランプ 109
単光子放出断層撮影（SPECT）装置 285
ダンシルクロライド 228
炭素炉 179
タンデム質量分析 161
タンパク質の測定 112

チオール 67
チタン（III）滴定法 98
中空陰極ランプ 177
抽出重量法 101
中性微子 211
中　毒 326
中和滴定 80
中和滴定法 83
超音波診断装置 283
超音波診断法 282
超音波診断用造影剤 284
超微細構造 154
超臨界流体 227
超臨界流体クロマトグラフィー 227
直接滴定 87
直線性 6, 78
直線偏光 165
沈殿形 101
沈殿重量法 101
沈殿滴定 81
沈殿の生成 102
沈殿のろ過 103

ディスク電気泳動法 237
定性分析 1, 75
定電圧分極電流滴定法 190
定電流電量分析法 191
定電流分極電位差滴定法 190
定量限界 6, 78
定量分析 1, 75
滴　定 82
滴定曲線 84
滴定分析法 82
鉄試験法 74
テーラーメード医療 290
テーリング 234
テーリング係数 234
転移酵素 264
電位差滴定法 98, 187
電解重量分析法 101
展開溶媒 219

電荷均衡則 33
電荷密度 238
電気陰性度 28
電気泳動法 236
電気化学検出器 231
電気浸透流 245
電気的二重層 245
電子イオン化 160
電子常磁性共鳴 153
電子親和力 19
電子遷移 106, 107
電子ビーム励起X線分析法 201
電子捕獲 211
電子捕獲検出器 229
電導度 191
天然放射性元素 210
天秤部 194
電離箱 208, 214
電流滴定法 98

同位元素 210
同位体 210
透過度 108
透過率 108
等速電気泳動 236
等電点電気泳動 236, 241
当量点 83
特異性 6, 78
特性X線 171
特性振動 139
ドップラー効果 282
トムソン散乱 171
ドラーゲンドルフ試薬 228
トレーサビリティー 11
トレンス反応 67
トロパンアルカロイド 71

な 行

内視鏡（endoscope）検査 288
内標準 13, 180
内標準法 13, 181
内部転換 132

二酸化炭素の測定 105
二次元FTNMR分光法 152
二次元展開法 220
二次元電気泳動法 242, 301
二次元マッピング法 318
二重共鳴 150
ニトロベンジルピリジン法 331
乳酸デヒドロゲナーゼ 267
入力補償示差熱量測定 197
認証標準物質 11

ニンヒドリン試薬 228
熱イオン放射型検出器 333
熱質量測定 194
熱質量測定法 101
熱伝導度検出器 229
熱分析法 101, 194
熱流束示差熱量測定 197
熱レンズ効果 132
ネルンストの式 41

ノーザンハイブリダイゼーション 292

は 行

配位化合物 27
配位結合 20, 27, 38
配位子 27, 38
配向力 28
ハイスループット 301
ハイブリダイゼーション 292, 298
灰分または強熱残分の測定 105
パウリの原理 19
薄層クロマトグラフィー 220, 327
薄層プレート 220
波長分散型蛍光X線分析装置 207
波長分散方式 202
バックグラウンド補正法 180
発　光 123
発光測定装置 124
発色団 107
発熱性物質試験法 255
バリデーション 5, 77
パルスFT法 145
パルスアンペロメトリー検出器 321
パルスフーリエ変換法 145
ハロゲンタングステンランプ 109
範　囲 6, 79
反結合性軌道 117
反結合性分子軌道 21
反磁性異方性 148
半導体検出器 208
半値幅法 234
半反応 41

ビウレット法 113
光音響法 133
光散乱 136
光ルミネッセンス 116
比吸光度 109
非共有電子対 24
ピーク高さ測定法 234

索　引

ピーク面積測定法　234
飛行時間型質量分析計　324
飛行時間型質量分析装置　303
微細構造　154
比重及び密度測定法　101
比色法　331
ビスアクリルアミド架橋剤　240
非水滴定　81
非水滴定法　98
比旋光度　166
ヒ素試験法　73
比濁法　261
ヒドラゾン　67
非分散赤外分光法　141
微分熱質量測定　195
ビュレット反応　70
標準液　82
標準酸化還元電位　41
標準試薬　82
標準水素電極　185
標準添加法　13, 180, 181
標準物質　11
標準偏差　12, 77
標　定　82
標本標準偏差　77
表面増強ラマン分光法　142
表面プラズモン共鳴装置　311
秤量形　101
ピリジン・ピラゾロン法　331
ピリジン環　71
比例計数管　172, 208
比ろう法　261

ファーネス原子吸光法　179
ファヤンス法　90
ファン・デル・ワールス力　28
フェノール性水酸基　65
フェノールフタレイン　84
フェーリング反応　67
フォルハルト法　91
不揮発性薬毒物　329
不確かさ　11
不対電子　153
フッ化ナトリウム　327
物理的診断法　276
ブドウ糖水溶液　199
プライマー　293, 295, 296
フラウンホーファー線　176
ブラッグ散乱　134, 171
ブラッグの式　206
フーリエ変換赤外分光法　140
プリカーサーイオン　161, 308
プリズム　163

プレカラム誘導体化法　231
フレーム原子吸光法　178
フレームレス原子吸光法　179
プロゲステロン　112
プロダクトイオン　161
ブロッティング　291
プロテイン　300
プロテインチップ　311
プロテインラダーシークエンス法　308
プロテオミクス　300
プロテオーム　300
プロテオーム解析　300, 301
プローブ　292, 293
分光学的分裂因子　153
分散力　28
分子イオン　158
分子間電荷移動力　29
分子軌道エネルギー　21
分子軌道関数　21
分子軌道の分類　21
分子軌道法　21
分子形　37
分子ふるい効果　238, 290
分子ふるいモード　226
分子量　226
分子分析法　2
分析種　1
分析能パラメーター　5
分析法バリデーション　5
分　配　224
分配係数　218
分配モード　225
分離係数　233
分離度　233
分離分析法　217, 236

平均値　77
併行精度　6
平衡定数　30
平板電気泳動法　236
平面偏光　165
ヘッドスペースガスクロマトグラフィー　224
ペーパークロマトグラフィー　219
ヘパリチナーゼ類　322
ヘパリンナトリウムの定量法　257
ペプチド　70
ペプチドの質量スペクトル　307
ペプチドマスフィンガープリント法　307
変角振動　139
偏光面　165

変色域　84
ペンタシアノニトロシル鉄（Ⅲ）酸ナトリウム　67
変動係数　77

放射性医薬品　210, 287
放射性医薬品基準　210
放射性壊変　210
放射性核種　210
放射性同位元素　16, 210
放射性同位体　210
放射線　210
飽和カロメル電極　185
保持時間　223, 233
母集団標準偏差　77
ポストカラム誘導体化法　231
ポストソース分解　303, 308
保　存　4
ポビドン中のアルデヒドの定量　258
ポリアクリルアミドゲル　240, 290, 297
ポリクロメーター　182
ポリメラーゼ連鎖反応　293

ま　行

マイクロアレイ　298
マイケルソン干渉分光計　140
前処理　4, 46
マススペクトル　157
マトリックス効果　14
マトリックス剤　302
マトリックス支援レーザー脱離イオン化法　302
マルチチャンネル検出器　230
マンモグラフィー　288

ミカエリス定数　264, 266
ミカエリス-メンテンの式　265
ミセル　247
ミセル動電クロマトグラフィー　236, 245

無機結晶　215
無電極放電管　178
無輻射過程　132, 134

迷　光　125
メタノリシス　320
メタノール試験法　74
メチルオレンジ　84
メチル化分析　321
メチルグリコシド　320

メチレンブルー法　331
メルカプトエタノール　241
免疫沈降法　311

モル吸光係数　109
モル濃度　9, 82
モル濃度係数　82

や　行

有害性金属　333
有機塩素系農薬　333
有機結晶　215
誘起力　28
有機リン系農薬　332
有効桁数　75
有効数字　12, 75
誘導結合プラズマ　181
誘導結合プラズマ発光分析　333
誘導体化　53, 223
誘導体化法　231

陽イオン　25
溶　解　46
溶解度　39
溶解度積　39

ヨウ素還元滴定　95
ヨウ素酸塩滴定　97
ヨウ素酸化滴定　95
ヨウ素滴定法　95
陽電子放出断層撮影（PET）装置　285
溶　媒　10
溶媒抽出　47
溶融シリカキャピラリー　244
容量分析法　80, 82
ヨードホルム反応　67

ら　行

ラインウィーバー-バークの式　266
ラジオイムノアッセイ　270
ラベル化　53
ラマン散乱　137, 141
ラマン-ナス散乱　134
ラーモア周波数　144
ランダムサンプリング　3
ランベルト-ベールの法則　108, 109

リアーゼ　322
リーディング　234
リービッヒ-ドゥニジェー法　91

リムルステスト　255
硫酸塩試験法　73
硫酸呈色物試験法　73
量子収率　119
理論段数　234
リン光分析法　116

ルシゲニン　127
ルシフェラーゼ　129
ルシフェリン　129
ルミネッセンス　123
ルミノール　123, 125, 127
ルミノール化学発光　124
ルミノール誘導体　125, 128

励起状態　106, 116, 117
励起スペクトル　120
レソルシノール試薬　68
レーリー散乱　136
連続磁場掃引法　145

ろ紙電気泳動法　237
ローリー法　113

編集者略歴

中村　洋（なかむら　ひろし）
1944年　全羅北道全州市に生まれる
1971年　東京大学大学院薬学系研究科博士課程中退
2013年　東京理科大学薬学部教授退官
現　在　東京理科大学薬学部嘱託教授・薬学博士
主な著書　機器分析の基礎（朝倉書店）
　　　　　液クロを上手に使うコツ（丸善）
　　　　　高速液体クロマトグラフィーハンドブック　改訂2版（丸善）
　　　　　基礎薬学　分析化学Ⅰ・Ⅱ（廣川書店）

生命科学における分析化学　　　　　　　　　定価はカバーに表示

2015年3月25日　初版第1刷

　　　　　　　　　　　編集者　中　村　　　洋
　　　　　　　　　　　発行者　朝　倉　邦　造
　　　　　　　　　　　発行所　株式会社　朝倉書店
　　　　　　　　　　　　　　　東京都新宿区新小川町6-29
　　　　　　　　　　　　　　　郵便番号　１６２－８７０７
　　　　　　　　　　　　　　　電　話　03(3260)0141
　　　　　　　　　　　　　　　ＦＡＸ　03(3260)0180
〈検印省略〉　　　　　　　　　　http://www.asakura.co.jp

© 2015〈無断複写・転載を禁ず〉　　　　　壮光舎印刷・渡辺製本

ISBN 978-4-254-34021-1　C 3047　　　　　Printed in Japan

JCOPY　〈(社)出版者著作権管理機構　委託出版物〉
本書の無断複写は著作権法上での例外を除き禁じられています．複写される場合は，そのつど事前に，（社）出版者著作権管理機構（電話 03-3513-6969，FAX 03-3513-6979, e-mail: info@jcopy.or.jp）の許諾を得てください．

理科大 中村　洋編著

機器分析の基礎

34006-8　C3047　　　　B5判 168頁 本体4200円

理工学から医学・薬学・農学にわたり種々の機器を使った分析法について分かりやすく解説した教科書。〔内容〕分子・原子スペクトル分析／電気分析／熱分析／放射能を用いる分析／クロマトグラフィー／電気泳動／生物学的分析／容量分析／他

黒島晨汎・浦野哲盟・柏柳　誠・河合康明・
窪田隆裕・篠原一之・高井　章・丸中良典他著

人体生理学

33502-6　C3047　　　　B5判 232頁 本体3800円

主として看護師，保健師，作業療法士，理学療法士，介護士などの医療関連職を目指す人々，医科大学の学生以外で一般的な生理学の知識を学ぼうとする人々を対象として，生理学の基礎的理解を確実にできるように，わかりやすくまとめたもの

東邦大 寺田勝英・慶大 福島紀子編著
シリーズ医療薬学 1

医療薬学総論

36221-3　C3347　　　　B5判 144頁 本体3800円

医療を提供する一員である薬剤師の役割を解説。〔内容〕医療薬学の立脚点／医療提供の理念／医療提供制度／地域開局薬局における薬剤師の役割／病院・診療所における薬剤師の役割／医薬品の開発と統計学／医薬品の開発／薬学の成り立ち

千葉大病院 北田光一・東邦大 百瀬弥寿徳編
シリーズ医療薬学 2

薬物治療学

36222-0　C3347　　　　B5判 136頁 本体4000円

薬物教育における薬物治療学を，疾患を正しく理解し，どの薬物を選択するかを主眼に解説。〔内容〕序論／中枢神経，感覚疾患／循環，呼吸器，腎疾患，消化器，内分泌疾患／アレルギー，炎症，骨関節疾患／血液および造血器疾患／癌と悪性腫瘍

東邦大 後藤佐多良編著
シリーズ医療薬学 3

病態生化学

36223-7　C3347　　　　B5判 184頁 本体4700円

疾病と生化学の係わりについて平易に解説した教科書。〔内容〕オルガネラと疾病／タンパク質と疾病／酵素と病態／中間代謝（糖代謝・脂質代謝・アミノ酸代謝・ヌクレオチド代謝）と疾病／核酸と疾病／血液系の疾患／ホルモンと疾病／免疫と疾病

前明治薬大 緒方宏泰編集

医薬品開発ツールとしての 母集団PK-PD解析
―入門からモデリング&シミュレーション―

34026-6　C3047　　　　B5判 208頁 本体3800円

母集団PK-PD解析の手引き書。医薬品の薬物動態学，薬力学の解析を混合効果モデルにより行う。最も汎用されているNONMEMを使用し演習課題に取り組みながら，複雑な構造を有する混合効果モデルの概念を把握し，解析できるよう構成

青森大 須賀哲弥編著

病態生理学

34012-9　C3047　　　　B5判 256頁 本体6300円

疾患や病態を生化学，生理学的に解説した薬学領域の教科書。〔内容〕疾患と臨床検査／精神・神経系／骨・関節／免疫／心・血管系／腎・泌尿生殖器／呼吸器／消化管／肝・胆・膵／血液系／内分泌・代謝／炎症／感染症／腫瘍

東邦大 百瀬弥寿徳・東邦大 山村重雄編

疾患病態解析学

34014-3　C3047　　　　B5判 312頁 本体6400円

薬剤師国家試験ガイドラインに準じ約93疾患について概要・病態の分類と特徴・検査値・診断などについて解説。〔内容〕中枢神経系疾患／骨・関節疾患／免疫疾患／心臓・血管系疾患／腎・泌尿生殖器疾患／呼吸器疾患／消化器疾患／他

日本トキシコロジー学会教育委員会編

新版 トキシコロジー

34025-9　C3047　　　　B5判 408頁 本体10000円

トキシコロジスト認定試験出題基準に準拠した標準テキスト。2002年版を全面改訂した最新版。〔内容〕毒性学とは／発現機序／動態・代謝／リスクアセスメント／化学物質の有害作用／臓器毒性・毒性試験／環境毒性／臨床中毒／実験動物他

元日大 佐藤孝俊・前東薬大 石田達也編著

香粧品科学

34007-5　C3047　　　　B5判 200頁 本体6800円

多岐にわたる分野を整理し平易に解説。〔内容〕化粧品概論／皮膚と化粧品／化粧品の品質評価／化粧品の物理化学／化粧品原料／包装材料／製造装置／基礎化粧品／メーキャップ化粧品／頭髪化粧品／芳香化粧品／特殊化粧品／口腔化粧品／他

慶大 笠原　忠・慶大 木津純子・慶大 諏訪俊男編

新しい薬学事典

34029-7　C3547　　　　B5判 488頁 本体14000円

基礎薬学，臨床薬学全般，医療現場，医薬品開発など幅広い分野から，薬学生，薬学教育者，薬学研究者をはじめとして，薬の業務に携わるすべての人々のために役立つテーマをわかりやすく解説し，各テーマに関わる用語を豊富に収録したキーワード事典。単なる用語解説にとどまらず，筋道をたてて項目解説を読むことができるよう配慮され，薬学のテーマをその背景から系統的，論理的に理解するために最適。〔内容〕基礎薬学／医療薬学／医薬品開発／薬事法規等／薬学教育と倫理

東京医大 渋谷　健監修
東京医大 松宮輝彦・小穴康功編

診療科目別 治療薬禁忌集 （普及版）

34028-0　C3047　　　　B 6 判 504頁 本体4800円

医薬品の適応，禁忌，使用上の注意などを診療科目別にまとめた。巻末には一般名，一般英名，製品名，製品英名の索引を掲載し，医療現場での利用に配慮した。さらに，医師・歯科医師・薬剤師・看護の国家試験で出題された重要薬剤を示した

統数研 椿　広計・元統数研 藤田利治・京大 佐藤俊哉編

これからの 臨 床 試 験
―医薬品の科学的評価―原理と方法―

32185-2　C3047　　　　A 5 判 192頁 本体3800円

国際的な視野からの検討を加え，臨床試験の原理的・方法的側面の今日的テーマを網羅した意欲作。〔内容〕Pコントロール／人体実験から臨床試験へ／用量反応情報／全般的な臨床評価／ITT解析／多施設臨床試験／代替エンドポイント／他

浜松医大 渡邊泰秀・九州看護福祉大 樋口マキヱ編

コメディカルのための 薬理学 （第2版）

33005-2　C3047　　　　B 5 判 244頁 本体3900円

薬剤師や看護師をめざす学生向けのテキスト。初学者のために図表・イラストを大幅に増やし，見てわかりやすい2色刷レイアウトにした全面的な改訂版。演習問題を充実させ，さらにエイジング，漢方，毒物など最新の動向まで盛り込んだ。

有田秀穂・原田玲子著

コア・スタディ 人体の構造と機能

31086-3　C3047　　　　B 5 判 240頁 本体5600円

医学教育コアカリキュラムに則して，人体各器官の正常構造と機能を，わかりやすく解説。1テーマにつき，図表1頁と解説文1頁を見開き形式でまとめ，エッセンシャルな知識が要領よく得られる。医学部学生，医療関連学科学生に最適な書

日本睡眠学会編

睡　　眠　　学

30090-1　C3047　　　　B 5 判 760頁 本体28000円

世界の最先端を行くわが国の睡眠学研究の全容を第一線の専門家145名が解説した決定版。〔内容〕睡眠科学（睡眠の動態／ヒトの正常睡眠他）／睡眠社会学（産業と睡眠／特殊環境／快眠技術他）／睡眠医歯薬学（不眠症／睡眠呼吸障害／過眠症他）

前医大 早石　修監修　前医歯大 井上昌次郎編著

快　眠　の　科　学

30067-3　C3047　　　　B 5 判 152頁 本体6800円

ライフスタイルの変化等により，現代人の日常生活において睡眠の妨げとなる障害がますます増えつつある。本書では，各種の臨床実験を通して，いかにして快適な睡眠を確保するかについて豊富なカラー図版を用いてわかりやすく解説する

東京医大 井上雄一・広島大 林　光緒編

眠　気　の　科　学
―そのメカニズムと対応―

30103-8　C3047　　　　A 5 判 244頁 本体3600円

これまで大きな問題にもかかわらず啓発が不十分だった日中の眠気や断眠（睡眠不足）について，最新の科学データを収載し，社会的影響だけでなく脳科学や医学的側面からそのメカニズムと対処法に言及する。関係者必読の初の学術専門書

東京医大 井上雄一・東京医大 岡島　義編

不　眠　の　科　学

30112-0　C3047　　　　A 5 判 260頁 本体3900円

不眠の知識，対策，病態，治療法等について最新の知見を加え詳解。〔内容〕基礎／総論／各論（女性／小児期／高齢者／うつ病／糖尿病／高血圧・虚血性心疾患／悪性新生物／疼痛／夜間排尿／災害・ストレス等）／認知行動療法マニュアル付

医学統計学研究センター 丹後俊郎・
阪大 上坂浩之編

臨床試験ハンドブック
―デザインと統計解析―

32214-9　C3047　　　　A 5 判 772頁 本体26000円

ヒトを対象とした臨床研究としての臨床試験のあり方，生命倫理を十分考慮し，かつ，科学的に妥当なデザインと統計解析の方法論について，現在までに蓄積されてきた研究成果を事例とともに解説。〔内容〕種類／試験実施計画書／無作為割付の方法と数理／目標症例数の設計／登録と割付／被験者の登録／統計解析計画書／無作為比較試験／典型的な治療・予防領域／臨床薬理試験／グループ逐次デザイン／非劣性・同等性試験／薬効評価／不完全データ解析／メタアナリシス／他

富山医科薬科大学和漢薬研究所編
元富山医科薬科大 難波恒雄監修

和　漢　薬　の　事　典 （新装版）

34023-5　C3547　　　　B 5 判 432頁 本体15000円

和漢薬（生薬）は民間のみならず医療の現場でも広く用いられているにもかかわらず，副作用がない，他薬品との忌避はない，などの誤解が多い分野でもある。本書は，和漢薬を有効に，かつ安全に処方・服用してもらうために，薬剤師を中心として和漢薬に興味を有する人たちのための，薬種別の事典である。古典籍を紹介する【出典】植物学的な【基源】【産地】，構造式を交じえた化学的な【成分】，薬学的な【薬理作用】【臨床応用】【処方例】【用法・用量】などの欄を，項目ごとに設けた

順天堂大 坂井建雄・生育医療研究センター 五十嵐隆・
人間総合科学大 丸井英二編

からだの百科事典

30078-9 C3547　　　Ａ５判 584頁 本体20000円

「からだ」に対する関心は，健康や栄養をはじめ，誰にとっても高いものがある。本書は，「からだ」とそれを取り巻くいろいろな問題を，さまざまな側面から幅広く魅力的なテーマをあげて，わかりやすく解説したもの。
第1部「生きているからだ」では，からだの基本的なしくみを解説する。第2部「からだの一大事」では，からだの不具合，病気と治療の関わりを扱う。第3部「社会の中のからだ」では，からだにまつわる文化や社会との関わりを取り扱う

都老人研 鈴木隆雄・東大 衞藤　隆編

からだの年齢事典

30093-2 C3547　　　Ｂ５判 528頁 本体16000円

人間の「発育・発達」「成熟・安定」「加齢・老化」の程度・様相を，人体の部位別に整理して解説することで，人間の身体および心を斬新な角度から見直した事典。「骨年齢」「血管年齢」などの，医学・健康科学やその関連領域で用いられている「年齢」概念およびその類似概念をなるべく取り入れて，生体機能の程度から推定される「生物学的年齢」と「暦年齢」を比較考量することにより，興味深く読み進めながら，ノーマル・エイジングの個体的・集団的諸相につき，必要な知識が得られる成書

老人研 鈴木隆雄・老人医療センター 林　㮈史総編集

骨の事典

30071-0 C3547　　　Ａ５判 480頁 本体15000円

骨は動物の体を支える基本構造であり，様々な生物学的・医学的特性をもっている。また古人骨や動物の遺骸を通して過去の地球上に生息し，その後絶滅した生物等の実像や生活習慣等を知る上でも重要な手掛かりとなっている。このことは文化人類学においても重要な役割を果たしている。本事典は骨についての様々な情報を収載，また疑問に応える「骨に関するエンサイクロペディア」として企画。〔内容〕骨の進化・人類学／骨にかかわる風俗習慣と文化／骨の組成と機能／骨の病気

元東大 平井久丸・順天堂大 押味和夫・
自治医大 坂田洋一編

血液の事典

30076-5 C3547　　　Ａ５判 416頁 本体15000円

血液は人間の生存にとって不可欠なものであり，古くから研究されてきたが，最近の血液学の進歩には著しいものがある。本書は，分子生物学的な基礎から臨床まで，血液に関する最新の知識を，用語解説という形式をとりながら，ストーリーのある読みものとして，全体像をとらえることができるように配慮してまとめたものである。〔内容〕ヒトと動物の血液の比較／造血の発生／赤血球膜異常症／遺伝子診断の手法／白血球減少症／血球計数と形態検査／血小板と血管内皮／凝固

前京大 清野　裕・加古川医療センター 千原和夫・
福岡県立大 名和田新・先端医療研 平田結喜緒編

ホルモンの事典

30074-1 C3547　　　Ａ５判 708頁 本体22000円

総論ではホルモンの概念・研究の歴史など，各論では，人体の頭部より下部へ，部位別の各ホルモンを項目立てし，最新の研究成果を盛り込んで詳しく解説したホルモンの総合事典。〔内容〕I. 総論，II. 各論（視床下部ホルモン／下垂体前・後葉ホルモン／甲状腺ホルモン／副甲状腺ホルモン／心臓ホルモン／血管内皮ホルモン／脂肪ホルモン／軟骨ホルモン／腎ホルモン／副腎皮質ホルモン／副腎髄質ホルモン／性腺・胎盤ホルモン／環境ホルモン／膵ホルモン／消化管ホルモン）

三島濟一総編集　岩田　誠・金井　淳・酒田英夫・
澤　充・田野保雄・中泉行史編

眼の事典

30070-3 C3547　　　Ａ５判 656頁 本体20000円

眼は生物にとって生存に不可欠なものであり，眼に対しては動物は親しみと畏怖の対象である。ヒトにとっては生存のみならず，Quality of Lifeにおいて重要な役割を果たしており，何故モノが見え，色を感じるのかについて科学や眼に纏わる文化，文学の対象となってきている。本事典は眼についての様々な情報を収載，また疑問に応える『眼に関するエンサイクロペディア』として企画。〔内容〕眼の構造と機能／眼と脳／眼と文化／眼の補助具／眼の検査法／眼と社会環境／眼の疾患

溝口昌子・大原國章・相馬良直・高戸 毅・
日野治子・松永佳世子・渡辺晋一編

皮 膚 の 事 典

30092-5 C3547　　B5判 388頁 本体14000円

皮膚は，毛・髪・爪・汗腺などの付属器をも含めて，からだを成り立たせ，外界からの刺激に反応し対処するとともに，さまざまなからだの異変が目に見えて現れる場所であり，人の外見・印象をも左右する重要な器官である。本書は，医学・生物学的知識を基礎として，皮膚をさまざまな角度から考察して解説するもの。皮膚のしくみ，色，はたらき，発生，老化，ヒトと動物の比較，検査法，疾患，他臓器病変との関連，新生児・乳児，美容，遺伝，皮膚と絵画・文学など学際的内容

東京歯科大 井出吉信編

咀 嚼 の 事 典

30089-5 C3547　　B5判 368頁 本体14000円

咀嚼は，生命活動の基盤であり，身体と心のパフォーマンスの基本となる。嚙むこと，咀嚼することは，栄養の摂取という面だけではなく，脳をはじめ全身の機能の発達や維持と密接に関わっている。咀嚼を総合的にまとめた本書は医学，歯学，生物学，看護科学，保健科学，介護・福祉科学，医療技術，健康科学，スポーツ科学，栄養学，食品科学，保育学，教育学，パフォーミング・アーツ，心理学などの学生・研究者・実務家，咀嚼と健康の関わりに興味・関心のある人々の必携書

日本ワクチン学会編

ワ ク チ ン の 事 典

30079-6 C3547　　A5判 320頁 本体12000円

新興・再興感染症の出現・流行をはじめ，さまざまな病気に対する予防・治療の手段として，ワクチンの重要性があらためて認識されている。本書は，様々の疾患の病態を解説したうえで，ワクチンに関する，現時点における最新かつ妥当でスタンダードな考え方を整理して，総論・各論から公衆衛生・法規制まで，包括的に記述した。基礎・臨床の医師，看護師・保健師・検査技師などの医療関係者，および行政関係者などが，正確な理解と明解な指針を得るための必携書

日本医大 長谷川敏彦編

医 療 安 全 管 理 事 典

30086-4 C3547　　B5判 400頁 本体14000円

「保健医療界における安全学」をシステムとして日本の医療界に定着させることをめざす成書。総論的・理論的な概説から，体制・対応・分析技法，さらに個別具体的な事例までまじえて解説。基礎的かつ体系的な専門知識と技術のために必要な事項を，第一線の研究者・実務家がわかりやすく解説。〔内容〕組織の安全と人間理解／未然防止とエラーリカバリー／事故報告制度／安全管理院内体制／危機管理／臨床指標／RCA／院内感染／手術・麻酔／透析／誤薬予防／転倒転落／他

東大 松島綱治・京府医大 酒井敏行・
東大 石川　昌・富山大 稲寺秀邦編

予 防 医 学 事 典

30081-9 C3547　　B5判 464頁 本体15000円

「炎症・免疫，アレルギー，ワクチン」「感染症」「遺伝子解析，診断，治療」「癌」「環境」「生活習慣病」「再生医療」「医療倫理」を柱として，今日の医学・医療において重要な研究テーマ，研究の現状，トピックスを，予防医学の視点から整理して解説し，現在の医療状況の総合的な把握と今後の展望を得られるようにまとめられた事典。
医学・医療・保健・衛生・看護・介護・福祉・環境・生活科学・健康関連分野の学生・研究者・実務家のための必携書

前京大 桂　義元・京大 河本　宏・慶大 小安重夫・
東大 山本一彦編

免 疫 の 事 典

31093-1 C3547　　A5判 488頁 本体12000円

免疫に関わる生命現象を，基礎事項から平易に（専門外の人にも理解できるよう）解説する中項目主義の事典。免疫現象・免疫が関わるさまざまな生命現象・事象等を約350項目選択。項目あたり1～3頁で，総説的にかつ平易に解説する（項目は五十音順）。本文中で解説のある重要な語句は索引で拾い辞典としても便利に編集する。〔読者対象〕医学（基礎・臨床医学）領域の学生・研修医・臨床医，生物・薬学・農学領域の研究・教育に携わる学生・研究者，医薬品メーカーの研究者，他

石井秀美・杉浦隆之編著　山下　純・矢ノ下良平・ 緒方正裕・小椋康光・越智崇文・手塚雅勝著 **衛　生　薬　学**（第3版） 34030-3　C3047　　B 5 判 504頁 本体7000円	好評の教科書を改訂。法律の改正に対応し，最新の知見・データを盛り込む。モデル・コアカリキュラムに準拠し丁寧に解説。〔内容〕栄養素と健康／食品衛生／社会・集団と健康／疾病の予防／化学物質の生体への影響／生活環境と健康
小池勝夫・荻原政彦編著　谷　　覚・阿部和穂・ 田中　光・伊藤芳久・大幡久之・平藤雅彦他著 **薬　　　理　　　学** 34018-1　C3047　　B 5 判 328頁 本体5200円	モデル・コアカリキュラムに対応し，やさしく，わかりやすく解説した教科書。〔内容〕自律神経系，中枢神経系，循環系，呼吸系，消化器系，腎・泌尿器，子宮，血液・造血器官，皮膚，眼に作用する薬物／感染症，悪性腫瘍に用いる薬物／他
林　秀徳・渡辺泰裕編著　渡辺隆史・横田千津子・ 厚味厳一・小佐野博史・荻原政彦・江川祥子著 薬学で学ぶ **病態生化学**（第2版） 34020-4　C3047　　B 5 判 280頁 本体5000円	コアカリに対応し基本事項を分かりやすく解説した薬学部学生向けの教科書。好評の前書をバイタルサインや臨床検査値などを充実させて改訂〔内容〕I編バイタルサイン・症候と代表疾患／II編臓器関連および代謝疾患の生化学と機能検査
寺田勝英編著　内田享弘・岡田弘晃・金澤秀子・ 竹内洋文・戸塚裕一・長田俊治著 **物理薬剤学・製剤学** ―製剤化のサイエンス― 34022-8　C3047　　B 5 判 240頁 本体5200円	薬学会のモデル・コアカリキュラムにも対応し，わかりやすくまとめた教科書。〔内容〕物質の溶解／分散系／製剤材料の物性／代表的な製剤／製剤化／製剤試験法／DDSの必要性／放出制御型製剤／ターゲッティング／プロドラッグ／他
山本　昌編著　水間　俊・丸山一雄・田中頼久・ 灘井雅行・岩川精吾・掛見五郎・緒方宏泰著 **生　物　薬　剤　学** ―薬の生体内運命― 34027-3　C3047　　B 5 判 304頁 本体5600円	モデル・コアカリキュラムに準拠し，演習問題を豊富に掲載した学部学生のための教科書。〔内容〕薬の生体内運命／薬物の臓器への到達と消失（吸収／分布／代謝／排泄／相互作用）／薬動学／治療的薬物モニタリング／薬物送達システム
田沼靖一・林　秀徳・本島清人編著　安西偕二郎・ 伊藤文昭・板部洋之・豊田裕夫・大山邦男他著 **生　　　化　　　学** 34017-4　C3047　　B 5 判 272頁 本体5800円	薬学系1〜2年生のために，薬学会で作成された薬学教育モデル・コアカリキュラムにも配慮してやさしく，わかりやすく解説した教科書。〔内容〕生体を構成する物質／酵素／代謝／細胞の組成と構造／遺伝情報／情報伝達系
前名市大 渡辺　稔編著 薬学テキストシリーズ **薬　　　理　　　学** ―基礎から薬物治療学へ― 36261-9　C3347　　B 5 判 392頁 本体6800円	基本から簡潔にわかりやすく，コアカリにも対応させて解説。〔内容〕局所麻酔薬／末梢性筋弛緩薬／抗アレルギー薬／抗炎症薬／免疫抑制薬／神経系作用薬／循環器作用薬／呼吸器系作用薬／血液関連疾患治療薬／消化器系作用薬／他
中込和哉・秋澤俊史編著　神崎　愷・川原正博・ 定金　豊・小林茂樹・馬渡健一・金子希代子著 薬学テキストシリーズ **分 析 化 学　I**　―定量分析編― 36262-6　C3347　　B 5 判 152頁 本体3500円	モデルコアカリキュラムにも準拠し，定量分析を中心に学部学生のためにわかりやすく，ていねいに解説した教科書。〔内容〕1部　化学平衡：酸と塩基／各種の化学平衡／2部　化学物質の検出と定量：定性試験／定量の基礎／容量分析
中込和哉・秋澤俊史編著　神崎　愷・川原正博・ 定金　豊・小林茂樹・馬渡健一・金子希代子著 薬学テキストシリーズ **分 析 化 学　II**　―機器分析編― 36263-3　C3347　　B 5 判 216頁 本体4800円	モデルコアカリキュラムにも準拠し，機器分析を中心にわかりやすく，ていねいに解説した教科書．〔内容〕各種元素の分析／分析の準備／分析技術／薬毒物の分析／分光分析法／核磁気共鳴スペクトル／質量分析／X線結晶解析
小佐野博史・山田安彦・青山隆夫編著 中島宏昭・上野和行・早瀬伸正・小林大介他著 薬学テキストシリーズ **薬　物　治　療　学** 36264-0　C3347　　B 5 判 424頁 本体6800円	薬物治療を適正な医療への処方意図の解釈と位置づけ，実際的な理解を得られるよう解説した。各疾患ごとにその概略をまとめ，治療の目標，薬物治療の位置づけ，治療薬一般，おもな処方例，典型的な症例についてわかりやすく解説した。
小島周二・大久保恭仁編著　加藤真介・工藤なをみ・ 坂本　光・佐々木徹・月本光俊・山本文彦著 薬学テキストシリーズ **放射化学・放射性医薬品学** 36265-7　C3347　　B 5 判 264頁 本体4800円	コアカリに対応し基本事項を分かり易く解説した薬学部学生向けの教科書。〔内容〕原子核と放射能／放射線／放射性同位元素の利用／放射性医薬品／インビボ放射性医薬品／インビトロ放射性医薬品／放射性医薬品の開発／放射線安全管理／他
望月眞弓・山田　浩編著　橋詰　勉・山本美智子・ 黒沢菜穂子・泉澤　恵・大野恵子・恩田光子他著 薬学テキストシリーズ **医薬品情報学**　―ワークブック― 36266-4　C3347　　B 5 判 232頁 本体4500円	薬学系学生だけでなく，医薬品情報を実際に業務として扱っている病院や薬局薬剤師，製薬企業担当者の方々にも有用となるよう，ワークブック形式で実践的に編集。基本編と実践編に分け，例題と解答，事例提示による演習を取り入れて解説。

上記価格（税別）は 2015 年 2 月現在